环境生物化学

黄益丽　刘　璟　编著

科 学 出 版 社

北　京

内 容 简 介

本书内容共18章，围绕生物化学的基本原理和概念及其在环境科学中的应用，重点阐述了糖类、脂质、蛋白质、核酸等生物大分子的组成、结构、功能与性质，它们的分解与合成代谢及调节控制，蛋白质、DNA、RNA的生物合成及遗传信息传递的调控机制，以及这些生化原理和概念在环境科学中的应用。本书吸收了生物化学和环境科学领域的国内外最新研究进展和成果，内容简洁，重点突出。章节按照先静态生化、后动态生化和功能生化来组织编排，并穿插相关生化知识点在环境科学研究中的应用，符合国内的教学习惯，便于教师教学使用和学生自学。

本书可供高等院校环境科学类专业本科生、研究生作为教材使用，也可供环境相关领域的科研工作者阅读和参考。

图书在版编目（CIP）数据

环境生物化学 / 黄益丽，刘璟编著. —北京：科学出版社，2022.3

ISBN 978-7-03-071794-8

Ⅰ. ①环… Ⅱ. ①黄… ②刘… Ⅲ. ①环境化学-生物化学 Ⅳ. ①X13

中国版本图书馆CIP数据核字（2022）第038924号

责任编辑：杨新改 / 责任校对：杜子昂

责任印制：吴兆东 / 封面设计：东方人华

科学出版社 出版

北京东黄城根北街16号

邮政编码：100717

http://www.sciencep.com

北京九州迅驰传媒文化有限公司 印刷

科学出版社发行 各地新华书店经销

*

2022年3月第 一 版 开本：720×1000 B5

2022年3月第一次印刷 印张：20 1/4

字数：400 000

定价：120.00 元

（如有印装质量问题，我社负责调换）

前　　言

21 世纪是生命科学的世纪。人们把与人类生存发展密切相关的五大社会问题，即环境、人口、食物、资源、健康问题的解决，寄希望于生命科学的发展与进步。环境问题及其引发的生物效应日益引起关注，研究和解决这些环境问题离不开生物化学基础知识。然而目前具有环境科学特色的生物化学教材还很少。

本书由浙江大学黄益丽和刘璟共同主持编写。编著者黄益丽长期从事环境微生物学研究，刘璟长期从事环境毒理学研究。从 2013 年开始，我们在浙江大学环境科学系开设环境生物化学课程。在近十年的教学实践中，深切感受到环境科学相关专业的学生和教师亟需一本具有环境科学特色的生物化学教材。生物化学的研究一直是生命科学的前沿阵地，而环境科学作为一个综合科学领域，总是在积极吸收和融汇其他学科的先进理论和技术。生物化学在环境科学中得到广泛应用和发展，逐渐形成一个具有环境科学特色的分支。由于环境科学研究的范畴非常广泛，本书以生物化学基础知识体系为主线，增加各个主要生物化学知识点在环境科学研究中的应用及原理，使得这本生物化学教材具有环境科学特色。

本书经过 5 年多的构思和努力，终于面世。第 1～4 章、11～16 章由黄益丽编著，第 5～10 章、17 章由刘璟编著，第 18 章由黄益丽和刘璟共同编著。裘红权、蒋婷婷、宋静苡、刘晓晨等同学参与了编写和图表绘制工作。本书在编写过程中参考了国内外相关领域的著作，在此谨致以诚挚的谢意。

限于编者的水平，书中不完善之处，恳请读者批评指正！

编著者

2021 年 10 月

目　　录

第1章　绪　　论

1.1　环境生物化学概述

21 世纪是生命科学的世纪。人们把与人类生存发展密切相关的五大社会问题，即环境、人口、食物、资源、健康问题的解决，寄希望于生命科学的发展与进步。

从微生物到人类，生物的种类千差万别，生命的现象绚丽多彩、错综复杂，但是从分子水平上看，生命的物质组成及其变化规律有着惊人的一致性。生命的奥妙就在于用最基本的元素、最简单的方式，组合成了最复杂的系统。自 20 世纪起，生命科学进入迅猛发展的时代，成为自然科学的前沿领域。而生物化学又是前沿领域中的前沿阵地，引领着生命科学研究的发展和突破。生物化学(biochemistry)是运用化学原理和方法，研究生物体的物质组成和遵循化学规律所发生的一系列化学变化，进而深入揭示生命现象本质的一门科学，有生命的化学之称。生物化学研究的是生命的分子和化学反应，一切与生命有关的化学现象都是生物化学的研究对象。

环境科学是一门研究人类社会发展活动与环境演化规律之间相互作用关系，寻求人类社会与环境协同演化、持续发展途径与方法的科学。在宏观上，环境科学要研究人与环境之间的相互作用、相互制约的关系，要力图发现社会经济发展和环境保护之间协调的规律；在微观上，要研究环境中的物质在有机体内迁移、转化、蓄积的过程以及其运动规律、对生命的影响和作用机理，尤其是人类活动排放出来的污染物质。1962 年，Rachel Carson 的著作《寂静的春天》出版，使环境类主题成为热点。环境问题及其生物效应日益引起关注。环境生物效应是指因环境因素变化而导致的生态系统或生理生化的变异现象。如大量工业、农业、生活废弃物排入环境介质，包括水、土、大气等，改变了环境介质的物理化学性质，对各种生态系统产生毒性效应，污染物通过食物链等途径进入生物体，影响各类生物的健康。环境科学在微观上离不开对生命科学的探讨，因此生物化学知识的应用和渗透在环境科学诞生的时候就开始了。

虽然环境科学的发展历史还比较简短，但是生物化学的发展历史可谓源远流长。生物化学的启蒙阶段可以追溯到人类早期对食物的选择和初步加工。19 世纪有机化学和生理学的发展为研究生物体的化学组成和性质积累了丰富的知识和经验。因为生物化学对人类能更好地生存和发展至关重要，所以吸引了众多科学家的关注和研究热情。1877 年德国医生 Hoppe-Seyler 首次提出生物化学一词。到 19 世纪末 20 世纪初，生物化学逐渐发展成为一门独立的学科。20 世纪 50 年代之前对生物体的物质组成已经有了相当深入的研究。在小分子方面，对维生素和激素的研究不但取得了突出的理论成果，而且在医疗领域得到很好的应用。抗生素的研究也极大地提高了医疗水平。在大分子方面，已经确定了各种生物大分子的基本结构。物质代谢研究的成就十分突出，生物体内各种基本的代谢途径多数是在 20 世纪 50 年代之前阐明的。但是，由于研究方法的限制，关于蛋白质和核酸等信息分子的序列分析和空间结构研究尚未取得重要突破。随着物理学、化学、数学等学科的渗透，20 世纪 50 年代之后，蛋白质和核酸的序列分析与空间结构研究突飞猛进，推动了生命科学的快速发展。遗传学、细胞生物学、发育生物学、神经生物学等相继进入了分子水平，由此诞生了分子生物学。随着计算机科学和信息科学的发展，生物化学与分子生物学的发展越来越快，已经深入到生命科学的各个领域。生物化学有辉煌的发展历史，迄今与生物化学相关的诺贝尔奖达 110 多项。

随着生物化学知识和技术的快速发展，生物化学向其他科学领域迅速渗透，发展出了许多分支，如食品生物化学、医学生物化学等。环境科学作为一个综合科学领域，总是积极吸收和融汇其他学科的先进理论和技术。生物化学也在环境科学领域得到充分的应用和发展，其研究和知识体系不仅仅涵盖各类生物大分子在环境科学中的应用，随着对环境健康问题的日益关注，生化代谢、遗传、基因信息等方面的研究也在环境科学领域广泛渗透。因此环境生物化学分支逐渐形成。

从广义来讲，环境生物化学(environmental biochemistry)主要研究天、地、生物相互作用的基本化学反应，特别是人和生物对外来的物质和能量所做的应答以及人类生活、生产活动对环境及生态系统影响的化学基础。从狭义来讲，环境生物化学是介于环境污染化学与生物化学之间的一门科学。它研究生物对污染物质降解与转化的能力，以及污染物质在生物体内的代谢转化规律，讨论生物代谢污染物质的途径以净化环境的生物化学原理，以及污染物对生物体的健康的影响。

由于环境科学的复杂性，环境生物化学可以包含的内容非常丰富多样，常常与环境毒理学、环境生态学、生物修复工程等学科内容交叉，一时难以以环境科学内容为体系形成教材。因此本教材以生物化学知识体系为基础框架，增加各生物大分子及其代谢在环境科学中的典型应用案例和知识，形成一本具有环境科学特色的生物化学教材。

1.2 环境生物化学的知识框架

环境生物化学的知识框架是在生物化学的知识框架基础上增加了各类生物大

分子的理化性质和代谢特征在环境科学中的应用。

生物化学研究的内容可分为三个部分，即研究构成生物体的基本物质(糖类、脂质、蛋白质、核酸)及对体内的生物化学反应起催化和调节作用的酶、维生素和激素的结构、性质和功能，这部分内容通常称为静态生物化学；研究构成生物体的基本物质在生命活动过程中进行的化学变化，也就是新陈代谢，以及在代谢过程中能量的转换和调节规律，这部分内容通常称为动态生物化学；研究生物信息分子的合成及其调控，也就是遗传信息的储存、传递和表达，即功能生物化学，也称分子生物学。这三部分内容是紧密联系的。

环境科学作为一门综合学科，与其他学科知识体系的融合是与时俱进的。上述生物化学的三部分内容都已经充分运用到环境科学研究中。近年来新发展的生物化学手段和组学技术等，都能在环境科学中找到应用研究。目前这方面的内容广泛而复杂，我们按照生物化学的知识体系框架，介绍一些典型的环境研究方向或案例，作为环境生物化学的第四部分内容。

1) 静态生物化学——生物大分子的组成规律

在生命机体中，生物分子极其丰富多样，即使在简单而又微小的大肠杆菌中，也含有大约3000种不同的蛋白质和1000多种不同的核酸。生物多样性与各种神奇的生命现象均是由蛋白质、核酸、脂质、糖类的复杂多变形成的。然而，这些复杂的生物大分子在结构上有着共同的规律性。生物大分子均由相同类型的单体分子通过一定的共价键聚合成链状，其主链骨架呈现周期性重复。掌握这些规律有助于我们对生物大分子结构的学习。

构成多糖的单体分子是单糖，单糖间通过糖苷键相连，淀粉、糖原、纤维素的糖链骨架均呈葡萄糖基重复。构成脂质的构件分子是甘油、脂肪酸和一些取代基，其非极性烃长链也是一种重复的结构。构成蛋白质的单体分子是20种基本氨基酸，氨基酸之间通过肽键相连。肽链具有方向性(N端→C端)。蛋白质主链骨架呈“肽单位”重复。核酸的构件分子是核苷酸，核苷酸通过3′, 5′-磷酸二酯键相连，核酸的主链骨架呈磷酸-核糖(或脱氧核糖)重复。

生物大分子主链的重复性是生物大分子稳定性的基础。

生物体是由许多物质按严格的规律组建起来的。在生物体内除水外，每一类物质又包括很多种化合物。如人体蛋白质就有10万种以上。各种蛋白质因结构的不同，而具有各种不同的功能。此外，人体内还含有核酸、激素、微量元素等，它们占体重的分量虽少，但也是维持正常生命活动不可缺乏的物质。所有这些物质不是杂乱堆积在一起的，它们彼此之间有一定组成规律，从而构成能够体现多种生物功能的生物学结构。

2) 动态生物化学——物质代谢及其调控

新陈代谢是生命的特征。生物体不断与外界环境进行着物质交换，生物体内时时刻刻都在进行着极其有规律的化学反应，将这些过程总的称为物质代谢或新陈代谢(metabolism)。生物体通过消化吸收新摄取的营养物质，在体内一部分被转变成其组成成分，以保证生长发育和组织更新的需要，另一部分被氧化分解释放能量以维持生命活动。

体内进行的物质代谢绝大多数都在细胞内进行的。从分子大小变化来分，由小分子物质变成大分子物质的过程叫作合成代谢，反之，由大分子物质变成小分子物质的过程叫作分解代谢。从生物学意义上来分，将从外界吸收来的物质转变成体内组成成分的过程叫作同化作用，反之，使体内组成成分转变成可排出体外的形式的过程叫作异化作用。一般来说，同化作用以合成代谢为主，异化作用以分解代谢为主。

代谢中的化学反应绝大多数是连锁反应，将这种连锁反应叫作代谢途径。它在许多种酶的催化下进行。一个细胞内有近 2000 种酶，在同一时间内催化着各种不同代谢途径中的各种化学反应，这些化学反应彼此密切配合并与机体的需要精确地对应，构成非常协调的统一体系。生物体内的化学反应为什么能如此巧妙地进行呢？这是由多种调节因素进行调节控制来实现的。首先，酶的催化作用有严格专一性和可调控性，又有区域分布和多酶体等特点。这些是在一个细胞内各条代谢途径能有序进行的基础。此外，动物和人体内还有神经系统、激素及其他调节物质，通过调节酶的活力来调节代谢途径的方向和强度。

3) 功能生物化学——分子生物学

组成生物体的各种物质的分子结构都与其生理功能密切相关，尤其是生物高分子，显得格外突出。可以说，结构是功能的基础，功能是结构的体现。一切生命现象都是从具体的物质结构和物质代谢的基础上体现出来的。

1953 年，两名年轻的科学家 Watson、Crick 发表了 DNA 分子结构的双螺旋模型。这个卓越的成就，首次从分子水平上揭开了遗传的秘密，开创了分子生物学(molecular biology)时代，几乎与之同时，Sanger 发表了胰岛素分子中氨基酸残基的排列顺序，揭示出蛋白质分子中氨基酸残基排列顺序是其空间结构与生物功能的重要基础。之后，研究人员又相继阐明了 DNA 半保留复制机理，破译了遗传密码，证实了反转录作用，从而提出了遗传中心法则的现代见解，这些都是分子生物学的辉煌成就，在此基础上发展起来的基因重组技术，为改造生物性状、揭开生命奥秘又向前跨进了一大步。因此，生物大分子的结构与功能的研究是生物化学和分子生物学中最引人注目的内容。

4) 生物化学与环境科学

生物化学知识体系在环境科学中的应用非常广泛，本书中介绍了各类生物大分子在环境科学中的比较经典的应用研究及其生化机制。例如，第 4 章介绍了微生物胞外多糖修复重金属的生化机制，以及脂质过氧化在环境污染物生物效应检测中的应用；第7章介绍了谷胱甘肽和卵黄蛋白在环境科学中的应用，以及酶工程在环境保护修复中的应用；第9章介绍了维生素衍生物的环境污染问题等；第10章介绍了目前环境科学领域备受关注的环境激素、环境内分泌干扰物的研究进展。可见，环境科学研究涉及静态生物化学中每一类生物大分子。

另一方面，动态生物化学和功能生物化学的知识体系也被广泛应用于环境科学研究中。人们越来越关心环境污染或环境变化对生命代谢和遗传的影响，因为这事关物种的生死存亡的问题。比如有机污染物或重金属污染导致的物种变异、温室效应引起的物种消失等。动态生化在环境科学中的应用以糖脂代谢和代谢组学为主进行介绍。功能生物化学在环境科学中的应用介绍了环境污染物与遗传物质核酸的相互作用及其机制，以及基因组学的应用等。

总之，生物化学知识在回答和解决环境科学问题中起着举足轻重的作用。我们从众多的环境研究案例中总结归纳出环境生物化学的知识，希望能起到抛砖引玉的作用，更系统的环境生物化学知识还需要更多科学家和教师的努力。

1.3 环境生物化学的学习方法

环境生物化学中的基础生物化学部分，有许多需要记忆的知识，也有许多需要理解的知识，内容十分丰富。在学习中应注意锻炼记忆与理解相互促进的学习方法。生物化学中的动态(代谢)和静态(结构)两大部分之间是互相联系的。结构是代谢的基础，而在学习结构时，往往也涉及一些代谢的知识。学完代谢之后，如果再复习一下结构的知识，会有更深刻的理解。

在学习环境生物化学过程中，对本教材中的生物化学与环境科学结合的部分内容，应该在了解环境科学和问题的基础上，理解现象背后的生物化学原理，只有这样才能做到触类旁通，举一反三，充分理解环境生物化学的含义。同时，由于生物化学在环境科学中的一些应用研究还处于初级阶段，研究得出的结论可能还需要更多案例和实践的证明，因此，在学习时应该以辩证和进化的态度来对待。在学习过程中，可以与先修和并修课程(例如有机化学、微生物学、环境科学、环境工程等)内容相联系，以促进理解、加强记忆。

第2章 糖　　类

糖类是自然界中分布广泛、数量最多的有机化合物，尤以植物体中含量最为丰富，占其干重的85%～90%。糖类是一切生物体维持生命活动所需能量的主要来源，是生物体的结构原料，也是生物体合成其他化合物的基本原料。关于糖类化学的研究较早。最初糖类用$C_n(H_2O)_m$通式来表示，统称碳水化合物，后来发现有些化合物如鼠李糖($C_6H_{12}O_5$)和脱氧核糖($C_5H_{10}O_4$)不符合此通式，而且有些糖类中除C、H、O外，还有N、S、P等元素，所以该通式显然不够恰当，但因沿用已久，至今还在使用碳水化合物这一名称。

在核酸、蛋白质研究的鼎盛时期，糖类化合物的研究一度受到冷落。直到20世纪70年代后，随着分子生物学的发展，人们逐步认识到糖类是涉及生命活动本质的生物大分子之一。糖类具有多个羟基，糖苷键又有α、β构型之分，单糖的连接可能产生数目巨大的异构体，例如，4种不同单核苷酸或氨基酸可能形成256个序列，4种不同单糖则可能形成36 864个序列。因此，糖链结构蕴含着十分丰富的生物信息，是高密度的信息载体。

细胞是生物体的基本单位，细胞表面均覆盖着一层糖被。糖常常和蛋白质构成共价复合物——糖蛋白。许多酶、免疫球蛋白、载体蛋白、激素、毒素、凝集素等大多数蛋白质都是糖蛋白。在各种糖蛋白中，糖链的长短与结构、糖链的数目均相差很大，因而含糖量也有很大差异。例如，卵清蛋白含一条糖链，而羊的颌下腺黏蛋白分子含800条寡糖链，胶原蛋白含糖量不到1%，而可溶性血型物质含糖量高达85%。细胞与细胞的相互黏附、相互识别、相互作用、相互制约与调控，均与糖蛋白的糖链有关。糖蛋白的糖链在受精、发育、分化、炎症与自身免疫疾病、癌细胞异常增殖及转移、病原体感染、植物与病原体相互作用、豆科植物与根瘤菌的共生过程中，都起到重要作用。糖生物学的研究方兴未艾，成为继蛋白质、核酸后的又一热点领域。

2.1　糖类的定义和分类

糖类是多羟醛或多羟酮以及它们的聚合物和衍生物的总称。多羟醛(酮)是指含有两个或两个以上的羟基的醛或酮。

糖类按其组成分为单糖、寡糖、多糖和糖复合物。

单糖(monosaccharide)是最简单的糖，不能再被水解为更小的单位。

寡糖(oligosaccharide)是由 2～10 个分子单糖缩合而成，水解后生成单糖。

多糖(polysaccharide)由多个单糖分子缩合而成。由相同的单糖基组成的多糖称同多糖(homopolysaccharide)，由不同的单糖基组成的多糖称杂多糖(heteropolysaccharide)。

糖复合物是由糖和非糖物质构成的复合物，例如糖肽(glycopeptide)、糖脂(glycolipid)、糖蛋白(glycoprotein)、蛋白聚糖(proteoglycan)等。

2.2　单糖的结构

2.2.1　单糖的构型

单糖根据含醛基或酮基的特点可分为醛糖(aldose)与酮糖(ketose)。根据碳原子数目可分为丙糖、丁糖、戊糖与己糖。最简单的单糖是甘油醛(glyceraldehyde)和二羟丙酮(dihydroxyacetone)。

单糖的构型是以 D-，L-甘油醛为参照物，以距醛基最远的不对称碳原子为准，羟基在右边的为 D 构型，羟基在左边的为 L 构型(图 2-1)。

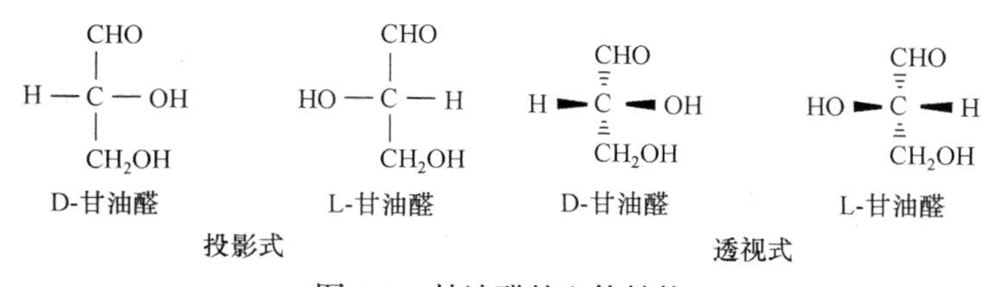

图 2-1　甘油醛的立体结构

2.2.2　单糖的结构

自然界的戊糖、已糖等都有两种不同结构，一种是多羟基醛的开链形式，另一种是单糖分子中醛基和其他碳原子上羟基成环反应生成的产物半缩醛(hemiacetal)。如果是 C1 与 C5 上的羟基形成六元环，称为吡喃糖(pyranose)，而 C1 与 C4 上羟基形成五元环，则称为呋喃糖(furanose)。呋喃环结构不如吡喃环稳定，但戊糖多为呋喃糖形式。单糖分子环化后，在羰基碳原子上形成的羟基称为半缩醛羟基。连接半缩醛羟基的碳原子为异头碳，因异头碳上羟基连接的位置不同，形成的不同异构体称异头物(图 2-2)。

Walter Norman Haworth 最早发现糖的环状结构，并提出用 Haworth 投影式表示糖的环状结构。半缩醛羟基的反应活性较高，若半缩醛羟基在 Haworth 投影式环状结构的下方，则该糖的构型为α，若半缩醛羟基在 Haworth 投影式环状结构的上方，则该糖的构型为β(图 2-2)。

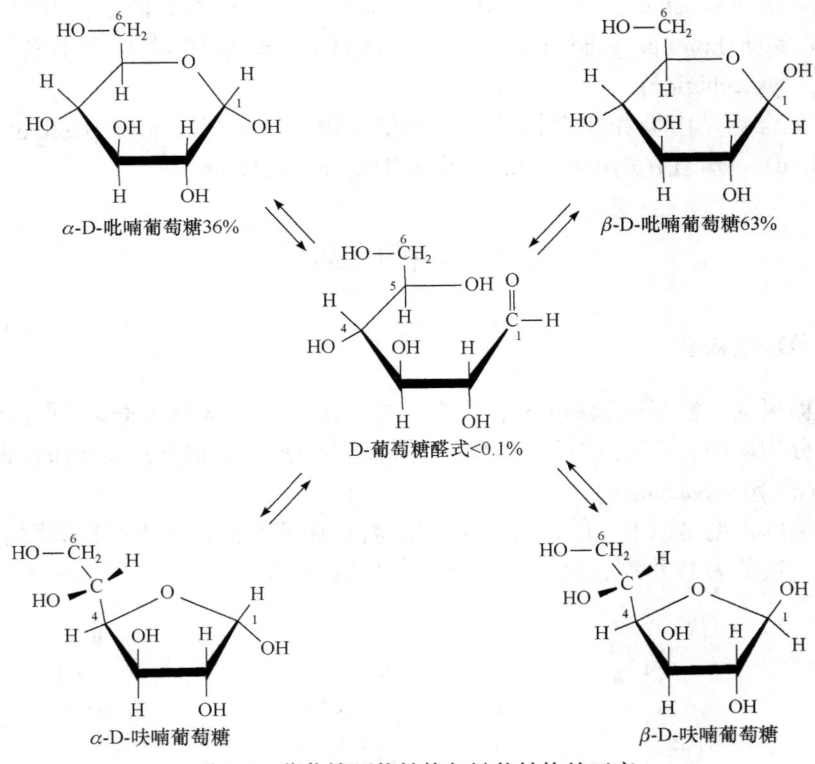

图 2-2 葡萄糖环状结构与链状结构的互变

19 世纪的化学泰斗 Hermann Emil Fischer 提出用 Fischer 投影式表示糖的结构，并推断已醛糖有 16 种可能的异构体。后来用化学合成证明，已醛糖确有 16 种异构体。但自然界存在的单糖均为 D 系列(图 2-3)，且已醛糖只有葡萄糖、甘露糖和半乳糖存在于自然界。

2.3 单糖的物理化学性质

2.3.1 单糖的物理性质

1) 旋光性和变旋性

单糖由于具有不对称原子，可使平面偏振光(通过尼科尔棱镜后的普通光，只能在一个平面上振动的光波)的偏振面发生一定角度的旋转，这种性质称为旋光

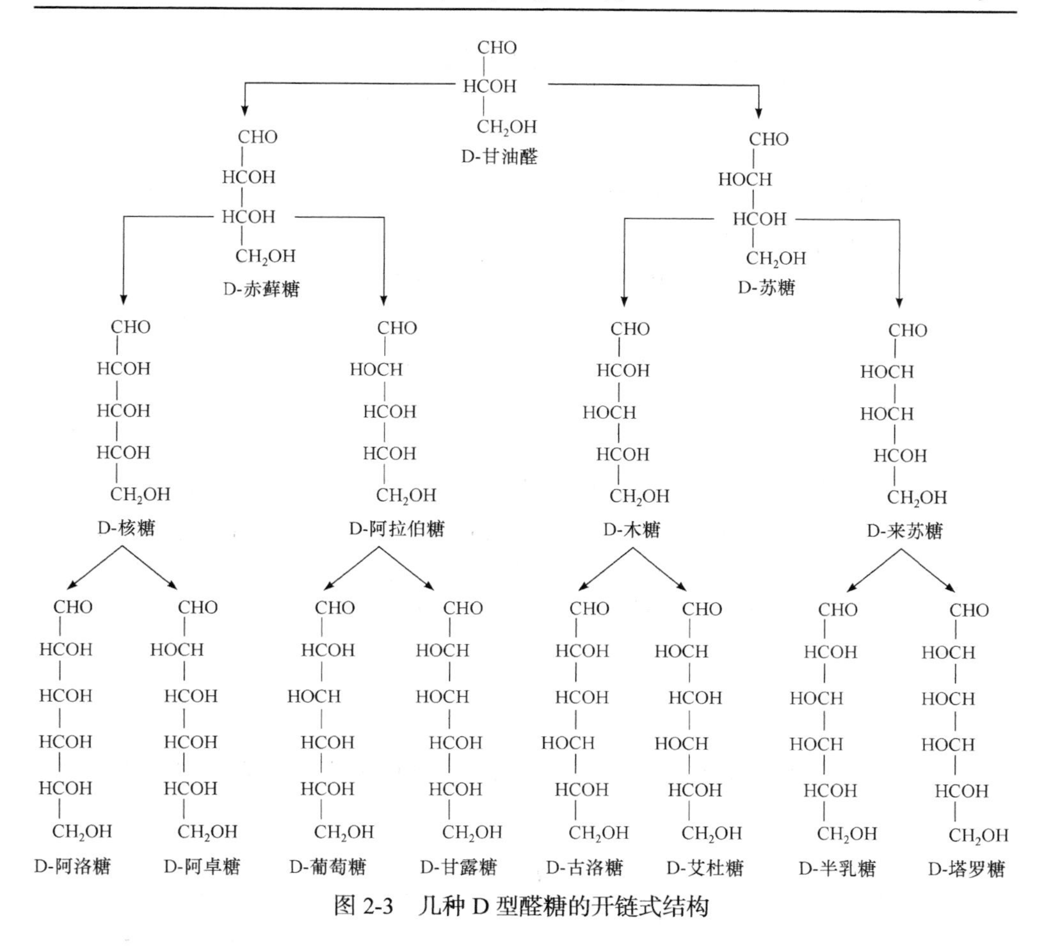

图 2-3　几种 D 型醛糖的开链式结构

性，其旋转角度称为旋光度，偏振面向左旋转称为左旋，向右旋称为右旋。1 mL 含 1 g 溶质的溶液在 1 dm 长的旋光管中测出的旋光度被定义为比旋光度，用$[\alpha]_D^t$表示。

$$[\alpha]_D^t = \frac{\alpha_D^t}{cL}$$

式中，L 为旋光管的长度(dm)；c 为溶液的浓度(g/mL)；$[\alpha]_D^t$ 为比旋光度，通常以钠光灯为光源，在温度 t 时测定旋转角度，通常在 20℃测定。不同单糖的比旋光度为常数，如 D-葡萄糖的$[\alpha]_D^{20}$ 为+52.5°，D-果糖的$[\alpha]_D^{20}$ 为−92.4°。

除二羟丙酮外，所有的糖都有旋光性(表 2-1)。旋光性是鉴定糖的重要指标。

表 2-1　各种糖的比旋光度

单糖	[α]	寡糖、多糖	[α]
D-阿拉伯糖	–105°	麦芽糖	+130.4°
L-阿拉伯糖	+104.5°	蔗糖	+66.5°
D-木糖	+8.8°	转化糖	–19.8°
D-葡萄糖	+52.5°	糊精	+195°
D-果糖	–92.4°	乳糖	+55.5°
D-半乳糖	+80.2°	淀粉	≥196°
D-甘露糖	+14.2°	糖原	+196°～+197°

一种旋光物质由于有不同的构型，故比旋光度不止一个，并且在溶液中其比旋光度可发生改变，最后达到某一比旋光度即恒定不变，这种现象称为变旋性，如葡萄糖在水溶液中的变旋现象就是 α 型与 β 型互变，当互变达到平衡时，比旋光度就不再改变，α-D-葡萄糖与β-D-葡萄糖平衡时其比旋光度为+52.5°。

$$\underset{+112.2^\circ}{\alpha\text{-D-葡萄糖}} \rightleftharpoons \underset{+52.5^\circ}{\text{平衡}} \rightleftharpoons \underset{+18.7^\circ}{\beta\text{-D-葡萄糖}}$$

2) 甜度

各种糖的甜度不同,常以蔗糖的甜度为标准进行比较,将它的甜度设为100%。各种糖的甜度见表 2-2。

表 2-2　各种糖的甜度

糖	甜度/%	糖	甜度/%
蔗糖	100	鼠李糖	32.5
果糖	173.3	麦芽糖	32.5
转化糖	130	半乳糖	32.1
葡萄糖	74.3	棉杆糖	22.6
木糖	40	乳糖	16.1

3) 溶解度

单糖分子中有多个羟基，增加了它的水溶性，尤其在热水中溶解度很大，但不溶于乙醚、丙酮等有机溶剂。

2.3.2　单糖的化学性质

单糖是多羟基醛或酮，因此具有醇羟基和羰基的化学反应性质，如具有醇羟基的成酯、成醚、成缩醛等反应和羰基的一些加成反应，又具有由于它们互相影响而产生的一些特殊反应。单糖主要的化学性质见表 2-3。

表 2-3 单糖的主要化学性质

分类	化学性质	反应	重要的例子
由醛酮基产生的	氧化	还原金属离子，氧化成糖酸	一些弱氧化剂能使其氧化，用以定性或定量鉴别
	还原成醇	醛、酮基可以被还原成醇	植物成分中所含的醇，如山梨醇、甘露醇可由此产生
	成脎	与苯肼作用成脎	可用于鉴别单糖
	异构化	醛糖和酮糖在稀碱中可相互转化	为单糖转化的基础
由羟基产生的	成酯	形成磷酸糖酯、硫酸糖酯	磷酸糖酯是糖代谢中间物，细胞膜吸收糖也先生成磷酸酯
	成苷	单糖 C1 上—OH 的 H 被烷基或其他基团取代的衍生物	有些糖苷为药物
	脱水	戊糖与浓 HCl 加热生成糠醛，己糖生成羟甲基糠醛	可用于鉴别醛糖和酮糖，生成化工产品
	氨基化	C2、C3 上羟基可以被 NH_3 取代生成氨基糖	氨基糖为糖蛋白的组分
	脱氧	经脱氧酶作用生成脱氧糖	脱氧核糖为核酸成分

1) 糖的氧化作用

醛糖含游离醛基，具有很好的还原性。碱性溶液中重金属离子(Cu^{2+}、Hg^{2+}、Ag^{+}等)如费林(Fehling)试剂(酒石酸钾钠、氢氧化钠和 $CuSO_4$)或本内迪克特(Benedict)试剂(柠檬酸、碳酸钠和 $CuSO_4$)中的 Cu^{2+}是一种弱氧化剂，能使醛糖的醛基氧化成羧基，形成相应的醛糖酸，而金属离子自身被还原。能使氧化剂还原的糖称还原糖(reducing sugar)。所有的醛糖都是还原糖。许多酮糖也是还原糖，如果糖，因为它能在碱性溶液中异构化成醛糖。Fehling 试剂或 Benedict 试剂常用于检测还原糖。试剂中的酒石酸钾钠和柠檬酸用作螯合剂，与 Cu^{2+}络合以防止形成沉淀。单糖与费林试剂反应如图 2-4 所示。

Benedict 试剂由于较稳定且不易受其他物质如肌酸和尿酸的干扰，临床上常被用于尿糖的定性与半定量测试。某些家庭用的糖尿病自测试剂盒就是应用 Benedict 反应，尿中含有不少于 0.1%葡萄糖，测试能给出阳性反应(黄红色)。

除羰基外，单糖分子中的羟基也可以被氧化。在不同条件下，可产生不同的氧化产物。醛糖可用三种方式氧化成相同原子数的酸：①在弱氧化剂，如溴水作用下形成相应的糖酸；②在较强氧化剂，如硝酸的作用下，除醛基被氧化外，伯

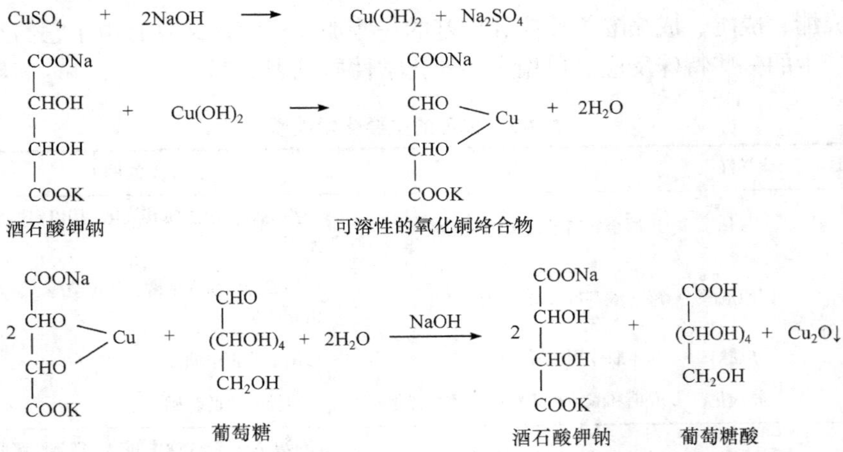

$$CuSO_4 + 2NaOH \longrightarrow Cu(OH)_2 + Na_2SO_4$$

$$\begin{array}{l} COONa \\ | \\ CHOH \\ | \\ CHOH \\ | \\ COOK \end{array} + Cu(OH)_2 \longrightarrow \begin{array}{l} COONa \\ | \\ CHO \diagdown \\ | \qquad\quad Cu \\ CHO \diagup \\ | \\ COOK \end{array} + 2H_2O$$

酒石酸钾钠　　　　可溶性的氧化铜络合物

$$2\begin{array}{l} COONa \\ | \\ CHO \diagdown \\ | \qquad\quad Cu \\ CHO \diagup \\ | \\ COOK \end{array} + \begin{array}{l} CHO \\ | \\ (CHOH)_4 \\ | \\ CH_2OH \end{array} + 2H_2O \xrightarrow{NaOH} 2\begin{array}{l} COONa \\ | \\ CHOH \\ | \\ CHOH \\ | \\ COOK \end{array} + \begin{array}{l} COOH \\ | \\ (CHOH)_4 \\ | \\ CH_2OH \end{array} + Cu_2O\downarrow$$

葡萄糖　　　　酒石酸钾钠　　葡萄糖酸

图 2-4　单糖与费林试剂的反应过程

醇基也被氧化成羧基，生成葡萄糖二酸；③有时只有伯醇基被氧化成羧基，形成糖醛酸。酮糖对溴的氧化作用无影响，因此可将酮糖与醛糖分开。在强氧化剂的作用下，酮糖将在羰基处断裂，形成两个酸。例如，果糖被氧化成乙醇酸和三羟基丁酸(图 2-5)。

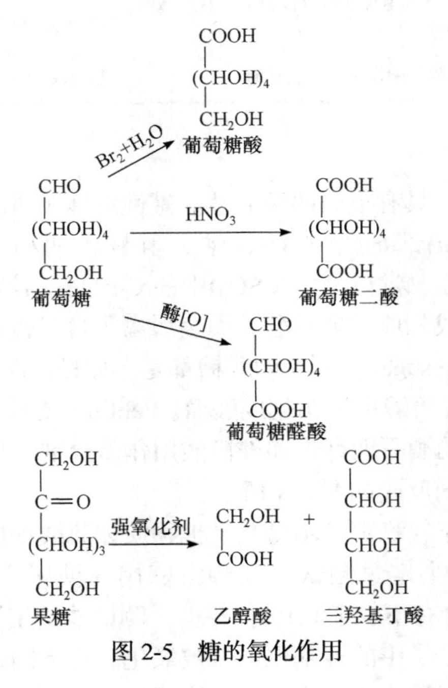

图 2-5　糖的氧化作用

2) 还原作用

单糖有游离羰基，所以易被还原。在钠汞齐及硼氢化钠类还原剂的作用下，醛糖还原成糖醇，酮糖还原成两个同分异构的羟基醇。例如，葡萄糖还原后生成山梨醇(图 2-6)。

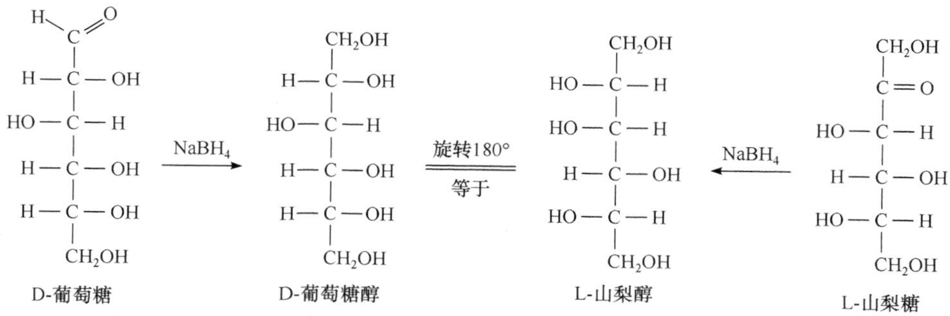

NaBH$_4$
旋转180°
等于
NaBH$_4$
D-葡萄糖
D-葡萄糖醇
L-山梨醇
L-山梨糖

图 2-6　糖的还原作用

3) 酯化作用

单糖可以看作多元醇，可与酸作用生成酯。生物化学上较重要的糖酯是磷酸酯，它们代表了糖的代谢活性形式及糖代谢的中间产物。重要的己糖磷酸酯结构见图 2-7。

β-D-葡糖-1-磷酸
β-D-葡糖-6-磷酸
α-D-果糖-1,6-二磷酸

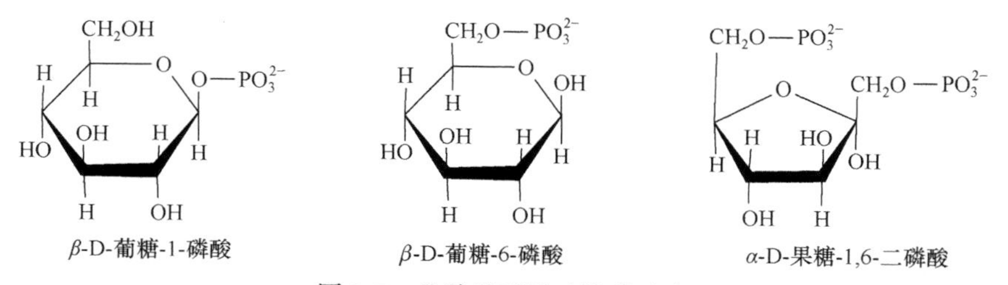

图 2-7　几种重要的己糖磷酸酯

4) 形成糖苷

单糖的半缩醛羟基很容易与醇或酚的羟基反应，失水而形成缩醛式衍生物，称糖苷。非糖部分称配糖体，若配糖体也是单糖，就形成二糖，也称双糖。糖苷有α、β两种形式。核糖和脱氧核糖与嘌呤或嘧啶碱形成的糖苷称核苷或脱氧核苷，在生物学上具有重要意义。α-甲基葡萄糖苷与β-甲基葡萄糖苷是最简单的糖苷(图 2-8)。天然存在的糖苷多为β型。苷与糖的化学性质完全不同。苷是缩醛，糖是半缩醛。半缩醛很容易变成醛式，因此糖可显示醛的多种反应。苷需水解后才能分解为糖和配糖体。所以苷比较稳定，不与苯肼发生反应，不易被氧化，也无变旋现象。糖苷对碱稳定，遇酸易水解。

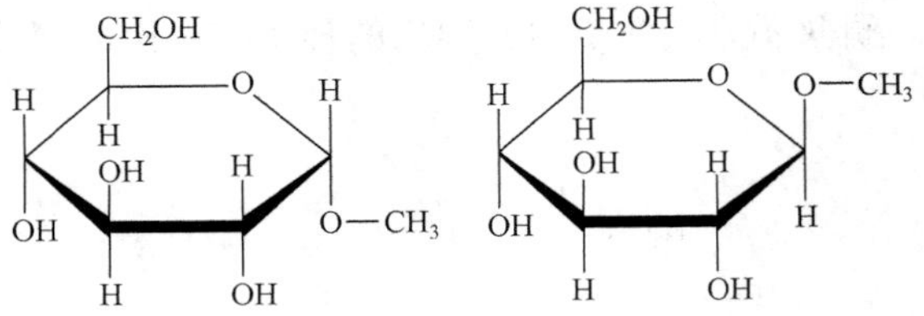

α-甲基-D-葡萄糖苷　　β-甲基-D-葡萄糖苷

图 2-8　最简单的甲基糖苷

2.4　重要单糖及其衍生物

单糖是糖类的最小单位，自然界存在的单糖少于其光学异构体的理论数目。几种常见的单糖及其存在见表 2-4。常见的单糖衍生物有糖醇(sugar alcohol)、糖醛酸(alduronic acid)、氨基糖(amino sugar)及糖苷(glycoside)等。

表 2-4　常见的单糖种类

糖名	英文缩写	存在
L-阿拉伯糖	Ara	也称果胶糖，存在于半纤维素、树胶、果胶、细菌多糖中
D-核糖	Rib	为 RNA 的成分，也是一些维生素、辅酶的组成成分
D-木糖	Xyl	存在于半纤维素、树胶中
D-半乳糖	Gal	是乳糖、蜜二糖、棉子糖、脑苷脂和神经节苷脂的组成成分
D-葡萄糖	Glc	广泛分布于生物界，游离存在于植物汁液、蜂蜜、血液、淋巴液、尿等中，是许多糖苷、寡糖、多糖的组成成分
D-甘露糖	Man	存在于多糖或糖蛋白中
D-果糖	Fru	为吡喃型，是最甜的单糖，是蔗糖、果聚糖的组成成分
D-山梨糖		是维生素 C 合成的中间产物，在槐树浆果中存在
L-岩藻糖	Fuc	为海藻细胞壁和树胶的组成成分，也是动物多糖的普遍成分
L-鼠李糖	Rha	常为糖苷的组分，也是多种多糖的组成成分
葡糖醛酸	GlcA	葡萄糖经特殊氧化途径后的产物，是人体内的重要解毒剂
N-乙酰神经氨酸	NeuNAc	也称唾液酸，是动物细胞膜上的糖蛋白和糖脂的重要成分

糖醇较稳定，有甜味，广泛分布于自然界的有甘露醇、山梨醇、木糖醇、肌醇和核糖醇。甘露醇在临床上用来降低颅内压和治疗急性肾衰竭；山梨醇氧化时可生成葡萄糖、果糖或山梨糖，可作为化工和医药辅料；木糖醇是木糖的衍生物，是无糖咀嚼胶的成分；肌醇常以游离态存在于肌肉、心、肺、肝中，还可作为某

些磷脂的组成成分；核糖醇是黄素单核苷酸(FMN)和黄素腺嘌呤二核苷酸(FAD)的组成成分。

糖醛酸由单糖的伯醇基氧化而得，其中最常见的有葡糖醛酸(glucuronic acid)、半乳糖醛酸(galacturonic acid)等。葡糖醛酸是人体内一种重要的解毒剂。

糖中的羟基为氨基所取代称为氨基糖。常见的有D-氨基葡糖胺和半乳糖胺，D-氨基葡糖常以乙酰葡糖胺的形式存在于甲壳质、黏液酸中，氨基半乳糖常以乙酰氨基半乳糖的形式存在于软骨中。*N*-乙酰神经氨酸是许多糖蛋白的重要组成部分。

糖苷是糖在自然界存在的重要形式。许多天然糖苷具有重要的生物学作用。如洋地黄苷为强心剂，皂角苷有溶血作用，苦杏仁苷有止咳作用，根皮苷能使葡萄糖随尿排出，人参皂苷有抗疲劳、抗感染等功效。糖苷中常见的糖基有葡萄糖、半乳糖、鼠李糖等，配糖体有醛类、醇类、酚类、固醇类等多种类型的化合物。

2.5　寡　　糖

寡糖是少数单糖(2～10个)缩合的聚合物。低聚糖通常指20个以下的单糖聚合的聚合物。激素、抗体、生长素和其他各种重要分子中都普遍含有寡糖。整个细胞表面都为寡糖所覆盖，它是细胞间识别的物质基础。

自然界中最常见的寡糖是二糖。其中麦芽糖(maltose)可看作是淀粉的重复结构单位，饴糖即是通过淀粉水解得到的麦芽糖的浓缩物。蔗糖(sucrose)在甘蔗和甜菜中含量最丰富，是植物体中糖的运输形式。乳糖(lactose)存在于乳汁中，人乳中含量为6%～7%。纤维二糖(cellobiose)是纤维素中重复的二糖单位，纤维素降解可以释放出纤维二糖。自然界中常见三糖有棉子糖、龙胆糖和松三糖等。一些寡糖的结构见图2-9。

有些低聚糖具有防病抗病及增强健康等生理功效，被称为功能性食品，如异麦芽糖、大豆低聚糖等能促进双歧杆菌的增殖，促进老年人钙离子的吸收，预防骨质疏松。在植物的生长发育过程中，低聚糖具有调节功能。

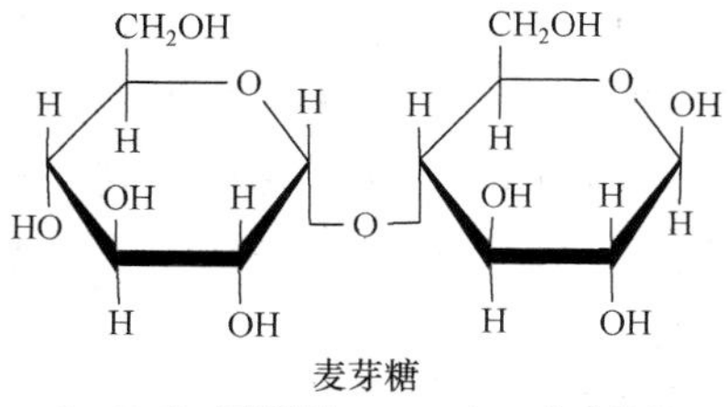

麦芽糖
O-*α*-D-吡喃葡糖基-(1→4)-*β*-D-吡喃葡糖

纤维二糖
O-*β*-D-吡喃葡糖基-(1→4)-*β*-D-吡喃葡糖

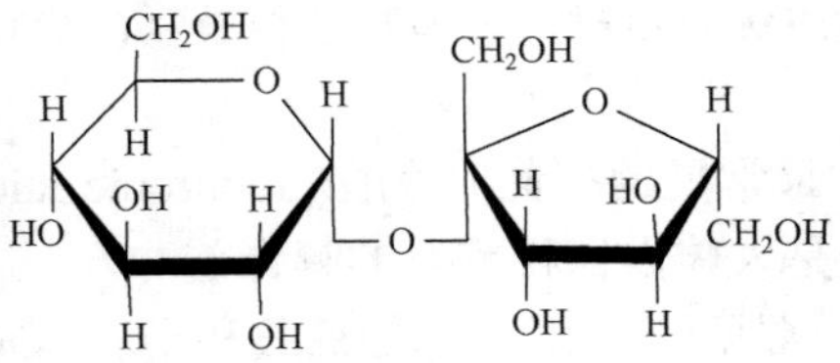

蔗糖

O-α-D-吡喃葡糖基-(1→2)-β-D-呋喃果糖

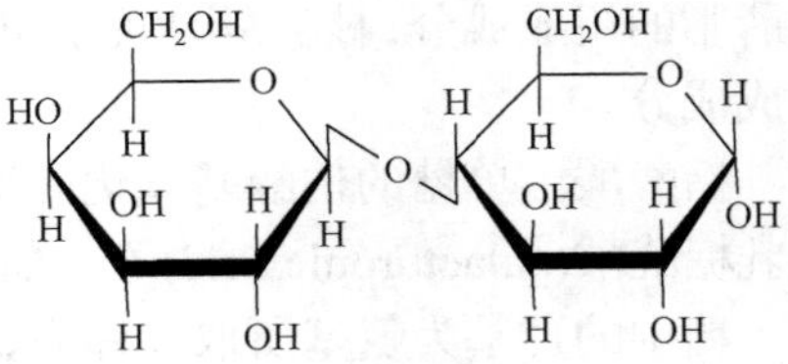

乳糖

O-β-D-吡喃半乳糖基-(1→4)-α-D-吡喃葡糖

图 2-9 一些寡糖的结构式

2.6 多 糖

多糖是由多个单糖基以糖苷键相连而形成的高聚物。多糖完全水解时，糖苷键断裂生成单糖。多糖在自然界分布很广，植物的骨架纤维素、动植物储藏成分淀粉和糖原、昆虫与节肢动物的黏液、树胶、果胶等许多物质，都是由多糖组成。

多糖大多不溶于水，无甜味，有的与水形成胶体溶液。

多糖的结构很复杂，包含单糖的组成、糖苷键的类型、单糖的排列顺序 3 个基本结构因素。由相同的单糖基组成的多糖称同多糖，由不同的单糖基组成的多糖称杂多糖。同多糖因只含一种单糖，其一级结构只包括糖苷键的构型(α或β)、相邻糖基的连接位置、有无分支等。如淀粉、纤维素、右旋糖酐(dextran，酵母、细菌的储存多糖)虽然都是葡聚糖，但它们的一级结构各不相同。直链淀粉是α-1,4 糖苷键连接的线型葡聚糖，纤维素是β-1,4 糖苷键连接的线型葡聚糖，右旋糖酐是主链由α-1,6 糖苷键连接、带有分支的葡聚糖。由于一级结构的不同，其高级结构、性质、功能也都是不同的。杂多糖因含有不同种类的单糖，结构更为复杂。

多糖的高级结构由其一级结构决定。二级结构通常是指多糖分子骨架的形状，例如纤维素分子是锯齿形带状，直链淀粉是空心螺旋状，右旋糖酐是无规卷曲状。多糖的高级(指三级、四级)结构概念，可以推测为多条带状堆砌成束、几股螺旋拧成一束、不同多糖链间协同结合等。

多糖的功能是多种多样的。除作为储藏物质、结构支持物质外，还具有许多生物活性。如细菌的荚膜多糖有抗原性，分布在肝、肠黏膜等组织中的肝素对血液有抗凝作用。存在于眼球玻璃体与脐带中的透明质酸黏性较大，为细胞间黏合物质，由于其具有良好的润滑性，可以对组织起保护作用。多种多糖因其特殊的生物活性，而被采用为临床用药。值得注意的是，单糖形成多糖时，由于单糖有异构物，而且有异头物(α-型或β-型)和多羟基等特点，可以形成种类繁多的不同结构的多糖，因此糖链的生物信息容量超过肽链和多核苷酸链，这些丰富的信息在细胞识别等重要生命活动中起着决定性作用。

此外，某些多糖因其特殊的理化特性而应用于石油工业、轻纺工业、食品工业等方面。

2.6.1 淀粉

淀粉(starch)广泛存在于植物的根、茎或种子中，是储存多糖。天然淀粉一般由直链淀粉(amylose)与支链淀粉(amylopectin)组成，直链淀粉是 D-葡萄糖以α-1,4 糖苷键连接的多糖链，M_r由几千到几万不等。直链淀粉分子的空间构象是卷曲成螺旋形的，每一回转为 6 个葡萄糖基，淀粉在水溶液中混悬时就形成这种螺旋圈。支链淀粉分子中除有α-1,4 糖苷键的糖链外，还有α-1,6 糖苷键连接的分支，每一分支平均含 20～30 个葡萄糖基，各分支也都是卷曲成螺旋(图 2-10)。

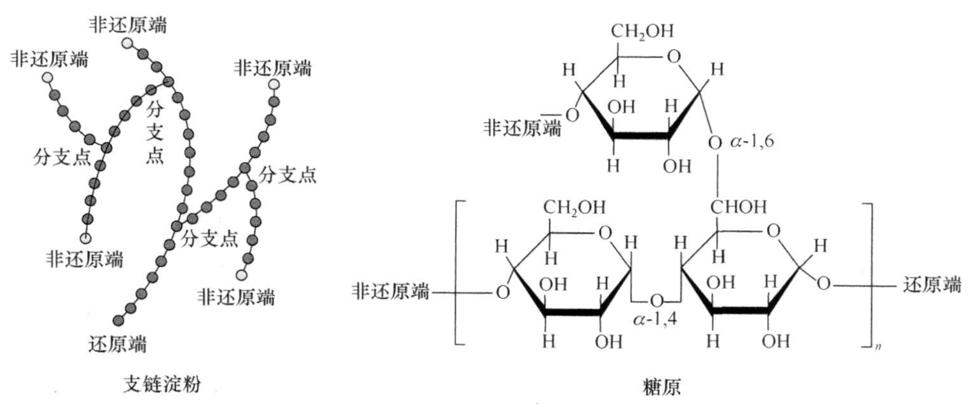

图 2-10 支链淀粉和糖原的还原端和非还原端

碘分子可进入淀粉螺旋圈内，糖游离羟基成为电子供体，碘分子成为电子受体，形成淀粉碘络合物，其颜色与糖链的长度有关。当链长小于 6 个葡萄糖基时，不能形成一个螺旋圈，因而不能呈色。当平均长度超为 20 个葡萄糖基时呈红色，红糊精、无色糊精也因而得名。大于 60 个葡萄糖基的直链淀粉呈蓝色。直链淀粉M_r虽大，但分支单位的长度只有 20～30 个葡萄糖基，故与碘反应呈紫红色。

直链淀粉水溶性较相等分子量的支链淀粉差，这可能是由于直链淀粉封闭型螺旋线型结构紧密，利于形成较强的分子内氢键而不利于与水分子接近；支链淀粉则由于高度分支性，相对来说结构比较开放，利于与溶剂水分子作氢键结合，有助于支链淀粉分散在水中。

天然淀粉多数是直链与支链淀粉的混合物，但品种不同，两者比例也不同。如糯米、粳米的淀粉几乎全部为支链淀粉，而玉米中约 20%为直链淀粉，其余为支链淀粉。

2.6.2　糖原

糖原(glycogen)是人和动物体内的储存多糖，相当于植物体中的淀粉，所以又称动物淀粉。主要储存在动物的肝和肌肉中，在软体动物中也含量甚多。在谷物和细菌中也发现有糖原类似物。

糖原与支链淀粉相似，分支较支链淀粉更多，但分支较短(与碘反应呈红紫色)。糖原高度分支的结构特点使其较易分散在水中，并有利于糖原磷酸化酶作用于非还原末端，促进糖原的降解。糖原在维持人和动物体能量平衡方面起着重要作用，例如当剧烈运动时，糖原将迅速降解为葡萄糖，以保证能量的供应。糖原中含有少量蛋白质(1%)。蛋白质可能是中心物质，是糖原的多糖链合成的引物。

多糖分子末端有半缩醛羟基(C1)者为还原端，否则为非还原端(C4)。支链淀粉或糖原有多个分支，但只有 1 个还原端(见图 2-10)。

2.6.3　纤维素

纤维素(cellulose)是自然界中最丰富的天然有机化合物之一，棉花纤维素含量达 97%～99%，木材中纤维素占 41%～53%。纤维素是植物细胞壁的主要组成成分，是植物中的结构多糖，但在某些海洋无脊椎动物中也有发现。

纤维素是一种线型的由 D-吡喃葡糖基以α-1,4 糖苷键连接的没有分支的同多糖。在纤维中，纤维素分子以氢键构成平行的微晶束，由于纤维素微晶间氢键很多，故微晶束相当牢固，人和其他哺乳动物体内没有纤维素酶(cellulase)，因此不能将纤维素水解成葡萄糖。一些细菌、真菌和某些低等动物(如昆虫、蜗牛)，尤其是反刍动物胃中共生的细菌含有活性很高的纤维素酶，能够水解纤维素，所以，牛、羊、马等动物可以靠吃草维持生命。虽然纤维素不能作为人类的营养物，但人类食品中必需含纤维素。因为它可以促进肠胃蠕动、促进消化和排便。近年来的研究表明，食品中缺乏纤维素容易导致肠癌。

由于纤维素含有大量羟基，所以具亲水性；其羟基上的 H 被某些基团取代后，可制成不同种类的高分子化合物，例如 DEAE-纤维素、羧甲基纤维素、磺酸纤维素等，这些阴、阳离子交换纤维素可作为层析分离的载体，在生物化学研究中发挥重要的作用。

2.6.4　半纤维素

半纤维素(hemicellulose)是碱溶性植物细胞壁多糖，指植物细胞壁中除纤维素、果胶质与淀粉以外的全部糖类，包括木葡聚糖、葡甘露聚糖、木聚糖等不同类型。半纤维素主要存在于植物的木质化部分，如秸秆、种皮、坚果壳、玉米穗轴等，其含量依植物种类、部位和老幼而异。

2.6.5　琼脂

在植物组织中，用作细胞壁或结构成分的多糖，还包括海藻中的琼脂。琼脂(agar)含有 D-与 L-半乳糖基，其中有些是半乳糖基的硫酸酯。琼脂是琼脂糖和琼脂胶两种多糖的混合物。分离除去琼脂胶的纯琼脂糖是生物化学分离分析常用的凝胶材料。琼脂不被一般微生物利用，被广泛用于微生物的固体培养基。

2.6.6　壳多糖

壳多糖(chitin)又称甲壳素、几丁质，自然界中每年生物合成的壳多糖量高达 10 亿吨，是地球上仅次于植物纤维的第二大生物资源。壳多糖是由 *N*-乙酰-D-葡糖胺以β(1→4)糖苷键缩合成的同多糖(图 2-11)。同纤维素伸展的链式结构类似(将乙酰氨基换成羟基便成为纤维素)，壳多糖在链间以氢键交联集合成片；由于氢键比纤维素多，因而比较坚硬，是藻类、昆虫、甲壳动物的结构材料。

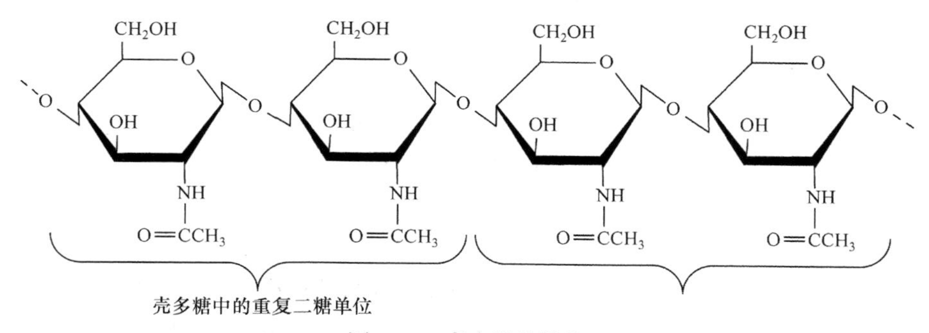

图 2-11　壳多糖的结构

壳多糖的脱乙酰基产物为壳聚糖(chitosan)。壳多糖是天然多糖中唯一大量存在的带正电荷的氨基多糖，具有生物相容性好、毒性低，以及能被生物降解和可以食用等一系列特殊功能性质。因此被广泛应用在食品、化妆品、废水处理、重金属回收、生物、医药、纺织、印染、造纸等领域。

2.6.7　糖胺聚糖

糖胺聚糖由己糖醛酸和己糖胺重复单位构成，因多数含糖醛酸、硫酸基或磺酸基，有较强的酸性和较大的黏稠性，也被称为酸性黏多糖。重要的糖胺聚糖有透明质酸、肝素、硫酸软骨素等(表 2-5)。

表 2-5　几种重要的糖胺聚糖

糖胺聚糖	己糖胺	糖醛酸	SO_4^{2-}	存在部位
透明质酸	*N*-乙酰葡糖胺	D-葡糖醛酸	无	结缔组织、角膜、皮肤
肝素	*N*-硫酸-葡糖胺-6-硫酸	L-艾杜糖醛酸 D-葡糖醛酸(少量)	有	皮肤、肺、肝
硫酸软骨素	*N*-乙酰半乳糖胺-6-硫酸 *N*-乙酰葡糖胺-4-硫酸	D-葡糖醛酸	有	骨、软骨、角膜、皮肤
硫酸皮肤素	*N*-乙酰葡糖胺-4-硫酸	L-艾杜糖醛酸 D-葡糖醛酸(少量)	有	皮肤、血管壁和心瓣膜
硫酸角质素	*N*-乙酰葡糖胺-6-硫酸	不含糖醛酸	有	角膜、软骨、骨髓

2.7　糖复合物

糖复合物是糖类的还原端和其他非糖组分以共价键结合的产物，主要有糖蛋白、蛋白聚糖、糖脂和脂多糖等。

2.7.1　糖蛋白与蛋白聚糖

糖与蛋白质的复合物可分为糖蛋白(glucoprotein)与蛋白聚糖(proteoglycan)两类。糖蛋白是蛋白质与寡糖链形成的复合物，糖成分的含量在 1%～80%之间变动。而蛋白聚糖是蛋白质与糖胺聚糖形成的复合物，糖成分的含量一般较高，可达 95%。

在糖蛋白和蛋白聚糖中，有的仅有一种或少数几种糖基，有的则存在大量的线型或分支寡糖链。软骨中的氨基葡聚糖具有众多的寡糖链，是典型的蛋白聚糖，它含有 150 多个糖链，每个糖链都共价结合于以多肽链为核心的支肽链上，整个结构是高度水化的。软骨蛋白聚糖聚集体(cartilage proteoglycan aggregate)的 M_r 非常大，其中含有透明质酸、硫酸角质素、硫酸软骨素、连接蛋白(link protein)、核心蛋白(core protein)和大量的寡糖链。

糖蛋白分布广泛、种类繁多、功能多样。例如，人和动物结缔组织中的胶原蛋白，黏膜组织分泌的黏蛋白，血浆中的转铁蛋白、免疫球蛋白、补体等，都是糖蛋白。核糖核酸酶、唾液中的α-淀粉酶(α-amylase)过去被认为是简单蛋白质，现在发现也是糖蛋白。生命现象中的许多重要问题，如细胞的定位、胞饮、识别、迁移、信息传递、肿瘤转移等均与细胞表面的糖蛋白密切相关。糖蛋白中的糖基可能是蛋白质的特殊标记物，是分子间或细胞间特异结合的识别部位。例如决定人体血型的是糖蛋白中寡糖链末端糖基组成的不同。O 型血型物质糖链末端半乳糖连接的仅是岩藻糖；A 型的半乳糖上除连接岩藻糖外还连有 *N*-乙酰半乳糖胺；B 型血型物质与 A 型相比，是由半乳糖代替了 *N*-乙酰半乳糖胺；AB 型是 A 型与 B 型末端糖基的总和(图 2-12)。

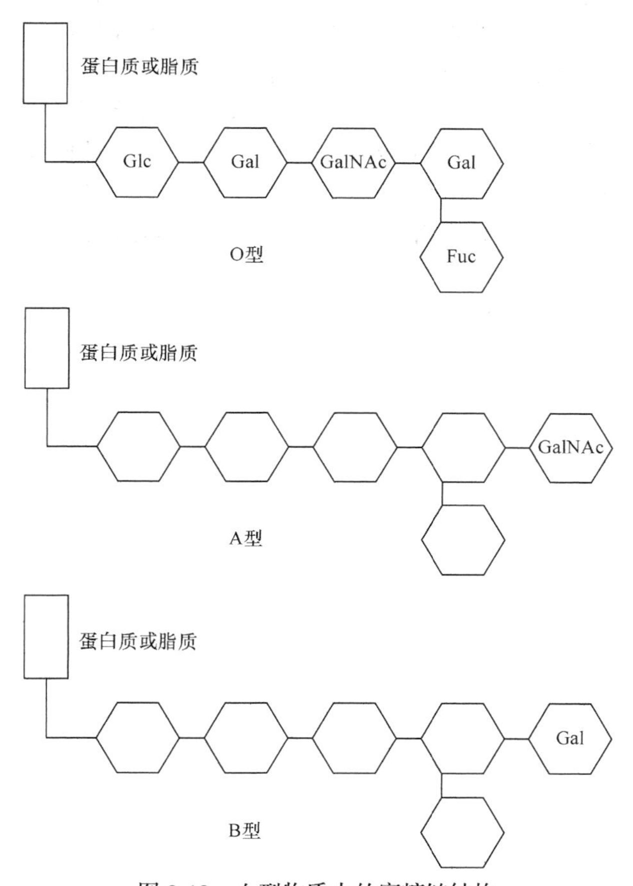

图 2-12 血型物质中的寡糖链结构

糖蛋白(和糖脂)的糖基总是位于细胞的外表面，成为某些病毒、细菌、激素、毒素和凝集素的受体。除识别作用外，糖蛋白中的糖基还具有稳定蛋白质的构象，增加蛋白质的溶解度等功能。

2.7.2 糖脂与脂多糖

糖脂(glycolipid)广泛存在于动物、植物和微生物中，是脂质与糖半缩醛羟基结合的一类复合物。

常见的糖脂有脑苷脂(cerebroside)和神经节苷脂(ganglioside)。脑苷脂是由二酰甘油和己糖结合而成的化合物，己糖主要是半乳糖、甘露糖或葡萄糖。半乳糖苷脂广泛存在于神经组织中。糖基中含有磺酸基—SO_3^{2-}的脑苷脂称为硫酸脑苷脂(cerebroside sulfate)。硫酸脑苷脂广泛存在于动物的各器官中，其中在脑组织中最为丰富。糖基含唾液酸的糖脂称为神经节苷脂。神经节苷脂在神经系统尤其是神经末梢中含量最为丰富，可能与其在神经冲动传递中起递质作用有关。

细胞膜含有各种糖脂，暴露于膜表面的糖脂和糖蛋白是细胞识别的分子基础。

脂多糖(lipopolysaccharide)主要是革兰氏阴性细菌细胞壁所具有的复合多糖，种类甚多。一般的脂多糖由三部分组成，由外到内为专一性低聚糖链、中心多糖链和脂质。外层专一性低聚糖链的组分随菌株不同而异，是细菌使人致病的部分。中心多糖链则大多极其相似或相同，脂质与中心糖链相连接。

第3章　脂质与生物膜

3.1　脂 质 概 述

脂质(lipid，也译脂类或类脂)是生物体内一大类不溶于水而易溶于非极性有机溶剂的生物有机分子。

按照化学组成分类，生物体含有的脂质主要有：

单纯脂质：由脂肪酸和甘油或长链醇形成的脂，包括三酰甘油(脂肪)和蜡。

复合脂质：除了脂肪酸和醇外，还含有其他非脂质成分。按照非脂质分子(磷酸、糖类和含氮碱)的不同，复合脂质可分为甘油磷脂、鞘磷脂、甘油糖脂、鞘糖脂。

衍生脂质：是由单纯脂质和复合脂质衍生而来，或与之关系密切，也具有脂质的一般性质的物质，如类固醇、萜类及前列腺素等。

根据脂质在水中和水界面上的行为不同，可把脂质分为非极性脂和极性脂两大类。极性脂一般含有一个极性基团，在水中有一定溶解度，非极性脂在水中溶解度极低。磷脂、鞘糖脂都是极性脂，它们是组成生物膜的主要分子。

脂质具有许多重要的生物功能。脂肪是生物体储存能量的主要形式；脂肪酸是生物体的重要代谢燃料；生物体表面的脂质有防止机械损伤和热量散发的作用。磷脂、糖脂、固醇等是构成生物膜的重要物质，它们作为细胞表面的组成成分与细胞的识别、物种的特异性以及组织免疫性等有密切的关系。脂质可为人体提供必需脂肪酸、脂溶性维生素及参与代谢调控的类固醇激素。

脂质与人类的日常生活密切相关，千家万户最常用的洗涤剂(肥皂等)和化妆品都是以油脂为主要原料，一些固醇类激素药物被广泛用于抗炎、抗过敏等临床治疗中。

3.2　三 酰 甘 油

3.2.1　三酰甘油的结构

动植物油脂的化学本质是脂酰甘油，其中主要是三酰甘油或称甘油三酯。甘油三酯是三分子脂肪酸与一分子甘油的醇羟基脱水形成的化合物。其结构通式如下：

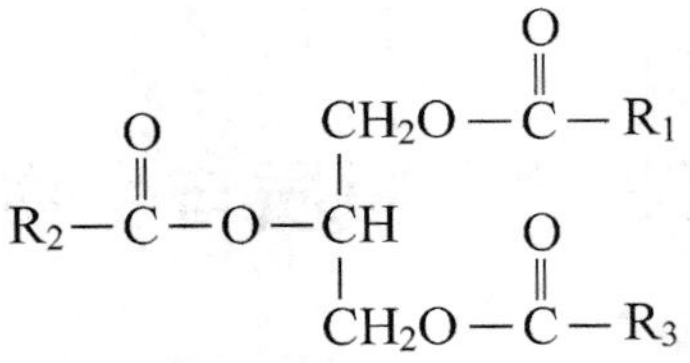

$$\begin{array}{l} \qquad\qquad\qquad\qquad\quad \text{O} \\ \qquad\qquad\qquad\qquad\quad \| \\ \quad\text{O}\qquad\quad \text{CH}_2\text{O}-\text{C}-\text{R}_1 \\ \quad\| \qquad\qquad\ | \\ \text{R}_2-\text{C}-\text{O}-\text{CH}\qquad \text{O} \\ \qquad\qquad\qquad\ |\qquad\quad \| \\ \qquad\qquad\quad \text{CH}_2\text{O}-\text{C}-\text{R}_3 \end{array}$$

若 R_1、R_2、R_3 是相同的脂肪酸，则为简单的甘油三酯(如油酸甘油三酯、硬脂酸甘油三酯)；若部分不同或完全不同，则为混合甘油三酯(如 1-棕榈油酰-2-硬脂酰-3-豆蔻酰-甘油)。

3.2.2 三酰甘油的理化性质

天然三酰甘油一般无色、无臭、无味，不溶于水，易溶于乙醚、氯仿、苯和石油醚等非极性有机溶剂。故常用有机溶剂提取脂质，用萃取法粗分离，再用酸或碱处理，水解成可用于分析的成分(如脂肪酸甲酯)，然后用色谱法进行分析。

天然的油脂常是多种三酰甘油的混合物，因此没有明确的熔点，其熔点与脂肪酸组成及低分子量的脂肪酸数目有关。动物中的三酰甘油饱和脂肪酸含量高，熔点亦高，常温下呈固态，俗称脂肪；植物中的三酰甘油不饱和脂肪酸含量高，熔点亦低，常温下呈液态，俗称油。因此，三酰甘油又通称为油脂。

三酰甘油的化学性质可概括如下所述。

1) 水解与皂化

在酸、碱或脂肪酶的作用下，三酰甘油可逐步水解成二酰甘油、单酰甘油，最后彻底水解成甘油和脂肪酸。

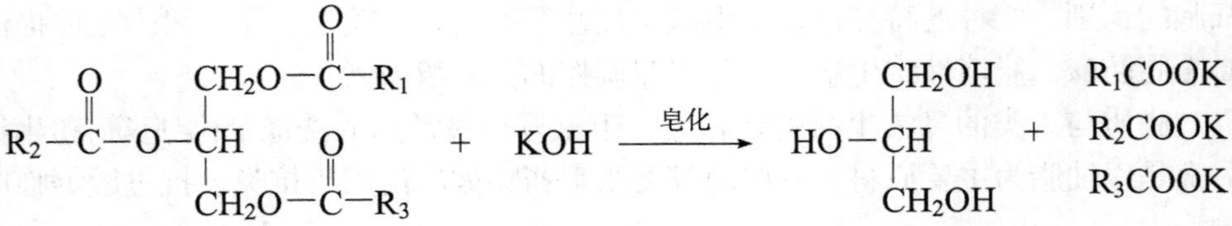

$$\text{R}_2\text{COO}-\text{CH}(\text{CH}_2\text{OCOR}_1)(\text{CH}_2\text{OCOR}_3) + \text{KOH} \xrightarrow{\text{皂化}} \text{HO}-\text{CH}(\text{CH}_2\text{OH})_2 + \begin{array}{l}\text{R}_1\text{COOK}\\ \text{R}_2\text{COOK}\\ \text{R}_3\text{COOK}\end{array}$$

酸水解是可逆的。碱水解因生成脂肪酸盐类(如钠、钾盐)俗称皂，所以油脂的碱水解反应又称为皂化反应。皂化 1 g 油脂所需的 KOH 的质量(mg)称为皂化值。测定油脂的皂化值可以衡量油脂的平均 M_r 大小。

$$\text{油脂的平均}M_r = \frac{3\times56\times1000}{\text{皂化值}}$$

式中，56 是 KOH 的 M_r；中和 1 mol 三酰甘油需要 3 mol KOH，因此皂化值=3 mol KOH/1 mol 三酰甘油=3×56×1000/油脂的平均 M_r。

2) 氢化与卤化

三酰甘油中的双键可与 H_2 和卤素等进行加成反应，称三酰甘油的氢化和卤化。催化剂如金属 Ni 催化的氢化作用，可以将液态的植物油转变成固态脂或半固态脂，称氢化油。氢化油有类似奶油的起酥性和口感，还可以防止油脂酸败，作为人造奶油被广泛用于食品加工。但氢化过程会在减少双键的同时，形成反式双键，称反式脂肪酸。食用反式脂肪酸对健康不利，故不可食用过多的人造奶油。

$$\underset{\text{极化的双键}}{-\overset{\delta+}{\underset{H}{C}}=\overset{\delta-}{\underset{H}{C}}-} \xrightarrow{I^+} \underset{\text{中间体}}{-\overset{+}{\underset{H}{C}}-\overset{I}{\underset{H}{C}}-} \xrightarrow{I^+} \underset{\text{卤化物}}{-\overset{I}{\underset{H}{C}}-\overset{I}{\underset{H}{C}}-}$$

卤化反应中吸收卤素的量可用碘值表示，碘值指 100 g 油脂吸收碘的质量(g)，用于测定油脂的不饱和程度。不饱和程度越高，碘值越高。

3) 自动氧化与酸败作用

油脂在空气中暴露过久可被氧化，产生难闻的臭味，称为油脂酸败作用(俗称变蛤)。酸败的主要原因是油脂的不饱和成分发生了自动氧化，产生过氧化物并进而降解成挥发性的醛、酮、酸的复杂混合物。酸败程度一般用酸值(价)来表示，酸值即中和 1 g 油脂中的游离脂肪酸所需的 KOH 质量(mg)。

3.3 脂　肪　酸

3.3.1 脂肪酸的种类

脂肪酸是许多脂质的组成成分。从动物、植物、微生物中分离的脂肪酸有上百种，绝大部分脂肪酸以结合形式存在，但也有少量以游离状态存在。脂肪酸分子为一条长的烃链(“尾”)和一个末端羧基(“头”)组成的羧酸。根据烃链是否饱和，可将脂肪酸分子分为饱和脂肪酸和不饱和脂肪酸。不同脂肪酸之间的主要区别在于烃链的长度(碳原子数目)、双键数目和位置(图 3-1)。每个脂肪酸可以有通俗名、系统名和简写符号(表 3-1)。

表 3-1　天然存在的脂肪酸

系统名		通俗名	分子结构式	简写
饱和脂肪酸	十二酸	月桂酸	$CH_3(CH_2)_{10}COOH$	12：0
	十四酸	豆蔻酸	$CH_3(CH_2)_{12}COOH$	14：0
	十六酸	软脂酸	$CH_3(CH_2)_{14}COOH$	16：0
	十八酸	硬脂酸	$CH_3(CH_2)_{16}COOH$	18：0
	二十酸	花生酸	$CH_3(CH_2)_{18}COOH$	20：0

续表

	系统名	通俗名	分子结构式	简写
不饱和脂肪酸	十六碳-9-烯酸	棕榈油酸	$CH_3(CH_2)_5CH{=}CH(CH_2)_7COOH$	16：$1\Delta^{9}$
	十八碳-9-烯酸	油酸	$CH_3(CH_2)_7CH{=}CH(CH_2)_7COOH$	18：$1\Delta^{9}$
	十八碳-9,12-二烯酸	亚油酸	$CH_3(CH_2)_4CH{=}CHCH_2CH{=}CH(CH_2)_7COOH$	18：$2\Delta^{9,12}$
	十八碳-9,12,15 三烯酸	亚麻酸	$CH_3CH_2CH{=}CHCH_2CH{=}CHCH_2CH{=}CH(CH_2)_7COOH$	18：$3\Delta^{9,12,15}$
	二十碳-5,8,11,14-四烯酸	花生四烯酸	$CH_3(CH_2)_4CH{=}CHCH_2CH{=}CHCH_2CH{=}CHCH_2CH{=}CH(CH_2)_3COOH$	20：$4\Delta^{5,8,11,14}$

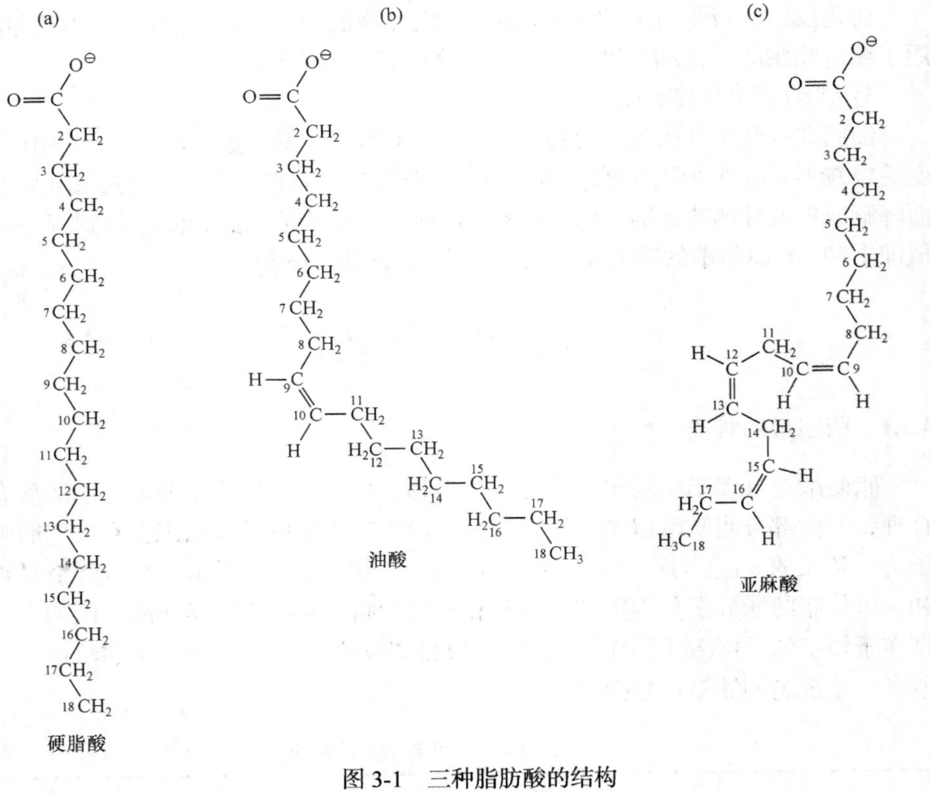

(a) 硬脂酸　(b) 油酸　(c) 亚麻酸

图 3-1　三种脂肪酸的结构

脂肪酸有两种简写系统。Δ编号系统按碳原子的系统序数(从羧基端数起)，用双键羧基侧碳原子序数给双键定位。ω(或 n)编号系统采用碳原子的倒数序数(从甲基端数起)，用双键甲基侧碳原子的序数给双键定位。Δ编号系统先写出脂肪酸的碳原子数目，再写双键数目，两个数目之间用(：)隔开，如[正]十八[烷]酸(硬脂酸)的简写符号为 18：0，十八[碳]烯酸(油酸)的符号为 18：1。双键位置用 Δ 右上方标数字表示，数字是双键的两个碳原子编号(从羧基端开始计数)中的较低数字，并在编号后面用 c(顺式)和 t(反式)标明双键构型。如顺-9-十八烯酸(油酸)简写为 18∶1Δ^{9c}。亚麻酸简写为 18∶3$\Delta^{9,12,15,c}$。ω编号系统可将脂肪酸分为代谢相关的 4 组，即ω3、ω6、ω7、ω9，哺乳动物体内脂肪酸只能由该族母体衍生而来，各族母体分别是软油酸(16∶1，ω7)、油酸(18∶1，ω9)、亚油酸(18∶2，ω6)、*α*-亚麻酸(18∶3，ω3)。

3.3.2　天然脂肪酸的结构特点

(1) 大多数脂肪酸的碳原子数在 12～24 之间，且均是偶数，以 16 碳和 18 碳最为常见。饱和脂肪酸中最常见的是软脂酸和硬脂酸；不饱和脂肪酸中最常见的是油酸。哺乳动物乳脂中，则大量存在 12 碳以下的饱和脂肪酸。

(2) 分子中只有一个双键的不饱和脂肪酸，双键位置一般在第 9、10 位碳原子之间；若双键数目多于一个，则总有一个双键位于第 9、10 位碳原子之间(Δ^9)，其他的双键比第一个双键更加远离羧基，两双键之间往往隔着一个亚甲基($—CH_2—$)，如亚油酸、花生四烯酸等，但也有少数植物的不饱和脂肪酸中含有共轭双键，如双桐油酸。

(3) 不饱和脂肪酸大多为顺式结构(氢原子分布在双键的同侧)，只有极少数为反式结构(氢原子分布在双键的两侧)。植物油部分氢化易产生不饱和脂肪酸，例如食品加工使用的人造黄油、起酥油等。研究表明，反式不饱和脂肪酸摄入过多有增加患动脉硬化和冠心病的危险。

3.3.3　必需脂肪酸

哺乳动物体内能够自身合成饱和及单不饱和脂肪酸，但不能合成机体必需的亚油酸、亚麻酸等多不饱和脂肪酸(PUFA)。我们将这些自身不能合成、必须由膳食提供的脂肪酸称为必需脂肪酸。必需脂肪酸是前列腺素、血栓噁烷和白三烯等生物活性物质的前体。亚麻酸和亚油酸可直接从植物食物中获得，亚油酸属于ω-3(或 n-3)系脂肪酸：ω-3 和ω-6 指从甲基端起第一个双键位于第三个碳和第六个碳上，亚麻酸在人体内可以衍生出二十碳五烯酸(EPA)和二十二碳六烯酸(DHA)，EPA 和 DHA 对婴幼儿视力和大脑发育、成人改善血液循环有重要意义。亚油酸在人体内可转化为γ-亚麻酸，并进而延长为花生四烯酸，是维持细胞膜结构和功能所必需的。

3.4　复 合 脂 质

本节主要介绍甘油磷脂和鞘脂两类，它们是生物膜的主要成分。

3.4.1　甘油磷脂

甘油磷脂(又称磷酸甘油酯)分子中甘油的两个醇羟基与脂肪酸成酯，第三个醇羟基与磷酸成酯或磷酸再与其他含羟基的物质(如胆碱、乙醇胺、丝氨酸等醇类衍生物)结合成酯。结构通式如下：

$$
\begin{array}{l}
\quad\quad\quad\;\; CH_2OCOR_1 \\
\quad\quad\quad\;\; | \\
R_2OCOCH \quad\quad\quad\; O^- \\
\quad\quad\quad\;\; | \quad\quad\quad\quad\quad | \\
\quad\quad\quad\;\; CH_2-O-P-O-X \\
\quad\quad\quad\quad\quad\quad\quad\quad\;\; \| \\
\quad\quad\quad\quad\quad\quad\quad\quad\;\; O
\end{array}
$$

磷脂酶 A1 和 A2 可特异性地催化甘油磷脂 C1 和 C2 位置酯键的水解，磷脂失去一个脂肪酸后的产物称溶血磷脂，其能使红细胞溶解。蛇毒和蜂毒中含有丰富的磷脂酶 A2，一旦进入体内将产生高浓度的溶血磷脂，导致溶血而危及人的生命。

甘油磷脂所含的两个长的烃链构成分子的非极性尾，甘油磷脂基与高极性或带电荷的醇酯化构成极性头，因此甘油磷脂为两性分子。在水中它们的极性头指向水相，而非极性的烃链由于对水的排斥力而聚集在一起形成双分子层的中心疏水区。这种脂质双分子层结构在水中处于热力学的稳定状态，是构成生物膜结构的基本特征之一。纯的甘油磷脂是白色蜡状固体，大多溶于含少量水的非极性溶剂中。用氯仿-甲醇混合溶剂很容易将甘油磷脂从组织中提取出来。

生物体内常见的甘油磷脂包括磷脂酰胆碱(又称卵磷脂)、磷脂酰乙醇胺(又称脑磷脂)、磷脂酰丝氨酸、磷脂酰肌醇、缩醛磷脂以及二磷脂酰甘油(又称心磷脂)等(表 3-2)。卵磷脂与脑磷脂是细胞膜中含量最丰富的脂质物质。卵磷脂常是含不同脂肪酸(软脂酸、硬脂酸、油酸、亚油酸、亚麻酸和花生四烯酸等)的磷脂酰胆碱的混合物。

表 3-2　生物体内常见的甘油磷脂

X 基团	化合物名称
—H	磷脂酸
$-CH_2CH_2-\overset{+}{N}(CH_3)_3$	磷脂酰胆碱(卵磷脂)
$-CH_2CH_2-\overset{+}{N}H_3$	磷脂酰乙醇胺(脑磷脂)
$-CH_2CH(COO^-)-\overset{+}{N}H_3$	磷脂酰丝氨酸

续表

X 基团	化合物名称
（环状结构：OH OH H H H H OH OH OH H）	磷脂酰肌醇

3.4.2　鞘脂类

鞘脂类是植物和动物细胞膜的重要组分，在神经组织和脑内含量丰富。鞘脂类也具有一个极性头和两个非极性尾(一分子脂肪酸和一分子鞘氨醇或其衍生物)，但不含甘油，结构如图 3-2 所示。鞘氨醇是一种含有不饱和烃基链的十八碳氨基醇。

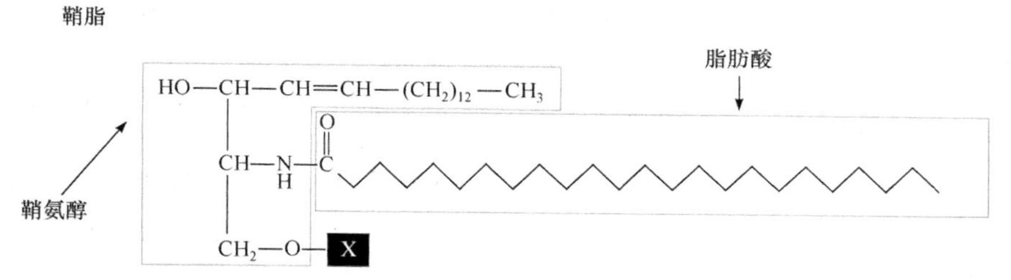

图 3-2　鞘脂的结构

鞘脂类又分为三类，即鞘磷脂类、脑苷脂类及神经节苷脂类。其中鞘磷脂含磷酸。鞘磷脂在高等动物的脑髓鞘和红细胞膜中特别丰富，也存在于许多植物种子中。鞘磷脂经水解可以得到磷酸、胆碱、鞘氨醇及脂肪酸。脑苷脂和神经节苷脂含有一个或多个糖单位，故称其为鞘糖脂。常见的鞘脂见表 3-3。

表 3-3　鞘脂的组成

鞘脂类别	X	X 化学式
神经酰胺	—	—H
(神经)鞘磷脂	磷酸胆碱	$-P(=O)(O^-)-O-CH_2-CH_2-N^+(CH_3)_3$
中性糖脂 葡萄糖神经酰胺	葡萄糖	（环状结构：CH_2OH O H H OH H H OH H OH）

续表

鞘脂类别	X	X 化学式
乳糖神经酰胺(红细胞糖苷脂)	二糖、三糖、四糖	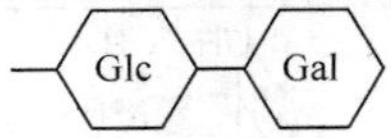 —Glc—Gal
神经节苷脂 GM2	复合寡聚糖	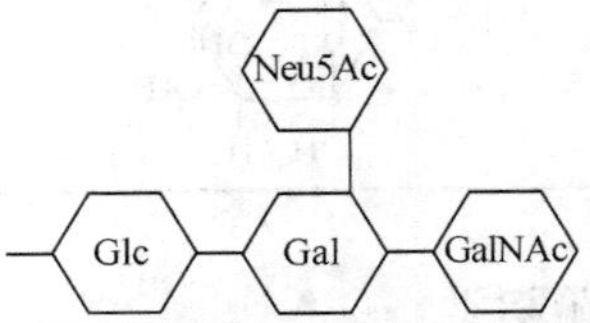 Neu5Ac —Glc—Gal—GalNAc

3.5 类 固 醇

类固醇也称甾类，是一种衍生脂质，以环戊烷多氢菲为核心结构，不含脂肪酸。类固醇在动植物中广泛存在，包括固醇(如胆固醇、羊毛固醇)、胆汁酸和胆汁醇、类固醇激素(如肾上腺皮质激素、雄激素、雌激素)、昆虫的蜕皮激素、植物中的皂素等。

胆固醇是动物组织中含量最丰富的固醇类化合物,有游离型和酯型两种形式。其存在于肝、蛋黄、肾、脾、脂肪等组织中，其中脑、神经组织及肾上腺中含量特别丰富。其结构如图 3-3 所示。

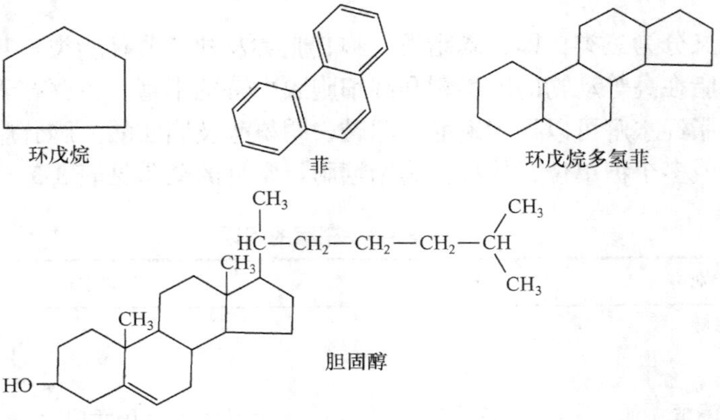

环戊烷　　菲　　环戊烷多氢菲

CH_3　$HC—CH_2—CH_2—CH_2—CH(CH_3)_2$　CH_3　CH_3　HO　胆固醇

图 3-3　胆固醇的结构

胆固醇分子的一端有一极性头部基团(羟基)因而亲水，分子的另一端具有烃链及固醇的环状结构而疏水，因此也属于两性分子。胆固醇及其与长链脂肪酸形成的胆固醇酯是血浆蛋白及细胞外膜的重要组分。植物细胞膜则含有豆固醇等其他固醇。后者与胆固醇结构的不同点在于 C22═C23 之间有一双键。真菌类如酵母和麦角菌产生麦角固醇、酵母固醇。胆固醇 C3 上羟基易与高级脂肪酸(如软脂酸、硬脂酸及油酸等)结合形成胆固醇酯。胆固醇的氯仿溶液与醋酸酐和浓硫酸反应，溶液呈现蓝绿色。这一反应又称 Liebermann-Burchard 反应，可用于鉴定固醇类化合物。胆固醇易与毛地黄糖苷结合而沉淀，这一特性可用于胆固醇的定量测定。

此外，由两个以上异戊二烯单位可构成萜类。异戊二烯单位可头尾连接，亦可尾尾连接。两个异戊二烯单位构成的称单萜，许多是植物精油；三个异戊二烯单位构成的倍半萜存在于某些中草药；叶绿素分子的叶绿醇是双萜；三萜是固醇类的前体；四萜可形成多种色素；多萜可形成天然橡胶。

3.6 生　物　膜

3.6.1 细胞中的膜系统

细胞中各种不同的膜统称为生物膜，包括质膜、细胞核膜、线粒体膜、内质网膜、溶酶体膜、高尔基体膜等。生物膜以不同的形式存在，而且功能也各有差异。不同的膜系统在电镜下却表现出大体相同的形态，即厚度为 6～9 nm 的 3 片层结构。生物膜结构是细胞结构的基本形式，它对细胞内很多生物大分子的有序反应和整个细胞的区域化都提供了必需的结构基础，从而使整个细胞活动能够有条不紊、协调一致地进行。

生物体内很多重要活动，如物质运输、能量转换、细胞识别、细胞免疫、神经传导和代谢调控以及激素和药物的作用、肿瘤发生等都与生物膜密切相关。另外，生物膜的研究已经深入到生物学的很多领域。

由于磷脂、糖脂、固醇等脂质物质不但是构成生物膜的重要物质，而且与细胞识别、种的特异性、组织免疫性等有密切的关系，所以本节联系脂质物质的分类和理化性质，阐述生物膜的物质组成、结构和功能，增进对生物膜的了解。

3.6.2 生物膜的化学组成

生物膜主要由蛋白质和脂质(主要为磷脂)两大类物质组成。此外含少量糖(糖蛋白和糖脂)以及金属离子等，水分一般占 15%～20%左右。

因生物膜的种类不同，膜的组分也有很大的差异。一般来说，功能越复杂的膜，其蛋白质的比例越大。例如神经髓鞘主要起绝缘作用，仅含 3 种蛋白质；而线粒体内膜的功能复杂，包含了参与电子传递的偶联磷酸化的功能，约有 60 种蛋白质。

1) 膜脂

生物膜的脂质主要包括磷脂、固醇及糖脂等。

构成生物膜的磷脂主要是甘油磷酸二酯，最简单的是磷脂酸。磷脂酸含量虽不多，但它是其他甘油磷酸酯的合成前体，如磷脂酰胆碱、磷脂酰乙醇胺、磷脂酰丝氨酸、磷脂酰肌醇和二磷脂酰甘油(心磷脂)等。除甘油磷脂外，生物膜中还含有鞘磷脂。无论甘油磷脂还是鞘磷脂都是两性分子，每一分子既有亲水部分(又称为“头部”)又有疏水部分(又称为“尾部”)。这一特征决定了它们在生物膜中的双分子排列(或称脂双层)。

动物细胞质膜几乎都含有糖脂，其含量约占外层脂膜的5%，这些脂膜大多都是鞘氨醇的衍生物，例如半乳糖脑苷脂是髓鞘膜的主要糖脂，约占外层膜脂的40%。糖脂在膜脂中大多含有1～15个糖残基。糖脂中还有具有受体功能的神经节苷脂等。

一般动物细胞内固醇的含量高于植物细胞，而质膜内的固醇含量又高于细胞内膜系。高等植物的固醇主要为谷固醇和豆固醇。动物细胞膜的固醇最多的是胆固醇。胆固醇的两亲性特点使其在调节膜的流动性、增加膜的稳定性以及降低水溶性物质的通透性等方面都起着重要作用。

上述磷脂、糖脂由于脂酰链长短和不饱和程度或所含糖基的不同可分为许多种。在不同类型细胞的质膜和细胞内膜结构中各种膜脂的组成和含量是不同的。

2) 膜蛋白

膜蛋白可以有多种形式：由单纯蛋白质，也有结合蛋白质，其中结合蛋白质以糖蛋白为主，脂蛋白次之。根据膜蛋白在膜中的定位与膜脂的相互作用方式，一般将膜蛋白分为膜周边蛋白和膜内在蛋白两种。膜周边蛋白的主要特点是分布于膜的脂双层(外层或内层)的表面，通过静电作用及离子键作用等较弱的非共价键与膜的外表相结合。膜周边蛋白比较易于分离，通过改变离子强度或加入金属螯合剂即可提取。这类蛋白溶于水，占膜蛋白的20%～30%。

膜内在蛋白也称整合膜蛋白(integral proteins)，主要特征为水不溶性，靠疏水力与膜脂相结合，占膜蛋白的70%～80%，它们分布在磷脂的脂双分子层中，横跨全膜或者以多酶复合物形式和外周蛋白结合。绝大多数内在蛋白含有一个或几个跨膜的肽段(如与G蛋白偶联的受体蛋白大多数具有7次跨膜的结构)，由于α螺旋能最大限度地降低肽键本身的亲水性质而且能使之在疏水环境中更加稳定，因此这些跨膜的肽段主要由疏水氨基酸组成的α螺旋构成。生物膜在一般条件下都呈现脂双层结构，不论何种膜蛋白，它们在细胞膜上的位置相对固定但可以移动。膜蛋白对物质代谢(酶蛋白)、物质传送、细胞运动、信息的接受与传递、支持与保护均有重要意义。

3) 膜糖类

生物膜中含有一定量的糖类，它们主要是以糖蛋白和糖脂的形式存在。其在细胞质膜表面分布较多，一般占质膜总量的2%～10%。分布于质膜表面的糖残基形成一层多糖-蛋白复合物。与膜蛋白和膜脂结合的糖类主要有中性糖、氨基糖和唾液酸等。糖脂主要为神经糖脂。糖蛋白和糖脂与细胞的抗原结构、受体、细胞免疫反应、细胞识别、血型及细胞癌变等均有密切关系。

3.6.3　生物膜的结构

生物膜是由膜脂、膜蛋白、膜糖定向、定位排列，高度组织化的分子装配体(图 3-4)。它是一种超分子复合物，具有特定的分子结构。脂质双分子层是所有生物膜具有的共同结构特征，即非极性(疏水)的尾部在双层膜的内部，靠疏水作用聚在一起，极性(亲水)头部在膜的两个表面。

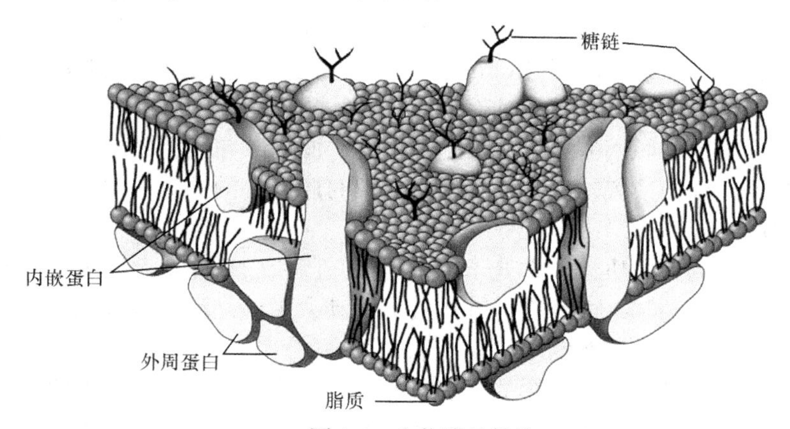

图 3-4　生物膜的结构

通过对各种天然生物膜和人工膜的研究，发现生物膜最显著的特征是膜结构的不对称性和膜组分的流动性，它们是膜行使生物功能的基础。

1) 生物膜的不对称性

生物膜的不对称性(asymmetry)具有两个方面的含义，其一是指膜脂组分的不对称性分布，其二是指膜蛋白组分的不对称性分布。

不同的膜脂在脂双层的内外两层中的分布是不一样的，含有胆碱的磷脂如磷脂酰胆碱和鞘磷脂主要分布在脂双层的外层，而氨基磷脂如磷脂酰丝氨酸和磷脂酰乙醇胺主要分布在内层。动物细胞膜外层的胆固醇含量高于内层。膜蛋白在脂双层的内外两层中的分布也是不对称的，有些膜周边蛋白只附着在外层的表面，而有些膜周边蛋白质正好相反。膜内在蛋白也一样，有的插在外层，有的只插在内层，有的虽然横跨内外两层，但是相连的寡糖基只存在于生物膜的外侧。膜蛋白分布的不对称性对于生物膜的正常生理功能是极为重要的，如充当传递生物信息的受体分子，只有当它与配体结合的部位面向细胞膜的外侧才能发挥作用。

通常，在组成和功能上，膜内表面不同于膜的外表面，位于两单层的蛋白质性质和分布也不相同。这种不对称性赋予膜的作用具有方向性，溶质或信号可以按一个方向跨膜移动。

2) 生物膜的流动性

生物膜的流动性(fluidity)主要指膜脂和膜蛋白所做的各种形式和运动。

膜脂的流动性主要决定于磷脂分子。例如磷脂分子中因脂肪酸链的弯折在膜脂双层内所做的侧向扩散;膜脂分子从脂双层的一面翻转扩散到另一面的过程中，脂质分子极性的头部将因由水合-环境进入脂双层的疏水区内部而发生改变，这是一个被动的吸能过程。膜脂的脂肪酸链由于绕 C—C 键的旋转处于不断地运动中，低温时膜脂运动慢，脂双层内脂肪酸链充分伸展，有序排列类似于晶体状态。当加热到某温度(相变温度)时，像晶体熔化为液体一样发生了相转变，膜脂成高度无序状。膜脂流动性的大小与磷脂分子中脂肪酸链的长短及不饱和程度密切相关。链越长，不饱和程度越高，流动性越大。动物体中，胆固醇对膜的流动性起重要的调节作用。由于胆固醇具有刚性平面结构，胆固醇与膜脂的结合限制了液晶态脂肪酸链的运动而使膜的流动性降低，低温时胆固醇的插入妨碍膜脂烃链的有序组装而使膜的流动性增高。

生物膜中的蛋白质也经常处于运动之中。膜蛋白在膜上至少可作两种形式的运动：一是沿着与膜平面垂直的轴作旋转运动；另一是沿着膜表面作侧向扩散运动，这种侧向扩散在多数情况下是随意和无序的。

生物膜的流动性对生物膜的功能具有深刻的影响。比如，随着膜的流动性增强，膜对水和其他亲水性的小分子的通透性就增加。膜蛋白的流动性与膜脂的流动性密切相关，例如当膜脂流动降低时，膜内在蛋白暴露于膜外水相；反之，如果膜脂流动性增加，膜内在蛋白则更多地深入脂层中。这种相关性将影响膜蛋白的构象与功能。膜的流动性主要是膜脂的流动性、膜蛋白可移动性以及胆固醇的运动。

3.6.4　生物膜的功能

(1) 物质传送作用　细胞在生命活动过程中，不断地与外界进行物质交换，需依赖细胞膜上专一性的传送载体蛋白或通道蛋白，实现细胞内外物质的传送。

(2) 保护作用　生物膜具有自我封闭的特点，细胞膜作为细胞外周界膜，对保护细胞内环境稳定起主要作用。

(3) 信息传递作用　细胞膜上有各种受体，能特异地结合激素等信号分子。例如肝及肌细胞的细胞膜上含有识别并结合胰岛素、胰高血糖素、肾上腺素的受体，一旦这些受体与激素结合，就可将信号跨膜传向细胞内的酶系产生特定的生理效应。

(4) 细胞的识别作用　细胞识别是指细胞有识别异己的能力，尤其是生殖细胞和免疫细胞(如吞噬细胞、淋巴细胞)的识别能力更为明显。一般来讲，识别作用是一种发生在细胞表面的现象，其本质是细胞通过细胞膜上特定的膜受体或膜抗原与外来信号物质的特异结合。淋巴细胞依赖细胞膜上特定的抗原受体识别并结合外来抗原，产生相应的抗体引起免疫反应。细胞膜上的特定抗原(如组织相容性抗原)也参与细胞识别。相同个体内的各组织器官都有相同的相容性抗原，因而可以相容。不同个体间相容性抗原不同，因而相互排斥。现在知道，鉴于这些特定的膜受体和膜抗原的化学本质都是糖蛋白或糖脂，因此认为细胞识别的分子基础是糖链结构的特异性。

生物膜的磷脂含多不饱和脂肪酸，并接触充足的氧，容易发生脂质过氧化作用。脂质过氧化作用是指多不饱和脂肪酸或脂质的氧化变质，是活性氧参与的自由基链反应。脂质过氧化产物及其中间产物可造成生物大分子和生物膜的损伤，人类患肿瘤、血管硬化及衰老现象都涉及脂质过氧化作用。一些抗氧化剂可以减缓脂质过氧化作用，因而可以预防疾病，延缓衰老。

第 4 章　糖类和脂类生物化学在环境科学中的应用

4.1　微生物胞外多糖在修复重金属污染中的潜力和生物化学机制

4.1.1　微生物胞外多糖的生物化学特征

微生物会分泌细胞外多糖物质，称胞外多糖(exopolysaccharide)。常报道的产胞外多糖的微生物有细菌、真菌、古菌、微藻类等。部分微生物在多种环境条件下分泌胞外多糖，而另一些微生物只在特定生理条件下如低温、高盐及其他环境胁迫下分泌胞外多糖。微生物胞外多糖可能紧紧附着在细胞壁上，形成荚膜；也可能是可溶性的松散大分子，像无定形黏液。部分微生物能同时分泌上述两种形态的胞外多糖。显微镜下这些胞外聚合物可能呈网络状或纤维状结构。微生物的胞外多糖通常分子量较高，且高度亲水。

尽管一些单细胞微生物可能形态大致相似，但它们的胞外物质在化学组成和结构性质上有着本质的不同。从化学组成看，有些微生物能产生多种胞外多糖，而有些微生物只产生一种，而且微生物分泌的胞外多糖的量、物理性质以及化学组成受其营养和环境条件影响。微生物胞外多糖具有多种生物学功能，大致可以分为两类，一是连接作用，即保障细胞内外物质和信号的传递和交流；二是隔离作用，使微生物细胞与外界隔离，保护微生物免受有害环境因素的影响。

1) 微生物胞外多糖的化学组成

微生物胞外多糖是一种复杂的生物大分子物质。广义的胞外多糖有时又称胞外聚合物(extracellular polymeric substance)，其组成以多糖为主，同时含有蛋白质、脂质、核酸、硫酸根、磷酸根、无机盐等成分。微生物胞外多糖依据其单糖组成分为同多糖和杂多糖，其中杂多糖比同多糖更常见。最常见的单糖组分是六碳糖，如 D-葡萄糖、D-半乳糖、D-甘露糖、L-鼠李糖、L-岩藻糖，以及它们的衍生物，如相应的 *N*-乙酰糖胺和糖醛酸等。五碳糖中 D-阿拉伯糖和 D-木糖较为常见，多发现于光合细菌的胞外多糖中。还有一些稀有的单糖组分，如上述单糖的甲基化形式和它们的 L-或 D-型单体，这些稀有的单糖组分常在极端环境或难培养微生物的胞外多糖中发现。

常见的微生物胞外同多糖大部分由 D-葡萄糖或 D-果糖组成，如乳酸杆菌

(*Lactobacillus*)产生的果聚糖(levan)由 D-果糖组成(图 4-1A)。由葡萄糖聚集成的同多糖称葡聚糖，有多种类型，如链球菌(*Streptococcus*)产生的右旋糖酐(dextran)、农杆菌(*Agrobacterium*)和根瘤菌(*Rhizobium*)产生的凝胶多糖(curdlan)(图 4-1B)，以及一些革兰氏阴性菌产生的细菌纤维素(cellulose)(图 4-1C)。也有以糖醛酸和鼠李糖为单位的同多糖，但比较少见，如一株中华根瘤菌(*Sinorhizobium*)产生的胞外多糖为聚葡萄糖醛酸，一株伯克霍尔德菌(*Burkholderia*)产生鼠李聚糖(rhamnan)(图 4-1D)。

A:

→6)-*β*-D-Fru*f*-(2→6)-*β*-D-Fru*f*-(2→6)-*β*-D-Fru*f*-(2→6)-*β*-D-Fru*f*-(2→

B:

→3)-*β*-D-Glc*p*-(1→3)-*β*-D-Glc*p*-(1→3)-*β*-D-Glc*p*-(1→3)-*β*-D-Glc*p*-(1→

C:

→4)-*β*-D-Glc*p*-(1→4)-*β*-D-Glc*p*-(1→4)-*β*-D-Glc*p*-(1→4)-*β*-D-Glc*p*-(1→

D:

→4)-*α*-D-Rha*p*-(1→3)-*α*-D-Rha*p*-(1→3)-*α*-D-Rha*p*-(1→3)-*α*-D-Rha*p*-(1→

图 4-1　几种微生物胞外同多糖的结构式

A 为果聚糖，B 为凝胶多糖，C 为细菌纤维素，D 为鼠李聚糖。Fru：Fructose，果糖；Glc：Glucose，葡萄糖；Rha：Rhamnose，鼠李糖。斜体 *p* 代表吡喃糖构型，斜体 *f* 代表呋喃糖构型

胞外杂多糖通常由有规律的重复单位组成，这些重复单位一般含 2～8 个单糖分子，包含 2～4 种或更多的单糖种类。最简单的杂多糖由两种单糖重复单位构成，如协腹产碱杆菌(*Alcaligenes latus*)胞外多糖由甘露糖醛酸和海藻糖组成(图 4-2A)。大多数的微生物胞外杂多糖含有糖衍生物如糖醛酸或乙酰氨基糖，常见的有葡萄糖、半乳糖和甘露糖等的衍生物。杂多糖的重复单位中有时还带侧链。不同于植物多糖的高度分支，微生物胞外多糖大部分是有规律的线性分子，其分支有规律地附着在主链上。革兰氏阴性菌杂多糖黄原胶由五碳糖的重复单位构成，其中三个单糖以侧链形式附着于纤维二糖组成的纤维素骨架上(图 4-2B)。随着多糖结构分析方法的提高，以及研究对象物种的扩展，越来越多的胞外多糖复杂结构被解析，比如重复单位中有 2 条甚至 3 条侧链的多糖(图 4-2C)。细菌藻酸盐(alginates)是一种比较特殊的胞外杂多糖，只含有糖醛酸且没有规律的重复单位，它是由 D-甘露糖醛酸和 L-古罗糖醛酸组成的不规则无分支结构(图 4-2D)。不同物种微生物产生的藻酸盐也不尽相同。

微生物胞外多糖常含有各种酰基、缩酮等取代基团，如乙酰基和丙酮酸缩酮。乙酰基呈电中性，而丙酮酸缩酮因含有自由的羧基而带负电荷。由于葡萄糖醛酸、半乳糖醛酸以及酮酸存在，微生物胞外杂多糖大多数呈酸性、聚阴离子的状态。微生物胞外多糖中的化学基团取代的情况可能很复杂，取决于物种及其生理活性和培养条件，如黄原胶侧链单糖的羟基有时会被乙酰基或丙酮基取代。另外一种

荚膜异多糖酸，又称可拉酸(colanic acid)，由四种单糖即L-海藻糖、D-葡萄糖、D-半乳糖和D-葡萄糖醛酸组成的六糖重复单位组成，D-半乳糖残基上有丙酮取代基团(图4-2E)。其他有机取代基团还有琥珀酰基、乳酸及氨基酸等。

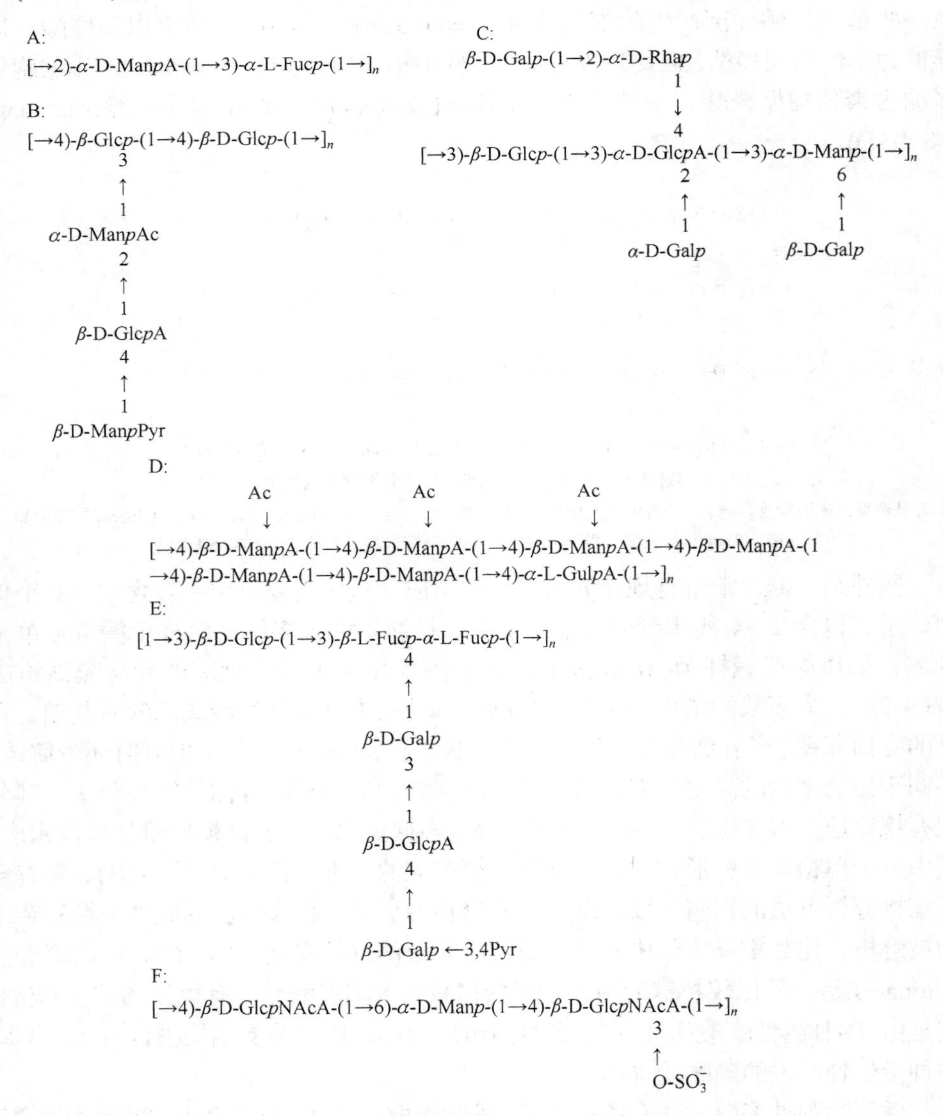

图4-2 几种微生物胞外杂多糖的结构式

A为简单二糖重复的杂多糖，B为黄原胶，C为多侧链多糖，D为藻酸盐，E为可拉酸，F为含硫多糖。Man：Mannose，甘露糖；Fuc：Fucose，海藻糖；Glc：Glucose，葡萄糖；Gal：Galactose，半乳糖；Rha：Rhamnose，鼠李糖；Gul：Gulose，古洛糖；GlcA：Glucuronic acid，葡萄糖醛酸；GlcNAc：*N*-acetylglucosamine，*N*-乙酰葡糖胺。*p*：pyranose，代表吡喃糖构型。尾缀A为acid缩写，代表酸；Ac为Acetyl缩写，代表乙酰基；Pyr为Pyruvate ketal groups缩写，代表缩酮

除了上述有机取代基团，微生物胞外多糖还常常含有无机取代基团如磷酸基团和硫酸基团。磷酸基团在革兰氏阳性细菌中较为常见，但是在革兰氏阴性菌如大肠杆菌(*Escherichia coli*)中也有发现。光合细菌、嗜盐古菌和深海热液口细菌的胞外多糖常含有硫酸基团，如深海热液口 *Pseudoalteromonas* sp. HYD 721 含有硫酸基团(图 4-2F)。一些光合细菌和嗜盐菌的胞外多糖含 6%～8%硫酸盐。这些取代基团赋予微生物胞外多糖丰富的化学特征和物理性质。

2) 微生物胞外多糖的理化性质

多糖的一级结构决定其高级结构和物理性质，如溶解性、结晶性、胶凝能力等。微生物胞外多糖由于单糖组成、连接键以及取代基团的不同，其物理性质如分子量、溶解度差别很大。由于分子量高，多糖溶液常常是黏性的，可以单独或与离子结合后形成凝胶。部分微生物的胞外多糖分子质量高达 10^6 Da；溶解度也从高度可溶到不溶于水。值得注意的是，乙酰化程度、分子量大小等组成结构的细微差异，都可能导致黏性、胶凝能力等物理性质的极大不同。一些常见微生物胞外多糖组分对多糖物理性质的影响见表 4-1。

表 4-1　多糖组分对其物理性质的影响

多糖成分	特征	物理性质	例子
中性糖	不带电聚合物	不溶性	纤维素、生物膜
糖醛酸	聚阴离子	可溶性，离子络合	黄原胶、海藻酸钠
丙酮酸	聚阴离子	离子络合	黄原胶、半乳葡聚糖
甲基戊糖	亲脂性	可溶性	生物膜胞外多糖
乙酰化	溶解性	凝胶化，减少离子络合	海藻酸钠、结冷胶等
侧链	多样性	可溶性	黄原胶、结冷胶
1, 3/4 糖苷键	刚性	可溶性和不溶性	凝胶多糖、纤维素
1, 2 糖苷键	灵活性	可溶性、稳定性	右旋糖酐

微生物胞外多糖的化学反应性能取决于它的单糖组成成分，同时其丰富的取代基团也赋予了它多样的化学反应潜能。这里重点叙述微生物胞外多糖与金属/重金属的反应特点。研究发现，胞外多糖与金属离子的反应主要依靠其可电离的官能团，如羟基、羧基、酰胺基、糖醛酸亚基、硫酸基团和磷酰基。这些基团在吸附、隔离以及移除重金属离子中起重要作用。不同的重金属离子与胞外多糖的反应可能涉及不同的反应基团，这些基团代表了金属离子的潜在结合位点，并影响其在环境中的行为。

4.1.2　重金属对微生物胞外多糖合成及其结构的影响

大多数微生物能分泌胞外多糖，有些分泌大量的胞外多糖。研究表明，微生物合成及分泌胞外多糖被精细调控，有多个基因参与，受多种环境因素的影响，是微生物适应外界环境条件的一种生理过程。这些环境因素不仅包括生长和营养条件，也包括多种环境胁迫，如重金属和有机污染物等。

已有的研究表明，在非致死浓度范围内，重金属离子胁迫促进微生物胞外多糖的合成，甚至改变胞外多糖的组成和性质。例如，*Synechocystis* sp. PCC6803暴露于0.5 mg/L Cd(Ⅱ)后，其胞外多糖产量在前三天内显著增加，在第三天增量达60.4%，多糖产量的增加与它对Cd(Ⅱ)的吸附功能有关。根瘤菌*Rhizobium radiobacter* VBCK1062在砷酸盐胁迫下，胞外多糖产量增加，组分中的总碳水化合物和糖醛酸含量分别显著提高了41%和33%。当小球藻暴露于1.0 mg/L的Cd(Ⅱ)时，其游离型和结合型的胞外多糖含量分别提高了19.7%和50.6%；进一步分析表明，Cd(Ⅱ)的存在还改变了胞外多糖的组成，提高了多糖中腐殖酸、色氨酸等的含量，以及一些负电荷基团如羧基、羟基、氨基的含量，这些改变被认为有利于多糖对重金属的吸附作用。对铅耐受菌*Enterobacter cloacae* P2B的研究发现，1.6 mmol/L硝酸铅促进菌株产生胞外多糖，多糖中的羧基、羟基和葡糖醛酸与铅的结合有关，其中中性糖如鼠李糖、甘露糖、葡萄糖等含有大量羟基，进一步提高了多糖对铅的结合能力。

重金属诱导或促进微生物合成并分泌胞外多糖，甚至改变多糖的组分的现象已经在许多菌株中得到证明。虽然重金属诱导或改变微生物产胞外多糖的生物学机制还在探索中，但是目前普遍认为，胞外多糖对微生物耐受和抵御重金属的毒性有重要作用。因此利用微生物胞外多糖进行环境重金属污染修复，并探讨胞外多糖与重金属的生物化学作用机制，引起了人们的广泛关注。

4.1.3　微生物胞外多糖降低环境重金属污染的生物化学机制

微生物作为一种原始的生命体在地球上进化生存了很长的历史，它们丰富多样的代谢形式中蕴藏着多元而复杂的重金属修复机制。研究表明，微生物胞外多糖与重金属的作用形式多样，机制各不相同，大致可以分为生物吸附和生物转化两大类。值得注意的是，同一场景下可能同时发生多种作用机制，以下分别阐述。

1. 生物吸附

生物吸附(bioabsorption)是一种吸附质吸附在生物吸附剂上的物理化学过程，通常与细胞的代谢过程无关。生物吸附现象在自然界中普遍存在，由于吸附场景的多样性，吸附过程的原理复杂，主要包括离子交换、配位络合和生物沉淀(图4-3)。

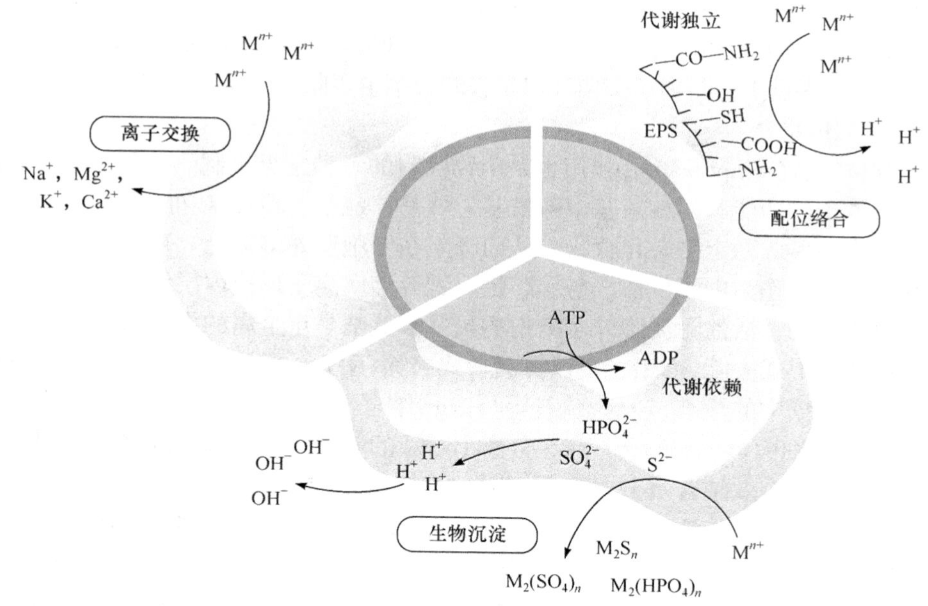

图 4-3　微生物胞外聚合物对重金属的生物吸附机制

微生物胞外多糖能作为生物吸附剂，主要依靠其中多糖、脂类和蛋白质上带有的羧酸基团、磷酸基团、硫酸基团、羟基和氨基等，这些功能基团有助于金属离子与细胞表面的结合。生物吸附一般是不依赖于代谢的，因此它通常是可逆的，且结合速度快，很可能在 1 分钟内发生；但也有的生物吸附依赖代谢。生物吸附受许多因素影响，主要包括金属离子的离子半径、电负性、胞外多糖的表面积、可利用的基团数量等。另外，环境的 pH 值、竞争性离子的存在也会影响胞外多糖的吸附能力。胞外多糖中的羟基和羧基可被用作其与金属离子结合能力的定量指标。

1) 离子交换

离子交换(ion exchange)机制在生物吸附过程普遍存在，常常是生物吸附的第一阶段，可以在短时间内发生。微生物胞外聚合物中的多糖、蛋白质、DNA 和脂类等具有多种带负电荷的官能团如羟基、羧基、硫酸基团等，这些官能团与带正电荷的金属离子之间具有静电结合亲和力。通常，已经存在于多糖表面的氢离子，或 Ca^{2+}和 Mg^{2+}等金属离子会以离子交换形式，被与配体具有更大亲和力或结合能力的其他离子(Cd^{2+}、Pb^{2+}、Cu^{2+})所取代。

在研究螺旋藻(*Arthrospira*)吸附 Cd^{2+}、Cr^{5+}、Cu^{2+}的过程和机制中发现，细胞表面的离子交换机制占主导作用，通过离子交换机制去除的重金属约占 27%～29%，电位滴定法表明羧基、磷酸基团和羟基是三种主要的功能基团。利用电子顺磁共振方法发现鱼腥藻(*Anabeana*)胞外多糖通过离子交换机制吸附重金属 Pb^{2+}、Cu^{2+}

和 Hg^{+}。蓝丝菌 *Cyanotheces* sp. 吸附重金属的主要成分为其胞外多糖，该多糖具有较强的离子吸附性能，且各重金属离子(Cu^{2+}、Cd^{2+}、Pb^{2+})和轻金属离子(Ca^{2+}、Mg^{2+}、Na^{+})之间在多糖上进行离子交换，但是吸附效率主要归功于功能基团的可用性。

2) 配位络合

配位络合(complexation)作用也是生物吸附的一种常见机制。重金属与微生物胞外多糖中的功能基团如羧基、磷酰基、氨基、巯基、酚羟基和醇羟基等可以通过配位作用形成稳定络合化合物，从而吸附在细胞壁外多糖上。羧基、羟基上的氧和氨基氮可作为电子供体，与锌、铅、铜等金属离子形成内层络合物。

研究发现，活性污泥胞外多糖中的羧基和氨基是重金属的主要络合位点，镉主要以络合形式去除，而铅主要以沉淀形式去除。耐汞的海洋菌株在 pH 4～10 时，通过胞外多糖中的羧基、羟基、巯基等与 Hg^{2+}结合，能在细菌细胞表面积累约 70%的 Hg^{2+}。从细菌 *Arthrobacter* ps-5 分离出新颖的胞外多糖，其中的羟基、羰基、羧基等基团能有效结合重金属离子 Cu^{2+}、Pb^{2+}和 Cr^{6+}。而 *Shewanella alga* strain BrY 的胞外多糖能与镎形成络合物，主要的基团有羧基和含氮羧基配体。

配位作用可以与离子交换作用同时产生，如上述的胞外聚合物络合金属能力与 pH 梯度有关，质子与金属阳离子在阴离子官能团结合位点进行交换。环境 pH 通过平衡阴阳离子，决定胞外多糖表面电荷的分布，从而影响有机金属配体的形成。胞外多糖是高度水合的亲水分子，重金属通过亲水性相互作用与胞外多糖中的羧基、磷酸基团等形成络合物，有高氢键势能的多糖极性基团(如羟基、羧基和磷酸)可以较好地与重金属螯合，促进金属离子的固定。

3) 生物沉淀(bioprecipitation)

沉淀和溶解是重金属离子在水环境中分布、积累、迁移、转化的重要途径。重金属的碳酸盐、硫化物、磷酸盐和氢氧化物通常微溶或难溶。胞外多糖可以通过各种具有阴离子活性的官能团与可溶性金属离子反应生成不可溶化合物而使其沉淀。

胞外多糖导致的金属沉淀与溶液 pH 有显著关系。比如，铅离子可以和去质子化的多糖形成 $Pb(OH)_2$ 沉淀而增加生物吸附量。当 pH 升高时，反应物质水解，胞外多糖活性官能团电离，形成脱质子官能团，有效结合位点增加，与金属离子作用从而在胞外多糖表面形成沉淀。有研究报道，耐汞的细菌通过分泌胞外多糖提高对汞的耐性，汞能在细菌胞外形成球形或不定形的含汞沉积物，实验中没有检测到零价汞的挥发，因此认为细胞通过吸附和沉淀作用而耐汞。通过对比死和活细胞生物量对汞的移除，研究者认为汞的沉淀和细胞的代谢相关，虽然一些细菌的死细胞生物量也具有沉淀作用。

生物吸附的三种机制即离子交换、络合反应和沉淀反应可以同时发生。需要指出的是，胞外多糖与重金属相互作用机制的分类由于其作用形式和场景的多样性和复杂性，难有明确的定义和分类。生物吸附中的沉淀作用区别于生物转化中的其他机制在于重金属离子的价态没有发生变化。

2. 生物转化(biotransformation)

微生物胞外多糖通过化学反应使金属离子的形态、价态等发生变化，从而减弱其毒性，是微生物抵御重金属危害的重要机制。下述内容，我们总结了目前有关微生物胞外多糖对金属(类金属)的生物转化机制，主要有氧化还原反应、形成纳米颗粒和生物矿化(图 4-4)。

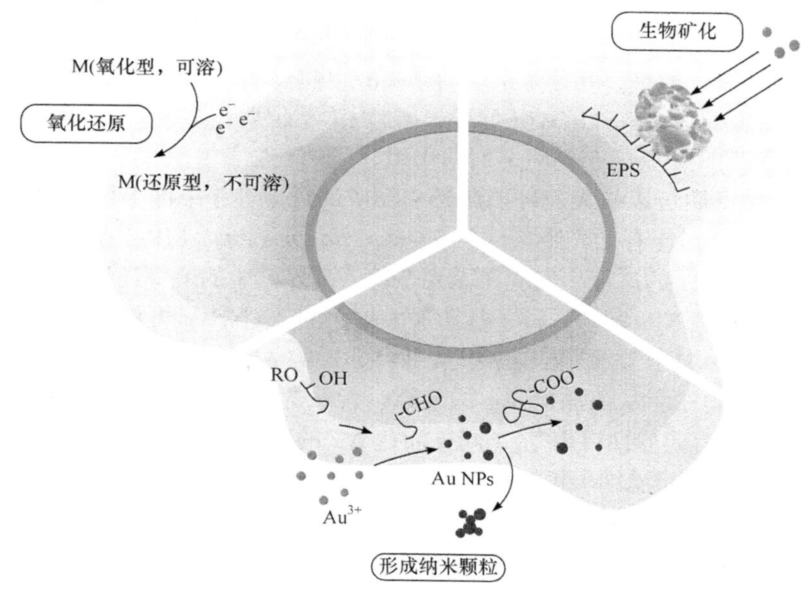

图 4-4　微生物胞外聚合物对重金属的生物转化机制

1) 氧化还原反应

氧化还原反应涉及电子的转移。在氧化条件下，某些重金属或类金属如 Cr、Mo、Se、U、Au 以高溶解性和流动性离子的形式存在，而在还原条件下，它们通常会生成不溶性的化合物。微生物胞外多糖能够有效地催化金属氧化状态的变化，从而降低其溶解度、流动性和生物可利用度，有利于降低重金属离子造成的危害。

胞外多糖中的半缩醛基团、巯基、羟基等都具有还原性，可以与金属离子发生氧化还原反应。从钚污染的地下水分离到一株 *Pseudomonas* sp. strain EPS-1W，该细菌的胞外多糖能迅速将五价钚还原成四价钚。*Shewanella* sp. HRCR-1 胞外多糖通过吸附和还原作用而保持 U(Ⅵ)处于低浓度。大肠杆菌和枯草芽孢杆菌的胞外多糖在还原砷酸盐为亚砷酸盐过程中，多糖发挥了还原和渗透障碍作用。

胞外多糖与重金属之间的氧化还原反应往往是生物转化的第一步反应。通过氧化还原反应，胞外多糖改变了重金属的价态和形态，是形成纳米粒子或生物矿化的前提条件之一。

2) 纳米粒子的形成

近年来的研究发现，微生物胞外多糖与一些重金属离子发生化学反应之后，进一步将其转化成不同形态的金属纳米粒子，成为重金属生物转化的一个新兴研究领域。

合成纳米金属颗粒似乎并不限于特定的微生物物种。大肠杆菌的胞外多糖可以将金离子 Au^{3+}还原为零价的金纳米颗粒(Au NPs)，从而抑制其向胞内渗透，降低其毒性，而去除胞外多糖极大地降低了细胞还原 Au^{3+}为 Au NPs 的能力。在 *Shewanella oneidensis* MR-1 的不同分子量胞外多糖中，低分子质量的胞外多糖(<3 kDa)是主要还原剂，其分子末端的半缩醛可将低浓度 Au^{3+}还原为 Au NPs，高分子质量的胞外多糖(>50 kDa)还原性较差，因为单位质量多糖所含的醛基较少(用于形成糖苷键)，但是能起到稳定剂的作用。

Ag^+也被证明可以被大肠杆菌胞外多糖中的还原性半缩醛基团还原为纳米银颗粒(Ag NPs)。对比有无光照条件下 *Shewanella oneidensis* MR-1 胞外多糖将银离子还原成 Ag NPs 的过程，发现在无光条件下，多糖中的醛等还原剂就可以直接将 Ag^+还原为 Ag NPs 种子，种子逐渐形成更大的 Ag NPs。可见光可以在 AgNPs 表面激发出“热电子”，形成“热穴”，并将邻近的 Ag^+还原，“热穴”里充满了多糖还原基团的电子，从而加速 Ag^+的还原；紫外光可以使溶液中的多糖激发出水合电子(可能还有还原性自由基)，同样加速 Ag^+的还原。

除了合成单质金属纳米颗粒，微生物还可以合成金属化合物纳米颗粒。研究发现一株耐铅微生物 *Shinella* sp. PQ7 能耐受高达 15 mmol/L 的铅，并在菌落外形成黑色纳米硫化铅颗粒，但是多糖在合成纳米硫化铅颗粒过程中的作用还有待进一步探索。

3. 生物矿化(biomineralization)

微生物胞外多糖在重金属离子的矿化中起到重要作用，如形成硫化物、磷酸盐、碳酸盐、氧化物和氢氧化物等，并在多糖基质中聚集和沉积细粒矿物。有研究报道铅离子能被 *Burkholderia cepacia* 生物被膜吸附并富集在胞外，铅在细胞被膜上的高积累是由于在胞外形成了纳米晶型的磷氯铅矿[$Pb_5(PO_4)_3(OH)$]，加热杀死细胞后无法形成矿物，表明该过程是代谢依赖性的。在这项研究中，生物吸附和生物矿化是同时连续发生的，铅可能先与多糖中的羧基通过生物吸附形成络合物，随后在外界环境如 H^+浓度、细胞代谢活性的影响下，进一步与磷酸根结合并形成金属矿物。另有报道，在酸性条件下淡紫拟青霉(*Purpureocillium lilacinum*)能使溶液中 Fe^{3+}的浓度极大下降，同时其菌丝表面有黄色沉积物。实验证明该黄色沉积物为黄钾铁钒矿，胞外多糖在生物合成黄钾铁钒矿中起主要作用，生物矿化发生在细胞表面，随后完全覆盖了细胞。进一步研究表明多糖中的自由 P═O 基团可以作为成核中心，形成 P—O—Fe 键并促进 $Fe(OH)_3$ 向黄钾铁钒矿化。*Rahnella* sp. LRP3 胞外多糖能固定土壤中的铜离子，通过多糖中的羧基基团与铜离子结合，形成多孔壳，并进一步通过生物矿化作用形成 $Cu_5(PO_4)_2(OH)_4$ 晶体。

这里列举的三种生物转化类型也许未能全面描述自然界发生的微生物胞外多糖对重金属的转化作用，但从发生的过程和产物可以看出生物转化涉及的反应和机制更为复杂，其中微环境的调控和细胞的生理活性状况对转化有重要影响。因此，我们对微生物胞外多糖与重金属的相互作用机制应该持开放性科学态度，期待更多的作用形式和更明晰的机制被认识。

4.1.4　展望：未解决的科学问题和未来研究方向

关于微生物胞外多糖与重金属的相互作用还有许多等待研究和解决的科学问题。

首先，从生物化学角度出发，重金属诱导或改变微生物产胞外多糖的根本生物学原理和机制还不清晰。目前，按照单糖分子组成和最终多糖的去向，微生物胞外多糖的生物合成分为四种类型：一是以合成酶和聚合酶命名的 Wzx/Wzy 途径，这个途径合成的多糖多为分泌型多糖，代表性的多糖为黄原胶、琥珀酰聚糖和鞘氨醇胶等；二是 ABC 转运蛋白途径，需要消耗 ATP 能量将合成的多糖运输到胞外，合成的多糖多为荚膜多糖；三是基于合成酶的途径，代表性的多糖有细菌纤维素和细菌藻酸盐；四是依赖胞外蔗糖酶类合成的途径，该类型多糖主要有果聚糖和葡聚糖。从基因分布上看，有些途径的基因元件只有一个开放阅读框，有些则包含多达 30 个开放阅读框。更为复杂的是，有些微生物可能拥有不止一种胞外多糖合成途径。尽管科学家们已经阐明了一些微生物胞外多糖的合成途径，但对其中的关键酶和影响因素的调控机制还认识模糊，新颖的酶和糖基化机制仍然不断被发现和报道。还有许多科学问题有待进一步回答，重金属通过什么信号、如何刺激微生物分泌胞外多糖？在重金属胁迫下，微生物如何调节自身的生理生化反应，并进一步影响胞外多糖合成的代谢途径，从而产生更多或不一样的胞外多糖，以适应重金属的毒性？结合现代组学手段和生物信息学方法是未来回答这些科学问题的有效途径之一。如结合转录组学研究手段，发现纳米二氧化钛颗粒刺激藻类胞外多糖分泌与钙离子信号途径有关。

其次，从环境科学角度出发，微生物在环境中无处不在，不管是天然的还是人工的生境，微生物与重金属都有优先的接触机会，它们之间的新颖的相互作用形式和结果还有待我们探索发现。已有的研究结果表明，重金属能够诱导微生物分泌胞外多糖，因此，可以利用重金属作为一种环境影响因素，探究多糖合成的调控机制。另一方面，利用化学手段阐明多糖对重金属的转化作用，以及利用工程手段实现对重金属的修复回收以及无害化处理，这些都是未来研究方向，需要一系列多学科交叉的科学手段和创新的工程技术。

微生物胞外多糖作为一种功能生物大分子，不仅在环境修复方面具有重要作用，在绿色化工及其他工业方面也具有广阔的应用前景和环保意义。相对于目前对微生物胞外多糖的巨大商业需要和工业应用前景，我们对这些胞外多糖的合成机制的认识以及进一步的应用开发还很滞后。未来研究应该致力于解析合成胞外多糖的基因元件，以及负责多糖分子的组装和修饰的基因元件。在此基础上，结合现代合成生物学的设计理念和技术，利用这些基因元件设计基因回路，以合成具有符合目的的特定功能的微生物胞外多糖。

总之，微生物是自然环境中分布最广，物种最丰富的生命体。作为微生物细胞与外界环境接触和交流的第一道防线，微生物胞外多糖的性质、功能及其应用一直是微生物学和环境科学领域的研究热点。研究微生物胞外多糖与重金属之间的相互作用既有理论价值，又有应用价值。我们期待科学和技术的突破能使得微生物胞外多糖更有效地为人类服务。

4.2　脂质过氧化在环境污染物生物效应研究中的应用与展望

脂质与蛋白质、核酸、糖类是组成所有生命体的四类基础生物化学大分子。脂质在生物功能上大多是作为结构物质参与细胞膜的组成，或作为能量物质为机体提供能量。随着分子生物学的发展，蛋白质、核酸的研究得到了高度关注，而对脂类的研究关注则相对较少。然而，脂质在生命活动过程中也是不可或缺的一部分，特别是作为细胞膜组分，脂质在细胞内各物质的空间区分和定位上以及在生物信号的跨膜传递等过程中至关重要，是目前生物化学的攻关难点之一。

在环境科学研究领域，人们越来越关注环境健康问题，包括各类环境污染分子或理化胁迫因素对生命体的生理生化活动的影响(生化效应)。脂质作为四大基础生物大分子之一也受到了极大的关注。与结构和功能具有丰富多样性的蛋白质、核酸和糖类相比，脂质的结构和功能在物种间相对保守，因此，针对脂质的检测指标较少，以脂质过氧化反应(lipid peroxidation，LPO)为主。脂质过氧化反应在研究环境污染物生化效应中得到广泛应用。

4.2.1　脂质过氧化反应过程及检测

1. 脂质过氧化反应过程

脂质的过度氧化也称脂质过氧化反应，一般定义为多不饱和脂肪酸(polyunsaturated fatty acid，PUFA)或脂质的氧化变质。多不饱和脂肪酸是脂质过氧化反应的优选底物，其结构中的双键是反应的重要部位。脂质过氧化反应的化学本质是氧化应激引起的自由基链式反应。以花生四烯酸为例，多不饱和脂肪酸过氧化反应的总过程如图 4-5 所示。

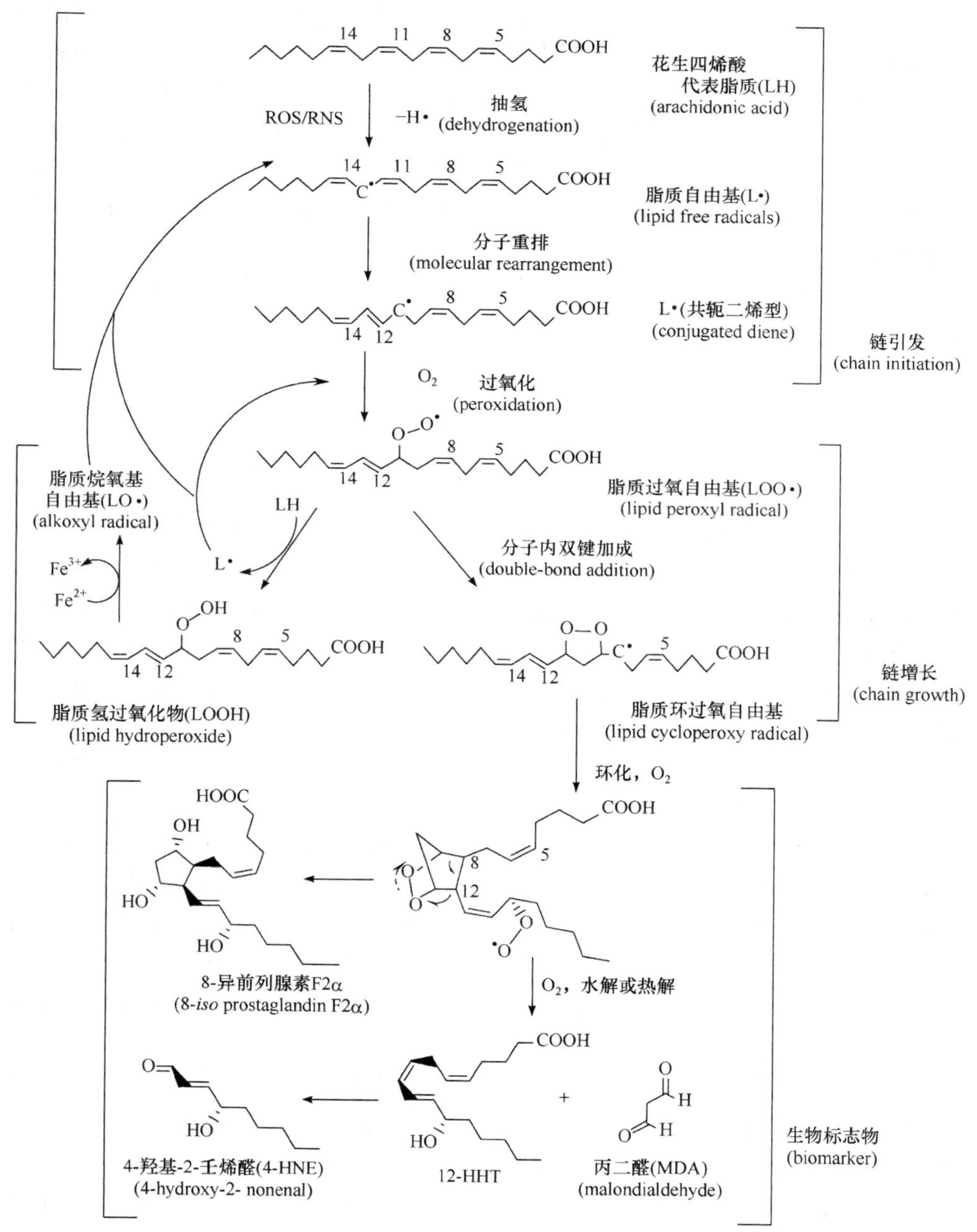

图 4-5　脂质过氧化反应的总过程

多不饱和脂肪酸分子中烯丙基氢比较活泼，由于双键减弱了与之连接的碳原子与该碳原子上氢原子之间的 C—H 键，使得氢容易被抽去。能抽氢而引发脂质过氧化反应的因子很多，包括活性氧(reactive oxygen specie，ROS)和活性氮(reactive nitrogen specie，RNS)。例如，羟基自由基(·OH)可以从 2 个双键之间的—CH_2—抽去 1 个氢原子后，在该碳原子上留下 1 个未成对电子，形成脂质自由基 L·。L·经分子重排、双键共轭化，形成较稳定的共轭二烯衍生物。在有氧条件下，共轭二烯自由基与氧分子结合生成脂质过氧自由基 LOO·。LOO·能从附近另一个脂质分子 LH 抽氢生成新的脂质自由基 L·，从而形成循环反应。这就是脂质过氧化反应的链增长阶段。链增长的结果是导致脂质分子的不断消耗和脂质过氧化反应物如 LOOH 等的大量形成。

LOOH 可通过类芬顿(Fenton)反应、光解或其他反应生成脂质烷氧基自由基 LO·：

$$LOOH + Fe^{2+} \longrightarrow Fe^{3+} + OH^- + LO\bullet$$

$$LOOH \xrightarrow{h\nu} LO\bullet + \bullet OH$$

$$LOOH + O_2\bullet^- \longrightarrow O_2 + OH^- + LO\bullet$$

脂质过氧化反应过程中生成的 LO·、LOO·等活性氧自由基也参与链引发和链增长反应。LOO·还可以通过分子内双键加成，形成环过氧化物、环内过氧化物及自由基，最后断裂生成各种醛类，主要是丙二醛(malondialdehyde，MDA)、4-羟基-2-壬烯醛(4-hydroxy-2-nonenal，4-HNE)、8-异前列腺素 F2α，以及短链的酮、羧酸和烃类等。因此，LOOH、MDA、4-HNE、8-异前列腺素 F2α等常被用作脂质过氧化反应的生物标志物(biomarker)。

2. 脂质过氧化反应的检测

在低 pH 和高温条件下，MDA 很容易与 2-硫代巴比妥酸(thiobarbituric acid，TBA)发生化学计量数之比为 1∶2 的亲核加成反应，生成红色荧光加合物 MDA-TBA，可用分光光度法定量检测。目前，TBA 法是检测脂质过氧化反应的最常用和经典的方法。然而，生物样品中的 MDA 可能来源于其他生化反应，脂质过氧化物形成和分解不是其唯一来源；TBA 也可能与其他 TBA 活性物质(thiobarbituric acid reactive substance，TBARS)发生反应。因此，TBA 法具有一定的局限性。

生物膜是生命系统中最容易发生脂质过氧化反应的场所，因为它具备脂质过氧化反应的两个必要条件：一是氧气分子；二是多不饱和脂肪酸。氧气为非极性物质，在膜脂中浓度很高。很多多不饱和脂肪酸如花生四烯酸，是磷脂(膜脂的主要成分)的组成成分，而多不饱和脂肪酸比饱和脂肪酸和单不饱和脂肪酸更容易被氧化。脂质过氧化反应引发的自由基连锁反应加剧氧化应激，进一步损害包括蛋白质和核酸在内的细胞实体。对细胞膜的损伤尤为严重，脂质过氧化反应通过增加膜内部的介电常数与微黏度增加了质膜的通透性。另外，脂质自由基与其他脂质和生物大分子如蛋白质相互作用引起交联，膜蛋白被永久性缔合，质膜韧性增加，流动性降低，从而导致污染物更易进入细胞。基于此原理，有些研究通过检测细胞膜通透性来评价脂质过氧化反应的发生和程度。

为了抵御高活性自由基产生的危害,生物已经进化出一套完整的抗氧化系统。机体内已知有 2 种抗氧化系统，即非酶抗氧化系统和酶抗氧化系统。非酶抗氧化系统含 L-抗坏血酸(维生素 C)、生育酚(维生素 E 的水解产物)、(还原型)谷胱甘肽(glutathione，GSH)、类胡萝卜素以及微量元素铜、锌、硒等。酶抗氧化系统含过氧化物酶(peroxidase，POD)、超氧化物歧化酶(superoxide dismutase，SOD)及谷胱甘肽体系和硫氧还蛋白体系等。POD 中的过氧化氢酶(catalase，CAT)能催化过氧化氢分解，而 SOD 主要将超氧阴离子自由基($\cdot O_2^-$)转化为 O_2 和 H_2O_2。抗氧化系统在很大程度上影响着脂质过氧化反应的过程和进度，因此，抗氧化系统成分和酶活性也常常作为检测指标用来评价脂质过氧化反应的发生和机制。

4.2.2　脂质过氧化反应在环境污染物生化效应中的研究现状

以“lipid peroxidation”为主题，利用“Web of Science”核心合集数据库及其检索分析工具，在环境科学领域中统计了近 25 年来的相关研究论文数，结果如图 4-6 所示。从中可知，相关论文数呈逐年上升趋势，说明脂质过氧化反应在环境科学领域得到广泛关注和应用，是环境污染物生化效应的重要指标。

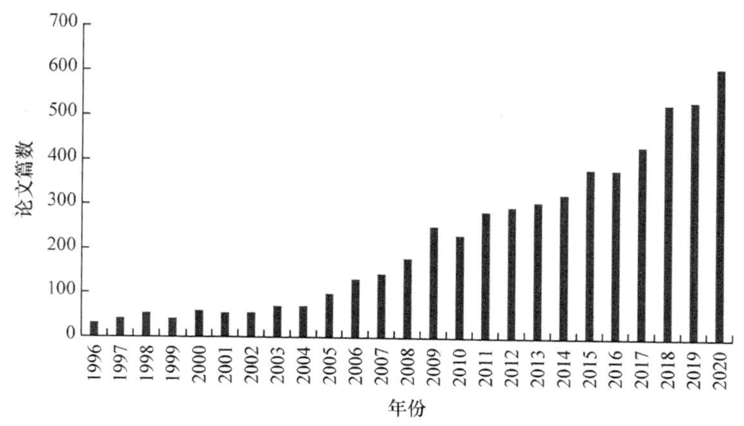

图 4-6　历年脂质过氧化相关论文的发表篇数

论文篇数指以“lipid peroxidation”为检索关键词的环境科学领域的论文数目

本节以不同污染物或不同受试生物为甄别条件，挑选了环境科学领域主流期刊上 100 多篇文献并对其进行总结和综述。统计发现，受试物种多达 50 种，涵盖 4 大生物界，其中动物 25 种、植物 19 种、真菌 2 种、原核生物 4 种。原核生物以大肠杆菌和光合细菌为主，植物主要包括双子叶植物、单子叶植物和藻类，动物主要包括软体动物、节肢动物、环节动物以及脊索动物中的硬骨鱼纲和哺乳纲。

脂质过氧化反应指标可以应用于不同分类阶层的物种，一方面说明了生命的同一律，另一方面也说明了脂质在所有生命过程的重要性。生命的基本结构是细胞，脂质作为细胞膜的结构物质在细胞形成以及进化过程中起到先锋作用，在研究生命体对环境因素的生化效应中也是不可或缺的一部分。

文献中研究污染物/污染因素的种类非常丰富。根据污染物性质可以分为金属和类金属(表 4-2)、纳米材料(表 4-3)、有机污染物(表 4-4)以及其他环境理化胁迫因素(表 4-5)。大多数污染物对脂质过氧化反应有提升作用。

1. 金属或类金属

已报道的能显著促进脂质过氧化反应的金属有铝、铜、镉、铅、钒、铁和银等，如表 4-2 所示。

表 4-2　不同金属或类金属对不同受试物种的脂质过氧化反应指标的影响

金属或类金属		受试对象	脂质过氧化效应
名称	浓度		
铝离子	30 μmol/L	冬小麦	促进(MDA)
铝离子	196 μmol/L	拟南芥	促进(MDA)
铜离子	10 mg/L	黑麦草(芽、根)	抑制、促进(MDA)
铜离子	1.3～2.6 mg/L	四膜虫	促进(MDA)
块状氧化铜	1500～2500 mg/L	四膜虫	促进(MDA)
锌离子	20～100 mg/L	线蚓	促进/抑制(MDA)
镉离子	2～9 mg/L	大斑南乳鱼	促进(MDA)
铅离子	1 mg/L	非洲鲶鱼(肝脏)	促进(MDA)
三氧化二钒	10～200 μg/L	小鼠(肺巨噬细胞)	促进(MDA)
银离子	0.05 mg/L	鲤鱼(鳃)	促进(MDA)
铂(Ⅳ)离子	0.1～10 μg/L	斑马贻贝	促进(MDA)
钇	2.5 μmol/L	菹草	抑制(MDA)
砷(Ⅲ/Ⅳ)	100～1000 μg/L	鲤鱼(鳃、肝脏)	促进、抑制(MDA)

一些金属或类金属会破坏机体氧化平衡而导致氧化应激。一般来说，这些金属特别是氧化还原活性金属可产生 ROS，并耗尽细胞的主要抗氧化剂(如谷胱甘肽等)，从而引起抗氧化酶水平的变化，如谷胱甘肽过氧化物酶(glutathione peroxidase，GSHPX)、谷胱甘肽巯基转移酶(glutathione *S*-transferase，GST)、过氧化氢酶和超氧化物歧化酶等。这些变化可能导致膜脂、蛋白质和 DNA 的氧化损伤。因此，金属引起的氧化应激所造成的细胞损伤是金属产生毒性的机制之一。

Fenton 反应和 Haber-Weiss 反应是金属诱导 ROS 产生的重要机制，而铁和铜是其重要的诱发剂。Fe^{2+}、Cu^{+}可通过 Fenton 反应和 Haber-Weiss 反应积极介导 ROS 的产生。细胞铁死亡是一种铁依赖性细胞程序性死亡，其启动就主要依赖于细胞内铁超载及因此产生的脂质过氧化反应的信号。

与铁和铜相比，锌虽被证明能诱导贻贝发生脂质过氧化反应，但其诱导 ROS 产生的能力不强。有实验表明，锌单独不改变 MDA 含量；也有实验发现，胞质锌的增加使 MDA 减少。

铝胁迫可显著诱导 2 种蓝藻——宽松鱼腥藻和灰色念珠藻的细胞氧化损伤。该损伤主要通过细胞产生活性氧中间体(如$\cdot O_2^-$、H_2O_2、$\cdot OH$)来介导，其在生物系统中的促氧化活性或源于铝超氧化物半还原态自由基($AlO_2^{2+}\cdot$)的形成。铝还可诱导类囊体膜中电子传递速率的降低而导致 ROS 产生的增加。

有些金属可以清除自由基。有实验表明，稀土元素能通过直接清除自由基或与抗氧化剂相互作用间接消除自由基来减轻植物的氧化损伤。如稀土元素钇可通过降低相关 Haber-Weiss 反应和 Fenton 反应中的$\cdot O_2^-$和 H_2O_2 水平来减少$\cdot OH$的产生，这抑制了镍(150 μmol/L、200 μmol/L)胁迫下菹草自由基的合成和膜断裂，从而缓解了菹草的氧化损伤。

2. 纳米材料

随着纳米材料在工业、农业上的应用和推广，越来越多的纳米材料被释放到环境中，其环境健康效应也引起关注。

研究发现，无论是金属基的纳米材料还是碳基的纳米材料，多数纳米粒子能诱导 ROS 自由基的产生并造成生物体氧化损伤(表 4-3)。如纳米氧化铜对四膜虫的毒性体现在诱导 ROS 的产生、改变细胞膜脂肪酸组成以及细胞膜透性。纳米银颗粒可能攻击 n-3 多不饱和脂肪酸中的二十二碳六烯酸和二十碳五烯酸的双键，引发如图 4-5 所示的经典的脂质过氧化反应物自由基链式反应，从而产生脂质过氧化反应。纳米材料的高表面体积比会加剧氧化，如三氧化二钒纳米颗粒诱导的过氧化物效应比类似的块状材料更强，其高活性就归因于高表面体积比，其比表面可高达 600 m^2/g，难溶性的三氧化二钒快速转化为可溶性的五氧化二钒，能更多地接触细胞。

表 4-3　不同纳米材料对不同受试物种的脂质过氧化反应指标的影响

纳米材料		受试对象	脂质过氧化效应
名称	浓度		
氧化钒纳米粒子	10～200 μg/mL	人类内皮细胞	促进(MDA)
银纳米粒子	0.25～1.25 mg/L	鲤鱼(鳃)	促进(MDA)
氧化铜纳米粒子	1500～2500 mg/L	四膜虫	促进(MDA)
氧化铝纳米粒子	10 mg/L	拟南芥	无显著影响(MDA)
氧化铈纳米粒子	0.3 mg、3 mg	菠菜	无显著影响(MDA)
纳米零价铁	100～1000 mg/kg	水稻(根)	抑制(MDA)
纳米二氧化硅	3 mg/kg	大麦(根)	抑制(MDA)
硒纳米粒子	3.5～63.4 μg/g	斑马鱼	促进(LOOH)

一些纳米粒子对试验生物的脂质过氧化反应无显著影响。一项研究中，氧化铝纳米颗粒(98 μmol/L 或 10 mg/L)对拟南芥的光合作用、生长和脂质过氧化反应没有影响，反而会通过刺激根系发育相关基因和营养相关基因的转录来促进根系生长。也有纳米粒子通过清除自由基或提高抗氧化系统活性抑制脂质过氧化反应。虽然大量研究表明，进入细胞内的工程纳米粒子可诱导 ROS 的增加，然而在纳米零价铁(100～1 000 mg/kg)处理下，水稻根中活性氧含量的变化提示纳米零价铁可能具有清除自由基的能力。

在很多情况下，纳米材料的脂质过氧化反应效应仍有待商榷。纳米颗粒浓度不同，其引起的脂质过氧化效应可能完全相反。硒是人体必需的微量元素，研究表明硒可保护鱼类免受氧化应激和脂质过氧化反应的作用，适量的纳米硒可诱导抗氧化酶活性从而减轻盐胁迫造成的脂质过氧化反应；但超营养剂量硒(3.5～63.4 μg/g)会剂量依赖性地增加斑马鱼大脑的脂质过氧化反应。一项对大麦的实验中，纳米二氧化硅单独对大麦根或叶(3 mg/kg)的脂质过氧化反应没有显著影响，而与扑热息痛合用后(3 mg/kg+400 mg/kg)，与单独用扑热息痛相比对大麦根脂质过氧化反应起抑制作用(对叶无显著影响)，这可能与纳米 SiO_2 刺激巯基化合物和抗坏血酸过氧化物酶活性有关。

3. 有机污染物或化合物

有机污染物对环境和人类健康的有害影响已成为全球关注的问题。环境有机污染物的种类非常多，本节中主要包含常见的有机污染物，如多环芳烃、增塑剂、溴代阻燃剂、苯系物等；药物及个人护理品，如抗生素、抑菌剂、常用精神性疾病药、镇痛药等；农药化肥如草甘膦、氰菊酯、乙烯叉二脲等，此外还有生物毒素如微囊藻毒素，以及土壤改良剂如相关螯合剂等(表 4-4)。

大部分有机污染物能引起生物显著的脂质过氧化反应效应。多环芳烃能在人体内造成显著的氧化胁迫，攻击脂质和核酸，造成生物分子的氧化损伤并进一步引起癌症、心血管疾病等。如加纳库马西人群的尿液中 MDA 和羟基多环芳烃浓度之间的显著正相关性，提示脂质过氧化反应的发生与多环芳烃的暴露有关。水环境中的苯并芘在低浓度下能促进养殖水产动物(虹鳟、梭子蟹)的脂质过氧化反应。菲暴露可显著降低大鼠 CAT 酶活性，同时增加 MDA 浓度。塑料中常含双酚类增塑剂，动物和体外研究表明，双酚 A 可通过产生 ROS/RNS、降低酶抗氧化活性来诱导氧化应激/硝化应激，导致肝组织氧化损伤如脂质过氧化反应。双酚 A 暴露显著降低了小鼠肝 SOD、CAT 和 GSHPX 等抗氧化酶的活性，也降低了 GSH 的水平以及氧化损伤相关基因的相对表达。一些苯系物在低浓度下也能显著诱导脂质过氧化反应效应(表 4-4)。

在处理废水或固体废物时，其中的药物及个人护理品的化学成分是一种潜在的环境风险。双氯芬酸属于非甾体类抗炎药，在一定程度上对大斑南乳鱼的鳃、肾的脂质过氧化反应起抑制作用，但对肝脏的脂质过氧化反应有明显促进作用，且其在环境中会与其他污染物形成复合污染效应。许多抗生素类药物如土霉素、金霉素、环丙沙星、磺胺甲噁唑等，以及镇静、镇痛类常用药物成分排放到环境中，会对环境中广泛存在的低等动物、藻类以及一些经济作物如黄瓜、大麦会产生一定的毒性，诱发脂质过氧化反应，并进一步引起生态效应(表 4-4)。

农业生产活动过程使用的农药、化肥及土壤改良剂的环境健康效应也受到广泛关注(表 4-4)。研究发现，除草剂草甘膦在土壤中能显著诱导番茄植株产生氧化应激效应，产生过氧自由基并干扰抗氧化酶系统，但是脂质过氧化反应指标 MDA 含量只在根际上升。水体中，草甘膦能诱导鲤鱼体内产生氧化压力，显著增加鳃部 MDA，引起脂质过氧化反应。杀虫剂β-氯氰菊酯对斑马鱼存在对映异构体选择性毒性，低浓度下可显著增加肝脏 MDA 含量，引起脑脂质过氧化反应。

表 4-4　不同有机污染物对不同受试物种的脂质过氧化反应指标的影响

有机污染物或化合物		受试对象	脂质过氧化效应
名称	浓度		
三氯苯酚	5 μmol/L	黄瓜	促进(MDA)
邻苯二甲酸二(2-乙基己基)酯	1.5 mg/L	秀丽隐杆线虫	促进(其他)
双酚 S	0.1～1000 μg/L	鲤鱼(巨噬细胞)	促进(MDA)
双酚 F	100 ng/g	ICR 小鼠(肝)	促进(MDA)
磷酸三(1,3-二氯异丙基)酯	0.1～1000 μg/L	秀丽隐杆线虫	促进(4-HNE)
十溴联苯醚	10～500 μg/L	水稻	促进(MDA)
苯并芘	0.33 μmol/L、1 μmol/L	虹鳟	促进(MDA)
菲	0.5～50 μg/kg	SD 大鼠	促进(MDA)
β-氯氰菊酯	0.01 μg/L、0.1 μg/L	斑马鱼	促进/抑制(MDA)
草甘膦	52.08 mg/L、104.15 mg/L	鲤鱼(鳃)	促进(MDA)
土霉素	50 μmol/L	黄瓜	促进(MDA)
恩诺沙星	1～100 mg/L	微藻	促进/抑制(MDA)
嘧菌酯	2.5 mg/L、5 mg/L	蛋白核小球藻	促进(MDA)
丙硫菌唑	0.0375～0.1500 mg/L	斑马鱼(胚胎)	促进(MDA)
顺铂等	0.1～100 ng/L	沙蚕	促进(MDA+4-HNE)
双氯芬酸	770 mg/L	大斑南乳鱼	抑制/促进(MDA)
扑热息痛	400 mg/kg	大麦(根、叶)	无显著影响(MDA)
微囊藻毒素	3～30 μg/L	斑马鱼(肝)	促进(MDA)
柠檬酸/EDTA	—	黑麦草	促进/抑制(MDA)

4. 其他环境理化胁迫因素

人类的一系列工业、农业活动以及对大自然的改造活动，正悄然而显著地影响着全球范围内的环境条件。二氧化碳等温室气体过度排放引起了全球气候变暖、海水酸化。大气污染物的日趋复杂，臭氧浓度的上升，白色污染塑料制品形成的微塑料以及核电技术的发展带来的环境辐射等，都是地球生物面临的新的环境胁迫因素。

大气中二氧化碳水平的增加使水中的二氧化碳-碳酸盐平衡向酸性方向移动。研究表明，模拟全球变暖和海洋酸化的实验条件，能诱导两种模式生物，即厚游仆虫和特氏杜氏藻的脂质过氧化反应的显著增加。在全球变暖情况下，温度上升和污染物会对生物体造成复杂的协同影响效果。翠绿丝蟌卵期热浪处理与生命后期农药暴露引起的氧化应激之间存在显著相互作用，在生命早期所经历的热浪胁迫影响了其在以后的生命阶段对胁迫的反应，总体上，卵期和幼体期的热处理都导致 MDA 水平升高(表 4-5)。

表 4-5　不同环境胁迫因素对不同受试物种的脂质过氧化反应指标的影响

环境理化胁迫因素		受试对象	脂质过氧化效应
名称	浓度/强度		
臭氧	77 μg/L	水稻	促进(MDA)
聚苯乙烯	5 μmol/L	中华绒螯蟹	促进(MDA)
$PM_{2.5}$	5～20 μg/cm²	人内皮细胞系	促进(MDA)
海水酸化/全球变暖	pH 7.9-25.5℃、pH 7.8-27.0℃	厚游仆虫、特氏杜氏藻	促进(其他)
盐胁迫	0~75 mmol/L	草莓	促进(MDA)
热量	20～30℃	翠绿丝蟌	促进(MDA)
超声辐射	600 W，20 kHz	铜绿微囊藻	促进(MDA)
γ射线	0.4～100 mGy/h	大型蚤	促进(MDA)
紫外线	30 W	微藻	促进(MDA)

臭氧可以通过气孔进入植物组织并诱导产生 ROS，如超氧阴离子自由基和过氧化氢，活性氧的攻击会导致膜变性以及脂质过氧化反应终产物 MDA 的积累。$PM_{2.5}$ 内化到内皮细胞中会破坏细胞内的铁和氧化还原平衡，随后随着炎性细胞因子的分泌而导致细胞铁死亡。$PM_{2.5}$ 引起的铁死亡可以通过脂质过氧化反应抑制剂(Fer-1)和铁螯合剂(DFOM)在药理学上挽救。土地盐碱化是全球普遍存在的环境问题，盐胁迫对植物等危害较大，如氯化钠盐胁迫引起草莓植株的严重氧化应激，表现为 MDA 和 H_2O_2 水平的升高(表 4-5)。

微塑料的概念一经提出就引起环境科学家们的强烈关注，微塑料的毒性与其粒径大小、剂量及与外源性化学物的相互作用有关。有实验表明聚苯乙烯塑料(100～400 μmol/L)对虹鳟无显著脂质过氧化反应；也有实验表明聚苯乙烯微塑料(5 μmol/L)浓度依赖性诱导中华绒螯蟹发生脂质过氧化反应。有实验以大西洋的欧洲鲈鱼、竹筴鱼、白鲭为研究对象，在其体内发现了微塑料并证明了其脂质过氧化反应毒性(表 4-5)。

环境中各类辐射引发的环境健康问题也是近年来的研究热点之一。核电技术的发展也带来环境辐射的风险。研究发现，电离辐射如 γ 辐射能引起水蚤的氧化应激，诱导产生氧自由基，促进脂质过氧化反应等。紫外辐射能与 TiO_2 协同促进微藻的脂质过氧化反应，增加膜通透性并导致细胞内含物泄漏。超声辐射也可以使铜绿微囊藻产生自由基，通过抑制光合作用、诱导脂质过氧化反应来破坏细胞(表 4-5)。

4.2.3 影响脂质过氧化反应指标的因素

脂质过氧化反应作为一种反应机体氧化应激状态的指标，指示作用比较显著可靠，检测简单可行，因此被广泛地应用到环境科学的污染物生化效应研究中。然而，脂质过氧化反应针对不同物种和应激源具有短暂性和可变性，其生物标志物检测的特异性也偶有争议。实验中许多因素，如机体差异、污染物暴露时间和浓度、机体抗氧化系统的平衡作用，以及一些容易被忽略的复杂或复合因素都会对脂质过氧化反应指标的结果产生影响(图 4-7)。

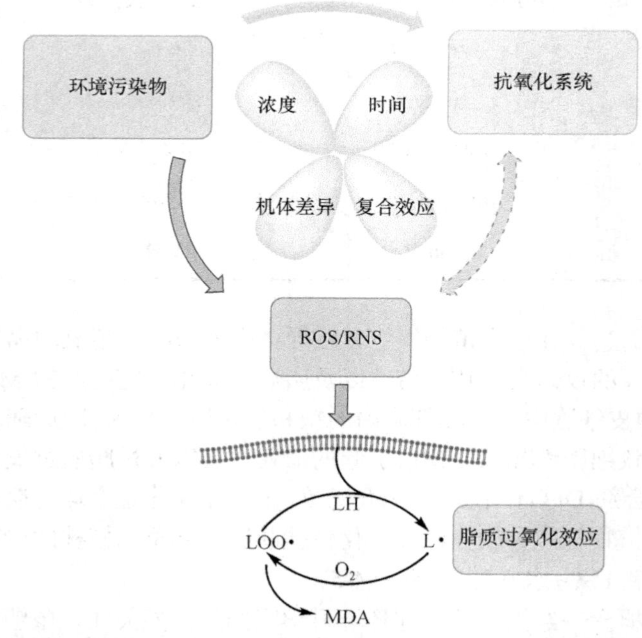

图 4-7 环境污染物/污染因素引起脂质过氧化反应的机制及其影响因素示意图

1. 机体差异

性别差异、年龄差异及生物体的不同组织或器官的差异，都会使机体脂质过氧化反应存在差异。有研究发现，在加纳的库马西人群中，重金属和多环芳烃的暴露都会增加机体脂质过氧化反应指标，但是不同年龄和性别的人群对污染物反应有差异。如萘暴露导致的持续性头痛和呼吸困难的发生概率在女性中显著高于男性，在年龄上，21～60 年龄组 MDA 指标最高；而重金属暴露相关的 MDA 水平在 61～85 岁和 3～20 岁年龄组中最高。

对于水生生物，常选择鳃组织来检测生物标志物，因为它与周围水环境直接接触，是摄取污染物的第一线，且受其他酶活性和生殖周期的影响较小。在金属诱导的氧化应激研究中，生物体消化腺中的 MDA 浓度与鳃组织相比呈现相反的趋势，消化道中较高浓度的金属硫蛋白(metallothionein, MT)可能抑制了 MDA 的形成；消化腺胞质锌的增加也会减少 MDA。总体而言，鳃可能比消化腺更敏感于金属诱导的氧化应激。肝脏是对外来污染物解毒的主要场所，一般情况下活性氧对生物膜脂质的氧化损伤在肝脏中的发生率特别高，但也正因肝脏是解毒的主要场所，其抗氧化能力突出。如暴露于砷(Ⅲ/Ⅳ)的鲤鱼鳃MDA含量升高而肝脏MDA含量却显著降低。

对于植物，根和芽组织中发生的脂质过氧化反应往往差异显著。在一项研究中，草甘膦暴露下番茄植株根和芽的 MDA 水平差异显著。在根中，高浓度草甘膦造成 MDA 水平与对照组相比增加 53%；在芽中，MDA 含量剂量依赖性降低，这可能是因为芽中的巯基化合物或在解毒中起着重要作用。暴露于铜离子的黑麦草中也有类似的情况，根、芽中 MDA 含量存在较大的差异。

2. 污染物暴露浓度和时间的影响

与大多数生理生化反应类似，脂质过氧化反应对污染物的响应受污染物浓度和暴露时间影响。污染物浓度较低时，短暂的促氧化反应往往伴随强烈的抗氧化反应；当污染物浓度突破“阈值”时，生物标志物测量值将大幅增加，但也可能因为细胞极端损坏而降低。因此污染物浓度对脂质过氧化反应指标的影响可能只在一定范围内呈线性关系。如多环芳烃中的苯并芘和苯并[*k*]荧蒽在 0.5～50 μg/L 浓度范围内，对高栉孔扇贝的 MDA 指标呈剂量和时间依赖性提升作用；苯并芘和苯并[*k*]荧蒽在低浓度时可提高血淋巴的 SOD 的活性，而高浓度时在短时间内抑制其活性，具有强脂质过氧化反应毒性。

脂质过氧化反应水平与污染物暴露时间也并非总是呈线性关系，实验中往往得到 MDA 水平先升后降、先降后升、低位徘徊或波动曲折的结果。如在一项实验中，暴露于锌或镉的线蚓在第 4 天体内活性氧积累，脂质过氧化反应水平增加，但在第 8 天没有观察到脂质过氧化反应进一步增加。暴露于 10 μg/L 铂离子的斑马贻贝，其 MDA 检测值在第 1 天大幅增加，在第 4 天增加值下降；当铂离子浓度为 0.1 μg/L、1 μg/L 时，斑马贻贝在第 1 天 MDA 检测值下降，但在第 4 天检测值与对照组相比显著增加。

总之，暴露时间和浓度直接影响脂质过氧化反应指标，涉及机体抗氧化机制与过程，因此，对脂质过氧化反应的测定不能局限于一个时段，或小范围浓度，需要扩大浓度范围，并进行全程评估。随着研究数据的积累，我们对各类污染物的生化效应的认识将逐渐清晰，本章表格中总结的数据可以为后续的实验设计提供参考。

3. 细胞抗氧化系统的平衡作用

在细胞内，氧化与抗氧化是一个动态平衡的生命过程。对氧化应激机制的阐述往往同时借助氧化机制和抗氧化机制。当平衡体系失衡并偏向于氧化时，氧化应激被建立。当时间延长，生物体可能成功通过抗氧化系统消除应激因子并从氧化状态中恢复，也可能发生极端氧化损伤而导致其细胞破裂，这都会导致脂质过氧化反应水平测量值降低。在大部分研究中，探讨污染物氧化应激效应除了测量脂质过氧化反应的 MDA 和 LOOH 等指标，往往也同时测量细胞抗氧化系统的各种成分或酶的活性，如 SOD、GSH、GST、CAT 等酶的活性或氧化产物。

一些环境污染物/环境因素通过增强抗氧化作用而有效降低脂质过氧化反应指标。如吡唑甲酰胺能通过抗氧化作用减轻硝酸铅对非洲鲶鱼引起的脂质过氧化反应。上述提及的生物体不同部位、不同年龄存在脂质过氧化反应指标差异，根本原因也是抗氧化防御能力有差异。

一些污染物是通过抑制抗氧化系统酶活性来增强氧化效应。如甲硫威会导致罗马蜗牛抗氧化酶如 SOD、CAT 和 GSHPX 的活性显著降低，这些酶是抵御自由基的第一道防线，其活性的降低必将引起高活性自由基不能被及时清除，从而导致脂质过氧化反应升高。

4. 其他复杂因素的影响

在实验中，我们往往探究某一种特定污染物/因素对脂质过氧化反应的影响，但生物体所处的真实生境往往是复杂的，有多种污染物并存，同时受到一些不可控的环境物理化学因素影响。这些不同的污染因素、环境因素相互影响、相互作用，在诱导生物体的氧化应激效应时会产生复合效应，进一步影响脂质过氧化反应指标。

污染物复合效应往往具有不可预测性，即使是简单的二元应激源组合，其产生的复合效应和影响也具有高度复杂性。例如，单独镉暴露能显著降低大斑南乳鱼肾过氧化氢酶活性，抑制抗氧化防御系统，导致脂质过氧化反应升高；单独抗氧化剂双氯芬酸的暴露导致大斑南乳鱼肾脏脂质过氧化反应降低；当两者同时发生在特定浓度的城市水域时，会互相抵消产生的生物效应，该作用与机体部位有关。双酚 A 单独暴露时对斑马鱼胚胎产生了较强的氧化损伤效应，MDA 水平上升，而氧化石墨烯和双酚 A 具有拮抗效应，能缓解由此产生的氧化损伤毒性。多壁碳纳米管或全氟辛烷磺酸单独暴露均会显著增加斑马鱼的 MDA 水平，但多壁碳纳米管的存在能降低全氟辛烷磺酸对早期生命阶段斑马鱼的发育毒性。某些化学复合因素能缓解脂质过氧化反应。例如，盐胁迫产生的交叉保护效应能显著增强库德里阿兹威氏毕赤酵母的镉耐受性，盐胁迫使酵母细胞 GSH 含量和 GST 活性增加，其解毒作用增强，从而缓解了脂质过氧化反应。某些化学复合因素可加剧脂质过氧化反应。一项对黑麦草的研究表明，柠檬酸与铜的组合放大了脂质过氧化反应效应，这可能与柠檬酸螯合能力较弱有关。

还有一些复杂环境因素往往容易被忽视。一项水污染研究中，在夏季，作为对照流域的鱼中存在额外高的脂质过氧化反应值，氧化应激可能受到温度及代谢率上升等方面的影响，在不同的取样点，夏、冬两季鱼类的脂质过氧化反应没有标准或清晰的模式。因此，各种潜在的化学、物理复合因素仍需被研究，在真实环境中对脂质过氧化反应的评估需要适当从一元转向多元，综合考虑拮抗、协同等相关作用。

4.2.4 脂质在环境科学研究中的应用展望

脂质作为四大基础生物大分子之一，参与许多生物化学反应过程，在细胞代谢网络中也起着举足轻重的作用。从以上我们阐述的脂质过氧化反应指标在多种生物物种、多种环境污染物的生化效应中的应用也说明了脂质的重要性。

在很长一段时间里，脂质被认为只是作为结构物质参与生物膜的组建，以及作为能量物质在代谢中为机体储存或提供能量。但是随着生物化学研究的深入，人们发现脂质除了以上 2 种生物学功能，还展示了更精致的生理功能，如作为信号物质基础对细胞的信号传递产生重要影响。以往生物信号的跨膜传递往往归功于细胞膜上的蛋白质分子，然而最近的研究表明，细胞膜中的膜脂成分、磷脂的饱和度可能通过调节膜蛋白与信号分子的相互作用活性，或者通过与信号分子直接结合，间接或直接参与细胞信号传导。因此，除了生物膜通透性的指标，我们期待未来能有更多与生物膜功能有关的检测指标，应用到环境科学研究中。

随着组学技术的发展和普及，现代组学技术已经广泛深入应用到环境科学研究中。基因组学、转录组学可以揭示各物种细胞中参与脂类代谢的相关基因和基因的表达差异，蛋白质组学可以发现与脂类代谢相关的酶和蛋白质的功能，代谢组学可以表征脂质代谢过程一系列中间产物的差异。各种组学手段的结合可以丰富我们对脂质的生物功能的认识，并为寻找与脂质代谢相关的酶或基因生物标志物提供基础信息。以脂质为研究对象，以脂肪酸组成、细胞膜组分和功能、脂肪酸合成关键酶活性以及脂质过氧化反应等为检测指标，探讨了手性污染化合物对植物的生化效应的影响，为脂质在环境科学研究中的应用提供了很好的案例。

总之，脂质过氧化反应是以脂质为对象探讨环境污染物生化效应的经典指标，在环境科学中将继续发挥重要作用。然而仅停留在终端产物的检测不足以充分认知脂质对污染物的响应机制，我们对脂质在环境科学研究中的重要性的认识还应该通过更多的检测指标来实现。未来可以结合细胞膜的功能研究，或是利用现代组学的手段，深入开展脂质在环境科学研究中的应用。

第5章 蛋 白 质

蛋白质(protein)是由多种 α-氨基酸按一定的序列通过肽键(酰胺键)缩合而成的具有一定功能的生物大分子，体内的大部分生命活动是在蛋白质的参与下完成的。英文名词 protein 来自希腊文，为第一重要的意思。蛋白质和核酸是构成细胞内原生质(protoplasm)的主要成分，而原生质是生命现象的物质基础。

环境污染物对生物机体的初始作用是从生物大分子开始的，而蛋白质是环境污染物作用的重要靶点。因此环境污染物对生物机体的影响和危害的许多问题，需要通过对蛋白质结构和功能的研究来解决。

5.1 蛋白质概述

5.1.1 蛋白质的生物学意义

1) 蛋白质是生物体的重要组成部分

生物体的所有器官、组织、细胞都含有蛋白质。蛋白质是细胞内最丰富的有机分子，占人体干重的 45%，某些组织含量更高，例如脾、肺及横纹肌等中高达 80%。体内的大部分生命活动，都需要蛋白质的参与。

2) 蛋白质具有重要的生物学功能

蛋白质具有多种重要的生物学功能，可作为生物催化剂(例如酶)，具有代谢调节作用(例如胰岛素)和免疫保护作用(例如免疫球蛋白)，参与物质的转运和储存作用(例如血红蛋白)，还具有运动功能(例如肌球蛋白、肌动蛋白)，作为结构支持物(例如角蛋白)，并参与细胞间信息传递(例如受体蛋白)等。

5.1.2 蛋白质的化学组成与分类

元素分析发现蛋白质一般含碳 50%～55%，氢 6%～8%，氧 20%～23%，氮 15%～18%，硫 0%～4%。有些蛋白质还含有微量的磷、铁、铜、碘、锌和硒等元素。蛋白质的平均含氮量为 16%，即蛋白质中的每克氮相当于 6.25 克蛋白质。因此，可以对生物或环境样本进行无机化处理后，用凯氏(Kjeldahl)定氮法分别测定总氮含量和无机氮含量，可用下列公式计算蛋白质含量：

$$蛋白质含量=(总氮含量-无机氮含量)\times 6.25$$

蛋白质是生物体内种类最多、结构最复杂、功能多样化的大分子，研究者可以从分子形状、化学组成和功能等不同的角度对蛋白质进行分类。

1. 根据分子形状分类

根据蛋白质分子的外形，可以将其分作3类：

(1) 球状蛋白质 分子形状接近球形，水溶性较好，种类很多，可行使多种多样的生物学功能。

(2) 纤维状蛋白质 分子外形呈棒状或纤维状，大多数不溶于水，是生物体重要的结构成分，或对生物体起保护作用，如胶原蛋白和角蛋白。有些可溶于水，可在一定的条件下聚集成固态，如血纤维蛋白原。还有一些与运动机能有关，如肌球蛋白。

(3) 膜蛋白质 一般折叠成近球形，插入生物膜，也有一些通过非共价键或共价键结合在生物膜的表面。生物膜的多数功能是通过膜蛋白实现的。

2. 根据分子组成分类

根据分子组成可将蛋白质分为两类。

1) 简单蛋白质

仅由肽链组成，不包含其他辅助成分的蛋白质称简单蛋白质(simple protein)。

2) 结合蛋白质

结合蛋白质(conjugated protein)又称缀合蛋白质。由简单蛋白质和辅助成分组成，其辅助成分通常称为辅基。根据辅基的不同，结合蛋白质可分为5类。

(1) 核蛋白(neucleoprotein) 由蛋白质与核酸组成，存在于所有细胞中。细胞核中的核蛋白由DNA与组蛋白结合而成，存在于细胞质中的核糖体是RNA与蛋白质组成的核蛋白。现在已知的病毒，也都是核蛋白。

(2) 糖蛋白(glucoprotein)与蛋白聚糖(proteoglycan) 均由蛋白质和糖以共价键相连而成。若糖的半缩醛羟基(即C1上的—OH)和蛋白质中含羟基的氨基酸残基(如丝氨酸、苏氨酸、羟基赖氨酸等)以糖苷形式结合，称为O连接；若糖的半缩醛羟基和天冬酰胺的酰胺基连接，称为N连接。糖蛋白有很多种类，各自有不同的功能。动物血浆中绝大多数蛋白质是糖蛋白；具有催化作用的酶也有不少是糖蛋白；其他如抗体、激素、血型物质、作为结构原料或起着保护作用的蛋白质等都是糖蛋白。蛋白聚糖中的糖基由二糖重复单位组成，称糖胺聚糖，多糖链以共价键与多肽链连接。蛋白聚糖广泛存在于动植物组织中，是结缔组织和细胞间质的特有成分，也是组织细胞间的天然黏合剂。

(3) 脂蛋白(lipoprotein) 由蛋白质和脂质通过非共价键相连而成，存在于生物膜和动物血浆中。通常脂质不溶于水，而脂蛋白却能溶于水，因此血液中的脂蛋白主要功能是经过血液循环在各器官之间运输不溶于水的脂质。血液中游离脂肪酸绝大部分与清蛋白结合，输送至全身，供各组织细胞摄取利用，而三酰甘油、胆固醇、磷脂等则以不同比例与球蛋白结合成不同的脂蛋白复合物，在血液中运输。

(4) 色蛋白(chromoprotein)　由蛋白质和色素组成，种类很多，其中以含卟啉类的色蛋白最为重要。血红蛋白是由珠蛋白和血红素组成的，血红素是由原卟啉与一个二价铁原子构成的化合物。过氧化氢酶、细胞色素 c 都是由蛋白质和铁卟啉组成的。

(5) 磷蛋白(phosphoprotein)　由蛋白质和磷酸组成，磷酸往往与丝氨酸或苏氨酸侧链的羟基结合，例如胃蛋白酶。蛋白质的磷酸化和脱磷酸，是对其机能进行调控的重要途径。

3. 根据功能分类

近年来，关于蛋白质结构与功能关系的研究、蛋白质-蛋白质及蛋白质-核酸等生物大分子相互关系的研究进展很快，因此提出按蛋白质的生物功能进行分类的方法。按功能可将蛋白质分为 10 类。

(1) 酶　酶是具催化活性的蛋白质，是蛋白质种类最多的类群，新陈代谢的每一步反应都是由特定的酶催化完成的。本书第 6 章将专门介绍酶的功能。

(2) 调节蛋白质　具有调控功能的蛋白质称为调节蛋白。其中一类为激素，如调节动物体内血糖浓度的胰岛素，刺激甲状腺的促甲状腺素，促进生长的生长素等。另一类可参与基因表达的调控，它们能激活或抑制基因的转录或翻译。

(3) 贮存蛋白质　有些蛋白质的生物功能是贮存必要的养分，称贮存蛋白。例如，卵清蛋白为鸟类胚胎发育提供氮源。许多高等植物的种子中含高达 60%的贮存蛋白，为种子的发芽准备足够的氮素。

(4) 转运蛋白质　主要有两类：一类存在于体液中，如血液中的血红蛋白将氧气从肺转运到其他组织，血清蛋白将脂肪酸从脂肪组织转运到各器官；另一类为膜转运蛋白，它们在膜的一侧结合代谢物跨越膜，然后在膜的另一侧将其释放，能将养分如葡萄糖和氨基酸转运到细胞内。

(5) 运动蛋白质　肌肉收缩是由肌球蛋白和肌动蛋白的相对滑动来实现的。细胞内的细胞器移动，也是通过细胞骨架的某些蛋白质实现。

(6) 防御蛋白和毒蛋白质　具有防御和保护功能蛋白质，如抗体能够与相应的抗原结合而排除外来物质对生物体的干扰。毒蛋白包括动物毒蛋白、蛇毒和蜂毒的溶血蛋白和神经毒蛋白、植物毒蛋白如蓖麻毒蛋白、细菌毒素蛋白如白喉毒素和霍乱毒素。

(7) 受体蛋白质　是接受和传递信息的蛋白质，如不少激素是通过细胞膜上或细胞内的受体蛋白质发挥作用的。

(8) 支架蛋白质　支架蛋白能通过蛋白质-蛋白质相互作用识别并结合其他蛋白质中的某些结构元件，将多种不同的蛋白质装配成一个复合体，参与对激素和其他信号分子胞内应答的协调和通讯。例如，肉瘤病毒基因表达产物 Src 蛋白及其家族成员中的 SH2 结构域能与含有磷酸化酪氨酸残基的蛋白质结合。

(9) 结构蛋白质　用于建造和维持生物体结构的蛋白质称为结构蛋白，多数是不溶性纤维状蛋白质，如构成毛发、角、甲的α-角蛋白，腱、软骨组织和皮中的胶原蛋白。

(10) 异常功能蛋白质　某些蛋白质具有特殊的功能，例如应乐果甜蛋白(monellin)有极高的甜度，可作为人工增甜剂。

5.2　蛋白质的结构组成

5.2.1　氨基酸

氨基酸(amino acid)广义上是指分子中既有氨基又有羧基的化合物，是蛋白质的基本组成单位。生物体用于合成蛋白质的氨基酸有 20 种，除脯氨酸外，其余 19 种都是氨基位于 α-碳原子上的 α-氨基酸。蛋白质合成以后，某些氨基酸能被修饰成为其衍生物，所以有些蛋白质水解后释放出的氨基酸多于 20 种。

1. 氨基酸的结构通式

组成蛋白质的 20 种氨基酸的结构通式见图 5-1，结构中心是四面体的α-碳原子(C_α)，它共价连接一个氨基、一个羧基、一个氢原子和一个可变的 R 基团，由于 R 基团的不同形成了不同的氨基酸。

从结构通式可以看出，除甘氨酸(R 为氢原子)外，所有α-氨基酸分子中的α-碳原子都为不对称碳原子。因此，除甘氨酸外的所有α-氨基酸均有旋光性，能使偏振光平面左旋(–)或右旋(+)。每种氨基酸都有 D 型和 L 型两种异构体，从蛋白质水解得到的均为 L-α-氨基酸，不过某些抗生素中存在 D 型氨基酸。构型与旋光方向没有直接对应关系，L-α-氨基酸有的为左旋，有的为右旋，即使同一种 L-α-氨基酸，在不同溶剂中也会有不同的旋光度或不同的旋光方向。

$$
\begin{array}{c}
R \\
| \\
H_3\overset{+}{N}-C-COO^- \\
| \\
H
\end{array}
$$

图 5-1　α-氨基酸的结构通式

2. 氨基酸的分类

1) 蛋白质中常见的氨基酸

蛋白质中常见的 20 种氨基酸的结构式、缩写符号及 pK 值(解离常数)和 pI 值

(等电点)见表 5-1。氨基酸可用三个英文字母的简写符号表示，也可用单个字母简写符号表示。

表 5-1　氨基酸分类及 25℃时各氨基酸的 p*K* 和 pI 的近似值

类别	氨基酸名称	缩写符号	简写符号	化学结构式	25℃时 p*K* 和 pI 的近似值			
					$pK_1(\alpha\text{-COOH})$	pK_2	pK_3	pI
	丙氨酸(alanine)	Ala	A	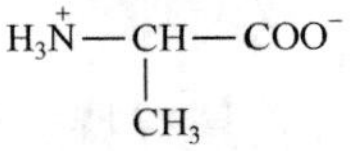 $H_3\overset{+}{N}-CH(CH_3)-COO^-$	2.34	9.69		6.00
	缬氨酸(valine)	Val	V	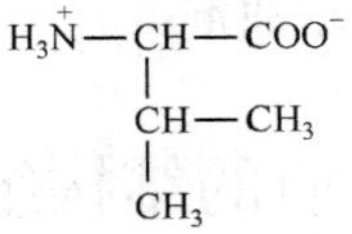 $H_3\overset{+}{N}-CH[CH(CH_3)-CH_3]-COO^-$	2.32	9.62		5.96
	亮氨酸(leucine)	Leu	L	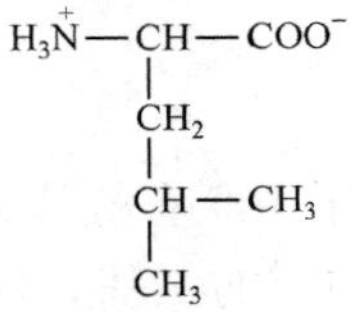 $H_3\overset{+}{N}-CH[CH_2-CH(CH_3)-CH_3]-COO^-$	2.36	9.60		5.98
非极性	异亮氨酸(isoleucine)	Ile	I	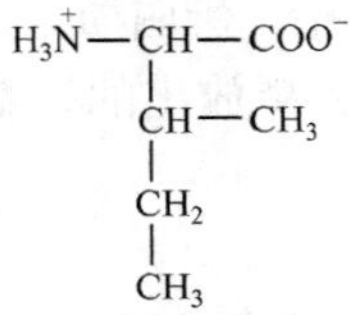 $H_3\overset{+}{N}-CH[CH(CH_3)-CH_2-CH_3]-COO^-$	2.36	9.68		6.02
	苯丙氨酸(phenylalanine)	Phe	F	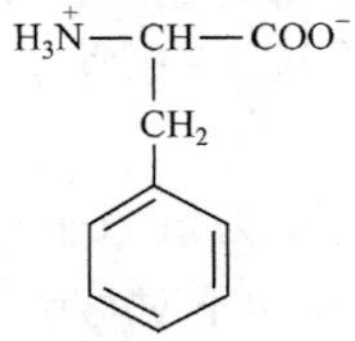 $H_3\overset{+}{N}-CH(CH_2-C_6H_5)-COO^-$	1.83	9.13		5.48
	甲硫氨酸(蛋氨酸)(methionine)	Met	M	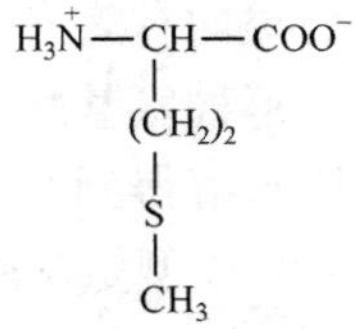 $H_3\overset{+}{N}-CH[(CH_2)_2-S-CH_3]-COO^-$	2.28	9.21		5.74
	脯氨酸(proline)	Pro	P	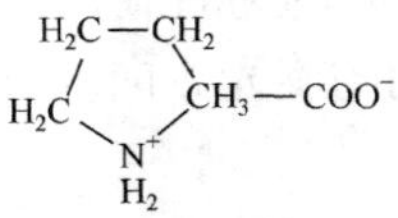 环状：H_2C-CH_2，H_2C，CH_3-COO^-，$\overset{+}{N}H_2$	1.99	10.60		6.30

续表

类别	氨基酸名称	缩写符号	简写符号	化学结构式	25℃时 p*K* 和 pI 的近似值			
					pK_1(α-COOH)	pK_2	pK_3	pI
非极性	色氨酸 (tryptophan)	Trp	W	$H_3\overset{+}{N}-CH-COO^-$, CH_2 -吲哚基 (HN)	2.36	9.39		5.89
极性不带电荷	甘氨酸 (glycine)	Gly	G	$H_3\overset{+}{N}-CH(H)-COO^-$	2.34	9.60		5.97
	丝氨酸 (serine)	Ser	S	$H_3\overset{+}{N}-CH-COO^-$, CH_2-OH	2.21	9.15		5.68
	苏氨酸 (threonine)	Thr	T	$H_3\overset{+}{N}-CH-COO^-$, $CH(-OH)-CH_3$	2.71	9.62		6.18
	天冬酰胺 (asparagine)	Asn	N	$H_3\overset{+}{N}-CH-COO^-$, $CH_2-C(=O)-NH_2$	2.02	8.80		5.41
	谷氨酰胺 (glutamine)	Gln	Q	$H_3\overset{+}{N}-CH-COO^-$, $(CH_2)_2-C(=O)-NH_2$	2.17	9.13		5.65
	酪氨酸 (tyrosine)	Tyr	Y	$H_3\overset{+}{N}-CH-COO^-$, CH_2 -苯环-OH	2.20	9.11 (α-NH_3^+)	10.07 (OH)	5.66
	半胱氨酸 (30℃) (cysteine)	Cys	C	$H_3\overset{+}{N}-CH-COO^-$, CH_2-SH	1.96	8.18 (SH)	10.28 (NH_3^+)	5.07

续表

类别	氨基酸名称	缩写符号	简写符号	化学结构式	25℃时 pK 和 pI 的近似值			
					pK_1(α-COOH)	pK_2	pK_3	pI
带负电荷	天冬氨酸 (aspartic acid)	Asp	D	$H_3\overset{+}{N}-CH(CH_2COO^-)-COO^-$	1.88	3.65 (β-COO^-)	9.60 (NH_3^+)	2.77
	谷氨酸 (glutamic acid)	Glu	E	$H_3\overset{+}{N}-CH((CH_2)_2COO^-)-COO^-$	2.19	4.25 (γ-COO^-)	9.67 (NH_3^+)	3.22
带正电荷	组氨酸 (histidine)	His	H	$H_3\overset{+}{N}-CH(CH_2$-咪唑环$)-COO^-$	1.82	6.00 (咪唑基)	9.17 (α-NH_3^+)	7.59
	赖氨酸 (lysine)	Lys	K	$H_3\overset{+}{N}-CH((CH_2)_4NH_3^+)-COO^-$	2.18	8.95 (α-NH_3^+)	10.53 (ε-NH_3^+)	9.74
	精氨酸 (arginine)	Arg	R	$H_3\overset{+}{N}-CH((CH_2)_3-NH-C(=NH_2^+)-NH_2)-COO^-$	2.17	9.04 (α-NH_3^+)	12.48 (胍基)	10.76

在研究氨基酸的代谢途径时，根据 R 基的化学结构，可将氨基酸分为脂肪族氨基酸、芳香族氨基酸、杂环氨基酸和杂环亚氨基酸 4 类。

在研究氨基酸的分离方法,或考虑其在形成蛋白质分子空间结构中的作用时,通常按照 R 基的极性和在中性条件下带电荷的情况，将其分作 4 类。

(1) 非极性 R 基氨基酸　非极性氨基酸包括 4 种带有脂肪烃侧链的氨基酸(丙氨酸、缬氨酸、亮氨酸、异亮氨酸)、脯氨酸(带有独特的环状结构)、甲硫氨酸(两种含硫氨基酸之一)和 2 种芳香族氨基酸(苯丙氨酸和色氨酸)。

(2) 不带电荷的极性 R 基氨基酸　这一组共有甘氨酸、丝氨酸、苏氨酸、天冬酰胺、谷氨酰胺、酪氨酸和半胱氨酸共 7 种氨基酸。除了甘氨酸以外，这一组氨基酸的 R 基都能与水形成氢键。因此，这些氨基酸比非极性氨基酸更易溶于水。

酪氨酸、苏氨酸和丝氨酸的羟基，天冬酰胺和谷氨酰胺的氨基，以及半胱氨酸的巯基都是形成氢键的关键部位。

(3) 极性带负电荷的 R 基氨基酸　这类氨基酸包括两种酸性氨基酸：天冬氨酸和谷氨酸。它们在 pH 7 时带有净负电荷，可以结合金属阳离子。许多蛋白质结构中均依赖这两种氨基酸形成一个或多个金属结合位点。

(4) 极性带正电荷的 R 基氨基酸　在中性 pH 条件下，组氨酸的咪唑基、精氨酸的胍基以及赖氨酸侧链上的氨基均可接受质子，使这 3 种氨基酸带有净正电荷。组氨酸作为质子供体和受体在许多酶促反应中有着重要作用，含有组氨酸的肽具有重要的生物学缓冲功能。

2) 蛋白质中不常见的氨基酸

有些氨基酸存在于某些蛋白质中，但不常见。它们都是由相应的常见氨基酸修饰生成的。

例如存在于胶原蛋白中的 5-羟赖氨酸和 4-羟脯氨酸，分别由赖氨酸和脯氨酸经羟基化而生成。存在于甲状腺球蛋白中的甲状腺素和 3,3′,5-三碘甲腺原氨酸，都是酪氨酸的羟化衍生物。

3) 非蛋白质氨基酸

一些氨基酸及其衍生物不参与构建蛋白质，但却具有重要的作用。例如 γ-氨基丁酸(GABA)是由谷氨酸脱羧产生，它是传递神经冲动的化学介质，称神经递质。由组氨酸脱羧生成的组胺和由色氨酸衍生来的血清素，也具有类似于神经递质的功能。肾上腺素是酪氨酸衍生物，鸟氨酸、瓜氨酸、精氨酸、高半胱氨酸和高丝氨酸是氨基酸代谢过程中重要的中间体。

3. 氨基酸的理化性质

1) 两性解离和等电点

无机盐一般为离子化合物，熔点高，能溶于水而不溶于有机溶剂。氨基酸也具有这两个特点，因此推断氨基酸也是离子化合物。实验证明氨基酸在水溶液中或在晶体状态时都以两性离子的形式存在，即 $H_3\overset{+}{N}—\underset{}{\overset{R}{\overset{|}{C}}}H—COO^-$。所谓两性离子是指在同一个氨基酸分子上带有能放出质子的$—NH_3^+$正离子和能接受质子的$—COO^-$负离子。因此氨基酸是两性电解质，也称偶极离子或两性离子。

在不同 pH 的水溶液中，氨基酸可解离为正离子、偶极离子或负离子。对氨基酸进行电泳时，在强酸性溶液中氨基酸正离子移向阴极，在强碱性溶液中氨基酸负离子移向阳极。

调节氨基酸溶液的 pH，使氨基酸分子上的$—NH_3^+$和$—COO^-$解离度完全相等，即氨基所带净电荷为零。主要以两性离子存在时，在电场中，不向任何一极移动，此时溶液的 pH 叫作氨基酸的等电点(isoelectric point，pI)。

$$\underset{\substack{\text{负离子}\\\text{(在碱性溶液中的存在形式)}}}{H_2N-\underset{\displaystyle R}{\underset{|}{CH}}-COO^-} \underset{OH^-}{\overset{H^+}{\rightleftharpoons}} \underset{\substack{\text{偶极离子}\\\text{(在晶体状态或者水溶液中的存在形式)}}}{H_3\overset{+}{N}-\underset{\displaystyle R}{\underset{|}{CH}}-COO^-} \underset{OH^-}{\overset{H^+}{\rightleftharpoons}} \underset{\substack{\text{正离子}\\\text{(在酸性溶液中的存在形式)}}}{H_3\overset{+}{N}-\underset{\displaystyle R}{\underset{|}{CH}}-COOH}$$

不同氨基酸由于结构不同，等电点也不同。在水溶液中氨基和羧基的解离程度不同，所以氨基酸水溶液一般不呈中性。一般中性氨基酸的正离子浓度小于负离子浓度，因此要调节到等电点，需要向溶液中加酸，降低 pH，抑制羧基的解离。由于氨基酸的两性电解质性质，其可以作为缓冲试剂使用。在等电点时氨基酸的偶极离子浓度最大，溶解度最小。因此，可以根据等电点分离氨基酸的混合物。

氨基酸的等电点可由其分子上解离基团的解离常数来确定，各种氨基酸的解离常数 pK 和 pI 的近似值列于表 5-1。氨基酸的等电点除用酸碱滴定测定外，还可按可解离基团的 pK 值计算。先写出氨基酸的解离方程，然后取两性离子两边的 pK 值的算术平均值，即为等电点。

以谷氨酸为例，其解离方程式为

$$\underset{Glu^+}{\begin{array}{l}COOH\\|\\(CH_2)_2\\|\\CH-COOH\\|\\NH_3^+\end{array}} \underset{H^+}{\overset{K_1\quad OH^-}{\rightleftharpoons}} \underset{Glu^\pm}{\begin{array}{l}COOH\\|\\(CH_2)_2\\|\\CH-COO^-\\|\\NH_3^+\end{array}} \underset{H^+}{\overset{K_2\quad OH^-}{\rightleftharpoons}} \underset{Glu^-}{\begin{array}{l}COO^-\\|\\(CH_2)_2\\|\\CH-COO^-\\|\\NH_3^+\end{array}} \underset{H^+}{\overset{K_3\quad OH^-}{\rightleftharpoons}} \underset{Glu^{2-}}{\begin{array}{l}COO^-\\|\\(CH_2)_2\\|\\CH-COO^-\\|\\NH_2\end{array}}$$

根据 pI 的定义，当溶液的 pH 等于氨基酸的 pI 时，氨基酸大多以两性离子的形式存在，少量的正离子和负离子数量相等。由于此种状态下的 pH 等于 pI，可得 $pI=(pK_1+pK_2)/2$。谷氨酸 $pK_1=2.19$，$pK_2=4.25$，则 pI=(2.19+4.25)/2=3.22。

氨基酸在 pH 大于等电点的溶液中主要以阴离子存在，在 pH 小于等电点的溶液中主要以阳离子存在。

2) 氨基酸的紫外吸收性质

参与蛋白质组成的 20 多种氨基酸在电磁波谱的可见光区都没有光吸收，在红外区和远紫外区(波长λ<200 nm)都有光吸收。但在近紫外区(λ=200~400 nm)只有芳香族氨基酸有吸收光的能力，因为它们的 R 基含有苯环共轭 π 键。含苯环的酪氨酸的最大光吸收波长(λ_{max})在 275 nm，苯丙氨酸的λ_{max}在 257 nm，色氨酸的λ_{max}在 280 nm。

含有芳香族氨基酸的蛋白质也有紫外吸收能力，一般最大吸收在 280 nm 波长处，因此能利用分光光度法快速简便地测定样品中蛋白质的含量。

3) 氨基酸的化学性质

(1) 与甲醛反应　氨基酸氨基的 pK_a 值较小，羧基的 pK_a 值较大，若用滴定法测定氨基或羧基解离释放出的 H^+，均找不到合适的指示剂。但若加入甲醛溶液，则氨基酸中的氨基作为亲核试剂与甲醛中的羰基发生加成反应，生成 *N,N*-二羟甲基氨基酸，可使氨基的 pK_a 值下降 2～3 个 pH 单位，这时可以用酚酞作指示剂，用 NaOH 滴定来测定游离氨基的含量，这一方法称氨基酸的甲醛滴定法。

(2) 与水合茚三酮反应　*α*-氨基酸与水合茚三酮溶液加热经氧化脱氨生成相应的*α*-酮酸，进一步脱羧生成醛，水合茚三酮则被还原成还原型茚三酮。在弱酸性溶液中，还原型茚三酮、氨和另一水合茚三酮缩合成蓝紫色复合物。脯氨酸与茚三酮反应产生黄色物质，其余的*α*-氨基酸与茚三酮反应均产生蓝紫色物质。

氨基酸与茚三酮反应非常灵敏，几微克氨基酸就能显色。A_{570nm} 与氨基酸含量在一定范围内成正比，因此茚三酮反应可用于测定样品中氨基酸的含量。

(3) 与 2,4-二硝基氟苯(DNFB)反应　氨基酸的*α*-氨基与 2,4-二硝基氟苯(DNFB)在弱碱性溶液中作用，生成稳定的 2,4-二硝基苯氨基酸(DNP-氨基酸)。

多肽或蛋白质 N 端氨基酸的*α*-氨基也能与 DNFB 反应，生成 DNP-多肽或 DNP-蛋白质。经酸水解时，所有的肽键被切开，只有 DNP 基仍连在 N 端氨基酸上，形成黄色的 DNP-氨基酸。用乙醚等非极性溶剂把 DNP-氨基酸抽提出来，所得 DNP-氨基酸进行纸层析分析，从图谱上黄色斑点的位置可鉴定 N 端氨基酸的种类和数目。这一方法被英国生物化学家弗雷德里克 · 桑格(Frederick Sanger)用来鉴定多肽或蛋白质的末端氨基酸，故称 Sanger 反应(Sanger's reaction)。

(4) 与异硫氰酸苯酯反应　在弱碱性条件下，氨基酸中的*α*-氨基与异硫氰酸苯酯(PITC)反应，生成相应的苯氨基硫甲酰氨基酸(PTC-氨基酸)。PTC-氨基酸与酸作用，环化为苯硫代乙内酰脲(PTH)，后者在酸中极其稳定。

多肽链 N 端氨基酸的*α*-氨基也可与 PITC 反应，生成 PTC-蛋白质。在酸性溶液中，释放出末端的 PTH-氨基酸和比原来少一个氨基酸残基的多肽链。所得的 PTH-氨基酸经乙酸乙酯抽提后，用层析法进行鉴定，确定肽链的 N 端氨基酸种类。这种方法测定蛋白质 N 端的氨基酸，重复多次可测定出多肽链 N 端的氨基酸排列顺序。此方法由瑞典生物化学家埃德曼(Pehr Edman)在 20 世纪 50 年代所创立，因此又称为 Edman 降解(Edman degradation)。

5.2.2 肽

1. 肽的结构

一个氨基酸的*α*-羧基与另一个氨基酸的*α*-氨基脱水缩合形成的共价键称肽

键，由此形成的化合物称肽(peptide)。由两个氨基酸缩合形成的称二肽，例如丙氨酸的α-羧基和甘氨酸的α-氨基缩合形成的二肽称丙氨酰甘氨酸。

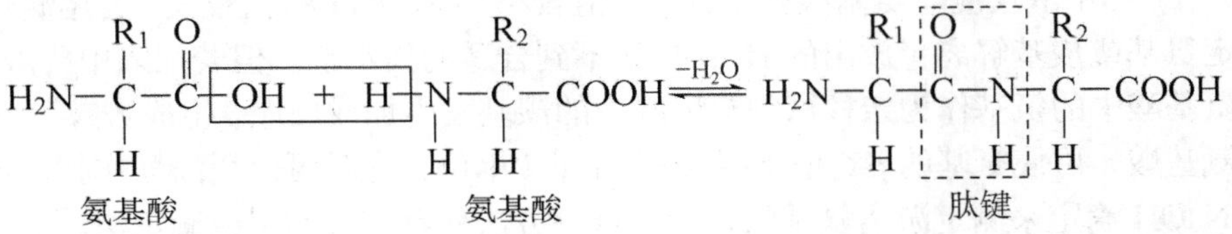

$$H_2N-CH(R_1)-CO-OH + H-NH-CH(R_2)-COOH \xrightarrow{-H_2O} H_2N-CH(R_1)-CO-NH-CH(R_2)-COOH$$

氨基酸　　氨基酸　　肽键

多个氨基酸用肽键连接，则形成多肽。多肽为链状结构，所以也称多肽链。肽链中的每个氨基酸单位在形成肽键时，释放一分子的水，因此被称为一个氨基酸“残基”。如图 5-2 所示，肽链中由酰胺 N、α-碳和羰基 C 重复单位构成的链状结构称主链，每个氨基酸残基的 R 基称侧链。

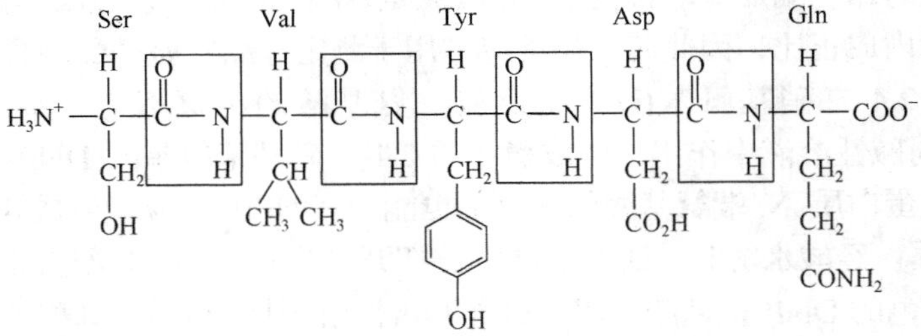

Ser　Val　Tyr　Asp　Gln

$$H_3N^+-CH(CH_2OH)-CO-NH-CH(CH(CH_3)_2)-CO-NH-CH(CH_2C_6H_4OH)-CO-NH-CH(CH_2CO_2H)-CO-NH-CH(CH_2CH_2CONH_2)-COO^-$$

图 5-2　多肽链一个片段的结构通式

具有两个氨基酸残基的肽称为二肽，具有三个、四个氨基酸残基的分别称为三肽、四肽等。一般超过 12 个而不多于 20 个残基的称寡肽，含 20 个及以上残基的称为多肽。蛋白质就是含几十个到几百个，甚至几千个氨基酸的多肽链。

绝大多数肽链是线性无分支的，但也有一些肽链，可利用氨基酸残基 R 基的氨基和羧基以异肽键的形式相连形成分支，如将小蛋白泛素通过 C 端与其他的蛋白质相连。还可以通过异肽键或其他连接方式，使多条肽链形成交联，如血凝块中的纤维蛋白多聚体。有些寡肽可以首尾相连，形成环状。

线性肽链有两个末端，书写时规定 NH_2 末端氨基酸残基(N 端)在左边，COOH 末端氨基酸残基(C 端)在右边。命名时，从 N 端开始，连续读出氨基酸残基的名称，除 C 端氨基酸外，其他氨基酸残基的名称均将“酸”改为“酰”，例如丝氨酰甘氨酰酪氨酰丙氨酰亮氨酸(seryl glycyl tyrosyl alanyl leucine)。或者用连字符将氨基酸的三字符号从 N 端到 C 端连接起来，如 Ser-Gly-Tyr-Ala-Leu。近年氨基酸序列更常用的书写方法是，从 N 端到 C 端连续写出氨基酸的单字符号，例如 SGYAL。

构成肽键的 C 和 N 均为 sp^2 杂化，C 和 N 各自的 3 个共价键均处于同一平面，键角均接近 120°。C—N 键的长度为 0.133 nm，比正常的 C—N 键(0.145 nm)

短，但比一般的 C═N 键(0.125 nm)长，说明肽键具有约 40%的双键性质(图 5-3)。

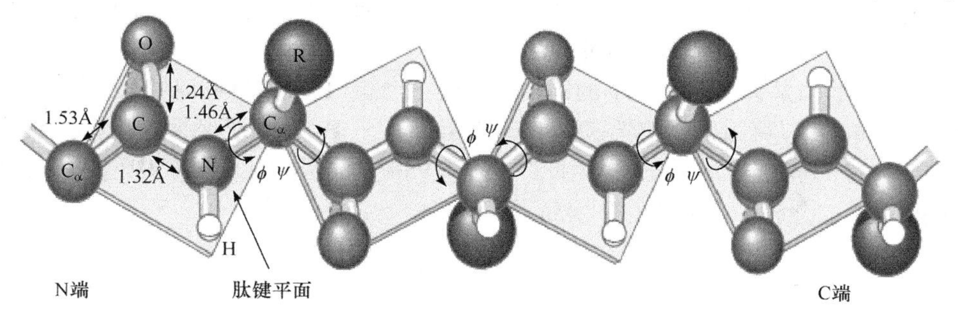

图 5-3　多肽链中肽键平面以及 N—Cα 键和 Cα—C 键的旋转

由于 C—N 键有部分双键的性质，不能旋转，使相关的 6 个原子处于同一个平面，称作肽平面(planar unit of peptide)或酰胺平面。肽键平面内两个 C_α 多处于反式构型，肽链中的α-碳原子作为连接点将肽平面连接起来。N—C_α 键和 C_α—C 键可以旋转，规定键两侧基团为顺式排列时为 0°，从 C_α沿键轴方向观察，顺时针旋转的角度为正值，逆时针旋转的角度为负值。N—C_α 键旋转的角度为ϕ，C_α—C 键旋转的角度为ψ。

2. 生物活性肽

生物活性肽是能够调节生物机体的生命活动或具有某些生理活性的寡肽和多肽的总称。生物活性肽大多以非活性状态存在于蛋白质长链中，被酶解成适当的长度时，其生理活性才会表现出来，其主要作用机制是调节体内的有关酶类，保障代谢途径的畅通，或通过控制转录和翻译而影响蛋白质的合成，最终产生特定的生理效应。已经在生物体内发现了几百种活性肽，例如谷胱甘肽以及催产素、加压素、促肾上腺皮质激素、脑啡肽、胰高血糖素、胃肠道活性肽等多肽激素。这些活性肽参与调节物质代谢、激素分泌、神经活动、细胞生长及繁殖等几乎所有的生命活动。

5.2.3　蛋白质的结构

由长度不等、序列各异的氨基酸序列构成的蛋白质，可以折叠成复杂的三维空间结构。为了研究方便，通常将蛋白质的共价结构和空间结构分成不同的层次来描述。

1. 蛋白质的一级结构

蛋白质的一级结构(primary structure)指多肽链中的氨基酸序列，氨基酸序列的多样性决定了蛋白质空间结构和功能的多样性。根据现有的研究资料估算，人体内能编码蛋白质的基因约 3 万个，一个基因可通过不同的表达方式生成多种蛋白质，人体的蛋白质种类数可能在 10 万左右。

一级结构是蛋白质最基本的结构，研究一个蛋白质的结构和功能，首先要测定氨基酸序列。英国生物化学家 Frederick Sanger 于 1953 年完成了牛胰岛素 51 个氨基酸的序列测定，Sanger 也因此荣获了 1958 的诺贝尔化学奖。中国科学家于 1965 年人工合成了有活性的牛胰岛素。

2. 蛋白质的空间结构

蛋白质的空间结构通常称作蛋白质的构象，或高级结构，是指蛋白质分子中所有原子在三维空间的分布和肽链的走向。

一个天然蛋白质在一定条件下，往往只有一种或很少几种构象，这是因为主链上有 1/3 是 C—N 键，不能自由旋转，使多肽链的构象数目受到很大的限制。另两个可旋转的键所形成的 ϕ 角和 ψ 角，也受到主链原子空间位阻的限制。此外，侧链 R 基团有大有小，相互间或者相斥，或者吸引，使多肽链的构象数目受到进一步的限制。

蛋白质的高级结构可以从二级结构、超二级结构、结构域、三级结构和四级结构等几个结构层次进行描述。

1) 稳定蛋白质空间结构的作用力

维持蛋白质空间构象的作用力主要是次级键，即氢键和盐键等非共价键，以及疏水作用(疏水键)和范德瓦耳斯力等。

氢键比共价键弱，但生物大分子中众多的氢键可以形成很强的作用力，氢键在稳定蛋白质结构中起着极其重要的作用。

氨基酸的侧链可携带正电荷，如赖氨酸、精氨酸和组氨酸；也可携带负电荷，如天冬氨酸和谷氨酸。此外，蛋白质或多肽链的末端通常也会以离子状态存在，分别携带正、负电荷。氨基酸侧链携带的不同电荷间形成的静电引力，或者相同电荷间形成的静电斥力，即盐键，也称离子作用。

疏水作用是由于氨基酸疏水侧链相互聚集形成的作用力。位于蛋白质结构内部或核心的氨基酸的侧链几乎全为疏水的，少量极性氨基酸则通过形成氢键或盐键降低了其极性。蛋白质表面可由极性和非极性氨基酸共同组成，极性氨基酸可与环境中的水相互作用。

范德瓦耳斯引力主要是由瞬间偶极诱导的静电相互作用形成的，它是由邻近的共价结合原子电子分布的波动引起的。虽然范德瓦耳斯力相对而言比较弱，但许多这样的相互作用发生在同一个蛋白质中，通过力的加和，对蛋白质结构的稳定具有不容忽视的作用。

2) 蛋白质的二级结构

蛋白质的二级结构(secondary structure)指多肽主链有一定周期性的，由氢键维持的局部空间结构。蛋白质主链上的 C═O 和 N—H 规则排列，C═O 和 H—N 之间形成的氢键通常有周期性，使肽链形成 α 螺旋、β 折叠、β 转角等有一定规则的结构。

(1) α螺旋(α-helix) 是蛋白质主链的一种最常见的结构，广泛存在于纤维状蛋白和球蛋白中。

如图 5-4 所示，在 α 螺旋中，多肽链中的各个肽平面围绕同一轴旋转，形成螺旋结构，每周螺旋含 3.6 个氨基酸残基，沿螺旋轴上升的距离即螺距为 0.54 nm，两个氨基酸残基之间的距离为 0.15 nm。如果侧链不计在内，螺旋的直径约为 0.6 nm。氨基酸残基的侧链伸向外侧，从而减少了与多肽骨架的空间位阻。链内氢键由每个肽基的 C═O 与其前面第四个肽基的 N—H 形成，氢键的取向几乎与螺旋轴平行。

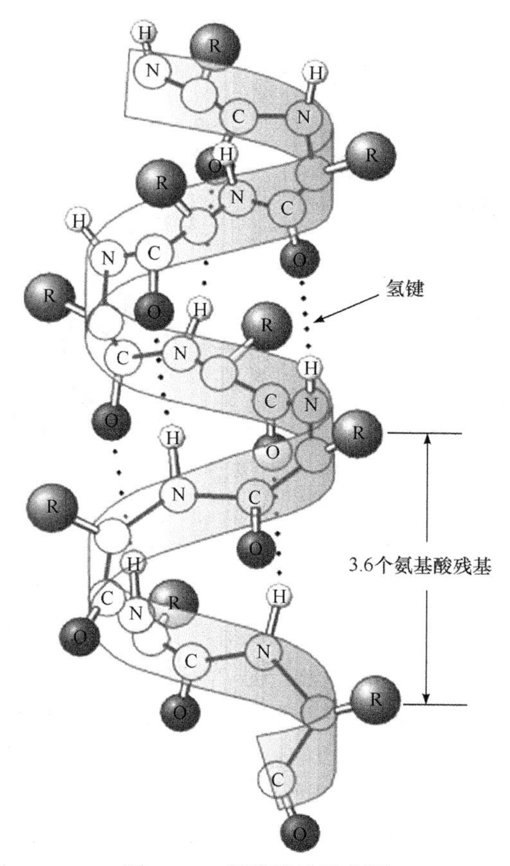

图 5-4 α螺旋结构示意图

天然蛋白质的 α 螺旋大多为右手螺旋，即用右手的拇指指示螺旋轴延伸的方向，另 4 个手指指示肽链缠绕的方向(与物理学的右手定则相同)。由于 α 螺旋结构的每圈螺旋含 3.6 个氨基酸残基，由氢键封闭形成的环含有 13 个原子，因此被称作 3.6_{13}-螺旋。在典型的α螺旋中，螺旋的头 4 个酰胺 H 和最后 4 个羰基 O 不参与螺旋中氢键的形成。蛋白质经常通过螺旋的帽化补偿末端形成氢键的能力，即给末端裸露的 N—H 和 C═O 提供氢键配偶体(partner)，并折叠蛋白质的其他部分以促成与末端暴露的非极性残基的疏水作用。

α 螺旋在一些纤维状蛋白中所占的比例很高，毛发的原纤维由 4 股初原纤维聚集而成，初原纤维由 2 股卷曲的螺旋构成，卷曲的螺旋是由 2 股 α 螺旋卷曲形成的左手超螺旋。不少球蛋白中含有比例不等的 α 螺旋，如肌红蛋白中的 α 螺旋比例高达 80%，但也有一些球蛋白中 α 螺旋的比例较低，或不含 α 螺旋。

(2) β 折叠(β-pleated sheet)　也是一种重复性的结构，主链侧向并排形成锯齿状折叠平面，R 基垂直于折叠平面，交替分布于平面的上下(图 5-5)。

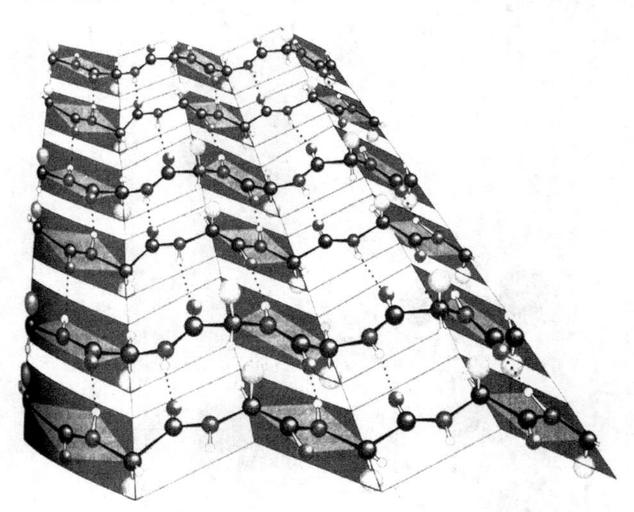

图 5-5　β 折叠结构示意图

β 折叠可以由多条肽链构成，也可由同一条肽链通过回折构成。β 折叠中氢键主要是在股间而不是股内形成。折叠可以有两种形式，一种是平行式，另一种是反平行式。在平行 β 折叠中，相邻肽链是同向的，在反平行β 折叠片中，相邻肽链是反向的。在平行折叠中的氢键有明显的弯折，其伸展构象略小于反平行折叠中的构象。反平行折叠中每个残基的长度是 0.347 nm，而平行折叠中的长度是 0.325 nm。

平行 β 折叠比反平行 β 折叠更规则，平行折叠一般是大结构，少于 5 条肽链的很少见。而反平行折叠可以少到仅由两条肽链组成。蚕丝中 β 折叠主要是反平行式的，一些球蛋白质中也存在比例不等的 β 折叠，如免疫球蛋白 G、超氧化物歧化酶、刀豆蛋白 A 均有较高比例的 β 折叠。许多球蛋白如碳酸酐酶、蛋白溶菌酶、磷酸甘油醛脱氢酶在一条多肽链中同时有 α 螺旋和 β 折叠结构。

(3) β 转角(β-turn) 是在很多蛋白质中观察到的一种简单的二级结构。自然界种类最多的球状蛋白质，多肽链必须经过弯曲和回折(即 β 转角)才能形成稳定的球状结构。如图 5-6 所示，在 β 转角中第一个氨基酸残基的 C═O 与第四个氨基酸残基的 N—H 形成氢键，构成一个紧密的环，使 β 转角成为比较稳定的结构。甘氨酸缺少侧链，在 β 转角中能很好地调整其他残基的空间阻碍，因此甘氨酸容易出现在 β 转角上。肽链中的脯氨酸不能形成氢键，也容易出现在 β 转角的中间部位。

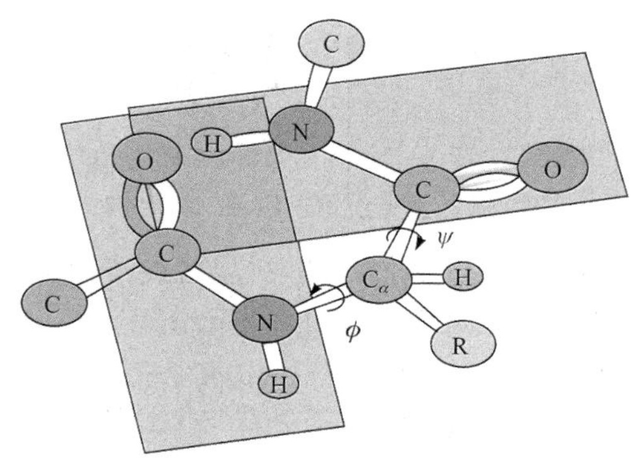

图 5-6 β 转角结构示意图

(4) β凸起(β-bugle) 是一种小的非重复性结构，能单独存在，但大多数为反平行β折叠中的一种不规则情况。β 凸起可引起多肽链方向的改变，但改变的程度不如 β 转角。

(5) 无规卷曲(random coil) 指没有一定规律的松散肽链结构。然而对一定的球蛋白而言，特定的区域有特定的卷曲方式。酶的功能部位常常处于这种构象区域中。

3) 超二级结构和结构域

(1) 超二级结构 介于蛋白质二级结构和三级结构层次的过渡态构象，较复杂的球蛋白一般是由几个结构域模块组装而成的。超二级结构(super-secondary structure)指若干相邻的二级结构中的构象单元彼此相互作用，形成有规则的，在空间上能辨认的二级结构组合体。常见的有图 5-7 所示的αα、βαβ、βαβαβ(Rossman 折叠)、β曲折和希腊图案拓扑结构等。随后，在研究蛋白质与核酸相互作用时发现的一些被称作模体(motif)的结构元件，如螺旋-转角螺旋、锌指、亮氨酸拉链(leucine zipper)等，也属于超二级结构。超二级结构可以作为蛋白质的结构单元，组装成结构域或三级结构，也可作为蛋白质结构中有某种特定功能的区域。

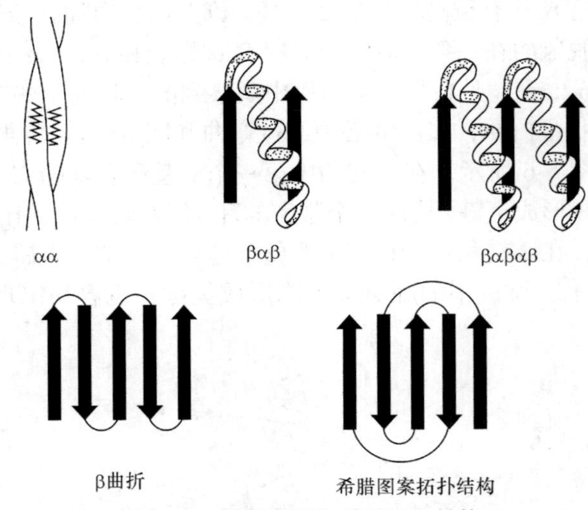

图 5-7　常见的蛋白质超二级结构

(2) 结构域(structural domain)　多肽链在超二级结构基础上进一步盘绕折叠成的近似球状的紧密结构。结构域在空间上彼此分隔，各自有部分生物学功能。对于较大的蛋白质分子或亚基，多肽链往往由两个或两个以上相对独立的结构域缔合成三级结构。某些较小的蛋白质分子只有一个结构域，则结构域就是指三级结构。

4) 蛋白质的三级结构

球状蛋白质的多肽链在二级结构、超二级结构和结构域等结构层次的基础上，组装而成的完整的结构单元称三级结构(tertiary structure)，即三级结构指多肽链上包括主链和侧链在内的所有原子在三维空间内的分布。

球状蛋白质存在多种三维结构，但是几乎所有的球状蛋白质都包含一定数量的 α 螺旋和 β 折叠。大多数球状蛋白质的核心部分几乎全部由 α 螺旋和 β 折叠构成，因为这两种二级结构可形成很好的氢键网，主链极性已被有效中和，能稳定地处于疏水核心区域。球状蛋白质中多数α螺旋是两亲螺旋，一侧有较多的极性带电基团，会暴露在水相中，而另一侧则主要由非极性的疏水残基组成，朝向内部的疏水区域。例如，从鱼腥草中提取的黄素氧还蛋白的第 153 至第 160 位残基就是一个典型的两亲螺旋。有的α螺旋其氨基酸残基大多是亲水的，可以完全暴露在溶剂中，如钙调蛋白有一个α螺旋处于两个结构域之间，完全暴露在水环境中，其氨基酸残基几乎全部是亲水的。可见，蛋白质的三级结构主要由疏水作用力维持。

球蛋白分子三级结构的共同特点是含多种二级结构元件，具有明显的折叠层次，整个分子折叠成近似球状的紧密实体。疏水侧链通常分布在分子内部，亲水侧链则多分布在分子表面。分子表面常有空穴，是一个疏水的区域，是结合配体、行使生物学功能的活性部位。

5) 蛋白质的四级结构

许多蛋白质由两个或两个以上相互关联的具有三级结构的亚单位组成，其中每一个亚单位称为亚基(subunit)，亚基间通过非共价键聚合而形成特定的构象。蛋白质四级结构(quaternary structure)指分子中亚基的种类、数量以及相互关系。一个亚基可以有一条肽链，也可以有多条肽链。亚基单独存在，无生物活性或活性很小，只有相互聚合形成四级结构时，蛋白质才具有完整的生物活性。

存在于自然界中的许多蛋白质具有四级结构，亚基间的空间位置通常存在一定的对称关系。一个蛋白质中的不同亚基通常以α、β、γ等命名。例如，血红蛋白的分子量为65 000，亚基组成为$\alpha_2\beta_2$，α链由141个氨基酸组成，β链由146个氨基酸组成，每一个亚基含有一个血红素辅基。α链和β链的一级结构即氨基酸序列差别较大，但三级结构却大致相同。血红蛋白分子中的4条链各自折叠卷曲形成三级结构，再通过分子表面的疏水作用力、盐键和氢键而联系在一起，形成一个稳定的四聚体。

蛋白质形成四级结构具有重要的生物学意义，可以增强蛋白质结构的稳定性，可以在亚基之间的结合区域形成新的功能部位，可以使某些蛋白质具有协同效应。

5.2.4 蛋白质结构与功能的关系

蛋白质复杂的化学组成和空间结构使其具有多种多样的生物功能，蛋白质的一级结构和三维结构均与其特定的功能相关。

1. 蛋白质一级结构与功能的关系

1) 种属差异

不同种属机体中表现同一功能的蛋白质(同源蛋白质)的氨基酸序列存在明显差异。例如，绝大多数哺乳动物、鸟类和鱼类等胰岛素的一级结构是由51个氨基酸组成，其中有22个氨基酸为不同种属来源的胰岛素所共有。不同种属来源的胰岛素在A链小环的8、9、10和B链30位的4个氨基酸残基存在差异，然而这4个氨基酸残基的改变并不影响胰岛素的生物活性，说明对胰岛素的生物活性起决定作用的是其氨基酸序列中的相同部分。例如不同种属的胰岛素A链、B链中的6个半胱氨酸残基的位置相同，说明不同种属来源的胰岛素分子中A、B链之间都有共同的连接方式，3对二硫键对维持高级结构起着重要的作用。其他一些相同的氨基酸绝大多数属非极性的带有疏水侧链的氨基酸，对维持胰岛素分子的高级结构有重要作用。可见不同动物来源的胰岛素，其空间结构可能大致相同。

2) 分子病

分子病指某种蛋白质分子的氨基酸排列顺序异常导致的遗传病，典型的例子是镰刀形贫血病。正常人血红蛋白分子(Hb-A)的 β 链第 6 位为谷氨酸，而镰刀形贫血患者的血红蛋白分子(Hb-S) β 链的第 6 位为缬氨酸。由于谷氨酸在生理条件下带负电荷，使 Hb-A 相互排斥，不能聚集。缬氨酸为疏水氨基酸，使镰刀形贫血患者的 Hb-S 在氧气缺乏时聚集成链状，丧失运氧功能，导致红细胞呈镰刀状，易胀破发生溶血，引起患者头昏、胸闷等贫血症状甚至死亡。由此可见，蛋白质结构与功能具有高度统一性，每种蛋白质分子都具有其特定的结构来完成它特定的功能，甚至个别氨基酸的变化就能引起功能的改变或丧失。

2. 蛋白质构象与功能的关系

蛋白质的功能通常取决于它的特定构象。某些蛋白质表现其生物功能时，某些物质与蛋白质特定部位结合引起蛋白质构象发生改变，从而改变了整个分子的性质，这种现象就称为别构效应。别构效应是蛋白质表现其生物功能的一种相当普遍而又十分重要的现象，例如血红蛋白在表现其输氧功能时具有别构现象。血红蛋白是由两个 α 亚基和两个 β 亚基聚合而成的四聚体，与氧分子的亲和力较弱。当血红蛋白分子中一个亚基中卟啉(porphyrin)结合的铁(血红素铁)与氧分子结合后，该亚基的构象发生改变，并通过亚基之间的相互作用引起另外三个亚基相继发生构象变化，亚基间的次级键被重组，使整个分子的构象发生改变，所有亚基血红素铁原子与氧分子的亲和力增强，所以血红蛋白与氧结合的速度大大加快。别构效应使血红蛋白能够在氧分压较高的肺部高效率地结合氧，在氧分压较低的肝和肌肉等组织高效率地释放氧。然而肌红蛋白只有一个亚基，不存在别构效应，与氧的结合能力比血红蛋白强，可以在氧分压较低的肝脏和肌肉等组织中从血红蛋白获取氧，但不容易释放氧。因此血红蛋白适合于运输氧，而肌红蛋白适合于从血红蛋白获取和保存氧，二者的结构与功能有高度统一性。

5.3 蛋白质的理化性质与研究方法

5.3.1 蛋白质的理化性质

蛋白质由氨基酸组成，因此蛋白质的性质有些与氨基酸相似，但也有其特殊的性质。

1) 蛋白质的分子量

蛋白质的分子量很大，一般在 10 000～1 000 000 之间，常用蛋白质的物理化学性质来测定其分子量。测定蛋白质分子量的常用方法有渗透压法、超离心法、凝胶过滤法、聚丙烯酰胺凝胶电泳等，其中渗透压法较简单，对仪器设备要求不高，但准确度较差。超离心法可用于测定蛋白质分子量，基本原理是在25万～50万g的离心力作用下，使蛋白质颗粒从溶液中沉降，较大的分子会有较大的沉降速度。用光学方法监测蛋白质颗粒的沉降速度，根据沉降速度可计算出蛋白质的分子量。然而超离心法测定蛋白质分子量比较昂贵和耗时，目前常用凝胶过滤法和 SDS-聚丙烯酰胺凝胶电泳法测定蛋白质的分子量。SDS-聚丙烯酰胺凝胶电泳法具有快速、简单、准确度较高、成本低的优点，但缺点是测出的是亚基的分子量，如果待测蛋白质是多亚基，需要配合使用凝胶过滤法确定整个分子的分子量。

2) 蛋白质的两性电离及等电点

蛋白质分子中可解离的基团除肽链末端的α-氨基和α-羧基外，主要是氨基酸残基上的侧链基团如ε-氨基、β-羧基、γ-羧基、咪唑基、胍基、酚基、巯基等。在酸性环境中各碱性基团与质子结合，使蛋白质带正电荷。在碱性环境中酸性基团解离出质子，与环境中的—OH结合成水，使蛋白质带负电荷。调节溶液的pH，使蛋白质所带的正电荷与负电荷相等，总净电荷为零，在电场中既不向阳极移动，也不向阴极移动，这时溶液的pH称为该蛋白质的等电点(pI)。

蛋白质在等电点时，以两性离子的形式存在，其总净电荷为零，这样的蛋白质颗粒在溶液中因为没有相同电荷互相排斥的影响，容易结合成较大的聚集体，所以溶解度最小，容易沉淀析出。在蛋白质分离、提纯时，常利用这一性质，在不同pH条件下，将具有不同pH的蛋白质沉淀出来。

3) 蛋白质的变性

天然蛋白质因受物理或化学因素的影响，其分子内部原有的高度规律性结构发生变化，致使蛋白质的理化性质和生物学性质都有所改变，但蛋白质的一级结构不被破坏，这种现象称蛋白质变性(denaturation)。

使蛋白质变性的因素包括化学因素，有强酸、强碱、尿素、胍、去污剂、重金属盐、三氯乙酸、磷钨酸、苦味酸、浓乙醇等；物理因素，有加热(70～100℃)、剧烈振荡或搅拌、紫外线及X射线照射、超声波等。蛋白质生物学性质的改变是变性作用最主要的特征。例如酶失去催化能力、血红蛋白失去运输氧的功能、胰岛素失去调节血糖的生理功能等。变性后蛋白质还表现出各种理化性质的改变，如溶解度降低，易形成沉淀析出，结晶能力丧失，球状蛋白质变性后分子形状也发生改变。蛋白质变性后，肽链松散，使反应基团(如—SH、—S—S—基、酚羟基等)暴露，从而易被蛋白水解酶消化，一般认为天然蛋白质在体内消化的第一步就是蛋白质的变性。

蛋白质的变性作用，主要是分子内部的氢键等次级键被破坏，蛋白质分子从原来有秩序的卷曲紧密结构变为无秩序的松散伸展状结构。变性后的蛋白质分子表面结构发生变化，原来藏在分子内部的疏水基团大量暴露在分子表面，亲水基团相对减少，使蛋白质颗粒失去水膜，很容易相互碰撞发生聚集沉淀；同时肽链由紧密状态变成松散状态，比较容易相互缠绕，聚集沉淀，因此蛋白质变性后溶解度下降。

蛋白质的变性作用如不过于剧烈，在一定条件下可以恢复活性，称蛋白质的复性(renaturation)。例如胃蛋白酶加热至 80～90℃时，失去溶解性，也无消化蛋白质的能力，如将温度再降低到 37℃，它又可恢复溶解性与消化蛋白质的能力。但随着变性时间的增加、条件加剧，变性程度也加深，如蛋白质的结絮作用和凝固作用就是变性程度深刻化的表现，这样就达到不可逆的变性。

蛋白质的变性与凝固已有许多实际应用，如豆腐就是大豆蛋白质的浓溶液加热加盐而成的变性蛋白凝固体。为鉴定尿中是否有蛋白质，常用加热法来检验。在急救重金属盐中毒(如氯化高汞)时，可给患者吃大量乳品或蛋清，其目的就是使乳品或蛋清中的蛋白质在消化道中与重金属离子结合成不溶解的变性蛋白质，从而阻止重金属离子被吸收进入体内，最后设法将沉淀物从肠胃中洗出。在制备蛋白质和酶制剂过程中，为了保持其天然性质，就必须防止变性作用的发生，因此在操作过程中必须注意保持低温，避免强酸、强碱、重金属盐类，防止振荡等，相反，那些不需要的杂蛋白则可利用变性作用而沉淀除去。

4) 蛋白质的胶体性质

由于蛋白质分子量大，在水溶液中形成的颗粒(直径在 1～100 nm 之间)具有胶体溶液的特征，例如布朗运动、丁达尔现象、电泳现象、不能穿过半透膜以及具有吸附能力等。利用蛋白质不能穿过半透膜的性质，可用透析法分离纯化蛋白质。

蛋白质颗粒表面带有许多极性基团，如—NH_2、—COOH、—OH、—SH、—$CONH_2$等，和水具有高度亲和性，当水与蛋白质相遇时，就很容易被蛋白质吸引，在蛋白质颗粒外面形成一层水膜(又称水化层)，使蛋白质分子不会聚集成大颗粒，因此蛋白质在水溶液中形成比较稳定的亲水胶体。另外，同一种蛋白质分子在非等电状态时带有相同电荷，使蛋白质颗粒之间相互排斥，也使蛋白质不会互相凝集沉淀。

5) 蛋白质的沉淀反应

蛋白质带有电荷和水膜，可在水溶液中形成稳定的胶体。如果在蛋白质溶液中加入某些试剂，破坏了蛋白质的水膜，或中和了蛋白质的电荷，蛋白质就会从胶体溶液中沉淀出来。

(1) 加高浓度盐类　用硫酸铵、硫酸钠、氯化钠等中性盐使蛋白质产生沉淀称盐析法(salt fractionation)。盐析法沉淀的蛋白质不变性，常用于分离制备有活性的蛋白质。

(2) 加有机溶剂 酒精、丙酮等有机溶剂和水有较强的作用，破坏了蛋白质分子周围的水膜，因此产生沉淀反应。在低温条件下，用有机溶剂沉淀的蛋白质一般不变性，且沉淀的效果比盐析法好。

(3) 加重金属盐类 蛋白质在碱性溶液中带负离子，可与氧化高汞、硝酸盐、醋酸铅、三氯化铁等重金属的正离子作用而生成不易溶解的盐而沉淀。重金属盐类沉淀蛋白质的效率高，但会发生变性因此常用于将蛋白质作为杂质从样品中沉淀除去。

(4) 加某些酸类 苦味酸、单宁酸、三氯乙酸等和蛋白质形成不溶解的盐使蛋白质快速沉淀并变性，常用于沉淀去除样品中的蛋白质杂质。

(5) 加热 加热可以使大多数蛋白质变性沉淀，是去除样品中蛋白质杂质的常用方法。

6) 蛋白质的颜色反应

在蛋白质的分析工作中，常利用蛋白质分子中某些氨基酸或某些特殊结构与某些试剂产生颜色反应，再对其进行定性或定量检测。

(1) 双缩脲反应 双缩脲是由两分子尿素缩合而成的化合物。将尿素加热到180℃，则两分子尿素缩合成一分子双缩脲，并放出一分子氨。蛋白质分子中含有许多和双缩脲结构相似的肽键，与硫酸铜反应形成红紫色络合物，叫双缩脲反应。此反应通常用来定性鉴定蛋白质，也可根据反应产生的颜色在540 nm处比色，定量测定蛋白质，但定量不是十分精确。

(2) Folin酚试剂反应 蛋白质分子中的酪氨酸的酚基能将Folin酚试剂中的磷钼酸及磷钨酸还原成蓝色化合物。这一反应常用来定量测定蛋白质含量，比双缩脲法灵敏。

7) 蛋白质的含量测定

测定可溶性蛋白质的含量，除上述双缩脲法和Folin酚试剂除外，常用的方法还有：

(1) 考马斯亮蓝染色法 蛋白质可用考马斯亮蓝在室温下染色，在595 nm波长下有最大光吸收，其光吸收值与蛋白质含量成正比。该反应迅速，约2 min可完成，生成物稳定，测定蛋白质含量的灵敏度较高，近年来被广泛使用。

(2) BCA法 4,4′-二羧酸-2,2′-二喹啉(BCA)试剂与蛋白质反应，生成蓝色物质。BCA试剂比Folin酚试剂反应更强，也是目前常用的蛋白质含量(浓度)测定的方法。

(3) 紫外吸收法 由于蛋白质分子中的酪氨酸、色氨酸和苯丙氨酸在280 nm左右有强烈的光吸收，可用这一性质测定溶液中的蛋白质含量：蛋白质质量浓度(mg/mL)$=1.45A_{280\,nm}-0.47A_{260\,nm}$。但该方法准确度不太高。

(4) 凯氏定氮法 将所有的有机氮均看作蛋白氮进行计算，测定包括可溶性蛋白和不溶性蛋白的总蛋白含量。该方法不能区分蛋白氮和非蛋白有机氮。测定总蛋白含量，尚未找到取代凯氏定氮法的更好方法。

5.3.2 蛋白质的分离和分析技术

利用蛋白质理化性质的差异，可以对蛋白质进行分离纯化。

1) 根据蛋白质溶解度不同进行分离

(1) 盐析　蛋白质盐析常用的中性盐，主要有硫酸铵、硫酸镁、硫酸钠、氯化钠、磷酸钠等。蛋白质在用盐析沉淀分离后，常用透析法将蛋白质中的盐除去，即把蛋白质溶液装入透析袋内(常用玻璃纸)，用缓冲液进行透析，并在低温中不断更换缓冲液。

(2) 等电点沉淀法　蛋白质在等电点状态时颗粒之间的静电斥力最小，因而溶解度也最小，各种蛋白质的等电点有差别，可调节溶液的 pH 达到某一蛋白质的等电点使之沉淀。该法常与盐析法和有机溶剂沉淀法结合使用。

(3) 低温有机溶剂沉淀法　常用与水混溶的有机溶剂如乙醇或丙酮去除蛋白质的水膜，并将 pH 调到蛋白质的等电点使之沉淀。该方法沉淀效率比盐析法高，但蛋白质较易变性，只用于在低温下分离某些较稳定的蛋白质。

2) 根据蛋白质分子大小进行分离

(1) 透析与超滤　透析法是利用蛋白质分子不能通过半透膜的性质，使其他小分子物质如无机盐、单糖和氨基酸等通过自由扩散穿过半透膜进入缓冲液，从而蛋白质与小分子分开。超滤法利用高压力或离心力，迫使水和其他小的溶质分子通过半透膜而蛋白质留在膜上。

(2) 凝胶过滤法　也称分子排阻层析或分子筛层析，这是根据分子大小分离蛋白质混合物最有效的方法之一。用葡聚糖凝胶或琼脂糖凝胶的颗粒填装层析柱，将蛋白质混合物加到柱上进行洗脱时，大分子沿着凝胶颗粒之间的空隙移动，先被洗脱出来，小分子可以进入凝胶颗粒内部后被洗脱出来，从而使各种蛋白质得以分离。

3) 根据蛋白质带电性质进行分离

(1) 电泳法　带电的颗粒在电场中可以向电荷相反的电极移动，利用这一性质分离带电荷分子的实验技术称电泳。各种蛋白质的等电点不同，分子量也各不相同，在一个给定 pH 的溶液中，各种蛋白质所带电荷不同，在电场中移动的方向和速度也各不相同。一般来说，颗粒越小，带电荷越多，电泳的速度越快。根据这一原理，就可以从蛋白质混合液中将各种蛋白质分离开来。电泳法通常用于实验室、生产或临床诊断来分析分离蛋白质混合物，或作为蛋白质纯度鉴定的手段。

目前常用的聚丙烯酰胺凝胶电泳(PAGE)，可以因不同蛋白质所带电荷的差异(电荷效应)和大小差异(分子筛效应)高分辨率地分离或分析蛋白质。在 PAGE 系统中加入十二烷基磺酸钠(SDS)，消除蛋白质所带电荷的差异，构成的 SDS-PAGE 电泳系统是测定蛋白质的分子量最常用的方法[图 5-8(a)]。等电聚焦电泳是在 PAGE 中加入一种两性电解质作为载体，电泳时两性电解质形成一个由正极到负极逐渐增加的 pH 梯度，当带一定电荷的蛋白质在其中泳动时，到达各自等电点的 pH 位置就停止[图 5-8(b)]。停止通电，经染色可以区分出明显的区带。根据各个区带的宽度和色度，可以确定各类蛋白质的相对含量。用光密度扫描仪可以对各个条带进行定量分析。

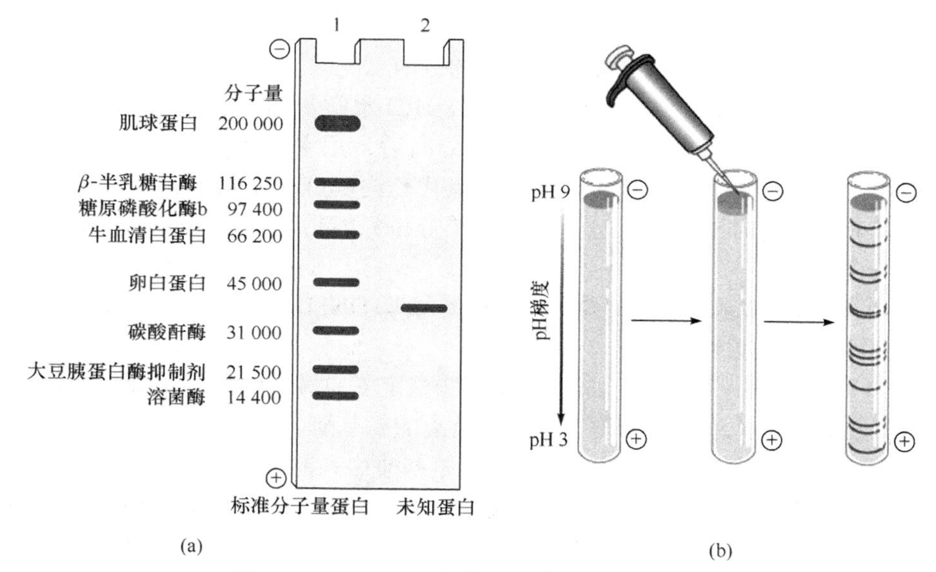

图 5-8　SDS-PAGE 电泳(a)和等电聚焦电泳(b)

(2) 离子交换层析法　当被分离的蛋白质溶液流经离子交换层析柱时，带有与离子交换剂可交换基团相同电荷的蛋白质被吸附在离子交换剂上，带同种净电荷越多，则吸附力越强，随后用改变 pH 或离子强度的办法将吸附的蛋白质按吸附力从小到大的顺序先后洗脱下来。

4) 根据配体特异性进行分离

亲和层析法(affinity chromatography)是分离蛋白质的一种极为有效的方法，通常只需经过一步处理，即可将待提纯的蛋白质从很复杂的蛋白质混合物中分离出来，而且纯度很高。这种方法是将称为配体(ligand)的分子共价结合在层析柱中的固体材料上，蛋白质混合物流经层析柱时，目标蛋白与配体结合被层析柱中的固体材料截留，而非目标蛋白则不能与层析柱中的固体材料结合。先洗脱除去杂蛋白，再用含游离配体的洗脱剂将目标蛋白替换下来，从而达到目标蛋白的分离与纯化。

5.3.3　蛋白质分子氨基酸序列测序

进行蛋白质氨基酸序列的测序，首先要得到纯度很高的待测肽链，因此蛋白质的纯化和纯度鉴定、多肽链中氨基酸残基的分析鉴定都至关重要。得到高纯度的待测肽链后，蛋白质的氨基酸序列测定一般包括9个基本步骤。

(1) 多肽链的分离　如果蛋白质分子含一条以上的多肽链，首先须分离纯化各肽链。用8 mol/L尿素，或6 mol/L盐酸胍，或高浓度盐处理，使多聚蛋白质中借助非共价相互作用缔合的亚基分开。

(2) 二硫键的断裂　常用过甲酸氧化切割，或用巯基化合物还原切割后与碘乙酸反应保护游离的—SH，断开多肽链的链内二硫键。

(3) 氨基酸组成的分析　常用6 mol/L HCl水解蛋白质，水解产物中的各种氨基酸可用氨基酸分析仪的离子交换柱分离后，用水合茚三酮法检测其含量。也可用Edman反应将氨基酸转化为苯硫代乙内酰脲衍生物，再用高效液相色谱将其分离，同时进行定量分析。氨基酸分析只能得出各种所得氨基酸的比率或百分含量。

(4) N末端残基的鉴定　常用2,4-硝基氟苯(DNFB)反应，或丹磺酰氯反应鉴定N末端的氨基酸残基。

(5) C末端残基的鉴定　常用羧肽酶法鉴定C末端的氨基酸残基。羧肽酶可以从多肽链的C末端逐个降解，释放出游离的氨基酸。

(6) 多肽链的裂解　现用的各种测定氨基酸序列的方法，只能连续测定较小的肽段，因此需要用两种以上不同的酶，在不同的切割位点将长肽链裂解成两套以上大小不等的小肽段，用层析法分离后分别测序，然后拼接成长肽链。

(7) 肽段氨基酸序列的测定　①Edman法，苯异硫氰酸酯与蛋白质的游离氨基结合，N末端的氨基酸从多肽链切割下来，进一步生成苯乙内酰硫脲氨基酸(PTH)衍生物，PTH衍生物可以用色谱法进行鉴定。Edman降解法(Edman degradation)是氨基酸序列测定的常规方法，现已经设计出用来测序的自动仪器(Edman序列仪)，每次可连续测定几十个氨基酸残基。②质谱法，其分析原理是带电粒子的质量与携带电荷的比值(质荷比)不同，在磁场中运动的速度和偏转角度不同，按一定的次序进入监测器，由此来判断粒子的质量和特性。质谱法测序可以同时进行肽段的分离和序列分析，测序效率高，适合于对蛋白质序列进行高通量的研究，在蛋白质组学中应用广泛。

(8) 肽段的拼接　先从一套肽段中选定一个肽段，再从另一套肽段中寻找与其有部分重叠的肽段，如此反复交替从两套以上肽段中寻找有部分重叠的肽段，即可将肽段拼接起来。

(9) 二硫桥位置的确定　若肽链中有多个半胱氨酸残基，常用对角线电泳的方法确定二硫键的位置。在不断裂二硫键的情况下，蛋白质水解成小肽段后在一块方形滤纸上进行一次电泳，用过甲酸处理滤纸断裂二硫键后，将滤纸旋转 90°，再进行第二次电泳。含二硫键的肽段由于二硫键断裂，在两次电泳中的迁移率不同，会偏离对角线。将偏离对角线的肽段洗脱下来，并测定其序列，通过与完整肽链对比，即可找出二硫键的位置。

第6章　酶

生物体内的重要生命进程，包括新陈代谢、化学信息与遗传信息的传递与表达等，均包含了许多复杂而有规律的化学反应，例如氧化、还原、合成与分解等。这些化学反应如果在体外进行，则大都需要剧烈的物理或者化学条件和较长的时间才能完成。但在体内温和条件下，即在体温37℃，接近中性的体液环境中，却能迅速而有规律地进行，这是因为体内含有催化新陈代谢中各种反应的酶。

酶作为一种具有高效性与特异性的生物催化剂，关于其正式的研究与使用历史已接近200年。随着对酶的特性、作用机理与调控机制的了解越来越透彻，以及酶工程技术的发展，酶在环境污染治理中的应用越来越受到重视。

6.1　酶的概念与化学本质

6.1.1　酶的概念

酶是具有高效性与专一性的生物催化剂(biological catalyst)。酶具有一般催化剂的共性；但与一般的催化剂多为小分子物质不同，酶是生物大分子，具有复杂的结构；酶行使催化功能时，具有高效性、专一性两大特点。

6.1.2　酶的特点

酶作为一种催化剂，具有一般催化剂的共性，即能够显著提高化学反应速率，使化学反应更快达到平衡，但酶对反应的平衡常数没有影响，因为酶使正、逆反应按相同的倍数加速。另外，酶参与化学反应过程，但其自身的数量和化学性质在反应前后均保持不变，因此可以反复使用。

酶作为生物催化剂，区别于普通小分子催化剂的最重要的两个特点是：

(1) 酶具有很高的催化效率，酶催化反应的反应速率比非催化反应高 10^5～10^{11}倍。

(2) 酶具有专一性(specificity)。酶催化的化学反应可称为酶促反应，酶促反应中的反应物通常称为酶的底物(substrate)。专一性是指酶对其催化反应的类型和底物有严格的选择性。酶与一般的催化剂不同，只能作用于一类甚至是一种底物，促使其进行反应。酶还具有其他特点，例如酶作为生物大分子容易失活，一些能使生物大分子变性的因素能使酶失去催化活性，因此酶促反应通常需要比较温和的条件。在生物体内，酶的催化活性还受到调节和控制。

6.1.3　酶的化学本质

1) 蛋白质

到目前为止，各种物理和化学分析方法的结果均证明大多数酶的化学本质是蛋白质。由于大多数酶是蛋白质，它们的催化活性要依赖于其蛋白质结构的完整性，当酶的一级结构或者二级、三级、四级结构发生改变时，酶活性会随之改变。

2) 核酶(ribozyme)

核酶是具有催化能力的核糖核酸。长期以来，人们所发现的酶都是蛋白质，这种情况一直持续到 20 世纪 80 年代初。1981 年，Cech 等对原生动物嗜热四膜虫的 rRNA 进行了研究，发现 rRNA 的前体可以在鸟苷与镁离子存在下切除掉自身内部的一段内含子，剩余两个外显子可拼接为成熟 rRNA 分子。该反应的进行不需要任何蛋白质类型的酶参与，因此 Cech 认为该 rRNA 前体具有催化功能并将其命名为核酶。

1985 年，Cech 等通过进一步研究，从切除的内含子中分离得到一段 RNA 序列，称为 L19 RNA，并发现其具有催化功能，可在体外催化一系列分子间的反应，如转核苷酸反应、水解反应、转磷酸反应等。1983 年，Altman 等对来自大肠杆菌的一种核糖核酸酶 RNase P 进行了研究，该酶由 RNA 和蛋白质两部分组成。Altman 等发现了 RNase P 的 RNA 组分，又称 MIRNA，单独存在下具有催化功能，证明 RNA 确实具有催化功能。Cech 和 Altman 的发现具有重大的意义，因此两人被授予了 1989 年诺贝尔化学奖。

严格地讲，Cech 最初发现并命名的核酶(rRNA 前体)不是真正意义的催化剂，因为该 RNA 自身的结构与性质在反应后发生了改变。L19 RNA、MIRNA 及后来被发现的多种核酶才是真正意义的催化剂，它们多催化分子间反应，并被证明具有经典的酶的标志性特点，如具有活性部位、高度的专一性、对竞争性抑制剂的敏感性、有 Michaelis-Menten 动力学特征等。

核酶的发现表明 RNA 既能够携带遗传信息，又具有生物催化功能，因此人们推测 RNA 很可能早于 DNA 和蛋白质，是生物进化史中首先出现的生物大分子，这是一种生命起源的新概念。

3) 抗体酶(abzyme)

抗体酶是具有催化能力的免疫球蛋白，又称催化性抗体。20 世纪 80 年代，Lerner 与 Schultz 所领导的两个研究小组分别以不同的底物过渡态类似物作为半抗原免疫动物，并筛选得到了具有催化活性的单克隆抗体，能分别催化相应底物的化学反应，使反应速率显著增加。其催化反应的动力学行为符合米氏方程，同时这些催化性抗体还具有专一性、易受 pH 的影响等酶的特点。

4) DNA 金属酶(DNA metalloenzyme)

1995 年，Cuenoud 等在 *Nature* 期刊发表的论文报道，他们分离出一段小的单链 DNA 分子，是 Zn^{2+}/Cu^{2+}依赖性的金属酶。该 DNA 可以催化一个寡聚脱氧核苷酸的 5′-羟基与另一个寡聚脱氧核苷酸的 3′-磷酸氨基咪唑化物的缩合反应，生成新的磷酸二酯键，因此具有 DNA 连接酶(DNA ligase)的活性。

6.2　酶的组成、分类与命名

6.2.1　酶的组成

根据化学组成，酶可分为单纯蛋白质与缀合蛋白质两类。属于单纯蛋白质的酶仅由氨基酸残基组成，不含其他化学成分，如脲酶、淀粉酶、核糖核酸酶、溶菌酶等。属于缀合蛋白质的酶除了氨基酸残基组分外，还含有金属离子、有机小分子等化学成分，这类酶又被称为全酶(holoenzyme)，全酶中的蛋白质部分称为脱辅酶(apoenzyme)，非蛋白质部分称为辅因子(cofactor)。脱辅酶与辅因子单独存在时均无催化活性，只有由二者结合而成的全酶分子才具有催化活性。

属于有机分子类型的辅因子被称为辅酶(coenzyme)，辅酶又可分为一般的辅酶与辅基(prosthetic group)两类。一般的辅酶通常与脱辅酶松弛结合，可用透析法等温和的物理手段除去，辅基通常与脱辅酶紧密结合，甚至通过共价键结合，用温和的物理手段不易除去。

在全酶的催化功能中，脱辅酶与辅因子所起的作用不同。脱辅酶通常具有结合底物的作用，决定了酶作用的专一性。辅因子可作为电子、原子或某些化学基团的载体起作用，参与反应并加快反应进程。维生素通常是许多辅酶的前体，这是维生素成为生物生存必需物质的原因之一。作为辅因子的金属离子除了起到转移电子的作用外，还具有提高水的亲核性能、静电屏蔽、为反应定向等功能。

6.2.2　酶的类型

根据酶蛋白分子结构不同，酶可分为单体酶、寡聚酶和多酶复合体三类。通常只具有一条多肽链的酶称为单体酶，它们不能解离为更小的单位，分子量为 13 000～35 000，例如核糖核酸酶、蔗糖酶、羧肽酶 A 等。由两个或两个以上的亚基组成的酶称为寡聚酶，寡聚酶的分子量从 35 000 到几百万。寡聚酶的亚基可以是相同的，也可以是不同的。寡聚酶的亚基间以非共价键结合，表明寡聚酶完整的四级结构通常是酶活性所必需的。由几种酶彼此嵌合形成的复合体称为多酶复合体，多酶复合体的分子量都在几百万以上。多酶复合体的存在有利于细胞中系列反应的连续进行，以提高酶的催化效率，同时便于机体对酶的调控。

6.2.3 酶的命名

为研究和使用的方便，每一种酶需要一种独特的、可与其他酶区分开的名称。酶的命名法有两种：习惯命名法与系统命名法。习惯命名法是约定俗成的方法，它根据酶的底物和酶促反应的类型为酶命名。例如蔗糖酶、麦芽糖酶、淀粉酶是根据其各自作用的底物是蔗糖、麦芽糖、淀粉来命名；水解酶、转移酶、脱氢酶是根据其各自催化底物发生水解、基团转移、脱氢反应来命名。当一些酶促反应具有相同名称的底物时，还需要利用酶的来源为酶命名，例如胃蛋白酶、胰蛋白酶，分别来源于动物胃与胰脏，同时根据其作用底物是蛋白质来命名。习惯命名法简单实用，但系统性与准确性较差。

为规范酶的名称，1961年国际生物化学联合会酶学委员会(Enzyme Commission，EC)提出了酶的系统命名法。系统命名法规定各种酶的名称需要明确标示酶的底物与酶促反应的类型，如果一种酶催化两个底物起反应，酶的系统名称中同时写入两种底物的名称，用"："号把它们分开，如果底物之一是水，则水可省略不写。因此每一种酶有两个名称，一个是习惯名称，另一个是系统名称。例如，乙醇脱氢酶的系统名称是乙醇：AD^+氧化还原酶，脂肪酶的系统名称是脂肪(：水)水解酶，在此"：水"略去不写，即脂肪水解酶。系统命名法的优点是严谨规范、系统性强，缺点是名称过于冗长，使用不便。

在制定酶的系统命名法规则的同时，国际生物化学联合会酶学委员给每一种酶规定了统一的分类编号。酶的编号由 EC 和 4 个阿拉伯数字组成。第一个数字表示酶的类别，第二个数字表示酶的亚类，第三个数字表示酶的亚亚类，第四个数字表示酶在亚亚类中的序列号。酶类别的分类标准是酶促反应的类型，一共有氧化还原酶类、转移酶类、水解酶类、裂合酶类、异构酶类和连接酶类六大类别。亚类与亚亚类的分类标准是底物中被作用的基团或键的特点，以乙醇脱氢酶为例，它的分类编号是 EC 1.1.1.1，第一个 1 代表它属于氧化还原酶类，第二个 1 代表它作用于底物中作为氢供体的 CHOH 基，第三个 1 代表底物中的氢受体是 NAD^+或 $NADP^+$，第四个 1 代表它在具有相同性质的酶中的序列号是 1。根据该分类编号规则，一种酶只有一个分类编号，一个分类编号只对应一种酶，根据酶的分类编号可以了解到该酶的一些催化特性。

按照酶促反应的类型，国际生物化学联合会酶学委员会将所有酶分为六大类。

(1) 氧化还原酶类(oxido-reductases) 催化底物发生氧化还原反应的酶称为氧化还原酶，其成员包括氧化酶(oxidases)和脱氢酶(dehydrogenase)等。氧化酶催化底物上的氢与 O_2 结合生成 H_2O 或生成 H_2O_2。脱氢酶催化直接从底物上脱氢的反应及其逆反应，需要辅酶Ⅰ(NAD^+/NADH)或辅酶Ⅱ($NADP^+$/NADPH)作为氢受体或氢供体参与反应。例如，乙醇脱氢酶以 NAD^+ 为辅酶使乙醇被氧化成乙醛，同时 NAD^+ 被还原为 NADH。

氧化酶催化反应的通式为

$$A \cdot 2H + O_2 \rightleftharpoons A + H_2O_2 \quad 或 \quad 2(A \cdot 2H) + O_2 \rightleftharpoons 2A + 2H_2O$$

脱氢酶催化反应的通式为

$$A \cdot 2H + NAD(P)^+ \rightleftharpoons A + NAD(P)H + H^+$$

(2) 转移酶类(transferases)　催化不同化合物之间基团转移反应的酶称为转移酶。转移不同基团的反应由不同的转移酶催化，如转移氨基的反应由氨基转移酶催化，转移甲基的反应由甲基转移酶催化。激酶(kinase)也是一类转移酶，可催化特定分子与 ATP 之间磷酸基团的转移反应，如已糖激酶催化葡萄糖与 ATP 的反应，反应生成葡萄糖-6-磷酸与 ADP。

转移酶催化反应的通式为

$$A \cdot X + B \rightleftharpoons A + B \cdot X$$

(3) 水解酶类(hydrolases)　催化底物发生水解反应的酶称为水解酶。常见的水解酶有淀粉酶、蔗糖酶、麦芽糖酶、蛋白酶、肽酶、脂肪酶及磷酸酯酶等。

水解酶催化反应的通式为

$$A - B + HOH \rightleftharpoons AOH + BH$$

(4) 裂合酶类(lyases)　催化一种化合物裂解为几种化合物，或由几种化合物缩合为一种化合物的酶称为裂合酶。裂合酶所催化的反应均涉及从一个化合物移去一个基团形成双键的反应或其逆反应。例如醛缩酶催化果糖-1, 6-二磷酸裂解为甘油醛-3-磷酸和二羟丙酮磷酸的反应，此反应中，甘油醛-3-磷酸的醛基所带的双键即是新生成的双键。

裂合酶催化反应的通式为

$$A \cdot B \rightleftharpoons A + B$$

(5) 异构酶类(isomerases)　催化各种同分异构物(即分子式相同、结构式不同的化合物)之间相互转变反应的酶称为异构酶。异构酶催化的异构反应是分子内部基团进行重新排列的反应，例如肽酰脯氨酰顺反异构酶可催化底物蛋白质围绕肽酰脯氨酰键进行顺反异构化反应，从而帮助该蛋白质进行折叠。

异构酶催化反应的通式为

$$A \rightleftharpoons B$$

(6) 合成酶类(synthetases)　催化由两种化合物合成一种化合物的反应的酶称为合成酶，又称为连接酶(ligases)。由合成酶催化的反应一般需要有腺苷三磷酸(ATP)等高能物质参与反应，这也是区分合成酶与裂合酶的重要依据。

合成酶催化反应的通式为

$$A + B + ATP \rightleftharpoons AB + ADP + Pi \quad 或 \quad A + B + ATP \rightleftharpoons AB + AMP + PPi$$

6.3　酶的催化作用特点

6.3.1　酶专一性的类型

酶作为生物催化剂，它的一个重要特征是具有高度专一性，即对底物的严格选择性。酶的专一性可分为两种类型：一是结构专一性，二是立体异构专一性。

1. 结构专一性

有些酶对底物具有相当严格的选择，通常只作用于一种特定的底物，这种专一性称为绝对专一性，例如蔗糖酶只作用于蔗糖，麦芽糖酶只作用于麦芽糖。有些酶的作用对象不是一种底物，而是一类结构相近的底物，这种专一性称为相对专一性。相对专一性又可分为族专一性(或称基团专一性)与键专一性两类。具有族专一性的酶对底物被作用的化学键两端的基团要求不同，只对其中一个基团要求严格。

例如胰蛋白酶专一地水解赖氨酸或精氨酸羟基参与形成的肽键，胰凝乳蛋白酶专一地水解芳香氨基酸或带有较大非极性侧链氨基酸羟基参与形成的肽键，具有键专一性的酶只要求作用于底物特定的化学键，对于键两端的基团则没有严格的要求。例如酯酶则具有键专一性，催化酯键的水解，对酯键两端的基团没有严格的要求，其底物包括甘油酯、磷脂、乙酰胆碱等。

2. 立体异构专一性

立体异构专一性指的是当反应物具有立体异构体时，酶只选择其中的一种立体异构体作为其底物。常见的立体异构专一性包括旋光异构专一性和几何异构专一性。具有旋光异构专一性的酶只能专一地与反应物中的一种旋光异构体结合并催化其发生反应，例如淀粉酶只能选择性地水解 D-葡萄糖参与形成的糖苷键，L-精氨酸酶只催化 L-精氨酸的水解反应。具有几何异构专一性的酶只能选择性地催化某种几何异构体底物的反应，如延胡索酸水合酶只能催化延胡索酸(反丁烯二酸)水合生成苹果酸，对马来酸(顺丁烯二酸)则不起作用。酶的立体异构专一性具有非常重要的生理意义，它可帮助保持新陈代谢的有序性与稳定性。

3. 酶专一性的假说

1894 年，Fisher 提出“锁与钥匙”(lock and key)假说，该假说认为酶表面具有特定的形状，像一把锁，底物分子的一部分像钥匙那样，专一地插入酶的特定部位，底物分子与酶分子在结构上具有紧密的互补关系。

1958 年，Koshland 提出“诱导契合”(induced fit)假说，该假说认为酶分子的结构并非与底物分子正好互补，当酶分子结合底物分子时，在底物分子的诱导下，酶的构象发生变化，成为能与底物分子密切契合的构象，从而催化底物的反应。近年来对酶及酶-底物复合物的 X 射线晶体结构比较的结果证明当酶与底物结合时，其构象发生了明显的变化，从而表明这一假说是接近酶与底物相互作用的真实情况的。

6.3.2 高效性

酶的催化效率比一般或人工合成的化学催化剂可高出 10^7～10^{13} 倍，比不用催化剂的反应速度高出 10^8～10^{16} 倍。因此，在生物体内的各种酶只需要极少的量就能催化大量底物发生反应。

6.3.3 易变性

由于绝大多数酶是蛋白质，许多使蛋白质变性的理化因素都会使酶失去催化活性，因此酶具有易变性的特点。酶作用一般都要求比较温和的条件，如常温常压、接近中性的酸碱度等。

6.3.4 可调控性

酶在生物体内的催化活性受到多种因素的调节控制，以保证生物代谢活动的协调统一，保证生命活动正常进行。可以通过改变酶的数量与分布来调节酶的活性，或者通过改变细胞内已有的酶分子的活性来调节酶的活性。酶活性的调节具体见 6.6 节。

6.4 酶的作用机制

酶作为一种催化剂，其提高化学反应速率的基本原理与一般催化剂是相同的：在一个化学反应体系中，产物与反应物之间吉布斯自由能(Gibbs free energy，G)的变化决定了自发反应的方向以及可逆反应达平衡后产物与反应物的浓度之比，但是反应速率并不由吉布斯自由能的变化决定。反应物首先进入一种能量更高的状态称为过渡态，成为活化分子，与活化分子相对应的普通反应物分子所处的状态称为基态，处于过渡态的活化分子比处于基态的分子多出来的吉布斯自由能称为活化能(activation energy)。活化能是反应物进行反应必须克服的能量障碍，决定了反应速率，反应所需的活化能越高，能够产生的活化分子数量就越少，反应速率越慢；反之，反应所需的活化能越低，反应速率越快。酶可以通过降低反应活化能使反应速率加快。如图 6-1 所示，在不存在酶的情况下，反应需要的活化能较高，因此反应速率较低；在存在酶的情况下，酶能降低反应所需活化能，因此与非催化反应相比，酶促反应中能够生成的活化分子数目显著增加，反应速率得以提高。

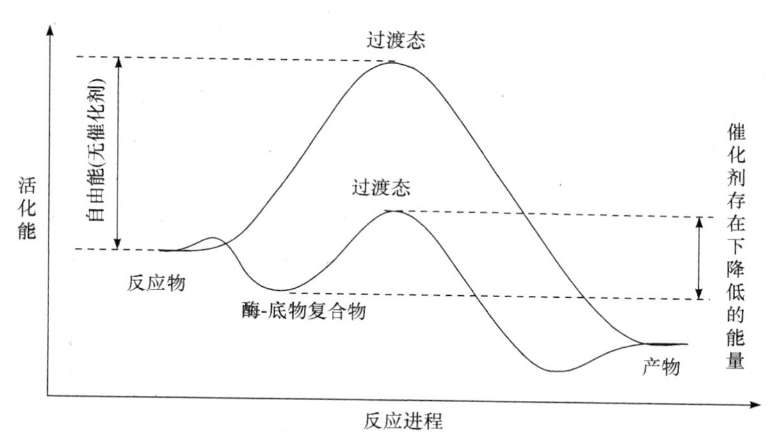

图 6-1　酶作用机理

6.4.1　酶的活性部位

绝大多数酶都是蛋白质，蛋白质的结构决定其功能，同样酶的结构决定其功能。在整个酶分子中，只有一小部分区域的氨基酸残基参与对底物的结合与催化作用，这个区域称为酶的活性部位，或称为酶的活性中心。酶的活性部位是酶结合和催化底物的场所，是与酶活力直接相关的区域。酶活性部位的结构是酶作用机理的结构基础。酶的活性部位通常由结合部位与催化部位组成，其中酶分子中与结合底物有关的部位称为结合部位，每一种酶具有一个或一个以上的结合部位，每一个结合部位至少结合一种底物，结合部位决定酶的专一性；酶分子中促使底物发生化学变化的部位称为催化部位，催化部位决定酶的催化能力以及酶促反应的性质。酶的结合部位与催化部位共同构成酶的活性部位，在功能上二者缺一不可，在空间构成上二者也是紧密连接在一起的。

不同的酶具有不同的活性部位，这些活性部位的共同特点是：

(1) 酶的活性部位在酶分子整体结构中只占很小的部分：通常由数个氨基酸残基组成，只占酶总体积的1%～2%。

(2) 酶的活性部位具有三维立体结构：酶活性部位的立体结构在形状、大小、电荷性质等方面与底物分子具有较好的互补性，参与组成酶活性部位的氨基酸残基在一级结构上可能相距很远，但是通过肽链的折叠，它们最终在酶的高级结构中相互靠近。

(3) 酶的活性部位含有特定的催化基团：催化基团是具有催化作用的化学官能团，酶中的催化基团主要包括氨基酸侧链的化学官能团以及辅因子的化学官能团。常见的氨基酸残基侧链上的催化基团包括特定氨基酸侧链上的羟基、巯基、氨基、咪唑基、羧基等。除氨基酸侧链基团外，某些酶的辅因子也可作为酶的催化基团。除催化基团外，酶的活性部位还有参与底物结合的结合基团。

(4) 酶的活性部位具有柔性：酶的活性部位相比于整个酶分子更具柔性或称可运动性，在酶和底物结合的过程中，酶分子和底物分子的构象均发生了一定的变化才形成互补结构。

(5) 酶的活性部位通常是酶分子上的一个裂隙：酶将底物分子包围起来，从而给底物分子发生反应提供了一个区别于溶剂环境的局部疏水微环境，有利于酶与底物的结合以及底物分子与酶催化基团之间的相互作用。

酶的活性部位对酶的整体结构具有较高的依赖性，一旦酶的整体空间结构被破坏，酶的活性部位也就被破坏，酶就会失活。酶的其他部位除了提供酶分子结构的完整性外，还在酶活性的调节中起到重要作用。

6.4.2 酶与底物复合物的形成

1903年，Henri等提出了酶与底物中间复合物学说，这一学说目前已得到许多实验结果的证明。该学说认为当酶催化某一化学反应时，酶(E)首先和底物(S)结合生成中间复合物(ES)，中间复合物继续反应以生成产物(P)，并释放出游离的酶，反应式如式(6-1)所示：

$$E + S \rightleftharpoons ES \longrightarrow P + E \tag{6-1}$$

ES复合物可视为酶促反应的中间物，它可以稳定存在一定时间。底物通常通过较弱的化学键结合于酶的活性部位，这些键主要是非共价键，如氢键、范德瓦耳斯力、疏水相互作用、盐键等。酶与底物通过这些非共价作用所产生的能量称为结合能，这类结合能对酶的高效性与专一性均有贡献，例如结合能可用于降低反应活化能，从而有助于提高酶促反应速率。

6.4.3　酶具有高催化效率的分子机制

酶具有高催化效率的分子机制是：酶分子的活性部位结合底物形成酶-底物复合物，在酶的共价作用与非共价作用下，底物进入特定的过渡态，由于形成此类过渡态所需要的活化能远小于非酶促反应所需要的活化能，因而反应能够顺利进行，形成产物并释放出游离的酶，使其能够参与其余底物的反应。与该分子机制有关的常见因素有以下几种。

1. 邻近效应与定向效应

邻近(approximation)效应指酶与底物结合以后，使原来游离的底物集中于酶的活性部位，从而减小底物之间或底物与酶的催化基团之间的距离，使反应更容易进行，是增加反应速率的一种效应。

定向(orientation)效应指底物的反应基团之间、酶的催化基团与底物的反应基团之间以最有利于化学反应进行的距离和角度分布，这种化学基团的正确定位与取向所产生的增进反应速率的效应。

2. 促进底物过渡态形成的非共价作用

当酶与底物结合后，酶与底物之间的非共价作用(如氢键、疏水相互作用等)可以使底物分子围绕其敏感键发生形变(distortion)，从而促进底物过渡态的形成，反应活化能被降低，反应速率得以加快。在底物发生形变的同时，酶活性部位的构象也在底物的影响作用下发生改变，二者的形变导致酶与底物更好地结合，形成一个互相契合的酶-底物复合物，并使酶能更好地作用于底物。

3. 酸碱催化

根据布朗斯特的酸碱定义，酸是能够释放质子的物质，碱是能够接受质子的物质。酸碱催化指催化剂通过向反应物提供质子或从反应物接受质子，从而稳定过渡态，降低反应活化能，加速反应的一类催化机制。

在生理条件下，由于质子和氢氧根离子的浓度太低，因此生物体内由酶活性部位的一些功能基团来完成提供质子或接受质子的任务，这些功能基团包括谷氨酸/天冬氨酸残基侧链的羧基、赖氨酸残基侧链的氨基、精氨酸残基侧链的胍基、组氨酸残基侧链的咪唑基等，这些侧链基团能在接近中性 pH 的生理条件下，作为催化性的质子供体或受体，参与酸碱催化作用。

4. 共价催化

共价催化(covalent catalysis)指催化剂通过与底物形成相对不稳定的共价中间

复合物，改变了反应历程，由于新历程所需活化能更低，因此反应速率得以提高的一种机制。共价催化包括亲核催化与亲电催化两种。亲核催化指催化剂作为提供电子的亲核试剂攻击反应物的缺电子中心，与反应物形成共价中间复合物；亲电催化指催化剂作为吸取电子的亲电试剂攻击反应物的负电中心，与之形成共价中间复合物。

酶中参与共价催化的基团主要包括组氨酸残基侧链的咪唑基、半胱氨酸残基侧链的巯基、丝氨酸残基侧链的羟基等，它们一般作为亲核试剂攻击底物的缺电子中心，形成共价中间复合物。图 6-2 所示为共价催化剂 E(酶)催化的水解反应，酶的亲核基团 X 攻击底物分子的亲电子中心，形成底物与酶的共价中间复合物，并从底物释放出一个带负电荷的基团。然后在水分子攻击下，底物-酶共价中间复合物解离，释放游离的酶。共价催化剂 E(酶)的作用是使原来的一步反应变为两步反应，每一步反应所需的活化能都远小于无催化剂存在下反应需要的活化能，从而加快了反应的速率。

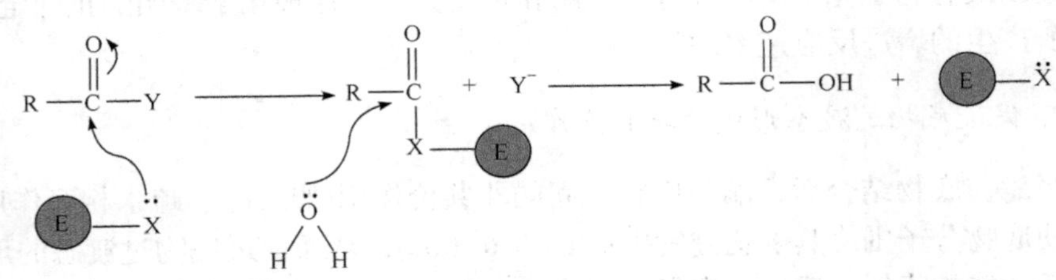

图 6-2　酶作为共价催化剂催化的水解反应

5. 金属离子催化

金属离子可通过多种途径参加酶促反应的催化过程。例如金属离子可提高水的亲核性能，碳酸酐酶活性部位的锌离子可与水分子结合，使其离子化产生羟基，与金属离子结合的羟基是强的亲核试剂，可进攻 CO_2 分子的碳原子而生成碳酸根。金属离子可通过静电作用屏蔽负电荷，例如多种激酶的真正底物是 Mg^{2+}-ATP 复合物，镁离子静电屏蔽 ATP 磷酸基的负电荷，使其不会排斥亲核基团的攻击。金属离子可在氧化还原反应中起传递电子的作用等。

在实际的酶促反应中，以上几种影响酶催化效率的作用因素可协调地配合在一起产生效果。酶的活性部位一般都含有多个起催化作用的基团，这些基团在空间有特殊的排列和取向，可以通过协同的方式作用于底物，从而提高底物的反应速率。一种酶的催化作用常常是多种催化机制的综合作用，这是酶具有高效性的重要原因。

6.4.4 酶作用机制的实例：胰凝乳蛋白酶

胰凝乳蛋白酶(chymotrypsin)属于蛋白酶家族中的丝氨酸蛋白酶家族。胰凝乳蛋白酶由三段肽链组成，这三段肽链通过 5 个二硫键连接在一起，在折叠后形成椭球状的三级结构。胰凝乳蛋白酶的活性部位处于酶表面的一个裂隙中，主要包含 Ser^{195}、His^{57} 与 Asp^{102} 三个关键氨基酸残基。胰凝乳蛋白酶的催化机制是多种催化机制协同作用的经典体现，在此过程中，三种氨基酸残基之间协同配合，His^{57} 的主要作用是碱催化作用，Ser^{195} 的作用是亲核催化作用。

6.5 酶促反应动力学

酶促反应动力学(kinetics of enzyme-catalyzed reactions)是研究酶促反应的速率以及影响此速率的各种因素的科学。

6.5.1 酶促反应速率的概念

通常以单位时间内反应物或生成物浓度的改变来表示化学反应速率。如果化学反应每一瞬间的反应速率都不相同，用瞬时速率 v 表示反应速率，设瞬时 $\mathrm{d}t$ 内反应物浓度的变化为 $\mathrm{d}c$，则 $v=-\mathrm{d}c/\mathrm{d}t$，其中负号表示反应物浓度随时间延长而减少；如用单位时间内生成物浓度的增加来表示反应速率，则 $v=+\mathrm{d}c/\mathrm{d}t$，正号表示生成物浓度随时间延长而增加。如果一定时间内反应速率不变，则可以用这段时间内的平均速率代表各时刻对应的瞬时速率。如果化学反应在刚开始的一段时间内反应速率保持不变，则此段时间内的平均速率就能代表反应初速率。

酶促反应速率同样以单位时间内底物浓度的减少量或产物浓度的增加量来表示。通常酶促反应速率在反应早期阶段保持不变，此后随反应时间增加而逐渐降低，为消除干扰因素，测定酶促反应初速率来表示酶促反应速率，即酶促反应速率保持不变的早期阶段对应的反应速率。本节与 6.6 节中如无特殊说明，所涉及的酶促反应速率均指反应初速率。

6.5.2 底物浓度对酶促反应速率的影响

化学反应的反应物浓度与反应速率的关系可用反应速率方程式表示，例如零级反应的反应速率方程式中，反应速率为一恒定值，不随反应物浓度变化而改变；一级反应的反应速率方程式中，反应速率与反应物浓度成正比例关系。研究者们测定不同反应物浓度对应的反应速率，然后以反应速率对反应物浓度作图，可得到不同形状的动力学曲线，例如零级反应对应的动力学曲线是与横坐标轴平行的直线，一级反应对应的动力学曲线是与原点相交、斜率为正数的直线。具有不同反应机制的化学反应对应不同的反应速率方程式和动力学曲线。

酶促反应的机制并非简单的零级反应或一级反应，底物浓度与反应速率之间具有更为复杂的关系。在酶浓度保持不变的情况下，以反应速率对底物浓度作图，可得到图 6-3 中的动力学曲线。从该曲线可以看出，当底物浓度较低时，反应速率与底物浓度的关系呈斜率大于零的线性关系，表现出一级反应的特征；当底物浓度非常高时，反应速率几乎保持不变，不随底物浓度增加而增大，表现出零级反应的特征；在两者之间，随着底物浓度的增加，反应速率依然升高，但不满足任何一个线性方程，表现出混合级反应的特征。

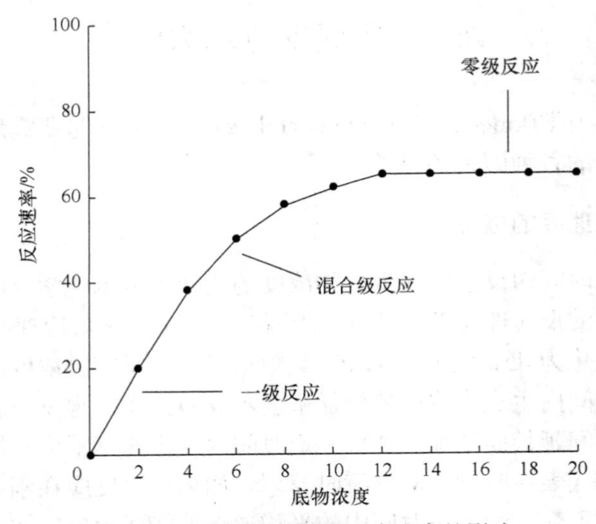

图 6-3　底物浓度对酶促反应速率的影响

中间复合物学说可以解释实验所得到的酶促动力学曲线。根据该学说，酶促反应速率就是中间复合物分解生成产物的反应速率，与中间复合物浓度成正比。在酶浓度保持恒定的前提下，当底物浓度很小时，酶未被底物饱和，中间复合物浓度完全取决于底物浓度，二者呈线性关系，所以反应速率与底物浓度的关系符合一级反应的特征；随着底物浓度增大，更多中间复合物生成，反应速率随之提高，但由于酶的数量有限，导致复合物浓度不再与底物浓度等比例增加，所以反应速率与底物浓度的关系不再是线性关系；当底物浓度相当高时，溶液中的酶全部被底物饱和，虽增加底物浓度也不会有更多的中间复合物生成，因此酶促反应速率与底物浓度无关，反应达到最大反应速率，表现出零级反应特征。

6.5.3　酶促反应的动力学方程式

1913 年，Michaelis 和 Menten 在中间复合物学说的基础上推导出 Michaelis-

Menten 方程(Michaelis-Menten equation)，简称米氏方程，如式(6-2)所示：

$$v = \frac{V_{max}[S]}{[S]+K_S} \tag{6-2}$$

式中，v 为反应速率，V_{max} 为最大反应速率，K_S 为酶底物复合物 ES 的解离常数。米氏方程的建立使酶学研究从定性描述阶段进入定量研究阶段，是酶学研究的一个里程碑。

1925 年，Briggs 和 Haldane 提出稳态(steady state)理论，对米氏方程进行了修正，得到了现在的米氏方程。第一步，酶与底物作用形成酶与底物的中间复合物：

$$E + S \underset{k_2}{\overset{k_1}{\rightleftharpoons}} ES \tag{6-3}$$

第二步，中间复合物分解形成产物并释放游离的酶：

$$ES \underset{k_4}{\overset{k_3}{\rightleftharpoons}} P + E \tag{6-4}$$

这两步反应都是可逆的，共对应的是 k_1、k_2、k_3、k_4 四个速率常数。

酶促反应中，中间复合物的浓度由零逐渐增加到一定数值，此后在一定时间内，尽管底物浓度和产物浓度不断变化，中间复合物也在不断生成和分解，当反应体系内中间复合物的生成速率与其分解速率相等、中间复合物浓度保持不变时的反应状态称为稳态。

在稳态下，中间复合物的生成速率可用式(6-5)表示：

$$v_1 = k_1[E_f]\cdot[S_f] + k_4[E_f]\cdot[P_f] \tag{6-5}$$

式中，$[E_f]$、$[S_f]$、$[P_f]$ 表示未形成复合物的游离的酶、底物及产物的浓度。由于①$[P_f]$很小，可忽略不计；②$[E_f]=[E]-[ES]$($[E]$表示酶的总浓度，$[ES]$表示中间复合物的浓度)；③$[S_f]=[S]-[ES]-[P_f]\approx[S]$($[S]$表示底物的总浓度)。所以

$$v_1 = k_1([E]-[ES])\cdot[S] \tag{6-6}$$

中间复合物的分解速率以式(6-7)表示：

$$v_2 = k_2[ES] + k_3[ES] \tag{6-7}$$

在稳态下，中间复合物的生成与分解速度相等，$v_1 = v_2$，因此：

$$k_1([E]-[ES])\cdot[S] = k_2[ES] + k_3[ES] \tag{6-8}$$

该式移项得

$$[ES] = \frac{k_1[E][S]}{k_1[S]+(k_2+k_3)} = \frac{[E][S]}{[S]+(k_2+k_3)/k_1} \tag{6-9}$$

令 $K_m = (k_2+k_3)/k_1$，K_m 称为米氏常数(Michaelis-Menten constant)，则式(6-9)可

简化为

$$[ES]=\frac{[E][S]}{[S]+K_m} \tag{6-10}$$

酶促反应速率可用产物的生成速率表示，因此

$$v=k_3[ES]=\frac{k_3[E][S]}{[S]+K_m} \tag{6-11}$$

当底物浓度[S]非常大时，所有的酶被底物饱和形成ES复合物，$[ES]=[E]$，同时酶促反应达到最大速率 V_{max}，因此：

$$V_{max}=k_3[ES]=k_3[E] \tag{6-12}$$

将此式代入公式(6-11)，得

$$v=\frac{V_{max}[S]}{[S]+K_m} \tag{6-13}$$

公式(6-13)即为经稳态理论修正过的米氏方程。

米氏方程式表明了已知 K_m 及 V_{max} 时，酶促反应速率与底物浓度之间的定量关系。若利用米氏方程式以反应速率对底物浓度作图，将得到一条双曲线[图 6-4(a)]。由米氏方程式可推导出以下规律：①当 $[S]\ll K_m$ 时，则米氏方程式变为 $v=V_{max}[S]/K_m$，由于 V_{max} 和 K_m 为常数，两者的比值可用常数 K 表示，因此 $v=K[S]$，它表明底物浓度很小时，反应速率与底物浓度成正比，其关系与一级反应动力学相符。②当 $[S]\gg K_m$ 时，则米氏方程式变为 $v=V_{max}$，它表明底物浓度远远过量时，反应速率达到最大值，它与底物浓度的关系与零级反应动力学相符。③当 $[S]=K_m$ 时，由米氏方程式得 $v=V_{max}/2$。这意味着当底物浓度等于 K_m 时，反应速率为最大反应速率的一半。由此可以看出 K_m 的物理意义，即 K_m 值是反应速率为最大值的一半时的底物浓度。K_m 单位为 mol/L。

K_m 是酶的特征物理常数，在固定的反应条件下，K_m 的大小只与酶的性质有关，与酶的浓度无关。当 $k_2\gg k_3$ 时，$K_m\approx K\ (=k_2/k_1)$，因此 K_m 值可用于近似地表示酶与底物之间的亲和程度：K_m 值越大表示亲和程度越小，K_m 值越小表示亲和程度越大。不同的酶针对不同的底物有不同 K_m 值，因此可以通过测定酶促反应的 K_m 来鉴别酶以及酶的最适底物，即 K_m 值最小的底物。

米氏常数 K_m 与 V_{max} 可利用实验测得数据($[S]$ 与 v)通过 Lineweaver-Burk 双倒数作图法求出。将米氏方程两边取倒数，变换得以下式(6-14)：

$$\frac{1}{v}=\frac{K_m}{V_{max}}\times\frac{1}{[S]}+\frac{1}{V_{max}} \tag{6-14}$$

通过实验方法测得v与[S]后，以$1/v$对$1/[S]$作图，得到一条直线，如图6-4(b)所示，其横轴截距为$-1/K_m$，纵轴截距为$1/V_{max}$，从而得到K_m和V_{max}值。

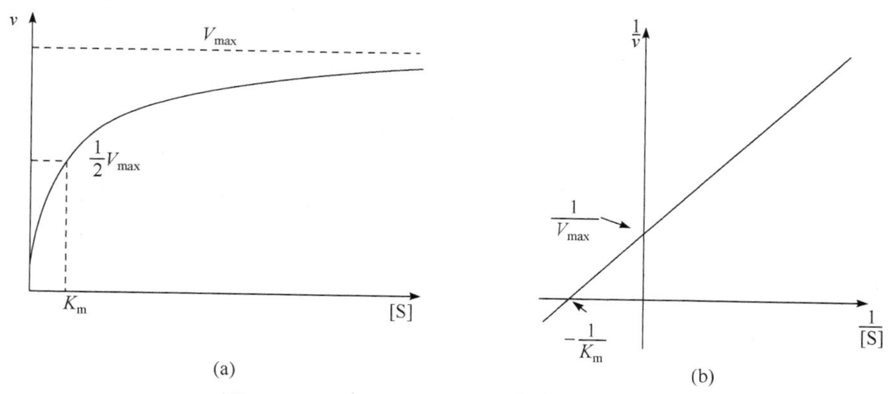

图6-4 K_m的意义和双倒数法求K_m与V_{max}

6.5.4 影响酶促反应速率的因素

1. 抑制剂的影响作用

通过改变酶必需基团的化学性质从而引起酶活力降低或丧失的作用称为抑制作用，具有抑制作用的物质称为抑制剂(inhibitor)。酶的抑制剂分为不可逆抑制剂和可逆抑制剂两类。不可逆抑制剂与酶的必需基团以共价键结合，引起酶的永久性失活，其抑制作用不能够用透析、超滤等温和物理手段解除。可逆抑制剂与酶蛋白以非共价键结合，引起酶活性暂时性丧失，其抑制作用可以通过透析、超滤等手段解除。

可逆抑制剂又可分为竞争性抑制剂、非竞争性抑制剂和反竞争性抑制等。

(1) 竞争性抑制剂(competitive inhibitor) 这些抑制剂的化学结构与底物相似，因而能与底物竞争与酶活性部位的结合，当抑制剂结合于酶的活性部位后，底物无法再结合酶活性部位，导致酶促反应被抑制。

(2) 非竞争性抑制剂(noncompetitive inhibitor) 抑制剂与底物可同时结合酶的不同位点，形成的酶-底物-抑制剂三元复合物不能进一步分解为产物，导致酶促反应被抑制。

(3) 反竞争性抑制剂(uncompetitive inhibitor) 酶只有与底物结合后，才能与这类抑制剂结合，形成的酶-底物-抑制剂三元复合物不能分解为产物，导致酶促反应被抑制。抑制剂的结合位点与底物结合位点不同。

2. 温度的影响作用

在较低的温度范围内，酶促反应速率随温度升高而增大，超过一定温度后，

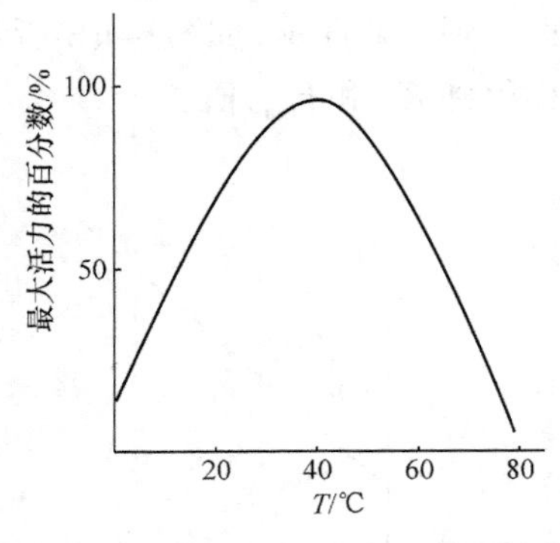

图 6-5 温度对酶促反应速率的影响

酶会因热变性而失活，从而使反应速率减慢，直至酶完全失活。以反应速率对温度作图可得到一条钟形曲线，曲线的顶点对应的温度称为酶作用的最适温度(optimum temperature, T_m)，此温度对应的酶促反应速率最大(图 6-5)。每一种酶在一定条件下都有其最适温度，动物体内酶的最适温度在35～40℃，植物体内酶的最适温度在 40～50℃，一些嗜热菌中的酶的最适温度可高达 90℃。

3. pH 的影响作用

pH 对酶促反应速率的影响作用主要表现在以下几个方面：

(1) pH 过高或过低可导致酶高级结构的改变，使酶失活，又称为酸变性或暗变。

(2) 酶具有许多可解离的基团，在不同的 pH 环境中，这些基团的解离状态和所带电荷不同，它们的解离状态对酶与底物的结合能力以及酶的催化能力都有重要作用，因此溶液 pH 的改变可通过影响这些基团的解离状态来影响酶活性。

(3) pH 通过影响底物的解离状态以及中间复合物 ES 的解离状态影响酶促反应速率。若其他条件不变，酶只有在一定的 pH 范围内才能表现催化活性，且在某一 pH 下，酶促反应速率最大，此 pH 称为酶的最适 pH。植物和微生物所含的酶最适 pH 多在 4.5～6.5，动物体内酶最适 pH 多在 6.5～8.0，一些特殊的酶，如胃蛋白酶的最适 pH 为 1.5，这也与胃中的酸性环境相适应。

4. 激活剂的影响作用

酶的活力可以被某些物质提高，这些物质称为激活剂(activator)，在酶促反应体系中加入激活剂可导致反应速率的增加。激活剂大部分是无机离子或有机化合物，如 Mg^{2+} 是多种激酶和合成酶的激活剂，Cl^- 是唾液淀粉酶的激活剂，二硫苏糖醇(DTT)可还原酶被氧化的基团，使酶活力增加，被视为酶的激活剂。酶原可被一些蛋白酶水解而激活，这些蛋白酶也可视为激活剂。

6.6 酶活性的调节

生物体内调节酶活性的方式有很多种，可以概括为以下两类：①通过改变酶的数量与分布来调节酶的活性，例如可以通过激素的作用促进或抑制某一特定酶的表达，以增加或降低酶的浓度；②通过改变细胞内已有的酶分子的活性来调节酶的活性，这种调节方式又包括通过改变酶的结构来调节酶的活性，以及通过直接影响酶与底物的相互作用来调节酶的活性等方式。以下介绍通过改变酶的结构来调节酶活性的几种主要方式。

6.6.1　酶的别构调控

许多酶不仅有活性部位，还具有调节部位。酶的调节部位可以与某些化合物可逆地非共价结合，使酶发生结构的改变，进而改变酶的催化活性，这种酶活性的调节方式称为酶的别构调控(allosteric regulation)。具有别构调控作用的酶称为别构酶(allosteric enzyme)。别构酶通常为由多个亚基组成的寡聚酶，可具有多个活性部位与调节部位，这两种部位可能位于同一亚基上或不同亚基上。

对酶分子具有别构调节作用的化合物称为效应物(effector)。效应物以小分子化合物为主。效应物又根据其作用效果分为两类：一类导致酶活性增加，称为正效应物(positive effector)或别构激活剂；另一类导致酶活性降低，称为负效应物(negative effector)或别构抑制剂。

效应物对别构酶的调节作用可分为同促效应与异促效应两类。同促效应中，酶的活性部位和调节部位是相同的，效应物是底物。底物与别构酶某一活性部位的结合通常可促进其他底物分子与该酶剩余活性部位的结合，导致酶促反应速率增加，这样的同促效应称为正协同效应。如果底物与酶某一活性部位的结合导致其他底物与该酶更难以结合，则称为负协同效应。

负协同效应别构酶典型例子是 3-磷酸甘油醛脱氢酶。此酶具有四个亚基，可以和四个辅酶尼克酰胺腺嘌呤二核苷酸(nicotinamide adenine dinucleotide，NAD^+)结合，但结合常数不同(表 6-1)。3-磷酸甘油醛脱氢酶结合 NAD^+后，发生构象变化。3-磷酸甘油醛脱氢酶和第一、第二个 NAD^+结合的解离常数很小，因此虽然底物 NAD^+浓度很低，也能顺利地和酶结合。然而 3-磷酸甘油醛脱氢酶和第三、第四个 NAD^+结合的解离常数增大了 100～10 000 倍。当 NAD^+浓度升高时，3-磷酸甘油醛脱氢酶已经结合了两个 NAD^+，之后再结合第三、第四个 NAD^+就较难。即这时再要提高 3-磷酸甘油醛脱氢酶反应速率较难，需要 NAD^+浓度大大提高才行。因此在一定的底物浓度范围内，底物浓度变化不足以影响 3-磷酸甘油醛脱氢酶的反应速率。

表 6-1　3-磷酸甘油醛脱氢酶与 NAD^+结合的解离常数(平衡透析测定)

解离常数/(mol/L)	虾肌肉	兔肌肉
K_1	$<5\times10^{-9}$	$<10^{-10}$
K_2	$<5\times10^{-9}$	$<10^{-9}$
K_3	$<5\times10^{-7}$	$<10^{-7}$
K_4	$<5\times10^{-6}$	$<10^{-6}$

这种负协同别构酶对底物浓度变化的不敏感性具有重要的生理意义。在有机体中存在许多需要 NAD^+ 的代谢途径，NAD^+ 参与许多重要反应，其浓度波动大。糖酵解是生物体内重要的代谢过程，速度要求相对稳定，在供氧不足的情况下，它仍需以一定的速度稳定进行反应。而 3-磷酸甘油醛脱氢酶作为糖酵解过程的负协同别构酶，对底物 NAD^+ 浓度变化不敏感，因此当在缺氧情况下 NAD^+ 浓度很低时，其他需要 NAD^+ 的代谢反应都随之减缓，但糖酵解过程仍然能以一定的速率顺利地进行。

异促效应中，酶的活性部位和调节部位是不同的，效应物是非底物分子。例如蛋白激酶 A(protein kinase A，PKA)，由两个调节亚基(R)和两个催化亚基(C)组成(图 6-6)。每个调节亚基上有结合效应物的位点，其效应物是环磷酸腺苷(cyclic adenosine monophosphate，cAMP)(参见 10.4 节图 10-3)。每个催化亚基上有结合底物的位点，其底物是某些蛋白质。在没有 cAMP 时，蛋白激酶 A 的调节亚基和催化亚基以复合体形式存在，无催化活性。当存在 cAMP 时，cAMP 与调节亚基结合，改变调节亚基构象，使调节亚基和催化亚基解离，释放出催化亚基。催化亚基与特定蛋白质结合，将腺嘌呤核苷三磷酸(adenosine triphosphate，ATP)上的磷酸基团转移到特定蛋白质的丝氨酸(Ser)或苏氨酸(Thr)残基上进行磷酸化反应。

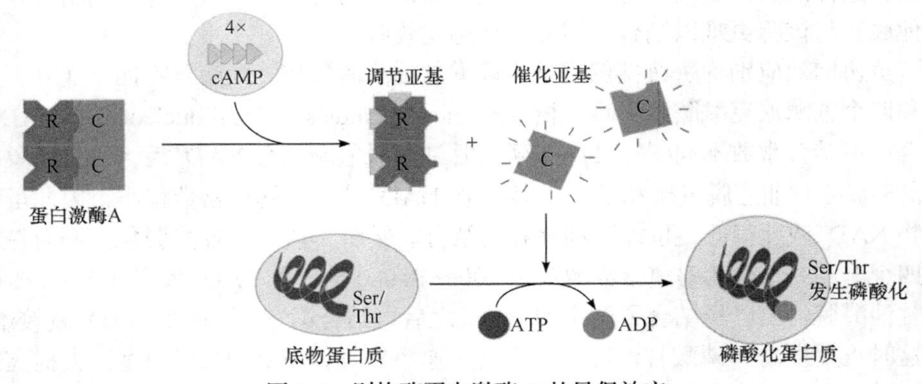

图 6-6　别构酶蛋白激酶 A 的异促效应

6.6.2　可逆的共价修饰调节

可逆的共价修饰(reversible covalent modifications)指某种酶在其他酶的催化下，其肽链中某些基团发生可逆的共价修饰作用，导致该酶在活性形式和非活性形式之间相互转变，以达到去调节酶活性的目的。这种酶也称为共价调节酶(covalently modulated enzymes)。与别构调控不同，可逆的共价修饰是酶对酶的作用，不是小分子效应物对酶的作用。

在共价修饰中，共价调节酶肽链上的特定基团可与某种化学基团发生可逆的共价结合，目前已知的共价修饰作用包括磷酸化作用、腺苷酰化作用、尿苷酰化作用、ADP-核糖基化作用、甲基化作用等。在这些作用之中，磷酸化作用是最为常见，也最有生理意义的一种共价修饰作用，蛋白质的磷酸化是指由蛋白激酶(protein kinase)催化的使 ATP 或 GTP γ 位磷酸基转移到底物蛋白质特定氨基酸残基上的过程，其逆过程是由蛋白磷酸酶催化的水解反应，称为蛋白质的去磷酸化。蛋白质的磷酸化和去磷酸化作用是生物体内广泛存在的一种调节方式，几乎涉及所有的生理和病理过程。

蛋白激酶是一个大家族，根据底物蛋白质被磷酸化的氨基酸残基的种类，可将该家族的主要成员分为丝氨酸/苏氨酸型激酶与酪氨酸型激酶两类，丝氨酸/苏氨酸型激酶催化底物蛋白质中丝氨酸或苏氨酸残基的磷酸化，酪氨酸型激酶催化底物蛋白质酶氨酸残基的磷酸化。蛋白激酶本身也可被激活，蛋白激酶的激活方式主要有两种，一种来自其他蛋白激酶的催化作用，一种来自小分子化合物的作用，例如 cAMP 可激活蛋白激酶 A，表皮生长因子可激活表皮生长因子受体。多种蛋白激酶之间的激活作用形成的系列反应称为激酶级联反应(kinase cascade)。在信号转导过程中，少量的起始酶分子被激活后，会依次激活更多的酶，最终导致高浓度、高活性效应酶的生成，因此激酶级联反应可导致细胞信号的快速放大。

6.6.3 酶原的激活

生物体内合成的无活性的酶的前体叫作酶原(zymogen)。在特定蛋白水解酶的催化作用下，酶原的结构发生改变，形成酶的活性部位，变成有活性的酶，称为酶原的激活(activation of zymogens)。

酶原的激活可见于多种生理过程，如在消化作用中，各种消化酶在消化腺中是作为酶原合成的，这些酶原进入消化道后被激活，成为有活性的酶。例如胰蛋白酶由胰腺细胞分泌后，以无活性的胰蛋白酶原形式存在，胰蛋白酶原进入小肠后，受到肠肽酶的催化作用，多肽序列中 Lys^{6}-Ile^{7} 之间的肽键断裂，原氨基端的 6 肽被丢弃，剩余多肽的构象随即发生改变，His^{57}、Ser^{195} 等残基互相靠近形成酶的活性部位，酶原转变为有活性的胰蛋白酶(图 6-7)。在胰蛋白酶的催化作用下，小肠内的其他消化酶原，如其他的尚未被激活的胰蛋白酶原、胰凝乳蛋白酶原、羧肽酶原、弹性蛋白酶原和脂肪酶原等，均可通过酶原的激活作用转变为有活性的消化酶，参与食物的消化作用。消化酶以酶原的形式存在具有重要的生理意义，例如在胰脏中，众多消化酶以没有活性的酶原形式存在，可保护胰腺细胞不被其水解破坏。

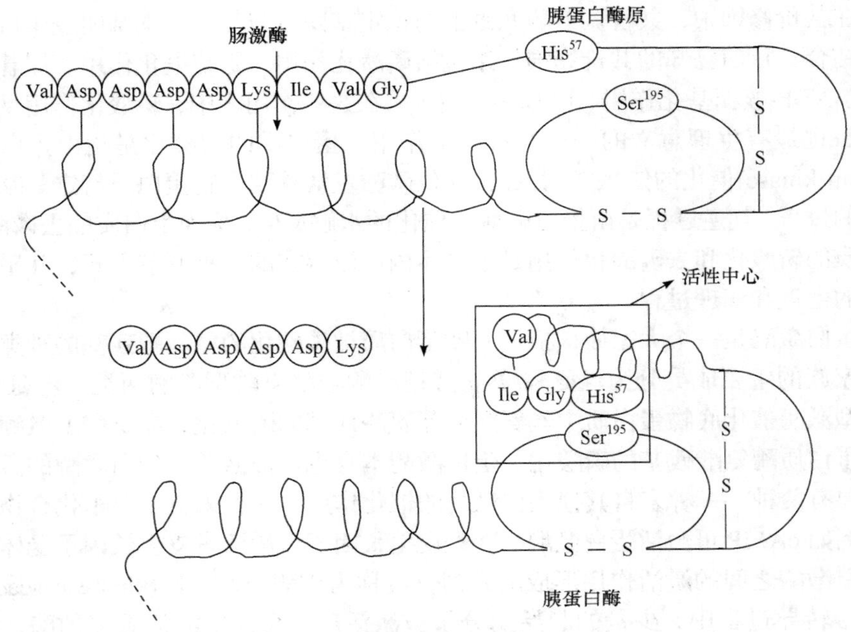

图 6-7　胰蛋白酶原的激活过程

6.6.4　同工酶

同工酶(isozyme)指能催化相同的化学反应，但酶本身的分子结构组成、理化性质、免疫功能和调控特性等方面有所不同的一组酶。同工酶不仅存在于同一个体的不同组织中，也存在于同一组织、同一细胞的不同亚细胞结构中，甚至存在于不同发育时期的组织中，是研究代谢调控、分子遗传、生物进化等机制的有力工具。

同工酶概念在 1959 年由 Markert 和 Moller 提出，他们发现的同工酶是乳酸脱氢酶(lactate dehydrogenase，LDH)。到目前为止，已经发现的同工酶有数百种之多，如已糖激酶、6-磷酸葡萄糖脱氢酶、肌酸激酶、糖原磷酸化酶等。LDH 酶有五种同工酶，均由四个亚基组成，亚基有骨髓肌型(M 型)和心肌型(H 型)两种。

不同类型的 LDH 同工酶在不同组织中的比例不同，与这些组织或器官的生理功能的差异密切相关。心肌中 LDH_1 含量较为丰富，LDH_1 易使乳酸脱氢氧化生成丙酮酸，后者的进一步氧化可释放出能量供心肌活动的需要。骨髓肌及肝中含 LDH_5 比较多，LDH_5 易使丙酮酸被还原为乳酸，同时生成 NAD^+，保证骨骼肌在短暂缺氧时仍可通过糖酵解过程获得能量。

6.7　酶活力的测定与酶的分离纯化

6.7.1　酶活力的测定方法

酶活力也称为酶活性(enzyme activity)，是指酶催化特定化学反应(酶促反应)的能力。酶活力的大小可以用在一定条件下酶促反应的速率来表示，反应速率愈快，就表明酶活力愈高。酶促反应速率可用单位时间内底物的减少量或产物的增加量来表示。由于在酶活力测定实验中底物往往是过量的，测定底物的减少量一般不准确。而产物是从无到有，更易准确测定，又由于底物的减少与产物增加的速率其实是相等的，因此实际酶活力测定中一般测定产物的增加量。由于酶促反应速率通常可随反应时间增加逐渐降低，因此为准确测定酶活力，应测定酶促反应的初速率。在底物过量的前提下，酶促反应初速率与酶量呈线性关系，因此可以用酶活力来代表生物材料中酶的含量。

通常用酶活力单位(activity unit)来表示酶活力的大小，其含义是在一定条件下，单位时间内将一定量的底物转化为产物需要的酶量。这样酶的含量就可以用一定质量或体积的生物材料含有多少酶活力单位来表示。为使酶活力单位标准化，1961 年国际生物化学联合会酶学委员会规定用统一的国际单位来表示酶活力，规定在最适反应条件(最适底物、最适 pH、最适缓冲液的离子强度及 25℃)下，每分钟内催化一微摩尔底物转化为产物所需的酶量为一个国际酶活力单位(IU，1 IU=1 μmol/min)。

酶的比活力(specific activity)规定为每毫克酶蛋白所具有的酶活力单位数。比活力是酶样品纯度的指标，对于含有同一种酶的不同酶样品，比活力越高表明样品的纯度越大。

由于酶活力可用单位时间内底物的减少量或产物的增加量来表示，因此酶活力的测定实际上就是根据底物或产物的物理或化学特性，采用特定的方法测定不同时刻某一种底物或产物的数量或浓度。常用的测定酶活力方法包括分光光度法、荧光法、同位素测定法、电化学方法等。

6.7.2　酶的分离纯化

由于绝大多数的酶都是蛋白质，因此酶的分离纯化实质上就是蛋白质的分离纯化。酶的分离纯化主要包括以下四个步骤：

(1) 原材料的处理与蛋白质的提取　选择富含所要纯化的酶并易于处理的生物材料，在适当的溶液中进行破碎处理，离心分离处理后的组织或细胞，收集含目标酶的组分。

(2) 粗制分离 通常使用盐析法、等电点沉淀法、有机溶剂分级分离法等对含有目标酶的样品进行粗分离，除去大量杂质的同时浓缩酶溶液。粗制分离一般分辨率较低。

(3) 精制分离 通常使用柱层析法(如离子交换层析、亲和层析、分子筛层析等)、梯度离心、电泳法(包括区带电泳、等电聚焦等)进行进一步精制纯化。用于精制分离的方法一般规模较小，但分辨率高。

(4) 酶制剂的脱盐、浓缩、干燥和保存 经过各种纯化手段提纯的酶制剂经常含有较高的盐离子浓度，通常用透析法、超滤法、凝胶过滤法等方法去除多余的盐离子，称为脱盐。如酶制剂的浓度较低，常用沉淀法(如盐析法、有机溶剂沉淀法等)、吸收法或超滤法等方法浓缩，除去多余水分。为保持酶制剂活性，使其易于保存和运输，常用真空冷冻干燥法进行干燥处理。酶制剂通常需要低温保存。

由于酶是一种特殊的蛋白质，酶的分离纯化相比于其他蛋白质的分离纯化，还有其特殊之处需要注意：

(1) 酶容易失活，因此在酶的分离纯化过程中，需要特别注意对酶进行保护。常用的保护方法是：①在酶的分离纯化过程中始终保持低温(通常为 4℃左右)；②将酶在低温下保存，一般可在–20℃至–80℃之间保存液体酶制剂，同时酶的浓度越高，酶越不容易失活，或者将酶制成固体制剂在低温下保存；③使用温和的操作条件，在纯化过程中使用 pH 为酶最适 pH 或接近该值的缓冲液；④使用一些保护试剂，例如用金属螯合剂去除重金属离子、用巯基试剂拮抗酶的氧化失活、用蛋白酶抑制剂拮抗蛋白水解酶的破坏作用等；⑤尽量缩短纯化酶所需要的时间。

(2) 酶是有催化活性的蛋白质，因此在每一步纯化步骤之后，不仅要测量样品的体积、浓度、纯度等参数，还必须测定样品的酶活力，以对酶的纯化过程进行监控和对纯化后的酶制剂进行鉴定。酶活力指标有两种，一是总活力的变化，总活力=(活力单位数/mL 酶样品)×总体积(mL)，检测分离纯化过程中酶的损失情况；二是比活力的变化，检测酶样品的纯度与纯化方法的有效性。

第 7 章　蛋白质和酶生物化学在环境科学中的应用

环境污染是当代社会的一个重大问题。人类的生产和生活活动产生的各种化学品的持续排放导致水体、土壤、大气的污染是全世界面临的普遍挑战。这些污染物具有致癌性和毒性，其在环境中的积累会对整个生态系统以及人类健康造成危害。因此必须对这些环境中的化学污染物进行监测、甄别、评价健康风险，并优先消除和控制污染严重、毒性和危害较大的污染物。

生物标志物(biomarker)是指可以标记系统、器官、组织、细胞及亚细胞结构或功能的改变或可能发生改变的生物化学指标，具有非常广泛的用途。生物标志物既可以揭示环境样品和生物体内污染物的浓度，还可以反映污染物的毒性，成为污染物的暴露与效应最灵敏的监测指标。某些活性生物肽、蛋白质可作为生物标志物，已经应用于环境污染的探查和快速筛选、环境健康的风险评价以及污染物长期毒性效应的早期预报等。

环境中的污染物可以用微生物降解，但这是一个缓慢的过程，并且微生物生长受到环境的影响，在实际操作中降低了生物降解的有效性。从微生物细胞中提取的酶直接用于生物修复和污染治理，则可以克服上述缺点。因此基于酶的修复和污染治理技术具有生态友好、快速、简便、经济的优点，利用微生物酶的生物降解污染物成为一种有利的选择。

7.1　谷胱甘肽在环境科学中的应用

7.1.1　谷胱甘肽的结构

谷胱甘肽是存在于动植物和微生物细胞中的一种重要的活性生物肽，由谷氨酸(Glu)、半胱氨酸(Cys)和甘氨酸(Gly)组成的三肽，简称 GSH。它的分子中有一个由谷氨酸的 γ-羧基与半胱氨酸的 α-氨基缩合而成的 γ-肽键，其结构式如下：

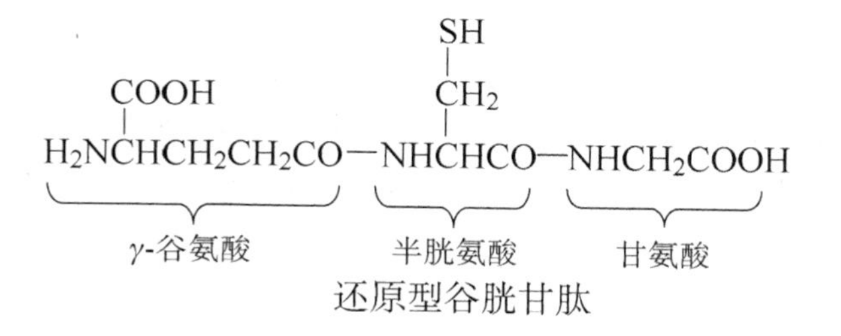

还原型谷胱甘肽

由于 GSH 含有一个活泼的巯基，可作为重要的还原剂，生成氧化型 GSH (GSSG)。氧化型 GSH 如下：

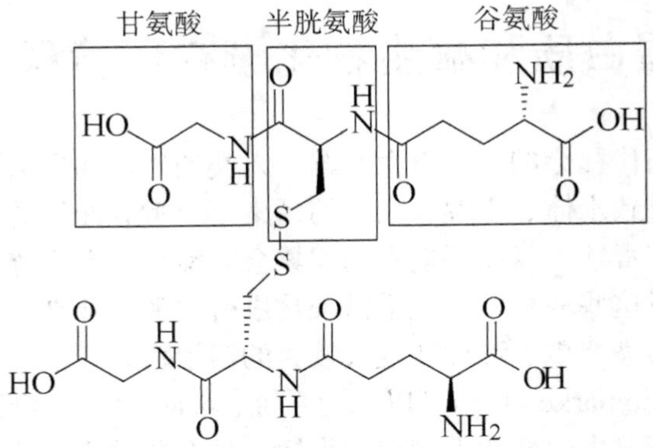

氧化型谷胱甘肽

还原型谷胱甘肽是主要的活性状态，大约占 97%；氧化型谷胱甘肽是非活性状态，约占 3%。还原型谷胱甘肽含有的巯基是其发挥还原剂功能的基团，可以保护体内蛋白质或酶分子中的巯基免遭氧化，使蛋白质或酶处在活性状态。此外，GSH 的巯基还具有嗜核特性，能与外源的嗜电子物质如致癌剂或药物等结合，从而阻断这些化合物与 DNA、RNA 或蛋白质结合，保护机体免遭损害。

7.1.2 谷胱甘肽与氧化应激

氧化应激(oxidative stress)是指机体在遭受各种有害刺激时(例如外源性化合物暴露、紫外线等)，体内高活性分子如活性氧自由基(reactive oxygen specie，ROS)产生过多，氧化程度超出氧化物的清除，氧化系统和抗氧化系统失衡，导致机体细胞和组织损伤。ROS 包括羟基自由基(·OH)、超氧化阴离子自由基($\cdot O_2^-$)、过氧化物(ROOH)、单线态氧($^1O_2$)、过氧化氢(H_2O_2)等。ROS 对机体的损伤主要包括：脂质过氧化，破坏生物膜，导致膜的通透性和流动性改变而引起细胞损伤和死亡；攻击蛋白质，与氨基酸残基或巯基反应，导致蛋白质功能或酶活性丧失，引起蛋白质分子聚合和交联；破坏核酸结构，攻击嘌呤与嘧啶基，导致 DNA 断裂，引起遗传突变。

机体内存在抗氧化剂，控制 ROS 的产生，使得 ROS 引起的细胞损伤最小化，起到减缓或预防氧化应激的作用。这些抗氧化剂可分为两类：一类是酶类抗氧化剂，包括超氧化物歧化酶(superoxide dismutase，SOD)、过氧化氢酶(catalase，CAT)、谷胱甘肽过氧化物酶(glutathione peroxidase，GSH-Px)、谷胱甘肽 *S*-转移酶(glutathione *S*-transferase，GST)等；另一类是非酶抗氧化剂，包括还原型谷胱甘肽

(GSH)、维生素 C、维生素 E 等。抗氧化剂代表了生物体一种重要的分子保护机制，其浓度的变化通常被用作指示环境压力的生物标志物。

GSH 及其衍生物(包括其相关的酶)可作为监测环境污染的灵敏指标，是常用的生物标志物，其在环境暴露评估、环境毒理学等领域应用十分广泛。处于还原状态的 GSH，其含有的巯基具有抵御 ROS 亲电试剂的还原活性，在消除内源或外源的过氧化物中起催化剂的作用。GSH 的抗氧化机制可通过两种不同的途径进行，一种是通过将巯基上的氢提供给受体分子(即 ROS)，形成氧化型 GSSG 二聚体。GSH 被 GSH-Px 催化形成二硫键连接的二聚体即 GSSG；而 GSSG 又被谷胱甘肽还原酶(glutathione reductase，GR)还原成 GSH，生成的 GSH 又可参与新的解毒反应。因此检测 GSH 与 GSSG 的比率是评估细胞氧化还原状态的一种常用方法。例如，H_2O_2 与谷胱甘肽的反应：

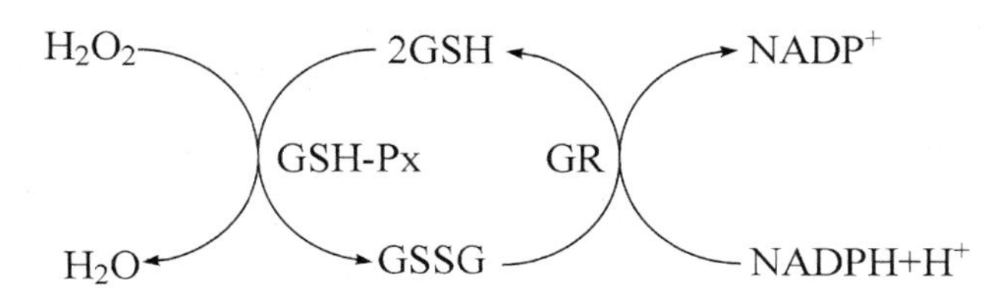

GSH 抗氧化作用的第二种途径是由谷胱甘肽 *S*-转移酶(GST)催化的 GSH 与亲电子试剂反应，参与生物转化(biotransformation)过程。生物转化是指外源性化合物在生物体内经过一系列化学变化并形成其衍生物以及分解产物的过程，或称为代谢转化，所形成的衍生物即代谢产物。生物转化过程包括 Ⅰ 相反应(phase Ⅰ)和 Ⅱ 相反应(phase Ⅱ)，Ⅰ 相反应指经过氧化、还原和水解等反应使外源化学物暴露或产生极性基团，如—OH、—NH_2、—SH、—COOH 等，水溶性增高并成为适合于 Ⅱ 相反应的底物；Ⅱ 相反应指具有一定极性的外源化学物与内源性辅因子(即结合基团)进行化学结合形成共轭产物(conjugation)的反应。Ⅰ 相和 Ⅱ 相反应的生物转化又被称为解毒反应，大部分外源化学物的代谢产物毒性降低、更加溶于水、易于排出体外；然而在某些情况下，Ⅰ 相反应生成亲电子剂、自由基、亲核剂、氧化还原剂等毒性增强的代谢产物，而在极少数情况下，Ⅱ 相的共轭产物是有毒的。参与 Ⅱ 相反应的酶很多，GST 是其中重要的酶之一。Ⅱ 相反应中外源化合物生成的共轭产物可以添加乙酰基、甲基、葡糖苷酸、硫酸、氨基酸或 GSH。GSH 与生物分子的反应生成与 GSH 共轭的蛋白质，而与外源性化合物的反应则生成不同的 GSH 共轭产物。与 GSH 发生 Ⅱ 相反应的化合物具有不同的反应基团，通常为亲电子试剂，含有共轭双键或芳香族基团、卤化物、硝基或环氧化物。例如 GST 催化环氧化物与 GSH 生成共轭产物。

O
NH—C—CH$_3$
+HS—CH$_2$—CH—COOH　GST催化→
O
NH—C—CH$_3$
S—CH$_2$—CH—COOH
OH
HO
OH
O
HO
OH
环氧化合物　　GSH　　GSH共轭产物

7.1.3 谷胱甘肽及其相关酶作为生物标志物在环境科学中的应用

20 世纪 70 年代以来研究者一直使用双壳类软体动物尤其是贻贝(mussels)来评估其栖息地中的污染物水平，20 世纪 90 年代开始使用生物标记物 GSH 等指示氧化应激水平和水生动物组织中累积污染物的含量。例如有研究将贻贝从相对干净的地点(对照)转移到污染地点暴露 30 天后分析贻贝的氧化应激水平，结果显示贻贝体内的抗氧化剂 CAT、GPx、GR、GST、GSH 和 SOD 水平升高，尤其是 GSH 水平增加与贻贝的肝胰腺和鳃中多环芳烃含量之间有显著相关性。在被铝冶炼厂排放的含有多环芳烃废水污染的苏格兰利文湖(Loch Leven)中，贻贝体内多环芳烃含量与 GST 活性之间存在显著相关性。还有调查发现从杂酚油污染的河流中采集的鳉鱼(killifish)也表现出更高的 GST 活性。多环芳烃污染水平很高的悉尼焦油池(Sydney Tar Ponds)是加拿大新斯科舍省布雷顿角岛的危废品场地，该地的鳉鱼肝脏中 GST 基因表达升高。

一项对地中海西北部三个地点收集的五种深海鱼类进行的研究使用 GST 活性来评估外源化合物对鱼类的暴露。该研究分析了肝脏中 Ⅰ 相和 Ⅱ 相反应酶的活性，并检测鱼胆汁中 5 种多环芳烃的葡糖苷酸和硫酸盐代谢产物。在沿海污染区附近的鱼类中，Ⅰ 相和 Ⅱ 相反应酶的活性在不同物种内显示出较高变异系数(10%～50%)，并且物种之间的结果不同。多环芳烃代谢产物浓度最高的鱼类中 GST 活性最高。GST 显示出比 Ⅰ 相酶(细胞色素 P450)更强的变化，可以灵敏地反映多环芳烃代谢产物。另一项研究在地中海西北部不同深度收集了 9 种海洋鱼类，包括中上层鱼类和底栖鱼类，并检测了肝脏中的抗氧化剂 CAT、GR、GST 和 Ⅰ 相 EROD 酶。包括 GST 在内的酶活性在物种间的差异比种内差异更大。GST 活性与鱼的采样深度无关，在食物链顶端的鱼类中 GST 活性最高，表明这些鱼类受到更高浓度的污染物暴露。

人口扩张导致废弃物和废污水排放量增加，因此废污水排放对水生生态系统的影响也受到公众和科学家的关注。许多研究通过检测氧化应激相关的生物标志物来指示污水排放区域的水生生物是否产生了生物效应。例如在废水曝气池附近笼养 60 天的淡水贻贝的氧化状态、生物标志物和内分泌干扰都观察到不同程度的影响，其中 GST 活性在不同采样点的淡水贻贝中发生变化。另一研究调查了处理后的污水排放对鳟鱼肝脏和肾脏的毒理效应的影响，用 GPx、GSH、GST、血红素过氧化物酶和脂质过氧化(lipid peroxidation，LPO)指示氧化应激。当使用臭氧和凝结处理时，三级出水和二级出水对鳟鱼组织的影响水平不同。氯化处理的污水影响了鳟鱼肝脏和肾脏中的 GSH。在暴露于二级出水的鱼的肝脏中，GSH 和 LPO 上升，而 GST 下降。在许多其他动物中，GSH 和 LPO 与各种污染物以及有毒物质的暴露有很强的相关性。这很可能是因为许多 ROS 含有羟基(HO·)，它与脂质发生脂质过氧化反应，并形成破坏细胞膜的副产物，即 LPO。上述研究表明污染物暴露下水生生物产生的氧化应激反应具有复杂性。人口扩张和不断大量生产的化学物质对环境产生的化学压力(chemical stress)导致生物体一系列氧化应激。过多的内在和外在变量会影响对氧化应激相关酶的定量检测，而且这些变量通常难以预测。如上述所示，化学分析有助于解释环境调查的结果，有助于厘清与这些生物效应相关的暴露因素，并有助于进一步制定保护生态环境健康的策略和措施。

7.2　卵黄蛋白原在环境科学中的应用

大量化学物质经不同途径进入环境后，已经对野生动物和人类健康造成了巨大的威胁。例如在日本、英国、中国等国家的河流中发现雄鱼发生了雌性化现象，一些雄鱼的生殖器开始具有排卵功能，并发现了两性鱼的存在。这些在环境中存在的能干扰人类或野生动物内分泌系统并导致异常效应的物质被称为环境内分泌干扰物(endocrine-disrupting chemicals, EDCs)。随着环境污染的加剧，大量的 EDCs 在人类的生产和生活过程中被不断释放，通过饮食、呼吸、皮肤接触等途径进入生物体内，对野生动物的生存及人类的健康都产生了巨大的影响。因此，对 EDCs 进行鉴定和识别、监测环境中 EDCs 的水平，以及研究 EDCs 在生物体内的作用机制已成为当前环境科学界的当务之急。存在于环境中的 EDCs 浓度很低，直接监测往往存在一定困难，而生物标志物是一种高效灵敏的间接监测方法。近几十年来的研究文献报道中提出了多种以蛋白质作为生物标志物的方法。其中代表性的蛋白质生物标志物是卵黄蛋白原。

7.2.1　卵黄蛋白原的结构

卵黄蛋白原(vitellogenin)是普遍存在于卵生非哺乳动物血液中的蛋白质，是几乎所有卵生动物中卵黄蛋白的前体。在脊椎动物(如鱼类、两栖类和鸟类)中，卵黄蛋白原由肝脏合成，分泌到血液中，再运送到卵巢被卵母细胞吸收后裂解为卵黄蛋白。卵黄蛋白原是一种脂蛋白，与磷酸酯非共价键结合，含有 1056 个氨基酸。在脊椎动物中，完整的卵黄蛋白原包含了一段用于转运的 N 末端信号肽以及可切割成卵黄蛋白的 4 个结构域，即卵黄脂磷蛋白-1(lipovitellin-1)、卵黄高磷蛋白(phosvitin)、卵黄脂磷蛋白-2(lipovitellin-2)和 Von Willebrand D 型因子结构域(Von Willebrand factor type D domain，一种进化保守的蛋白质结构域)(图 7-1)。

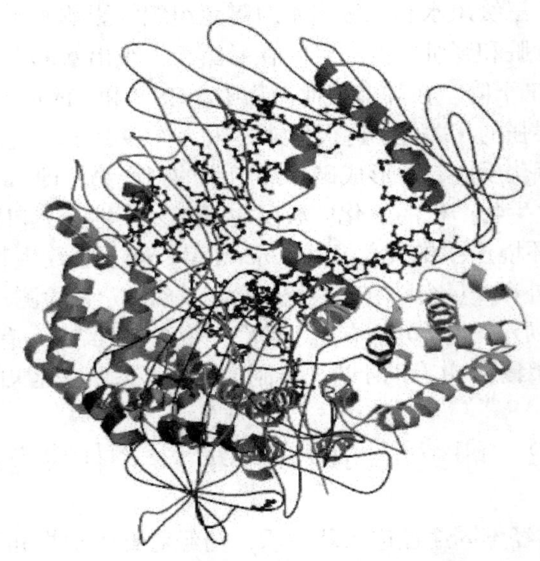

图 7-1　卵黄蛋白原蛋白质三维结构图

在正常情况下，卵黄蛋白原只存在于性成熟的雌性动物血浆中，而雄性和幼体动物体内卵黄蛋白原的含量很低或没有。但在外源雌激素或具有类雌激素效应的 EDCs 的诱导下，这些雄性或幼体动物的肝脏可产生卵黄蛋白原。所以，卵黄蛋白原的水平可以间接地反映外源性化学物质是否具有雌激素活性或类雌激素效应，卵黄蛋白原可视为一种检测具有雌激素效应的 EDCs 的生物标志物。在水生生态系统 EDCs 的雌激素效应研究中，动物体内卵黄蛋白原的特异性已受到人们的高度重视。因此，卵黄蛋白原是一种理想的类雌激素生物标志物，近年来被广泛应用于 EDCs 的筛选及监测。

7.2.2　卵黄蛋白原的分离纯化方法

在环境雌激素效应评估中，卵黄蛋白原检测的方法多种多样，主要包括卵黄蛋白原的定量检测和卵黄蛋白原 mRNA 的定量分析。现在卵黄蛋白原的定量检测多采取纯化出卵黄蛋白后，获得抗卵黄蛋白原的多克隆抗体，再用免疫组织化学技术进行检测。因此分离纯化卵黄蛋白原是对其进行定量检测的第一步。卵黄蛋白原的分离纯化方法主要包括离心法、沉淀法、色谱法等。

(1) 超速离心　超速离心是根据卵黄蛋白原与其他蛋白质的水合密度存在很大差异，在离心力的作用下因其水合密度的差异而分层。研究者用此方法与饱和硫酸铵溶液沉淀相结合提纯了黑腹果蝇的卵黄蛋白原，把超速离心与蔗糖密度梯度离心联用分离纯化了中华对虾血淋巴中的卵黄蛋白原。

(2) 梯度密度超速离心　利用样品在离心时须通过梯度密度来维持重力的稳定性的特点进行分离。通常分离的悬浮液中的颗粒比液体重，加入甘油、蔗糖、氯化铯、溴化钾等第三种成分使溶液密度呈梯度变化，在高速离心后，样品中各成分就形成区带分离。例如研究者在分离陆蟹的卵黄蛋白原时用溴化钾做梯度成分，共用4个梯度进行超速离心，再用离子交换色谱柱进行进一步提纯，可得到较好的分离纯化结果。

(3) 选择性沉淀　研究者把选择性沉淀的方法用于卵黄蛋白原的提纯，并对实验条件进行了优化，用0.5 mmol/L的$MgCl_2$与20 mmol/L的EDTA分离提纯了大菱鲆的卵黄蛋白原。

(4) 饱和硫酸铵溶液沉淀法　研究者首先用超级离心的方法初步分离，再利用饱和硫酸铵溶液与样品溶液体积比系数不同、卵黄蛋白原溶解度不同的特点，经过多次变动其比例纯化了卵黄蛋白原。

(5) 凝胶渗透色谱方法　凝胶渗透色谱方法可获取纯度很高的蛋白质。例如研究者利用UltrapacTSK-G 4000 SW柱提取了虹鳟血清中卵黄蛋白原。

(6) 离子交换色谱　离子交换色谱方法具有洗脱剂易得、分离条件易于优化的特点，在蛋白质的分离纯化过程中，多作为最终的纯化步骤。有研究者把离子交换色谱作为选择性沉淀的补充，对红点鲑的卵黄蛋白原进行了提纯。

7.2.3 卵黄蛋白原的测定方法

经过一系列分离纯化后，得到的卵黄蛋白原可用于制备多克隆抗体的抗原。获得抗体后，可利用抗原-抗体特异性反应的原理对卵黄蛋白原进行定量检测。

(1) 放射性免疫分析　放射性免疫分析的基本原理是标记抗原和非标记抗原对特异性抗体的竞争结合反应。研究者用该方法对虹鳟血浆中的卵黄蛋白原进行了测定，线性范围在1～100 ng/mL。

(2) 酶联免疫吸附测定(enzyme linked immunosorbent assay，ELISA)　酶联免疫吸附法利用抗体-抗原的特异性反应对蛋白质进行定量分析。研究者用酶联免疫吸附法测定了血浆中卵黄蛋白原，其灵敏度范围在mg/mL至ng/mL之间。

(3) 蛋白印迹法(Western blotting)　蛋白印迹法也是蛋白分析的常用工具之一。其基本原理是蛋白质经SDS-聚丙烯酰胺凝胶电泳完全分离后，转移至蛋白印迹法所用的固体载膜上(硝酸纤维素膜或PVDF膜)，再利用抗体进行酶联免疫反应，加入酶显色底物显色后，测定蛋白质相应含量。很多研究都采用此方法对卵黄蛋白原进行了测定分析。

(4) 化学发光免疫　化学发光免疫是将化学发光与免疫技术相结合的一种测定方法，是一种非放射性的免疫技术，其灵敏度可达 10^{-15} g/mL，非常适合痕量蛋白质的分析。其原理同 ELISA 类似，只是其固相载体为细小的磁粒，标记物质为化学发光物质。研究者用双抗体夹心法测定了雄性鲽血清中卵黄蛋白原的基线含量。

(5) 荧光免疫　在非放射性免疫方法中，荧光免疫灵敏度优于酶联免疫吸附方法，且选择性高，操作简便，作为一种很有价值的分析测试方法，在卵黄蛋白原的测定方面也有文献报道。

(6) 免疫电泳　免疫电泳既可作为一种分离手段，也可用作鉴别方法。它通过电泳使样品的各种成分因电泳迁移率的不同而彼此分开，然后加入抗体做双相免疫扩散，把已分离的各抗原成分与抗体在琼脂中扩散而使其相遇，抗原与抗体反应生成沉淀区。研究者用免疫电泳分别在细趾蟾和美洲龙虾血淋巴中分离出了两种卵黄蛋白原。

7.2.4　卵黄蛋白原在 EDCs 筛选中的应用

环境中存在着大量的天然或人工合成的化学物质，种类繁多，分子结构千差万别，从中筛选内分泌干扰物极其困难，因此需要研发灵敏的筛选方法。卵黄蛋白原虽是成熟雌性特异性蛋白，但在幼体或者雄性动物体内，EDCs 也能诱导其肝细胞合成卵黄蛋白原。卵黄蛋白原因动物种属等的不同而存在很大差异，在测定卵黄蛋白原时需要制备不同的抗体，为了便于推广应用，研究者筛选了识别鱼类、两栖动物及鸟类卵黄蛋白原的抗体。利用这些卵黄蛋白原的抗体，可检测不同种属动物的卵黄蛋白原。

研究者根据卵黄蛋白原的特性，将其应用于 EDCs 的筛选工作，取得了一些重要进展。例如研究者将底鳉幼鱼暴露于浓度为 100 ng/L 的乙炔基雌二醇中 21 天后，可诱导其体内卵黄蛋白原的产生。将雄性金鱼分别暴露在浓度为 5 μg/L 的双酚 A、壬基酚、辛基酚和雌二醇中 7 天后，结果显示该 4 种 EDCs 均可诱导其体内卵黄蛋白原的产生。不仅在鱼体内，研究者还发现这些 EDCs 可诱导两栖类、爬行类、鸟类等雄性动物体内的卵黄蛋白原的含量增加。例如有研究证实双酚 A 可诱导雄性非洲爪蟾肝细胞中的卵黄蛋白原的表达量增加。将雄性青鳉暴露在浓度为 310 μg/L 的双酚 A 中，结果其肝内产生了卵黄蛋白原。对斑点龟的研究显示，雌二醇能够诱导雌性幼龟和雄龟体内产生卵黄蛋白原。进一步的研究还证实，雌二醇可以诱导公鸡体内产生卵黄蛋白原。

7.3　酶工程在环境保护中的应用

对于环境污染物的消除和污染控制，目前经常使用的生物、化学和物理的常规修复技术、工业污染物治理技术等，具有一定局限性，因此人们急切地寻求成本效益和效率更高的方法。基于酶的生物修复和工业污染物治理不依赖于微生物在受污染的环境介质中的存活或者生长，而是依赖于酶的催化功效。即使在缺乏足够养分的环境介质中，仍可以使用纯化的酶进行生物修复，并且在酶促生物降解过程中不会形成微生物在降解过程中形成的有毒副产物，这对生态系统相对友好。酶由于其分子大小而具有可移动性，并且与微生物相比对底物有更好的特异性。重组 DNA 技术降低了酶的生产成本，固化技术提高了酶的稳定性，因此可以大规模生产具有更高活性和稳定的酶。因此基于酶的修复和污染治理技术具有生态友好、快速、简便、经济的优点，利用微生物酶的生物降解成为一种有利的选择。

目前已经鉴定出许多具有潜在生物降解潜力的酶，根据酶的作用原理可以分为水解酶和氧化还原酶两大类，其中水解酶包括纤维素酶、脂肪酶、羧酸酯酶、卤代烷烃脱卤酶、磷酸三酯酶等，氧化还原酶包括漆酶、加氧酶、过氧化物酶、酪氨酸酶等(表 7-1)。

表 7-1　用于生态修复和污染治理的酶及其作用

酶类别		作用
水解酶	纤维素酶	将纤维素降解为单体，用于农业废弃物的去除
	脂肪酶	通常用于废水净化、PAH 降解等，以及脂肪酸和甘油三酯的分解
	羧酸酯酶	催化无机磷酸酯农药中酯键的水解
	卤代烷烃脱卤酶	用于卤代脂肪族化合物的修复
	磷酸三酯酶	催化可导致死亡和中毒的磷酸三酯的水解
氧化还原酶	漆酶	通过中间产物自由基催化氧化各种酚类和非酚类化合物
	加氧酶	增强酚类化合物的氧化
	过氧化物酶	催化还原反应并产生活性自由基
	酪氨酸酶	催化双酚氧化为醌，催化单酚羟基化为二酚

7.3.1　水解酶

水解酶(hydrolases)可以催化酯键、肽键等共价键的断裂。在食品和化学工业中使用的淀粉酶、脂肪酶、DNA 酶，以及用于生物质降解的糖苷酶、纤维素酶和半纤维素酶等，都属于水解酶。水解酶可以催化有毒化合物和有机聚合物的降解，已用于泄漏原油、农药等污染物的生物降解。

(1) 纤维素酶(cellulases)　纤维素酶是与纤维素分解有关的一组生物催化剂(酶)。某些微生物菌株可以合成碱性或中性纤维素酶，而某些真菌菌株可以产生酸性的纤维素酶。来源于海洋微生物的碱性纤维素酶已应用于众多行业的工业过程，包括废弃物管理、食品、纸浆、洗衣、纺织、造纸和生物燃料生产等。例如纤维素酶作为生物降解剂，可用于造纸循环中纸浆和造纸工业中油墨的降解。

(2) 脂肪酶(lipases)　脂肪酶催化烃类主要成分的分解，即将三酰基甘油分解为游离脂肪酸和甘油。脂肪酶由多种微生物、动物细胞和植物分泌。脂肪酶的酶促作用涉及酯化反应、酯交换反应、水解反应和氨解反应等。从真菌铜绿假单胞菌中提取的经过优化的脂肪酶，可以用于对原油污染的环境介质进行生物降解和修复，使得污染土壤中碳氢化合物浓度下降。目前已有多种脂肪酶由于生物降解某些污染物或者废弃物，包括聚乳酸、厨房废弃油脂、来源于不饱和植物油的脂肪酸甲酯、脂肪族聚酯、食品废水、二嗪磷杀虫剂、聚己内酯、厨房垃圾等。

(3) 羧酸酯酶(carboxylesterases)　羧酸酯酶对羧基酯的酶促水解是基于酶的活性位点内丝氨酸残基的可逆酰化作用。羧酸酯酶的主要应用包括外源化合物中酯键的断裂以及作为有机化合物合成的生物催化剂。羧酸酯酶是多功能酶，具有非常广泛的底物特异性，可催化含有酯、酰胺和硫酯键的底物水解，包括有机磷、氨基甲酸酯和拟除虫菊酯类杀虫剂。因此微生物羧酸酯酶通过水解有机磷酸酯农药的磷酸酯键而解毒。另外，拟除虫菊酯和一些有机磷酸酯农药(如马拉硫磷)，通过羧酸酯酶水解其羧酸酯键而解毒。

(4) 磷酸三酯酶(phosphotriesterases)　磷酸三酯酶是有机磷水解酶，可分解有机磷酸酯，可以用于降解有机磷农药，例如对硫磷、毒死蜱、异丙嘧磷等。从嗜热脂肪地芽孢杆菌和嗜酸热硫化叶菌中分离和纯化的热稳定的磷酸三酯酶，可以水解含有机磷酸酯的化合物和内酯(lactones)。此外，一些新的海洋细菌菌株，也可以分泌磷酸三酯酶，降解海洋生态系统中存在的磷酸三酯键。

(5) 卤代烷烃脱卤酶(haloalkane dehalogenases)　人为和自然活动导致在土壤中产生卤代化合物，这些化合物往往是有毒有害和致癌的。卤代烷烃脱卤酶可以分解这些卤代化合物，对卤代化合物固有的卤素键进行水解和分解，形成卤化物和醇。自养黄色杆菌是第一株被发现表达卤代烷烃脱卤酶的细菌，从该菌株提取的卤代烷烃脱卤酶具有降解 1,2-二氯乙烷的能力。真菌假单胞菌表达的脱卤酶

DhaA 酶是广泛研究的卤代烷烃脱卤酶之一，并已成功地应用于农药的生物降解。

7.3.2　氧化还原酶

许多植物、细菌和真菌可以合成并分泌氧化还原酶(oxido-reductases)。氧化还原酶通过氧化偶联作用解毒外源性化合物，已被用于各种人工和天然污染物的去除。

(1) 漆酶(laccases)　漆酶存在多种同工酶，由植物、细菌、昆虫和真菌等多个物种产生。在漆酶的结构中一般含有铜原子，铜离子参与漆酶活性中心的构建，与其氧化还原功能紧密相关。通过蛋白质晶体结构研究发现，大多数漆酶有 3 个铜离子结合位点，结合有 4 个铜离子。根据氧化还原电势、光学和磁学特征的不同，将其分为 3 种不同类型的铜离子：Ⅰ型 Cu^{2+}(T1Cu)、Ⅱ型 Cu^{2+}(T2Cu)和Ⅲ型 Cu^{2+}(T3Cu)。T1Cu 中心相对独立，并且都与两个组氨酸(His)的 N 和一个半胱氨酸(Cys)的 S 配位，形成扭曲的四面体结构，其中共价键 Cu—S(Cys)的配位使漆酶呈现蓝色，是还原态底物的结合位点。T2Cu 和 T3Cu 中心紧密相连形成一个三核铜簇，是该酶催化的活性中心。

漆酶催化氧化反应机理主要表现在底物自由基中间体的产生和氧气还原成水两个方面。首先 T1 活性位点的铜离子从还原态的底物吸收电子，底物被氧化形成自由基。其次，T1 活性位点的铜离子将单个电子通过 Cys-His 途径传递到 T2/T3Cu 三核中心位点，该位点结合了第二底物分子氧，氧接受 T1Cu 的电子，从而被还原成水。漆酶中的 4 个铜原子在完成反应后都被氧化成 Cu^{2+}。漆酶是一种非常特殊的、生态可持续发展的、成熟的催化剂，广泛应用于工业染料废水处理、造纸废水处理、生物修复等。漆酶可以降解蒽醌染料、偶氮染料和三苯甲烷类染料，并且大量的实验证明漆酶的脱色率高，而且固定化的漆酶活性持久、利用率高。所以漆酶将在工业染料废水问题的解决中起到重要作用。漆酶在造纸废水处理中也有着重要的应用前景。用固定化的漆酶处理造纸厂产生的废水，其去除甲基酚的效果很理想，还可以脱甲基和溶解纸浆中的部分木质素。造纸厂各车间产生的废水有着较高的色度，根据漆酶的特性可以降低这些废水的色度。

(2) 过氧化物酶(peroxidases)　过氧化物酶是由许多植物、真菌和细菌表达的酶，在自然界中广泛存在。在植物、细菌和真菌中发现的过氧化物酶分为三类：第一类包括细菌产生的过氧化氢过氧化物酶、某些类型的植物产生的抗坏血酸过氧化物酶和酵母产生的细胞色素 c 过氧化物酶；第二类为真菌产生的木素质过氧化物酶和锰过氧化物酶；第三类是辣根植物分泌的辣根过氧化物酶。

过氧化物酶通过利用介体和过氧化氢降解芳香类化合物。过氧化物酶常用于纺织废水的脱色，并且已采用多种策略来提高酶的催化速率和稳定性。通过共价附着或截留在各种凝胶载体中的固定，可以提高过氧化物酶的热稳定性和 pH 值，并提高酶的脱色性和功效。例如，灵芝表达的锰过氧化物酶固定在溶胶-凝胶基质中，在 10 个反应周期后，截留的锰过氧化物酶显示出 84.5%的活性，并催化了超过 70%的工业纺织废水的脱色。又如固定化的大豆过氧化物酶比辣根过氧化物酶更稳定、成本更低、催化效率更高。此外，截留在纳米黏土上的锰过氧化物酶能更有效地转化土壤中的蒽，表明固定化的锰过氧化物酶可成为大规模原位生物修复的有效替代方法。

(3) 加氧酶(oxygenases) 加氧酶通过将额外的氧分子引入化合物中来催化酚类化合物中苯环的去除。基于氧分子的数目，加氧酶可分为两大类，即单加氧酶和双加氧酶。单加氧酶可在苯环上添加一个氧原子，同时另一个氧原子被还原成水。按催化功能划分，加氧酶又可分为芳环羟化加氧酶(ring-hydroxylating oxygenase)和芳环断裂加氧酶(ring-cleaving oxygenase)两类，它们分别完成芳香化合物的羟基化及开环断裂过程。芳环羟基化是其好氧降解的第一步反应，决定了微生物降解芳香化合物的能力。加氧酶是在有氧环境中参与芳香族化合物的生物修复的主要酶。单加氧酶可提高芳香族化合物的溶解度、反应性和生物降解性，催化芳香族化合物的脱硫、脱卤、羟基化和反硝化反应。例如从巨大芽孢杆菌中分离出的 P450 单加氧酶具有降解多种底物的能力，包括芳香族化合物和脂肪酸，被用于氧化降解多个行业生产过程中产生的污染物。有研究利用黄素依赖性单加氧酶成功降解了含硫农药硫丹。恶臭假单胞菌可合成多组分酶——甲苯双加氧酶，该酶用于甲苯的催化降解。裂解芳环的儿茶酚双加氧酶普遍存在于微生物特别是土壤微生物组中，并与假单胞菌菌株等微生物中发现的几种代谢途径有关，这些途径可用于羟基苯甲酸酯和苯甲酸酯的生物降解，也可以将芳香族化合物转化为脂肪族产物，因此儿茶酚双加氧酶在芳香族化合物的生物降解中起重要作用。

(4) 酪氨酸酶(tyrosinase) 酪氨酸酶属于通常称为多酚氧化酶的一类酶，其催化双酚氧化为醌和单酚羟基化为双酚的酶促反应。酪氨酸酶的催化区域中存在两个铜离子(CuA 和 CuB)。根据氧的存在与否，并根据 CuA 和 CuB 之间结合的氧原子的数量，酪氨酸酶区分为三种形态，包括脱氧形态、氧形态和甲硫氨酸形态。

近年来，人们越来越多地关注多酚氧化酶在降解环境污染物方面的应用。苯酚和酚类衍生物是石油、农药、油漆等行业经常产生的最严重的环境污染物。由于酪氨酸酶除了利用分子氧作为氧化剂外，不需要依赖于其他氧化剂，因此催化苯酚降解的效率高于其他酶的催化过程。有研究发现，用固定化的酪氨酸酶降解苯酚污染的水，降解率可达到 95%以上。通过使用多种氧化还原酶，可以从生态系统中彻底清除这些污染物。

第8章　核　　酸

1869年瑞士生物学家Miescher从白细胞中分离出核酸(nucleic acid)。1944年美国细菌学家 Avery 通过细菌的转化实验证明了脱氧核苷酸(deoxyribonucleic acid，DNA)是重要的遗传物质。1953年美国生物学家Watson和Crick提出DNA的双螺旋结构模型，为阐明遗传信息的复制、转录和翻译奠定了基础。现已证明，除少数病毒以核糖核酸(ribonucleic acid，RNA)为遗传物质外，多数生物体的遗传物质是DNA。

核酸的研究加快了揭示生命奥秘的进程。特别是随着一系列工具酶的使用，使人们有可能对DNA和RNA的结构进行详细分析，并发展出基因重组技术。由此产生的基因工程技术在工业、农业、医学、环境保护等领域的应用日益广泛，给人类带来巨大利益，对人类和社会生活也产生了巨大的影响。

8.1　核酸的组成成分

核酸的基本单位是核苷酸，核苷酸由核苷和磷酸组成，核苷则可以水解生成戊糖和含氮碱基。

8.1.1　戊糖

RNA和DNA两类核酸所含的是戊糖。RNA含D-核糖，某些RNA中含有少量的D-2-*O*-甲基核糖；DNA含D-2-脱氧核糖。D-核糖和D-2-脱氧核糖的结构式如图8-1所示。在核酸中，戊糖的第一位碳与碱基形成糖苷键，形成的化合物称核苷。在核苷中，戊糖中碳原子编号为1′，2′，3′，4′，5′。

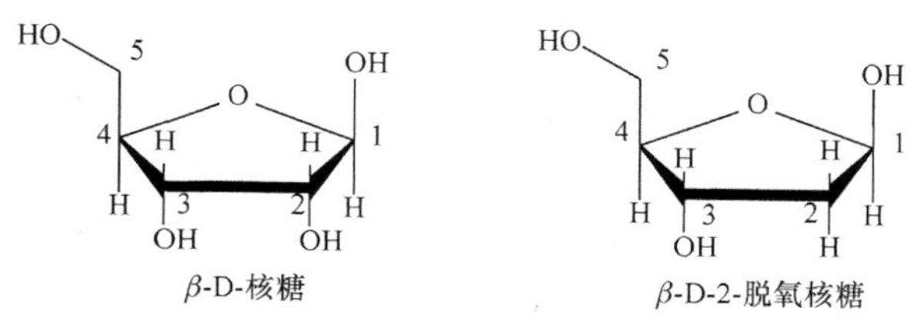

图8-1　核糖和脱氧核糖的结构

8.1.2 含氮碱基

DNA 和 RNA 均含有腺嘌呤和鸟嘌呤，但二者所含的嘧啶碱有所不同，RNA 主要含胞嘧啶和尿嘧啶，DNA 则含胞嘧啶和胸腺嘧啶(5-甲基尿嘧啶)。核酸中常见的嘌呤碱如图 8-2 所示，常见的嘧啶碱如图 8-3 所示。某些类型的 DNA 含有比较少见的特殊碱基，如小麦胚 DNA 含有较多的 5-甲基胞嘧啶，在某些噬菌体(细菌病毒)中含有 5-羟甲基胞嘧啶。5-甲基胞嘧啶和 5-羟甲基胞嘧啶可看作是胞嘧啶经过化学修饰的产物，属于修饰胞嘧啶。在一些核酸中还存在少量的来源于 4 种主要碱基衍生物的修饰碱基，如存在于 RNA 中的次黄嘌呤、二氢尿嘧啶、4-硫尿嘧啶等。

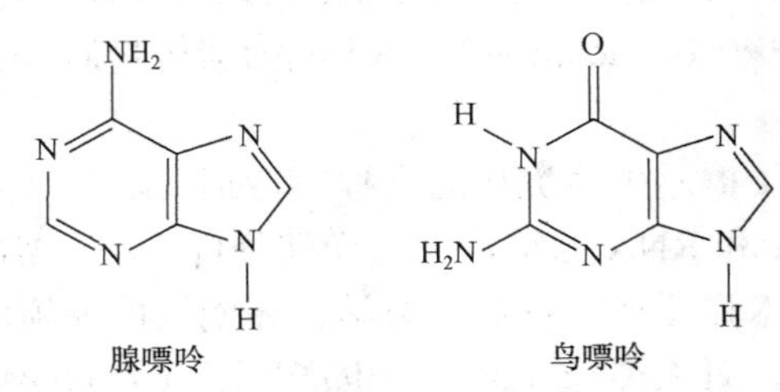

图 8-2　核酸中常见的嘌呤碱

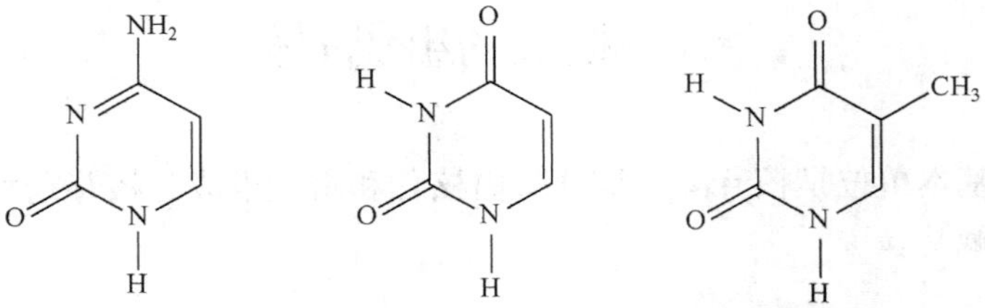

胞嘧啶　　尿嘧啶　　胸腺嘧啶

图 8-3　核酸中常见的嘧啶碱

碱基一般用英文名称第一个字母表示，如腺嘌呤(adenine)为 A，鸟嘌呤(guanine)为 G，胞嘧啶(cytosine)为 C，尿嘧啶(uracil)为 U，胸腺嘧啶(thymine)为 T。

8.1.3 核苷

核苷(nucleoside)是戊糖和含氧碱生成的糖苷。在核苷中，核糖的 1′碳原子通常与嘌呤碱的第 9 位氯原子或嘧啶碱的第 1 位氮原子相连。在 tRNA 中有少量尿嘧啶的第 5 位碳原子与核糖的 1′碳原子相连。

核苷常用其所含碱基的单字母符号(A、G、C、U)表示，脱氧核苷则在单字母符号前加一小写的 d(dA、dG、dC、dT)。一些修饰碱基的核苷，例如次黄苷或肌苷(inosine)字母符号为 I，黄嘌呤核苷(xanthosine)为 X，二氢尿嘧啶核苷

(dihydrouridine)为 D，假尿嘧啶核苷(pseudouridine)为 ψ 。碱基取代基团的用英文小写字母符号写在核苷单字母符号的左边，取代基团的位置写在取代基团符号的右上角，取代基的个数则写在右下角。例如 5-甲基脱氧胞苷的符号为 m^5dC，N^6, N^6-二甲基腺嘌呤的符号为 $m_2{}^6A$。

8.1.4 核苷酸

1. 核苷酸的结构和功能

核苷酸(nucleotide)是核苷的磷酸酯。核苷酸中的核糖有 3 个自由的羟基，均可以被磷酸酯化，分别生成 2′-、3′-和 5′-核苷酸。脱氧核苷酸的核糖上只有 2 个自由羟基，只能生成 3′-和 5′-脱氧核苷酸。生物体内的游离核苷酸多为 5′-核苷酸(图 8-4)，所以通常将核苷-5′-磷酸简称为核苷一磷酸或核苷酸。各种核苷酸在文献中通常用英文缩写表示，如腺苷一磷酸或腺苷酸为 AMP(adenosine monophosphate)、鸟苷一磷酸或鸟苷酸为 GMP (guanine monophosphate)。脱氧核苷酸则在英文缩写前加小写 d，如 dAMP、dGMP 等。

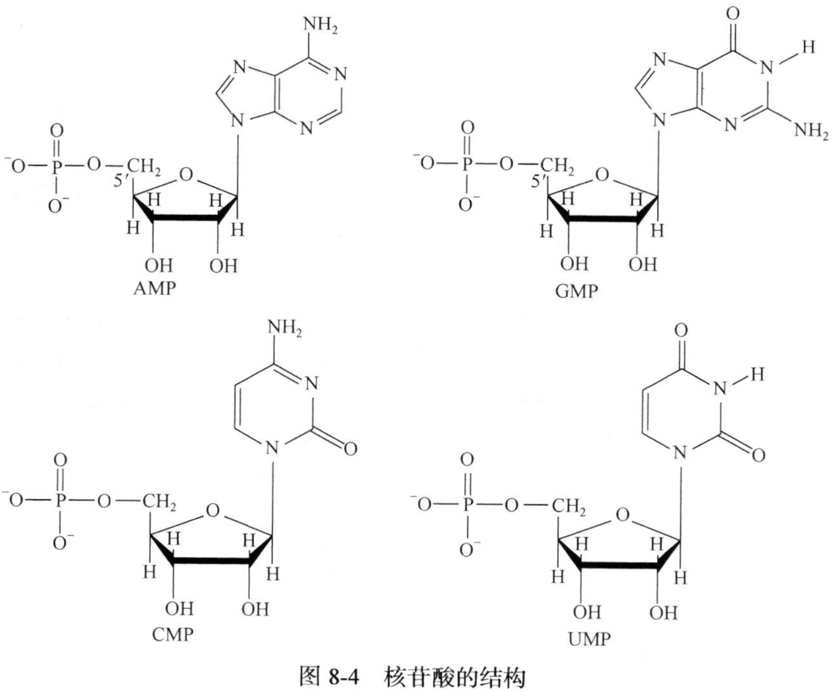

图 8-4 核苷酸的结构

生物体内的 AMP 可与一分子磷酸结合，生成腺苷二磷酸(adenosine diphosphate，ADP)，ADP 再与一分子磷酸结合，生成腺苷三磷酸(adenosine triphosphate，ATP)。

其他单核苷酸也可以磷酸化，产生相应的二磷酸或三磷酸化合物。ATP、GTP、CTP 和 UTP 四种核苷三磷酸是体内 RNA 合成的直接原料，dATP、dGTP、dCTP 和 dTTP 四种脱氧核苷三磷酸是 DNA 合成的直接原料。核苷三磷酸化合物在生物体的能量代谢中起着重要的作用，其中 ATP 在所有生物系统化学能的转化和利用中起着关键的作用。腺苷酸也是一些辅酶的结构成分，如烟酰胺腺嘌呤二核苷酸(辅酶Ⅰ，NAD^+)、烟酰胺腺嘌呤二核苷酸磷酸(辅酶Ⅱ，$NADP^+$)、黄素腺嘌呤二核苷酸(FAD)等。哺乳动物细胞中的 3′,5′-环状腺苷酸(3′,5′-cyclic adenosine monophosphate，cAMP)是细胞信号转导的第二信使，具有重要的生理功能。

近些年还发现，一些核苷多磷酸和寡核苷多磷酸对生物体代谢有重要的调控作用。例如当细菌的培养基中缺少某种必需氨基酸时，几秒钟内即发生 GTP+ATP $\longrightarrow$ ppGpp 或 pppGpp 的反应，生成的核苷多磷酸 ppGpp 或 pppGpp 参与调控细菌的一系列代谢活动以减少消耗，加快体内原有蛋白质的水解以获取培养基中所缺的氨基酸，用以合成生命活动必需的蛋白质，维持细菌的生存。很多原核生物(如大肠杆菌)、真核生物(如酵母菌)和哺乳动物都存在寡核苷多磷酸 $A^{5'}pppp^{5'}A$，在哺乳动物中 $A^{5'}pppp^{5'}A$ 含量与细胞生长速度相关。

2. 核苷酸的性质

由于核苷酸的碱基具有共轭键结构，因此核苷酸在 260 nm 左右有强吸收峰。利用碱基紫外吸收的差别，可以鉴定各种核苷酸。

核苷酸的碱基和磷酸基均含有解离基团。当 pH 处于第一磷酸基和碱基的解离度刚好相等时，第二磷酸基尚未解离，这一 pH 为该核苷酸的等电点。当 pH 小于等电点时，整个核苷酸带净正电荷。相反，如果 pH 大于该核苷酸的等电点，则整个核苷酸就带净负电荷。可以利用这一性质将四种单核苷酸分离。在 pH 3.5 时，核苷酸的第一磷酸基已完全解离，带 1 个单位的负电荷，第二磷酸基尚未解离。此时，所有核苷酸都带净负电荷，但所带负电荷的数量各不相同。在 pH 3.5 的缓冲液下进行电泳，四种单核苷酸便以不同的速度向正极移动，其移动速度的顺序是 UMP>GMP>AMP>CMP，因而可以将它们分开。

8.2　核酸的结构

8.2.1　核酸的一级结构

DNA 和 RNA 的一级结构是没有分支的多核苷酸长链，链中每个核苷酸的 3′-羟基和相邻核苷酸戊糖上的 5′-磷酸以 3′,5′-磷酸二酯键(3′,5′-phosphodiester bond)相连。戊糖和磷酸构成核酸大分子的主链，碱基则是主链上的侧链基团。由于同一条链中所有核苷酸间的磷酸二酯键有相同的走向，RNA 和 DNA 链都有特殊的方向性，而每条核酸链都有一个 5′-末端和一个 3′-末端(图 8-5)。

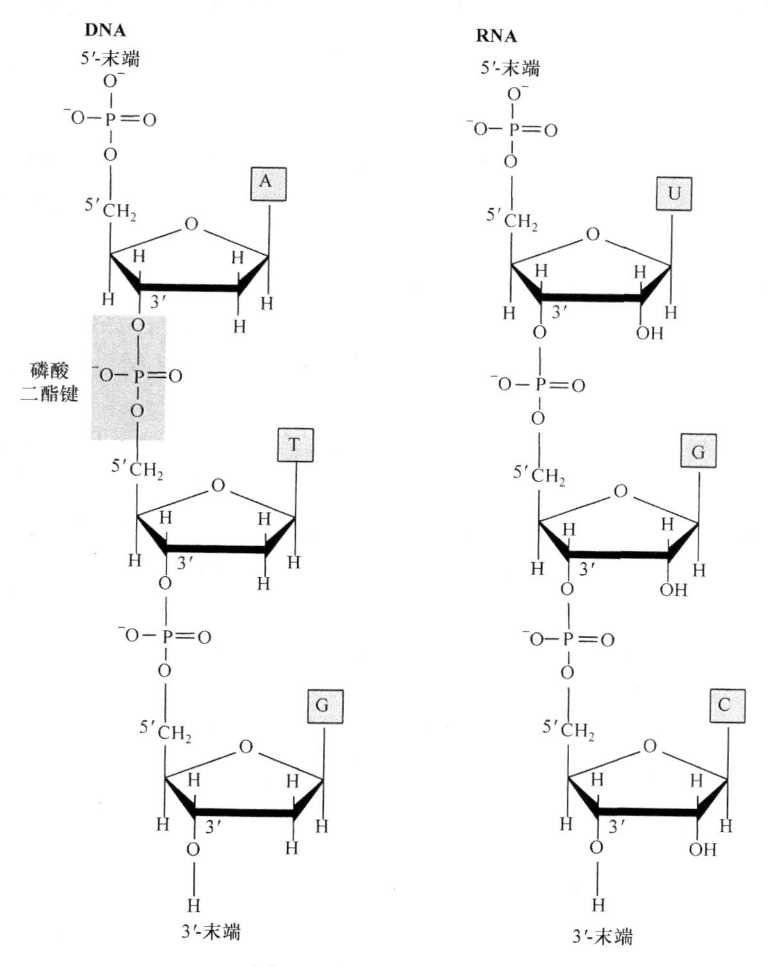

图 8-5　核酸的一级结构

各核苷酸残基沿多核苷酸链排列的顺序(序列)称为核酸的一级结构(primary structure of nucleic acid)。核苷酸的数目、比例和序列的不同构成多种结构不同的核酸。由于戊糖和磷酸两种成分在核酸主链中不断重复，也可以用碱基序列表示核酸的一级结构或者核酸序列。用简写式表示核酸的一级结构时，用 p 表示磷酸基团。当它放在核苷符号的左侧时，表示磷酸与糖环的 5′-羟基结合，右侧表示 3′-羟基结合，如 pApCpGpU。也可以仅用字母代表核苷酸序列，例如 ACGU。各种简写式的读向是从左到右，所表示的碱基序列是从 5′到 3′，核苷酸之间的连接键是 3′,5′-磷酸二酯键。

1977 年 Sanger 测定了噬菌体 ϕX174 单链 DNA 5386b 的全序列。随后序列测定方法不断改进，现时 DNA 序列测定已逐渐走向自动化。目前包括人类在内的几十个物种的基因组 DNA 全序列测定已经完成。

8.2.2　DNA 的二级结构

1953 年 Watson 和 Crick 提出 DNA 的双螺旋结构模型，是 20 世纪自然科学最重要的发现之一，对生命科学的发展具有划时代的意义。DNA 的双螺旋结构称 DNA 的二级结构(secondary structure of DNA)。

DNA 双螺旋结构模型的要点包括以下几点：

(1) DNA 分子由两条方向相反的平行的核苷酸链构成，一条链的 5′-末端与另一条链的 3′-末端相对，两条链的糖-磷酸交替排列形成的主链沿共同的螺旋轴扭曲成右手螺旋。

(2) 两条链上的碱基均在主链内侧，双螺旋 DNA 分子整个长度的直径相同，螺旋直径为 2 nm。根据分子模型计算，一条链上的嘌呤碱必须与另一条链上的嘧啶碱相匹配，其距离才正好与双螺旋的直径相吻合。A 与 T 配对形成 2 个氢键，G 与 C 配对形成 3 个氧键。碱基之间的互补关系称碱基配对(base pairing)。如果 DNA 的两条链分开，任何一条链都能够按碱基配对规律合成与之互补的另一条链。即由一个亲代 DNA 分子合成两个与亲代 DNA 完全相同的子代分子。

(3) 成对碱基大致处于同一平面，该平面与螺旋轴基本垂直。糖环平面与螺旋轴基本平行，磷酸基连在糖环的外侧。双螺旋每转一周有 10 个碱基对，每转的高度(螺距)为 3.4 nm (图 8-6)。DNA 分子的大小常用碱基对数(base pair，bp)表示，而单链分子的大小则常用碱基数(base，b)来表示，或核苷酸数(nucleotide，nt)来表示。

(4) 由于碱基对并不处于两条主链的中间，而是向一侧突出，碱基对糖苷键的键角使两个戊糖之间的窄角为 120°，广角为 240°。碱基对上下堆积起来，窄角的一侧形成小沟(minor groove)，其宽度为 1.2 nm。广角的一侧形成大沟(major groove)，其宽度为 2.2 nm。因此，DNA 双螺旋的表面可看到一条连续的大沟和一条连续的小沟。

(5) 大多数天然 DNA 属于双链 DNA (dsDNA)，某些病毒如 ϕX174 和 M13 的 DNA 为单链 DNA (ssDNA)。

(6) 双链 DNA 分子主链上的化学键受碱基配对等因素影响旋转受到限制，使 DNA 分子比较刚硬，呈比较伸展的结构。但一些化学键亦可在一定范围内旋转，使 DNA 分子有一定的柔韧性。研究发现，双螺旋结构可以发生一定的变化而形成不同的类型，亦可进一步扭曲成三级结构。

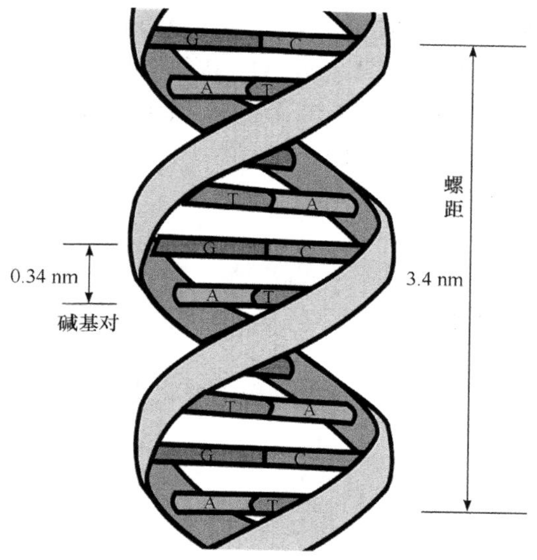

图 8-6 DNA 的碱基平面

8.2.3 DNA 的高级结构

1. 环状 DNA 的超螺旋结构

真核生物的染色体 DNA 多数为双链线形分子，但细菌的染色体 DNA、某些病毒的 DNA、细菌质粒、真核生物的线粒体和叶绿体的 DNA，为双链环形 DNA。在生物体内，绝大多数双链环形 DNA(double-strand circular DNA，dcDNA)可进一步扭曲成超螺旋 DNA(superhelix DNA)，这种结构还可被称为共价闭环 DNA (covalently closed circular DNA，cccDNA)。超螺旋 DNA 具有更为致密的结构，可以将很长的 DNA 分子压缩在一个较小的体内，同时也增加了 DNA 的稳定性。若在 DNA 旋转酶(gyrase)即拓扑异构酶Ⅱ的作用下，使上述环形 DNA 形成 4 周右手超螺旋，两条链之间的扭曲必然使双螺旋的圈数减少 4 周，这种能使双螺旋圈数减少的超螺旋称作负超螺旋 DNA (negative supercoil DNA)。在生物体内，绝大多数环形 DNA 以负超螺旋的形式存在。解开负超螺旋时，回双螺旋的部分区域会形成单链区，这种形式称解链环形 DNA，解链有利于 DNA 复制或转录。在环状 DNA 的两条链均不断开的情况下，若双螺旋进一步解开，即会形成左手超螺旋，称正超螺旋 DNA (positive supercoil DNA)。超螺旋 DNA 复制时，两条链要不断解开，为防止正超螺旋的形成，可在拓扑异构酶的作用下，消除形成正超螺旋的扭曲张力。

若在拓扑异构酶Ⅱ的作用下，将环状 DNA 的两条链切断，使其中的一段 DNA 跨越另一段 DNA 后再连接，在消耗 ATP 的情况下，每作用一次可引入 2 个负超螺旋(图 8-7)。在不消耗 ATP 的情况，拓扑异构酶Ⅱ可消除负超螺旋。拓扑异构酶Ⅰ可消除和减少负超螺旋，不需要 ATP 提供能量，对正超螺旋不起作用。其作用机制是切开 DNA 双链中的一条链，绕另一条链一周后再连接，可以改变 DNA 的连环数，从而改变超螺旋的圈数。

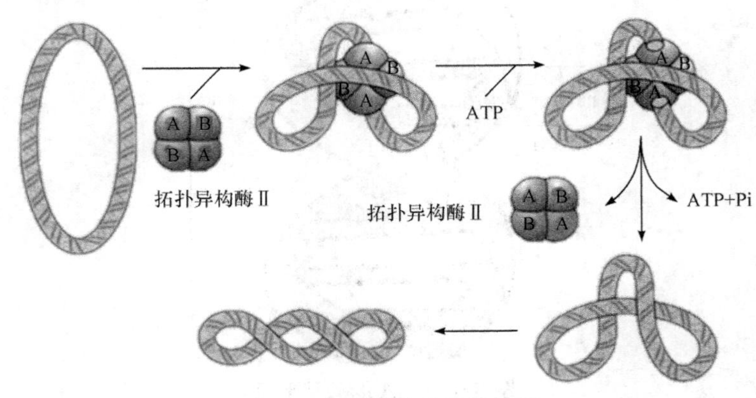

图 8-7　拓扑异构酶Ⅱ的作用

2. 真核生物染色体的结构

真核细胞的染色质和一些病毒的 DNA 是双螺旋线形分子，由于与组蛋白结合，其两端不能自由转动。双螺旋 DNA 分子在组蛋白外面缠绕约 1.75 圈(约 146 bp)形成核小体(nucleosome)，每个核小体核心颗粒的直径为 11 nm，许多核小体由 DNA 链连在一起构成念珠状结构。组蛋白分为 H1、H2A、H2B、H3 和 H4 五类，核小体的核心颗粒含 H2A、H2B、H3 和 H4 各两分子，连接核小体核心颗粒的 DNA 片段结合一分子 H1。这样形成的串珠状结构进一步盘绕成螺线管形，后者形成大的突环(loop)，经进一步折叠形成微带(mini band)，最后折叠形成染色体，使 DNA 的长度压缩为原来的 1/1000 左右。

间期细胞核中的遗传物质有两种结构，压缩程度较低的为常染色质(euchromatin)，其转录活性较高。压缩程度较高的为异染色质(heterochromatin)，其转录活性较低。染色体是在细胞有丝分裂或者减数分裂时，由染色质紧密包装形成的棒状结构。染色体含有多种与特异 DNA 序列结合的非组蛋白(nonhistone)，主要参与 DNA 复制和基因表达的调控。非组蛋白主要包括高迁移率蛋白、转录因子、DNA 聚合酶和 RNA 聚合酶、参与基因表达调控的蛋白质、染色体骨架蛋白等。

8.2.4　RNA 的结构和功能

根据 RNA 的某些理化性质和 X 射线衍射分析研究，证明大多数天然 RNA 是一条单链。单链 RNA 可以发生自身回折，一部分碱基形成配对，在 A 与 U 之间形成 2 个氢键，G 与 C 之间形成 3 个氢键，这样构成的局部双螺旋区域被称作臂(arm)和茎(stem)，不能配对的碱基则形成单链突环(loop)，所以 RNA 分子可以形成多环多臂的二级结构。

RNA 可分成多种类型，除 mRNA、tRNA 和 rRNA 外，还有真核结构基因转录产生的大小不均一的 mRNA 前体分子，称核内不均一 RNA (heterogeneous nuclear RNA，hnRNA)，此外还有许多小分子 RNA，如核内小 RNA(small nuclear RNA，snRNA)、反义 RNA(antisense RNA，asRNA)等。不同种类的 RNA 结构和功能各不相同。

1. tRNA

tRNA 分子较小，约占细胞 RNA 总量的 15%，主要作用是将氨基酸转运到核糖体-mRNA 复合物的相应位置用于蛋白质合成。大多数蛋白质由 20 种左右的氨基酸组成，每种氨基酸可有一种以上的 tRNA，细胞内一般有 50 种以上不同的 tRNA。1965 年 Holley 等测定了酵母丙氨酸 tRNA 的一级结构，并提出 tRNA 的三叶草二级结构模型(图 8-8)。三叶草形结构的主要特征有：①tRNA 一般由四环四臂组成。②5′端与近 3′端形成 7 bp 的氨基酸臂，3′端有共同的-CCA-OH 结构，其羟基可与该 tRNA 所能携带的氨基酸形成共价键。③D 臂和 D 环，因环上有二氢尿嘧啶聚(D)而得名。④5 bp 的反密码子臂和 7 b 的反密码子环，环中的反密码子可识别 mRNA 的密码子。⑤可变环在不同的 tRNA 中，核苷酸的数目不同，是 tRNA 分类的重要指标。⑥5 bp 的 TψC 臂与 7 b 的 TψC 环，因环中有 TψC 序列而得名。

X 射线衍射分析表明，tRNA 的三级结构很像倒写的字母 L。氨基酸臂和 TψC 臂形成有一个连续的双螺旋区，构成 L 字母下面的一横，反密码子臂和 D 臂形成的双螺旋构成 L 字母的一竖，D 环和 TψC 环构成倒 L 的转角。tRNA 三级结构的形成和稳定，与 D 环、TψC 环和可变环中的核苷酸残基相互靠近，形成特定的碱基对有关。

2. rRNA

核糖体由约 40%的蛋白质和 60%的 rRNA 组成，rRNA 占细胞 RNA 总量的 80%。核糖体可分为大小两个亚基。原核生物的小亚基沉降系数为 30S，含有 16S rRNA，大亚基为 50S，含有 5S 和 23S 两种 rRNA。真核生物的小亚基 40S，含有 18S 的 rRNA，大亚基为 60S，含 5S、5.8S、28S 三种 rRNA。

核糖体的主要功能是合成蛋白质，过去认为 rRNA 是核糖体的骨架，蛋白质的肽键是由核糖体上的肽基转移酶催化形成。直到 20 世纪 90 年代才证明核糖体是一种核酶，核糖体催化肽键合成的是 rRNA，而蛋白质只是维持 rRNA 的构象，起辅助作用。

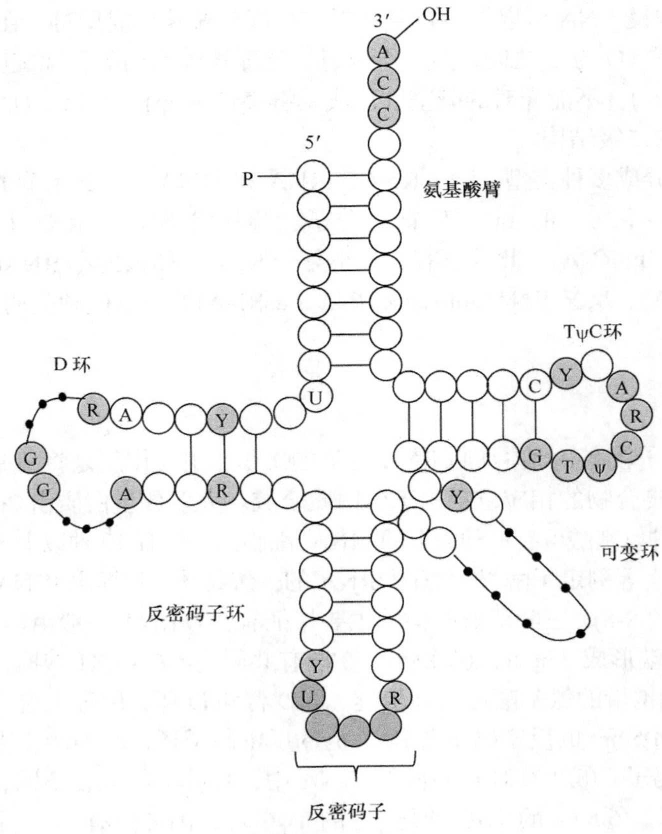

图 8-8　tRNA 的二级结构

3. mRNA 和 hnRNA

mRNA 约占细胞总 RNA 的 3%～5%，mRNA 的分子大小差异很大。mRNA 编码区的核苷酸序列决定相应蛋白质的氨基酸序列，mRNA 编码区的上游和下游均有长度不等的非编码区。原核生物 mRNA 一般不需要剪接和加工，可直接用于蛋白质的合成，即 mRNA 的转录和翻译在原核细胞的同一空间进行，两个过程常紧密偶联同时发生。真核生物 mRNA 的前体在细胞核内合成，包括内含子和外显子的整个基因均被转录，形成分子大小极不均一的 hnRNA。hnRNA 需要通过剪接和加工，转化为成熟的 mRNA，才能进入细胞质，指导蛋白质合成。

4. snRNA 和 snoRNA

核小 RNA (small nuclear RNA，snRNA)主要存在于细胞核中，少数穿梭于核质之间，或存在于细胞质中。snRNA 只占细胞 RNA 总量的 0.1%～1%，分子大小多为58～300 b。5′端有帽子结构，分子内含U较多的snRNA称U-RNA，不同结构的U-RNA称为U1、U2等。5′端无帽子结构的snRNA按沉降系数或电泳迁移率排列，如4.5S RNA、7S RNA等。snRNA均与蛋白质结合，形成核糖核蛋白(ribonucleoprotein，RNP)。U-RNP在hnRNA的剪接和加工过程中有重要作用，其他snRNA在控制细胞分裂和分化、协助细胞内物质运输、构成染色质等方面有重要作用。

核仁小RNA(small nucleolar RNA，snoRNA)广泛分布于核仁区，大小一般为几十到几百个核苷酸，主要参与rRNA前体的加工、snRNA和tRNA中某些核苷酸的甲基化修饰等。

5. asRNA和RNAi

反义RNA(antisense RNA，asRNA)存在于原核和真核生物中，可通过互补序列与特定的mRNA结合，抑制mRNA的翻译，还可抑制DNA的复制和转录。

利用asRNA的功能，可以抑制特定基因表达。1998年Fire等发现，用asRNA抑制基因表达时，用一段与asRNA核苷酸序列互补的RNA与asRNA构成双链RNA(dsRNA)，比单链的asRNA稳定性大大增加，对基因表达的抑制效率显著提高。这种用双链RNA抑制特定基因表达的技术称RNA干扰(RNA interference，RNAi)，利用RNAi技术抑制基因表达的作用叫作基因沉默(gene silencing)或者基因敲降(gene knockdown)。目前RNAi技术已广泛用于探索基因功能、研究信号传导通路、开展基因治疗和新药开发等领域。因此，RNAi的发现荣获了2006年的诺贝尔生理学或医学奖。

6. 非编码RNA

高等真核生物中超过97%的转录产物不编码蛋白质，这些RNA称非编码RNA(non-coding，ncRNA)。按照ncRNA的功能对其进行分类，除前面提到的rRNA、tRNA、snRNA、snoRNA外，还有许多其他类型。

例如微小RNA(microRNA，miRNA)由基因组DNA非编码区转录，长度约22 nt，在基因表达、细胞周期及个体发育的调控中发挥重要作用。

细菌中的tmRNA(transfer-messenger RNA)既有tRNA的功能，又有mRNA的功能，翻译时既可以转运氨基酸，又可作为合成肽链的模板。

向导RNA(guide RNA，gRNA)可与RNA或DNA靶向酶形成复合物，指导其完成对特定mRNA或DNA的编辑，可以用于靶向基因编辑，例如CRISPR/Cas9和CRISPR/Cas12。近年来的研究发现，ncRNA在细菌、真菌、哺乳动物等许多生物体的DNA复制、转录、翻译中有重要调控作用。随着对ncRNA的深入研究，在揭示基因表达调控的机制、动植物的品种改良以及人类疾病防治等方面有重大进展。例如 CRISPR/Cas9 基因编辑技术是目前最有前景的基因治疗手段之一，法国科学家 Emmanuelle Charpentier 和美国科学家 Jennifer Doudna 因开发出该技术荣获 2020 年诺贝尔化学奖，华人科学家张锋率先利用 CRISPR/Cas9 在真核细胞生物实现基因编辑。向导 RNA 作为 CRISPR/Cas9 系统的重要组分之一，也是基因编辑技术领域的研究热点，目前研究者正致力于通过改良向导 RNA 从而提高 CRISPR/Cas9 的编辑效率和精确性，更好地应用于生物育种、基因治疗等领域。

8.3　核酸的理化性质

8.3.1　一般理化性质

核酸和核苷酸既有磷酸基，又有碱性基团，所以都是两性物质，因磷酸的酸性较强，核酸和核苷酸通常表现为酸性。

DNA 和 RNA 均微溶于水，DNA 溶液的黏度极高，RNA 溶液的黏度要小得多。DNA 和 RNA 不溶于一般有机溶剂，故常用乙醇从溶液中沉淀核酸。

核酸可被酸、碱或酶水解成为各种组分，用层析、电泳液等方法分离。水解核酸的酶类可按其作用的底物分为核糖核酸酶(ribonuclease，RNase)和脱氧核糖核酸酶(deoxyribonuclease，DNase)。如果水解部位在核酸链的内部，称内切核酸酶(endonuclease)，若水解部位在核酸链的末端，称外切核酸酶(exonuclease)。外切核酸酶可按其水解作用的方向分为 $3'\rightarrow5'$外切核酸酶和 $5'\rightarrow3'$外切核酸酶。既能水解 DNA 又能水解 RNA 的称非特异性核酸酶(nonspecific nuclease)。有些非特异性核酸酶可以作为工具酶用于科学研究，如蛇毒磷酸二酯酶和脾磷酸二酯酶均是可以水解 DNA 和 RNA 的外切核酸酶，前者从 3′-末端开始，水解生成 5′-单核苷酸，后者从 5′-末端开始，生成 3′-单核苷酸。

8.3.2　紫外吸收性质

核酸中的嘌呤环和嘧啶环的共轭体系强烈吸收 250～290 nm 波段的紫外光，其最高的吸收峰接近 260 nm。由于蛋白质在这一波段仅有较弱的吸收，因此可以利用核酸的这一光学特性，通过细胞的紫外光照相来定位测定核酸在细胞和组织中的分布。也可利用这种性质测定核酸在纯溶液中的含量，以及它们在色谱和电泳谱上的位置。用 1 cm 光径的比色杯测定核酸的 A_{260} 时，1 μg/mL 的 DNA 溶液吸光度为 0.020，1 μg/mL 的 RNA 吸光度为 0.024。因此，可以用下列公式计算样品中的核酸含量：DNA 浓度(μg/mL) = $A_{260}/0.020$，RNA 浓度(μg/mL) = $A_{260}/0.024$。

8.3.3　核酸结构的稳定性

核酸作为遗传物质，其结构是相当稳定的，主要原因可归纳为 3 个方面。①碱基对之间的氢键：在 DNA 双螺旋和 RNA 的双螺旋区，碱基对在螺旋内形成氢键。虽然氢键是一种较弱的非共价键，但许多氢键可以保持分子构象不变。RNA 的单链突环互相靠近形成的环间碱基对，是 RNA 三级结构稳定的重要因素。②碱基堆积力：在 DNA 双螺旋和 RNA 的螺旋区，相邻碱基平面间的距离大约为 0.34 nm，嘌呤环和嘧啶环上原子的范德瓦耳斯半径大约为 0.17 nm，因此，嘌呤环和嘧啶环之间存在较强的范德瓦耳斯作用力。同时由于双螺旋内部的碱基对高度疏水，环境中的水可以同双螺旋外围的磷酸和戊糖骨架相互作用而在螺旋外围形成水壳，亦有助于螺旋的稳定。碱基平面间的范德瓦耳斯作用力和疏水作用力统称为碱基堆积力(base stacking force)。RNA 单链区的碱基平面在距离合适时，也能形成堆积力。碱基堆积力对维持核酸的空间结构起主要作用。③环境中的正离子：DNA 双螺旋和 RNA 的螺旋区外侧带负电荷的磷酸基之间有静电斥力。环境中带正电荷的 Na^{+}、K^{+}、Mg^{2+}、Mn^{2+}等离子，原核生物细胞内带正电荷的多胺类，真核细胞中带正电荷的组蛋白等，均可与带负电荷的磷酸基团结合，消除其静电斥力，对核酸结构的稳定有重要作用。

8.3.4　核酸的变性

双链核酸的变性(denaturation)指双螺旋区氢键断裂，空间结构破坏，形成单链无规线团状态的过程，变性只涉及次级键的变化。磷酸二酯键的断裂称核酸降解(degradation)。

加热 DNA 的稀盐溶液，达到一定温度后，260 nm 的紫外光吸光值骤然增加，表明两条链开始分开，吸光度增加约 40%后，变化趋于平坦，说明两条链已完全分开。因此将 DNA 变性过程中紫外吸收的增加量达最大增量一半时的温度值称熔解温度(melting temperature，T_m)。影响 T_m 的因素包括：①G-C 碱基对相对含量愈高，T_m 亦愈高。②溶液的离子强度越低，T_m 越低。③溶液的 pH 过高，碱基广泛去质子而丧失形成氢键的能力，pH 过低时，DNA 易脱嘌呤，都会影响 DNA 变性。④甲酰胺、尿素、甲醛等变性剂可破坏氢键，妨碍碱基堆积，使 T_m 下降。

8.3.5　核酸的复性

变性核酸的互补链在适当条件下重新缔合成双螺旋的过程称复性(renaturation)。变性核酸复性时需缓慢冷却，故又称退火(annealing)。复性后，核酸的紫外吸收降低，其他性质也恢复为变性前的状态。影响复性速度的因素包括：①复性的温度不宜过低，因为复性时单链以较高的速度随机碰撞，才能形成碱基配对，若只形成局部碱基配对，在较高的温度下两链又分离，经过多次试探性碰撞，才能形成正确的互补区。②单链片段浓度越高，随机碰撞的频率越高，复性速度越快。③单链片段越大，扩散速度越慢，链间错配的概率也越高，因而复性速度也越慢。④DNA片段内重复序列的重复次数越多，或者说复杂度越小，越容易形成互补区，复性的速度就越快。⑤维持溶液一定的离子强度，消除磷酸基负电荷造成的斥力，可加快复性速度。

8.3.6　核酸的分子杂交

在退火条件下，不同来源的 DNA 互补区形成双链，或 DNA 单链和 RNA 单链的互补区形成 DNA-RNA 杂合双链的过程称分子杂交(molecular hybridization)。

分子杂交广泛用于测定基因拷贝数、基因定位、确定生物的遗传进化关系等。通常对天然或人工合成的 DNA 或 RNA 片段进行放射性同位素或荧光标记，制备成探针(probe)，经杂交后，检测放射性同位素或荧光物质的位置，寻找与探针有互补关系的 DNA 或 RNA。直接用探针与菌落或组织细胞中的核酸杂交，因未改变核酸所在的位置，称原位杂交技术。将核酸直接点在膜上，再与探针杂交称点杂交，主要用于分析基因拷贝数和转录水平的变化。

杂交技术较广泛的应用是将样品 DNA 切割成大小不等的片段，经凝胶电泳分离后，用杂交技术寻找与探针互补的 DNA 片段。1975 年，牛津大学的科学家 Edwin Southern 提出一种方法，将电泳分离的 DNA 片段从凝胶转移到适当的膜(如硝酸纤维素膜或尼龙膜)上，再进行杂交操作，该方法被称 Southern 印迹法(Southern blotting)或 Southern 杂交(Southern hybridization)技术。1977 年，美国斯坦福大学的 James Alwine、David Kemp 和 George Stark 提出将电泳分离后的变性 RNA 吸印到适当的膜上再进行分子杂交的技术，由于该技术跟 Southern 印迹法比较相近，被美国的这几位科学家取名为 Northern 印迹法(Northern blotting)或 Northern 杂交(Northern hybridization)。Southern 杂交和 Northern 杂交广泛用于研究基因变异、基因重排、DNA 多态性分析和疾病诊断。杂交技术和聚合酶链反应(polymerase chain reaction，PCR)技术的结合，使检出含量极少的 DNA 成为可能。

DNA 芯片(DNA chip)或 DNA 微阵列(DNA microarray)也是以核酸的分子杂交为基础的技术。用点样或在片合成的方法，将成千上万种基因的探针排列在特定的基片上，形成阵列，将待测样品的 DNA 切割成短片段，用荧光基团标记后，与芯片进行分子杂交，用激光扫描仪对基片上的每个点进行检测。若某个探针所对应的位置出现荧光，说明样品中存在相应的基因。一个芯片上可容纳成千上万个探针，因此 DNA 芯片可对样本进行高通量的检测。

第 9 章 维生素及其衍生物的环境问题

维生素是指参与生物生长发育与代谢所必需的一类微量小分子有机化合物。维生素既不是构成机体组织的成分，也不是体内的供能物质，然而在调节物质代谢和维持生理功能等方面发挥着重要作用。一般根据维生素的溶解性质将其分为水溶性和脂溶性两大类。

9.1 水溶性维生素与辅酶

水溶性维生素共同特点为易溶于水，主要包括维生素 B_1、维生素 B_2、维生素 B_3、维生素 B_5(泛酸)、维生素 B_6、生物素、叶酸、维生素 B_{12}、硫辛酸和维生素 C。除维生素 C 外，水溶性维生素多在生物体内转化为辅酶参与代谢或对代谢起调节作用。

9.1.1 维生素 B_1 和硫胺素焦磷酸

维生素 B_1(vitamin B_1)又称为硫胺素(thiamine)，由含硫的噻唑环和含氨基的嘧啶环组成。在生物体内维生素 B_1 可在硫胺素焦磷酸合成酶的作用下，从 ATP 接受一个焦磷酸基团，形成硫胺素焦磷酸(thiamine pyrophosphate, TPP)(图 9-1)。TPP 的噻唑环上硫和氮之间的碳原子十分活泼，易释放 H^+形成具有催化功能的 TPP 碳负离子。TPP 碳负离子作为亲核基团攻击酶底物的缺电子中心，与底物形成共价中间复合物，促进底物酶促反应。TPP 是涉及糖代谢中羰基碳(醛和酮)合成与裂解反应的辅酶，参与糖代谢过程中α-酮转移、α-酮酸的脱羧和α-羟酮的形成与裂解等反应。

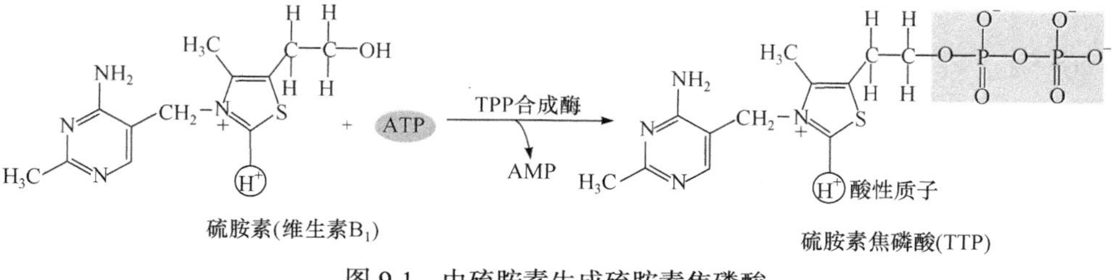

图 9-1 由硫胺素生成硫胺素焦磷酸

维生素 B_1 是糖代谢必需的，例如参与三羧酸循环的两种关键酶(丙酮酸脱氢酶复合体与 α-酮戊二酸脱氢酶复合体)的辅酶。当人体缺乏维生素 B_1 时，丙酮酸与 α-酮戊二酸的氧化脱羧反应均发生障碍，丙酮酸发生堆积，使患者的血、尿和脑组织中丙酮酸含量增多，出现多发性神经炎、皮肤麻木、心力衰竭、肌肉萎缩等症状，临床上称为脚气病。维生素 B_1 主要存在于植物种子外皮与胚芽中，米糠、麦麸等食物中富含维生素 B_1。

9.1.2 维生素 B_2 和黄素辅酶

维生素 B_2(vitamin B_2)又称为核黄素(riboflavin)，在结构上由核糖醇和 6,7-二甲基异咯嗪两部分组成。

维生素 B_2 从食物中被吸收后在小肠黏膜黄素激酶的作用下生成黄素单核苷酸(FMN)，在体细胞内还可进一步在焦磷酸化酶的催化下生成黄素腺嘌呤二核苷酸(FAD)，FAD 和 FMN 是核黄素在生物体内的活性形式。FAD 和 FMN 是一些氧化还原酶的辅基，在生物体内的代谢过程中起传递氢或电子的作用。黄素辅酶能以 3 种不同氧化还原状态的任一种形式存在，通过转移 1 个电子的反应可使完全氧化型变为半醌型，第二个电子转移将半醌型变为完全还原型(图 9-2)。因此黄素辅酶可以参加 1 个电子和 2 个电子的转移反应，能和许多不同的电子受体和供体一同工作。例如在三羧酸循环中，FAD 是琥珀酸脱氢酶的辅基，可以从琥珀酸得到 2 个电子，还原为 $FADH_2$，$FADH_2$ 再将这两个电子逐一地传递给泛醌。在电子传递链中，FMN 是蛋白复合体Ⅰ的辅基，参与从 NADH 到泛醌传递电子的过程。

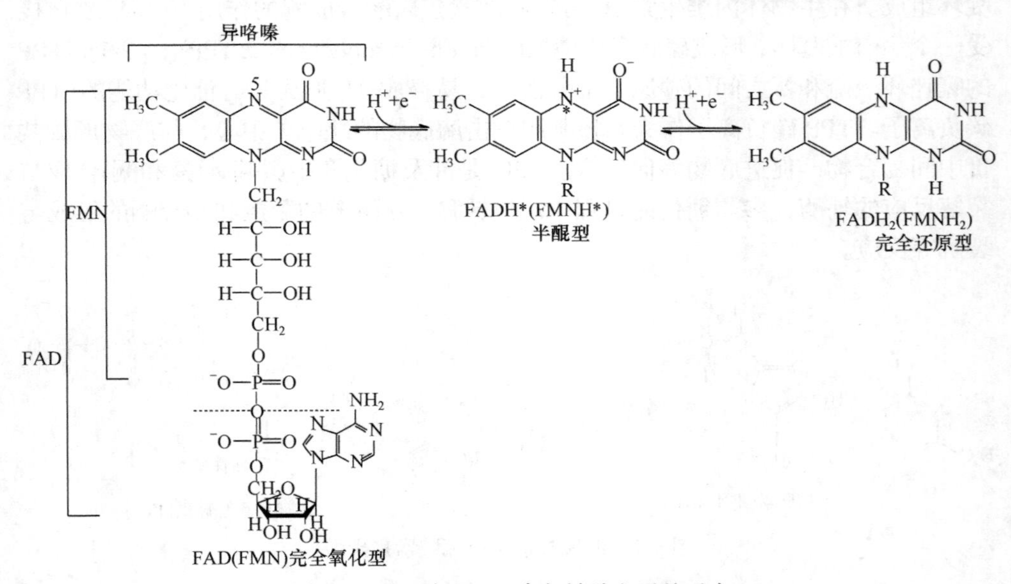

图 9-2 FAD 与 FMN 参与转移电子的反应

维生素 B_2 也能促进糖、脂肪和蛋白质的代谢，对维持皮肤、黏膜和视觉的正常机能均有一定的作用，缺乏时主要症状为口腔发炎、舌炎、角膜炎、皮炎等。维生素 B_2 广泛存在于动植物中，富含于酵母、动物肝、肾、蛋黄、奶与大豆等食物。

9.1.3　维生素 B_3 和烟酰胺辅酶

维生素 B_3(vitamin B_3)包括烟酸(nicotinic acid)和烟酰胺(nicotinamide)，二者都属于吡啶衍生物。

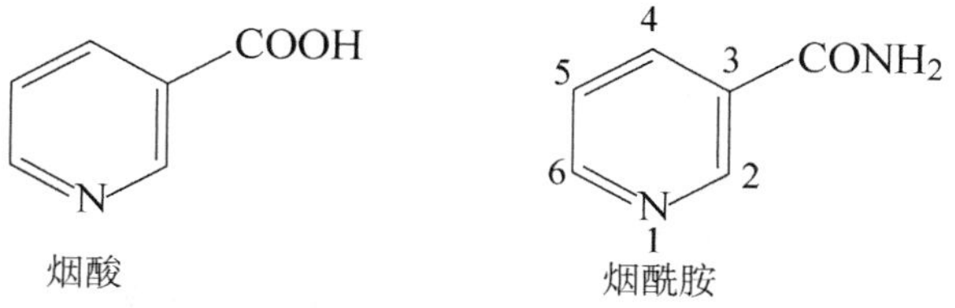

烟酸　　烟酰胺

烟酰胺在生物体内与核糖、磷酸、腺嘌呤形成两种活性形式，分别称为烟酰胺腺嘌呤二核苷酸(NAD^+，辅酶Ⅰ)和烟酰胺腺嘌呤二核苷酸磷酸($NADP^+$，辅酶Ⅱ)。在反应中，NAD^+与 $NADP^+$的烟酰胺环上 C-4 位置可接受氢负离子从而被还原，NAD^+的还原型为 NADH，$NADP^+$的还原型为 NADPH(图 9-3)，因此二者通常可作为脱氢酶的辅酶参与生物体内的氧化还原反应。

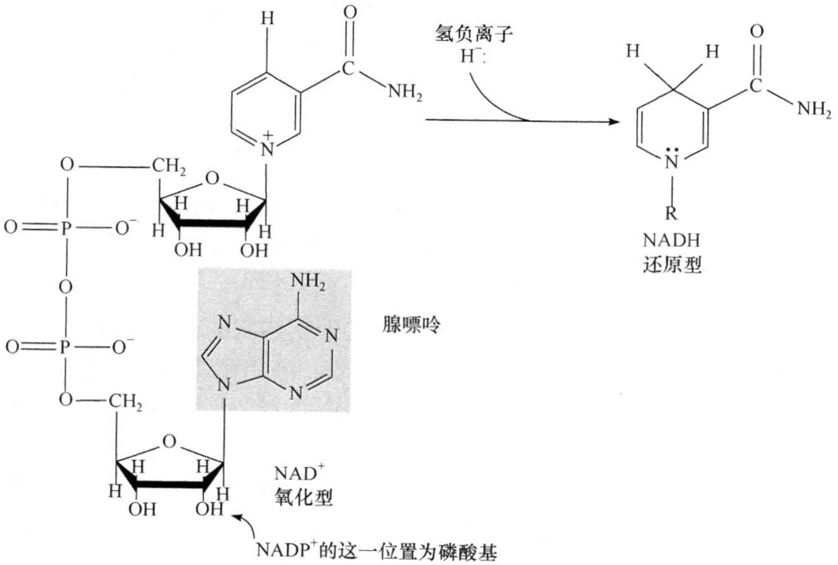

图 9-3　NAD^+($NADP^+$)的结构及其参与的反应

由于氢负离子含有两个电子，因此烟酰胺辅酶在接受或给出氢负离子时可以看作是电子载体，在生物体内起传递电子的重要作用。NAD^+或$NADP^+$作为电子受体接受电子；NADH 或 NADPH 作为电子供体给出电子，均为 2 个电子的载体。

例如 NAD^+可在糖酵解途径与三羧酸循环途径中得到电子形成 NADH，NADH 又在氧化磷酸化途径中将电子通过呼吸链最终传递给氧，促成 ATP 的生成。NADPH 主要在生物合成代谢过程中作为电子的供体起作用。

人体维生素 B_3 缺乏症称为癞皮症，主要表现症状是皮炎、腹泻及痴呆等。维生素 B_3 广泛存在于酵母、花生、谷类植物、大豆、动物肝中，在人体内可由色氨酸生成维生素 B_3。

9.1.4 维生素 B_5(泛酸)和辅酶 A

维生素 B_5 又称泛酸(pantothenic acid)，是α, γ-二羟基-β, β-二甲基丁酸与β-丙氨酸通过肽键缩合而成的有机酸分子。

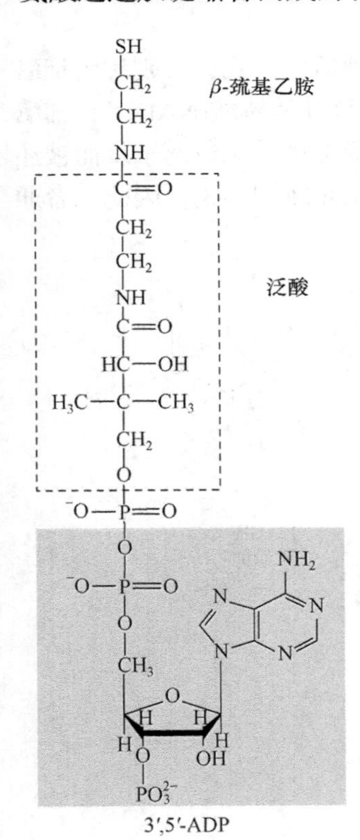

图 9-4 辅酶 A 的结构

维生素 B_5 在生物体内的主要活性形式是辅酶 A(简写为 CoA 或 CoA-SH)，由 3′, 5′-ADP 以磷酸酐键连接 4-磷酸泛酸-β-巯基乙胺形成，结构见图 9-4。CoA-SH 分子中所含的活泼巯基可与酰基结合形成硫酯，因此可以作为酰基转移酶的辅酶，在糖、脂质、蛋白质等的代谢过程中起传递酰基的作用，例如 CoA-SH 可参与丙酮酸脱氢酶复合体催化丙酮酸脱羧的反应，反应生成乙酰辅酶 A(acetyl-CoA)。因维生素 B_5 广泛存在于生物界，所以很少见维生素 B_5 缺乏症。

9.1.5 维生素 B_6 和 B_6 辅酶

维生素 B_6(vitamin B_6)包括吡哆醛(pyridoxal)、吡哆醇(pyridoxine)及吡哆胺(pyridoxamine)，均为吡啶衍生物。

维生素 B_6 在生物体内的活性形式为磷酸吡哆醛(pyridoxal-5-phosphate, PLP)和磷酸吡哆胺(pyridoxamine-5-phosphate, PMP)，二者分别为吡哆醛与吡哆胺的磷酸酯，在生物体内可相互转变。磷酸吡哆醛是转氨酶及脱羧酶的辅酶，参加氨基酸代谢中催化涉及氨基酸的各种反应。例如在天冬氨酸氨基转移酶催化的转氨基反应中，谷氨酸的氨基先转移到磷酸吡哆醛上，生成 α-酮戊二酸和磷酸吡哆胺，磷酸吡哆胺的氨基再转移到草酰乙酸上，生成天冬氨酸。此外磷酸吡哆醛作为糖原磷酸化酶的重要组成部分，还参与糖原分解为1-磷酸葡萄糖的过程。由于食物中富含维生素 B_6，同时肠道细菌也可以合成维生素 B_6 供人体需要，因此人类未发现维生素 B_6 缺乏的典型病例。

9.1.6　维生素 B_7(生物素)和羧化酶辅酶

维生素 B_7 又称生物素(biotin)、维生素 H、辅酶 R(coenzyme R)，由带有戊酸侧链的噻吩与尿素结合而成，是一个双环化合物。

生物素是催化羧基转移反应以及催化依赖 ATP 的羧化反应的酶的辅酶。在羧化酶中，生物素戊酸侧链的羧基通常与酶蛋白分子中赖氨酸残基上的 ε-氨基通过酰胺键共价结合，形成的生物素-赖氨酸复合物(又称生物胞素)带有长柔性链，可作为活动羧基载体参与酶促羧化反应。例如在丙酮酸羧化酶催化的反应中，生物胞素在酶的一个部位从碳酸氢盐得到羧基，再利用柔性链的可转动性，将该羧基转移到另一个部位的丙酮酸上，促使草酰乙酸的形成。

由于生物素来源广泛，人体肠道细菌也能合成，因此人类中很少出现缺乏症。

9.1.7　维生素 B_9(叶酸)和叶酸辅酶

维生素 B_9 在自然界广泛存在，因为在绿色植物的叶片中含量丰富，故又称叶酸(folic acid)。叶酸分子由 2-氨基-4-羟基-6-甲基蝶啶、对氨基苯甲酸与 L-谷氨酸(1～7 个)连接而成。叶酸在生物体内的活性形式是其加氧的还原产物——5, 6, 7, 8-四氢叶酸(tetrahydrofolate, THF)。THF 又称辅酶 F，是生物体内一碳单位转移酶的辅酶，分子内部 N^5，N^{10} 两个氮原子均能携带一碳单位(如—CH_3、—CH_2—、—CHO 等)，因此 THF 可作为一碳单位的载体参与多种生物合成过程，例如甲硫氨酸、嘌呤类和胸腺嘧啶的生物合成。因为叶酸广泛存在于各种食物中，人类肠道细菌也能合成，因此普通人中很少出现缺乏症。然而怀孕期及哺乳期的女性由于因快速分裂细胞增加或因生乳而致代谢较旺盛，应适量补充叶酸。当孕妇缺乏叶酸时，DNA 合成受到抑制，骨髓巨幼红细胞 DNA 合成减少，细胞分裂速度降低，造成巨幼红细胞贫血，更可导致胎儿发育迟缓，以及神经管畸形、唇腭裂等胎儿畸形。

9.1.8　维生素 B_{12} 和 B_{12} 辅酶

维生素 B_{12}(vitamin B_{12})又称氰钴胺素(cyanocobalamin)，是唯一含金属元素的维生素。维生素 B_{12} 的核心结构为一个类似血红素卟啉环的咕啉环结构，其中心有一个钴离子。

维生素 B_{12} 在生物体内转变为 2 种辅酶形式，5′-脱氧腺苷钴胺素是主要辅酶形式，另一种辅酶形式是甲基钴胺素。维生素 B_{12} 辅酶参与 3 种反应类型：分子内重排反应；某些细菌中核苷酸还原为脱氧核苷酸的反应；甲基钴胺素参与甲基转移的反应。

维生素 B_{12} 广泛存在于动物食品中，食用正常膳食者，很少发生缺乏症。有严重吸收障碍疾患的患者及长期素食者缺乏维生素 B_{12} 时，可影响四氢叶酸的再生，从而产生巨幼红细胞性贫血。

9.1.9 维生素 C

维生素 C(vitamin C)又称抗坏血酸(ascorbic acid)，是含有 6 个碳原子的酸性多羟基化合物。维生素 C 分子中 C2 及 C3 位上的两个相邻的烯醇式羟基容易分解释放 H^+，因此维生素 C 虽然没有自由羧基，但是具有有机酸的性质。抗坏血酸是一种强还原剂，C2 及 C3 位羟基上两个氢原子可以全部脱去而生成脱氢抗坏血酸，后者在有供氢体存在时，又能接受 2 个氢原子再转变为抗坏血酸。脱氢抗坏血酸容易被水解成为无活性的 L-二酮古洛糖酸，因此人体需要经常补充维生素 C。

抗坏血酸和脱氢抗坏血酸是一套有效的氧化还原系统，在体内起抗氧化剂的作用。例如维生素 C 能使一些酶分子中的巯基维持在还原状态，从而使酶保持活性。维生素 C 也可促使氧化型谷胱甘肽(GSSG)还原为还原型谷胱甘肽(GSH)，从而还原细胞膜的脂质过氧化物，保护细胞膜不被自由基破坏。此外，维生素 C 还参与体内多种羟化反应，例如维生素 C 是胶原脯氨酸羟化酶及胶原赖氨酸羟化酶维持活性所必需的辅助因子，可促进胶原蛋白的合成。维生素 C 还具有增加机体对铁元素的吸收、防止贫血、提高机体免疫力等功能。维生素 C 缺乏时引起胶原蛋白合成障碍，导致患坏血病，患者可出现皮下出血、肌肉脆弱等症状。维生素 C 广泛地存在于蔬菜和新鲜水果中，人、猴、豚鼠以及一些鸟类和鱼类等动物不能在体内合成维生素 C，需要从食物中取得。

9.1.10 硫辛酸

硫辛酸(lipoicacid)即 6, 8-二硫辛酸，是一种八碳酸，在自然界广泛分布，在酵母与动物肝中含量丰富。在生物体内硫辛酸以氧化型的硫辛酸和还原型的二氢硫辛酸两种形式存在，二者可互相转换。

硫辛酸是一种酰基载体，起到转移酰基和电子的作用。硫辛酸通常与相关酶分子中的赖氨酸残基的ε-氨基以酰胺键共价连接，形成具有转动灵活性的硫辛酰赖氨酰臂。例如硫辛酸存在于丙酮酸脱氢酶复合体和α-酮戊二酸脱氢酶复合体中，丙酮酸脱氢酶复合体由隶属于三种酶的 60 个亚基组成，每一种亚基的活性部位之间有一定距离，存在于二氢硫辛酰转乙酰酶的硫辛酰赖氨酰臂凭借其灵活的长臂结构，从一种亚基的活性部位转动到另一种亚基的活性部位，起到转移酰基和电子的作用。

以上简要介绍了水溶性维生素及其活性形式与功能，总结见表 9-1 中。

表 9-1 水溶性维生素与辅酶及其功能

维生素	化学名	辅因子形式	主要作用
B_1	硫胺素	硫胺素焦磷酸(TPP)	α-酮酸氧化脱羧作用
B_2	核黄素	FMN、FAD	传递氢或者电子
B_3	烟酰胺	NAD^+(辅酶Ⅰ)、$NADP^+$(辅酶Ⅱ)	传递氢或者电子
B_5	泛酸	辅酶 A(CoA)	酰基转换作用
B_6	吡哆素	磷酸吡哆醛	氨基酸代谢
B_7	生物素	生物素	羧化作用
B_9	叶酸	四氢叶酸	转移一碳基团
B_{12}	氰钴胺素	B_{12} 辅酶	转移甲基
C	抗坏血酸	抗坏血酸	参与氧化还原反应
	硫辛酸	硫辛酸	转移酰基

9.2 脂溶性维生素

常见的脂溶性维生素主要包括维生素 A、维生素 D、维生素 E 和维生素 K。脂溶性维生素的共同特点为不溶于水，易溶于脂质溶剂，在食物中通常与脂质一起存在，其吸收与脂质的吸收密切相关。

9.2.1 维生素 A

天然的维生素 A(vitamin A)有 A_1 和 A_2 两种形式，维生素 A_1 又称视黄醇(retinol)，主要存在于哺乳动物及咸水鱼的肝中，维生素 A_2 又称 3-脱氢视黄醇，主要存在于淡水鱼的肝中。维生素 A 在体内的活性形式主要是由视黄醇被氧化形成的视黄醛(retinal)，特别是 11-顺式视黄醛(11-*cis*-retinal)。

植物中不含有维生素 A，但含有 β-胡萝卜素。β-胡萝卜素在动物体内经酶催化作用生成 2 分子视黄醇，所以通常将 β-胡萝卜素称为维生素 A 原(图 9-5)。

维生素 A 在动物体内的活性形式 11-顺式视黄醛参与动物的正常视觉和感光。11-顺式视黄醛与视蛋白组成视紫红质，存在于在负责感受弱光的视杆细胞中。在昏暗环境中，当光子进入视杆细胞时，视紫红质发生光化学反应，11-顺式视黄醛转变成全反式视黄醛(all-*trans*-retinal)，并与视蛋白分离，视黄醛分子构型的改变可导致视蛋白分子结构发生变化，诱导视杆细胞产生与视觉相关的感受器电位，触动神经在大脑中形成图像。全反式视黄醛可重新转化为 11-顺式视黄醛，与视蛋白组合成为视紫红质。当食物中缺乏维生素 A 时，引起 11-顺式视黄醛的补充不足，视紫红质合成量减少，眼睛对弱光敏感性降低，严重时会产生“夜盲症”。

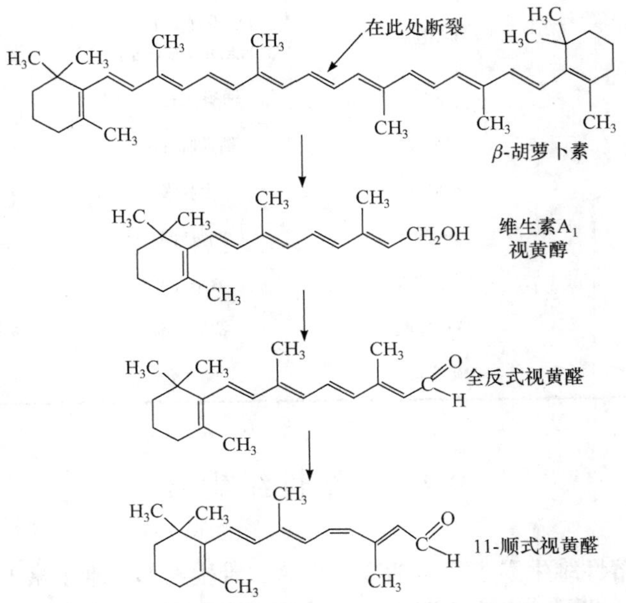

图 9-5　由β-胡萝卜素生成 11-顺式视黄醛

此外，维生素 A 还可促进人体的生长和骨的发育，儿童缺乏维生素 A 可引起发育迟缓。

9.2.2　维生素 D

维生素 D(vitamin D)又称为抗佝偻病维生素，是胆固醇(cholesterol)衍生物。维生素 D 广泛存在于动物、植物与酵母细胞中。动物体内的维生素 D 为胆钙化醇(又称维生素 D_3)，植物与酵母细胞中的维生素 D 为麦角钙化醇(又称维生素 D_2)。

储存在动物皮下的 7-脱氢胆固醇在紫外光的作用下可转化为维生素 D_3(图 9-6)，因此食物并非维生素 D 的唯一来源。来自食物及皮肤中的维生素 D_3 被运输至肝后，在 25-羟化酶作用下成为 25-羟维生素 D_3，25-羟维生素 D_3 再被转运到肾中，在 1-α-羟化酶的作用下成为 1,25-二羟维生素 D_3(图 9-6)。1,25-二羟维生素 D_3 是维生素 D 的活性形式，可在生物体内调节钙与磷的吸收与代谢。当食物中缺乏维生素 D 时，儿童可发生佝偻病，成人引起软骨病。

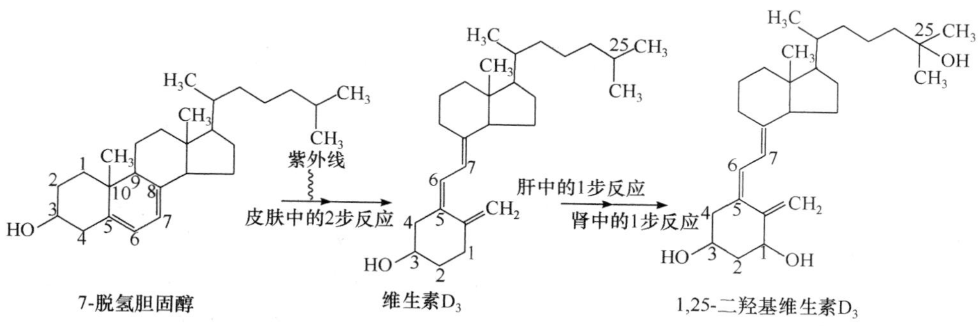

7-脱氢胆固醇　维生素D_3　1,25-二羟基维生素D_3

图 9-6　由 7-脱氢胆固醇生成 1,25-二羟基维生素 D_3

9.2.3　维生素 E

维生素 E(vitamin E)与动物生育有关，因此又称生育酚(tocopherol)。天然的维生素 E 在化学结构上为苯并二氢吡喃的衍生物，包括 4 种生育酚和 4 种生育三烯酚，其中α-生育酚活性最高、分布最广。

维生素 E 是一种抗氧化剂。维生素 E 的酚羟基可以与自由基作用生成生育酚自由基，生育酚自由基进一步与另一个自由基反应生成生育醌，生育醌是非自由基，可在随后的代谢过程中被还原为生育氢醌，与葡糖醛酸结合后随胆汁进入粪便排出，从而起到清除过量自由基的作用。维生素 E 还具有促进血红素合成、影响免疫功能与生殖功能、保护肝等作用。维生素 E 广泛存在于豆类与蔬菜中，人的饮食中维生素 E 的主要来源是植物油。当人体缺乏维生素 E 时，其生殖器官易受损而导致不育，还会产生肌营养不良、心肌受损、贫血等症状。

9.2.4　维生素 K

维生素 K(vitamin K)又称凝血维生素，共有 K_1、K_2、K_3、K_4 四种，均为 2-甲基-1,4-萘醌的衍生物。其中 K_1、K_2 为天然维生素 K，K_1 在绿色植物与动物肝脏中存在，K_2 由人体肠道细菌代谢产生。

维生素 K 可参与人体的凝血过程，调节Ⅱ、Ⅶ、Ⅸ、Ⅹ凝血因子的合成。凝血酶原的多个谷氨酸残基需要被以维生素 K 为辅因子的γ-羧化酶羧化为γ-羧基谷氨酸。凝血酶原中的γ-羧基谷氨酸可螯合 Ca^{2+}，并结合膜中的磷脂，使酶原被蛋白酶水解激活生成凝血酶。凝血酶再激活凝血因子，完成凝血反应。当维生素 K 缺乏时，无法形成含γ-羧基谷氨酸的凝血酶原，从而导致凝血酶原不能被激活并参与凝血过程，因此维生素 K 缺乏的主要症状是凝血时间延长。

9.3 维生素衍生物的环境问题

9.3.1 类视黄醇的环境问题

类视黄醇(retinoids)是一类包含视黄醇(即维生素 A)、视黄醛和视黄酸等一系列不饱和有机化合物的总称。视黄醇主要储存在动物肝脏中。在肝细胞中，视黄醇被视黄醇脱氢酶氧化成视黄醛，视黄醛进一步被脱氢酶氧化成为视黄酸(retinoic acid, RA)(图 9-7)。视黄酸主要包括全反式视黄酸(all-*trans*-RA)和 9-顺式视黄酸(9-*cis*-RA)，是维生素 A 在动物体内的主要活性代谢产物，对于脊索动物的生长发育具有重要的功能，参与调控胚胎发育、视力、免疫和细胞分化和增殖等多个重要生理过程。因此维生素 A 不仅对暗视觉有重要作用，同时对生长发育也有重要作用，如果儿童体内缺乏维生素 A 会导致发育迟缓。

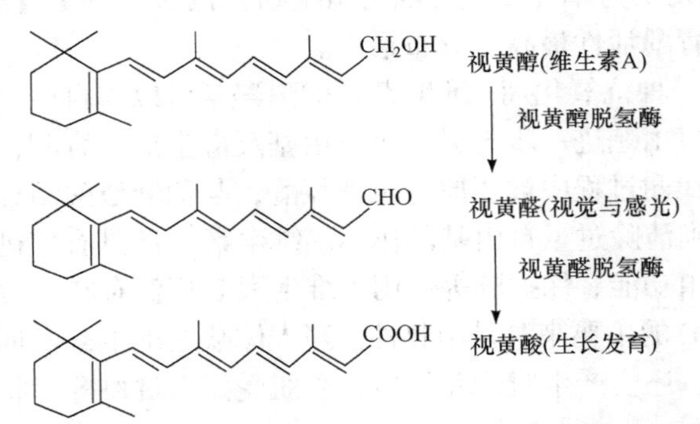

图 9-7 视黄醇(维生素 A)在动物体内的活性代谢产物与功能

在动物体内，维生素和激素等通过与蛋白质分子特异性结合发挥生理作用，这种蛋白质分子叫作受体(receptor)。视黄酸可以与两种受体蛋白质结合，视黄酸受体(retinoic acid receptor，RAR)和类视黄醇 X 受体(retinoid X receptor，RXR)。全反式视黄酸和 9-顺式视黄酸可以与视黄酸受体结合，而 9-顺式视黄酸还可以与类视黄醇 X 受体结合。当没有视黄酸时，视黄酸受体与类视黄醇 X 受体形成异质二聚体(RAR/RXR)，RAR/RXR 结合到细胞核内特定 DNA 序列上，即视黄酸反应元件(retinoic acid response elements，RAREs)，同时与共抑制因子(corepressor)结合。当全反式视黄酸和 9-顺式视黄酸进入细胞核内与 RAR/RXR 结合时，RAR/RXR 与共抑制因子解离，同时与共激活因子(coactivator)结合，调控靶基因的转录(激素与核受体的作用机制见第 10 章)。这些基因参与脊索动物的造血、免疫、神经、生殖等多个生理功能，因此视黄酸是脊索动物体内重要的信号分子。

发育生物学家发现，视黄酸是脊索动物生长发育不可或缺的分子，促进动物肢体的再生。在两栖动物和哺乳动物中，许多种类在切除肢和尾后能完整再生失去的部分。当用视黄酸处理时，能诱导器官的“超再生(super-regeneration)”，即在已经再生部分重新指定位置信息，再生出额外的骨骼系统。视黄酸诱导再生组织量沿肢体远近轴向增加，这种改变与视黄酸浓度有关。在美西螈中，当沿桡骨和尺骨中部切除时，对照能再生失去部分；而用低浓度视黄醇处理切断部位时，却再生额外的桡骨和尺骨；用更高剂量处理时，出现额外的肘关节；当更高浓度处理时，能从切断部分再生完整的肢，从桡骨切断时也出现这种现象。另外的物种，如林蛙(*Rana temporaria*)、黑点蝾螈(*Notophthalmus*)、欧洲蝾螈(*Pleurodeles*)、斑纹蝾螈(*Triturus*)和爪蟾(*Xenopus*)都有这种现象。视黄酸同样能对鸡翼和斑马鱼尾鳍的发育和再生产生影响。

近年来有研究报道野生蛙类的种群正在减少，而蛙类的畸形在增加。导致蛙类畸形的因素很多，包括寄生虫、紫外线和环境污染物。一项研究调查了饲喂视黄酸对非洲爪蟾后肢发育的影响，发现给蝌蚪连续饲喂 5 天 100 μg 视黄酸/g 食物引起了后肢畸形和眼睛畸形，并诱发了与野生蛙种群相似的畸形。因此动物体内视黄酸稳态(homeostasis)的改变可能引起发育畸形。由于环境因素，动物体内的视黄酸可能会以两种方式增加。首先，环境中的化合物可以模拟视黄酸活性并与视黄酸受体或类视黄醇 X 受体结合。一项研究发现，造纸厂废水中的化合物可与鱼体中的视黄酸受体或类视黄醇 X 受体结合。第二，接触有毒物质可能会破坏内源性类维生素 A 稳态。例如，暴露于 2,3,7,8-四氯二苯并-对-二噁英(TCDD)的大鼠的血清中视黄酸水平增高。雌性林蛙暴露于多氯联苯(PCBs)后，其子代蝌蚪体内的类视黄醇水平升高。

因此环境中存在的视黄酸及其衍生物或其类似物是一类潜在的致畸剂。由于视黄酸是动物体内视黄醇的代谢产物，在正常生理条件下，人尿中存在全反式视黄酸和 13-顺式视黄酸。除内源性来源外，还有人工合成的全反式视黄酸和 13-顺式视黄酸，用于临床治疗痤疮和牛皮癣等皮炎。因此通常认为视黄酸及其代谢产物通过人类排放的生活污水进入水生环境。事实上，在水环境中普遍能检测到视黄酸或视黄酸受体激活剂的存在。例如在中国辽东湾以及与之相连的河流中检测到视黄酸及其代谢产物。有研究者在发生水华(淡水水体中某些蓝藻由于富营养化或者气候原因过度生长所产生的现象)的太湖中检测到大量视黄酸，并证明这些视黄酸来源于蓝藻。太湖中还检测到大量类视黄醇物质，即视黄酸前体，包括视黄醇(retinol)、视黄醛(retinal)、β-胡萝卜素(β-carotene)、视黄醇棕榈酸酯(retinyl palmitate)等。有研究发现这些类视黄醇物质也具有致畸作用，例如视黄醛暴露可诱导斑马鱼胚胎心包囊肿、尾巴卷曲等畸形发生。

另外，环境中存在可模拟视黄酸活性、与视黄酸受体(RAR)结合并激活视黄酸受体的化学物质，叫作视黄酸受体的配体(RAR ligands)或者视黄酸受体激活剂

(RAR agonists)，也是一类潜在的致畸剂。日本近畿地区河流的地表水有机提取物暴露表达人源 RARα 的酵母细胞，几乎所有的样品都检测到 RARα 的激活活性，表明这些地表水中含有可以激活视黄酸受体的化学物质。还有一些化合物可以与类视黄醇 X 受体结合，也是致畸剂。例如三丁基锡、三苯基锡等有机锡类化合物可以与类视黄醇 X 受体结合并激活该受体。中国的研究者在发生畸形的长江野生中华鲟体内检测到三苯基锡；在实验室饲养的西伯利亚鲟暴露三苯基锡，可以引起野生中华鲟的类似畸形，因此推测三苯基锡是导致长江中野生中华鲟畸形的主要污染物。

由此可见，类视黄醇物质是环境中存在的一类潜在致畸剂。环境中的视黄酸及其衍生物不仅来源于人或动物体内产生的维生素 A 的代谢产物，还可以由蓝藻合成。环境中存在的视黄酸受体或类视黄醇 X 受体的配体也是潜在的致畸剂。

9.3.2 维生素 D 受体的环境配体

维生素 D 受体(vitamin D receptor，VDR)，是转录因子核受体家族的成员。1, 25-二羟维生素 D_3(维生素 D 的活性形式)与维生素 D 受体结合，然后与视黄酸 X 受体(RXR)形成异二聚体。该复合体与 DNA 上的激素反应元件结合，调控特定基因的转录表达。维生素 D 受体主要以配体依赖的方式调节涉及钙/磷酸稳态、细胞增殖和分化以及免疫应答的众多基因的表达，调节钙与磷的代谢。

环境中也存在维生素 D 受体的配体，可以模拟 1, 25-二羟维生素 D_3 活性，与 VDR 结合并激活维生素 D 受体，干扰维生素 D 受体正常生理功能。例如日本某河流的地表水有机提取物样品对维生素 D 受体有激活作用，表明该河流中存在维生素 D 受体的配体。还有研究发现重金属镉和铅可以模拟 1, 25-二羟维生素 D_3 的活性，与维生素 D 受体结合，破坏维生素 D 受体信号通路的正常功能，这可能是镉和铅引起的异常骨骼代谢和骨质疏松的潜在机制。还有一些污染物可以通过干扰维生素 D 受体基因的表达，影响钙/磷代谢和骨骼发育。例如多氯联苯暴露斑马鱼胚胎，影响体内 VDR 基因的表达，引起斑马鱼骨骼发育畸形。

9.3.3 环境污染物对其他维生素稳态的影响

稳态(homeostasis)是指生命系统维持稳定的内部物理和化学状态，是生物体最佳功能的条件，其中包括许多变量(例如各种离子、激素、维生素等)应保持在一定的预设限值(稳态范围)内。环境污染物暴露会影响人或动物体内维生素稳态的变化，干扰维生素的正常生理功能，导致不良健康效应。例如有研究发现，暴露于持久性有机污染物的北极狐体内维生素 E 的含量比对照组显著降低。新生儿体内的二噁英含量与维生素 K 的水平负相关，即新生儿体内二噁英浓度越高，体内的维生素 K 含量越低。还有动物实验发现，二噁英暴露可以影响大鼠体内维生素 K 依赖型的凝血作用。

第 10 章　激素与环境激素

激素(hormones)一词于 1905 年首先由 Bayliss 及 Starling 提出，是生物体内特殊组织或腺体产生的直接分泌到体液中，通过体液运送到特定作用部位，调节控制各种物质代谢或生理功能的一类微量的有机化合物。分泌激素的腺体叫作内分泌腺，例如下丘脑、垂体、甲状腺、肾上腺、胰岛等。生物体内所有的内分泌腺和激素构成的体液调节体系叫作内分泌系统(endocrine system)。多年来人们对激素的结构与功能进行了广泛研究，对激素的生成、释放、代谢及作用机制也有了一定的了解，形成内分泌学(endocrinology)这门学科。近年来，更深入的研究发现激素通过与细胞膜或细胞核中受体(receptor)的结合，发挥对机体的调节作用，并发现激素的功能与酶的作用及基因的表达密切相关。

环境中存在一类模拟或拮抗生物体内源激素活性或影响激素生成、释放和代谢的化学物质，叫作环境激素(environment hormone)或者内分泌干扰物(endocrine disruptors)。环境激素/内分泌干扰物可以通过食物链进入人体和动物体内，在极低浓度下就能干扰内分泌系统的正常功能。环境激素/内分泌干扰物暴露不仅影响内分泌与生殖健康，影响免疫系统、神经系统等多种生理功能，还会增加肿瘤风险。环境激素/内分泌干扰物成为一类引起世界各国广泛重视的污染物，是当前环境科学领域中的重大问题。

10.1　激 素 概 述

10.1.1　激素的特性

(1) 合成的可调控性　激素在体内的合成速度及合成量受机体生理状态、内外环境的改变和其他激素的调控。

(2) 分泌的可调控性　激素在体内的分泌也受机体生理状态、内外环境的改变和其他激素的调控。

(3) 作用特异性　激素通过与靶细胞上存在的受体的特异结合而发挥生理效应。

(4) 作用的微量性　激素在体内极为微量，但是可以与受体特异性结合，而且与受体的亲和力高，通过受体及信号分子将作用级联放大。

(5) 作用通过中间介质　激素的作用通常通过中间介质产生级联放大作用。

(6) 作用分“快反应”和“慢反应”　①某些激素作用于靶细胞，短时间内就产生生理效应，属于快反应；②某些激素作用于靶细胞，需要较长时间才会产生生理效应，属于慢反应。

(7) 脱敏　当激素长时间作用于靶细胞时，靶细胞会产生一种降低其应答强度的倾向。

10.1.2　激素的化学本质与分类

1. 化学本质

激素按其化学本质可分 4 类：

(1) 氨基酸衍生物激素　甲状腺分泌的甲状腺素以及肾上腺髓质分泌的肾上腺素等为氨基酸的衍生物。

(2) 蛋白质、多肽类激素　垂体前叶、中叶及后叶、甲状旁腺、胰岛等分泌的激素为多肽或蛋白质，肠、胃黏膜分泌的各种激素也都是肽类。下丘脑有调节垂体前叶的功能，也分泌一些肽类激素，如促肾上腺皮质激素释放因子、促性腺激素释放因子等。

(3) 类固醇激素　性腺和肾上腺皮质分泌的绝大多数都是类固醇激素。

(4) 脂肪酸衍生物激素(二十碳四烯酸)　脂肪酸衍生物激素主要为前列腺素。

2. 溶解性

激素按照溶解性质可分为脂溶性激素和水溶性激素。

脂溶性激素易通过生物膜，需要与血清蛋白结合而运输，不易被代谢清除。脂溶性激素与细胞内受体结合产生效应。类固醇激素属于脂溶性激素。

水溶性激素一般不需与血清蛋白结合而运输，易代谢清除。水溶性激素通常与细胞膜受体结合产生效应。蛋白质、多肽类激素属于水溶性激素。

3. 作用距离

激素按照其作用距离可以分为内分泌(endocrine)、旁分泌(paracrine)和自分泌(autocrine)三类。

内分泌激素通过血液循环作用于远距离靶器官、靶细胞。例如垂体前叶分泌的黄体生成素(luteinizing hormone，LH)和卵泡刺激素(follicle stimulating hormone，FSH)通过血液循环到达性腺(卵巢或者睾丸)，分别与性腺细胞膜上的 LH 受体和 FSH 受体特异性结合，调控性腺细胞合成性激素(孕激素、雄激素和雌激素)。由胰岛中的β细胞合成和分泌的胰岛素也属于内分泌激素，肝、脂肪组织、骨骼肌、心肌的细胞膜上均存在能与胰岛素特异结合的受体，胰岛素通过血液循环达到这些靶器官或者靶细胞，与胰岛素受体结合，促进这些组织和器官对血液中葡萄糖的吸收和代谢，从而调节血糖浓度。

旁分泌激素作用于邻近的靶细胞。例如位于人肾上腺皮质被膜下区域的血管周围肥大细胞能够局部释放 5-羟色胺，5-羟色胺通过与肾上腺皮质球状带细胞上的 5-羟色受体结合，刺激该细胞合成醛固酮。

自分泌激素作用于分泌细胞自身。例如胰岛素既是内分泌激素，也是一种自分泌激素。分泌胰岛素的胰岛β细胞自身也表达胰岛素受体，胰岛素可以与该细胞自身的受体结合，通过激活胰岛素受体的信号通路，调节β细胞的增殖、凋亡和基因转录。如果小鼠胰岛β细胞的胰岛素受体缺失，会导致小鼠对葡糖糖不耐受，表明胰岛素的自分泌信号对维持胰岛β细胞的功能有重要意义。

10.2　主要激素的化学结构与生理生化功能

10.2.1　氨基酸衍生物激素

1. 甲状腺素(T_4)及三碘甲腺原氨酸(T_3)

甲状腺分泌的激素有甲状腺素及三碘甲腺原氨酸。细胞内，在甲状腺过氧化物酶及过氧化氢的作用下，碘离子被氧化成活性碘，活性碘与甲状腺球蛋白中的酪氨酸残基作用产生一碘酪氨酸残基，进而产生 3,5-二碘酶氨酸残基。碘化酪氨酸残基之间进一步反应，并通过甲状腺球蛋白的水解进而形成三碘甲腺原氨酸(T_3)及甲状腺素(T_4)。

甲状腺激素促进糖、蛋白质、脂肪和盐的代谢；促进机体生长发育和组织的分化；对中枢神经系统、循环系统、造血过程以及肌肉活动等都有显著的作用。幼年动物若甲状腺机能减退或切除甲状腺时，发育迟缓，行动呆笨而缓慢；切除甲状腺的动物逐渐衰弱，最后死去。成年动物甲状腺机能减退时，出现心搏减慢、基础代谢降低、性机能降低等。反之，如果甲状腺功能亢进，动物眼球突出、心搏加快、基础代谢增高、消瘦、神经系统兴奋性提高等。

膳食中缺少碘时，常有甲状腺肿大和甲状腺素分泌不足的症状，服用碘化油、碘化盐和海带有预防和治疗的作用。

2. 肾上腺激素

肾上腺髓质分泌的激素有肾上腺素(epinephrine)及去甲肾上腺素(norepinephrine)，均由酪氨酸转变而来。这两种激素也是交感神经末梢的化学介质。

肾上腺素在生理上的作用与交感神经兴奋的效果很相似，都对心脏、血管起作用，可使血管收缩，心脏活动加强，血压急剧上升，但它对血管的作用是不持续的。另一方面，肾上腺素是促进分解代谢的重要激素，除可加强肝糖原分解、迅速升高血糖，还可促进蛋白质、氨基酸及脂肪分解，增强气体代谢，升高体温等作用，使机体对环境压力做出应激反应。

肾上腺素主要作用于心脏，去甲肾上腺素主要作用于血管；对糖代谢的调控，去甲肾上腺素的作用只有肾上腺素的二十分之一。

10.2.2　蛋白质、多肽类激素

下丘脑、垂体、胰脏中胰岛的α及β细胞、甲状旁腺等分泌的激素都是多肽及蛋白质。肠胃黏膜、胎盘、肾脏和胸腺等器官也分泌一些多肽、蛋白质类的激素。

1. 下丘脑激素

下丘脑分泌几种激素释放激素及释放抑制因子以调节垂体前叶的功能，控制促性腺激素、促甲状腺素、促肾上腺皮质激素及生长激素的分泌。下丘脑、垂体和性腺、甲状腺、肾上腺构成了三大内分泌轴，下丘脑分泌的激素作用于垂体，促进垂体前叶合成的激素释放，垂体激素再通过血液循环达到靶器官，调控靶器官(性腺、甲状腺、肾上腺)的激素合成与分泌。例如：

(1) 促性腺激素释放激素(gonadotropin-releasing hormone，GnRH)是由焦谷-组-色-丝-酪-甘-亮-精-脯-甘氨酸组成的十肽。GnRH 分子中第一位的焦谷氨酸和第十位的甘氨酸参与和受体的结合，第 6 位的甘氨酸处于β转角处，对维持激素的发卡式构象起关键性作用。GnRH 是下丘脑-垂体-性腺(hypothalamus-pituitary-gonad，HPG)轴的组成部分。

(2) 促甲状腺素释放激素(thyrotropin-releasing hormone，TRH)是下丘脑神经激素中最简单的一种激素，由焦谷氨酸-组氨酸-脯氨酸酰胺三个氨基酸组成。TRH 促进垂体促甲状腺素的分泌，是下丘脑-垂体-甲状腺(hypothalamus-pituitary-thyroid，HPT)轴的组成部分。

(3) 促肾上腺皮质激素释放激素(corticotropin-releasing hormone，CRH)是一个由 9～11 氨基酸组成的多肽激素，它促进垂体前叶释放促肾上腺皮质激素(adrenocorticotropic hormone，ACTH)。CRH 是下丘脑-垂体-肾上腺(hypothalamus-pituitary-adrenal，HPA)轴的组成部分。

2. 垂体激素

垂体在神经系统的控制下，调节着全身各种内分泌腺，是各种内分泌腺的推动者。垂体分为前叶、后叶及中叶 3 部分，由垂体柄与下丘脑相连。前叶及中叶

能自行合成激素；后叶仅储存及分泌激素，后叶所分泌的激素是由下丘脑合成，再由血流带到后叶储存。

1) 垂体前叶激素

垂体前叶在内分泌系统中起主导作用，它直接受下丘脑分泌的激素刺激，并受神经控制，从而调节某些内分泌器官的发育及分泌，因此与动物的生长、性分化及代谢密切相关。垂体前叶分泌的激素已经提纯的有 6 种，其中卵泡刺激素、黄体生成素、促甲状腺激素、促肾上腺皮质激素等 4 种可以促进或抑制其他内分泌腺的发育和分泌。另外还有生长激素及催乳素。

(1) 卵泡刺激素(follicle-stimulating hormone，FSH)是一种由α、β两个亚基组成的糖蛋白。其生理功能是促使卵巢(或精巢)发育，促进卵泡(或精子)生成。

(2) 黄体生成素(leuteinizing hormone，LH)也是由α及β两个亚基组成的糖蛋白。其生理功能是促进卵泡发育成黄体，促进胆固醇转变成孕酮并分泌孕酮；或促使睾丸的间质细胞发育，刺激睾丸分泌激素。

(3) 促甲状腺素(thyroid-stimulating hormone，TSH)是由α及β两个亚基组成的糖蛋白，其功能是刺激甲状腺分泌甲状腺素(T_4)及三碘甲腺原氨酸(T_3)。TSH 的α亚基与卵泡刺激素(FSH)、黄体生成激素(LH)以及人绒毛膜促性腺激素(hCG)的α亚基相同。TSH、FSH、LH 和 hCG 的β亚基是各个激素特有的，决定了这四种激素各自的功能。TSH 的生理功能是促进甲状腺的发育及分泌，从而影响全身代谢，TSH 的分泌受到下丘脑分泌的 TRH 的促进。

(4) 促肾上腺皮质激素(adrenocorticotropic hormone，ACTH)是一个含有 39 个氨基酸残基的直链多肽。羊、猪和牛的 ACTH 已提纯，它们除 25～33 个氨基酸外，其他部分都相同。具有生物活性的序列为 1～19 氨基酸残基。

促肾上腺皮质激素可促进体内储存的胆固醇在肾上腺皮质中转化成肾上腺皮质酮，并刺激肾上腺皮质分泌激素。ACTH 首先作用于靶细胞膜上的受体部位，从而促进 cAMP 的形成，cAMP 又增加细胞膜葡萄糖通透性及 6-磷酸葡萄糖的转变，还能激活糖原磷酸化酶，这样，就增加了一磷酸己糖支路的循环，从而增加了还原型 $NADP^+$的供给。还原型 $NADP^+$(NADPH)是皮质激素生成中起重要作用的辅助因子。

(5) 生长激素(growth hormone)为蛋白质，并已提纯结晶。不同动物的生长激素分子量可以从 20 000 至 50 000 不等，等电点和 pH 也各异，人生长激素分子量为 21 500，含 191 个氨基酸。各种种属来源的生长激素具有一部分序列相同的肽段，这部分肽段与激素的生物活性有关。

生长激素的功能非常广泛，刺激骨及软骨的生长，促进黏多糖及胶原的合成；还影响蛋白质、糖类、脂质的代谢，最终影响体重的增长。幼年动物若生长素分泌不足，则生长矮小，人若患此病，称为侏儒症，但智力不受影响；若分泌过多，则过度高大，人若患此病，称为巨人症；成年动物(即在骨干、骨髓缝合之后)，若发生垂体机能亢进，因骨干不能对称生长，某一部分骨髓畸形长大，则患肢端肥大症。

(6) 催乳素(prolactin)是单链多肽，其生理功能是刺激已发育完全的乳腺分泌乳汁，刺激并维持黄体分泌孕酮。LTH 不仅大大促进了乳腺中 RNA 及蛋白质的合成，而且还使乳腺中糖代谢及脂代谢中的许多酶增加活性。

2) 垂体中叶激素

垂体中叶激素分泌促黑素细胞激素(melanocyte-stimulating hormone，MSH)。MSH 有α、β两种，均为直链多肽类激素。MSH 的分泌受下丘脑分泌的促黑素细胞激素释放因子(MRF)及促黑素细胞激素释放抑制因子(MRIF)的控制。

人患阿狄森氏病(Addison's disease，一种慢性肾上腺皮质机能减退症)时，MSH 及 ACTH 的分泌都过多，结果使皮肤中色素沉着。MSH 调节鱼类、两栖类及爬虫类动物表皮细胞色素的增加及减少。

3) 垂体后叶激素

垂体后叶激素包括催产素和血管加压素两种激素，都由 9 个氨基酸组成。它们分别由下丘脑的室旁核和视丘核产生，再经轴突运输到垂体后叶，然后分泌出来。

(1) 催产素(oxytocin)有种属特异性，它的生理作用是能使多种平滑肌收缩(特别是子宫肌肉)，具有催产(使妊娠子宫收缩、分娩胎儿)及使乳腺排乳的作用。

(2) 血管加压素(vasopression)又称抗利尿激素(antidiuretic hormone，ADH)。血管加压素无种属特异性，它能使小动脉收缩，从而增高血压，并有减少排尿的作用，所以也称为抗利尿激素。它是调节水代谢的重要激素。

3. 胰岛激素

(1) 胰岛素(insulin)是胰岛β细胞基因表达出来的产物，是前胰岛素原(preproinsulin)经专一性蛋白酶水解，失去 N 端富含疏水性氨基酸的肽段(由 20～30 个氨基酸组成，称为信号肽)，成为胰岛素原(proinsulin)。胰岛素原再经肽酶激活，失去由约 30 个氨基酸组成的 C 肽，最后形成有很高生物活性的胰岛素。

胰岛素最显著的生理功能：一方面提高组织摄取葡萄糖的能力；另一方面抑制肝糖原分解，并促进肝糖原及肌糖原的合成。因此胰岛素有降低血糖含量的作用。在正常情况下，当出现血糖升高的信号时，胰岛素的分泌在短时间内增加，例如当饭后血糖升高时，胰岛素的分泌也略有升高；当出现血糖过低的信号时，则肾上腺素、胰高血糖素(还有糖皮质激素及生长激素)的分泌增多。当胰岛受到严重破坏，胰岛素分泌显著减少时，血糖升高，尿中有糖排出，发生糖尿病。若胰岛机能亢进，则出现血糖过低现象，能量供应不足，甚至影响大脑机能。

(2) 胰高血糖素(glucagon)是胰岛α细胞分泌的多肽激素，由 29 个氨基酸组成，分子量为 3 485。胰高血糖素主要作用于肝脏，促进肝糖原分解，具有增高血糖含量的效应，并不促进肌糖原分解。它结合到肝细胞上的胰高血糖素受体后，激活腺苷酸环化酶，从而增加 cAMP 的浓度。cAMP 又促使肝中磷酸化酶 a 的浓度增高。

4. 甲状旁腺激素

甲状旁腺激素(parathyroid hormone，PTH)与降钙素(calcitonin)是由甲状腺附近的甲状旁腺所分泌的一对作用相反的多肽激素。二者都作用于骨基质及肾脏，共同调节钙磷代谢，使血中钙磷浓度相对稳定。前者的功能为升高血钙，后者为降低血钙。

甲状旁腺机能减退时，血钙含量下降，患者肌肉痉挛，四肢抽搐。相反，如果甲状旁腺机能亢进，则发生脱钙性骨炎及骨质疏松症。目前尚未发现有降钙素分泌过多或分泌过少引起的疾病。降钙素可以用来治疗原因不明的婴儿高血糖症以及因甲状旁腺激素分泌过多而引起的成人高血钙症。

5. 胸腺素

胸腺素是由胸腺合成并分泌的一种蛋白质类激素。胸腺素的主要功能是促进胸腺中 T 淋巴细胞分化与成熟。

6. 胃肠道激素

胃肠道激素包括肠促胰液素、胆囊收缩素、肠抑胃素、促胃酸激素、促肠液激素等。这些激素的主要功能是调节消化液的合成与分泌。

10.2.3　类固醇激素

肾上腺皮质、性腺及胎盘分泌的激素都属于类固醇激素，其合成过程见图 10-1。

各种类固醇激素分别是孕烃、雄烃(如雄激素)或雌烃(如卵泡激素)的衍生物，上述 3 种烃核的结构为带有不同侧链的环戊烷多氢菲的衍生物，结构式如下：

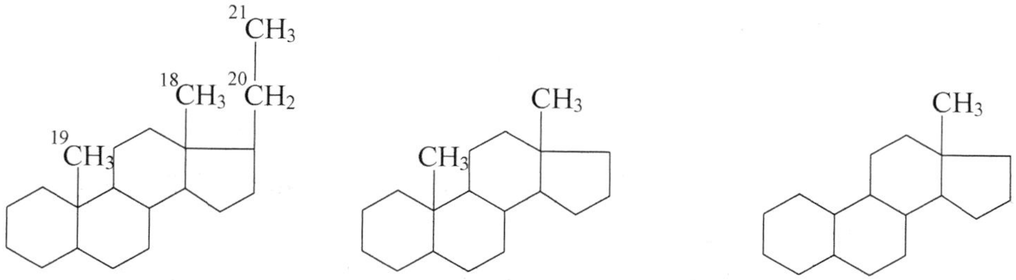

21 CH_3 18 CH_3 20 CH_2 19 CH_3

孕烃(含21碳)

CH_3 CH_3

雄烃(含19碳)

CH_3

雌烃(含18碳)

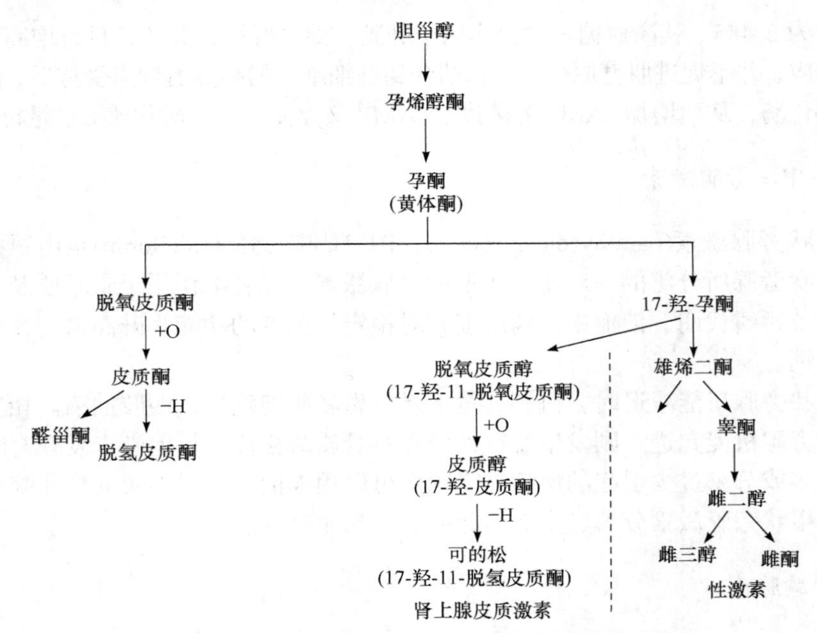

图 10-1　肾上腺皮质激素及性激素的生物合成途径

1. 肾上腺皮质激素

肾上腺皮质可合成 7 种肾上腺皮质激素，包括脱氧皮质酮(deoxycorticosterone)、皮质酮(corticosterone)、脱氢皮质酮(11-dehydrocorticosterone)、醛甾酮(aldosterone)、脱氧皮质醇(deoxycortisol)、皮质醇(cortisol)、可的松(cortisone)。7 种肾上腺皮质激素都含有 21 个碳原子，是孕烃的衍生物，孕烃(母核中 A、B 环为反型)的结构及肾上腺皮质激素的一般结构式(R_1、R_2、R_3 代表不同皮质激素的侧链基团)如下：

CH_3 CH_2 A B H　　　　CH_2OH C=O R_1 R_3 R_2 11 17 O

孕烃　　　　皮质激素一般结构式

肾上腺皮质激素按其生理功能可以分为糖皮质激素和盐皮质激素两类，由于这两类激素化学结构相似，其生理活性有所交叉。

(1) 糖皮质激素　主要生理功能是抑制糖的氧化，促使蛋白质转化为糖，调节糖代谢，升高血糖，并能利尿。大剂量的糖皮质激素还有减轻炎症及过敏反应的功能。糖皮质激素主要包括皮质醇、可的松和皮质酮。

(2) 盐皮质激素　主要生理功能是促进体内保留钠及排出钾，调节水、盐代谢。其中以醛固酮的生理效应最强，脱氧皮质酮的活性是其 1/120～1/30，皮质酮则效应更小，且兼有一定的糖皮质激素活性。

2. 性激素

1) 雌性激素

卵巢能分泌两类激素：①卵泡在卵成熟前分泌雌二醇等；②排卵后卵泡发育成为黄体，黄体分泌孕酮。

胎盘亦能分泌此两类激素，并且是妊娠后期体内孕酮的主要来源。雌激素是雌烃的直接衍生物。雌激素的结构式如下：

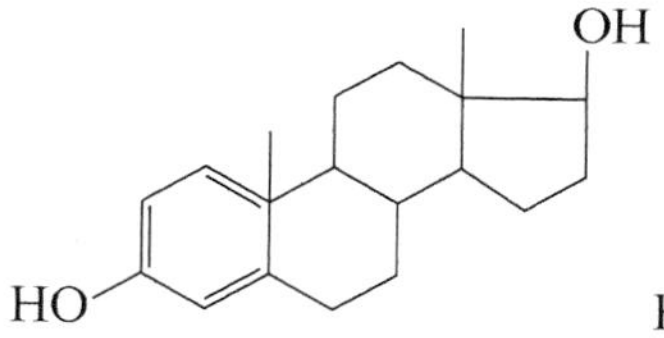

OH　HO　雌二醇　　OH　OH　HO　雌三醇　　O　HO　雌酮

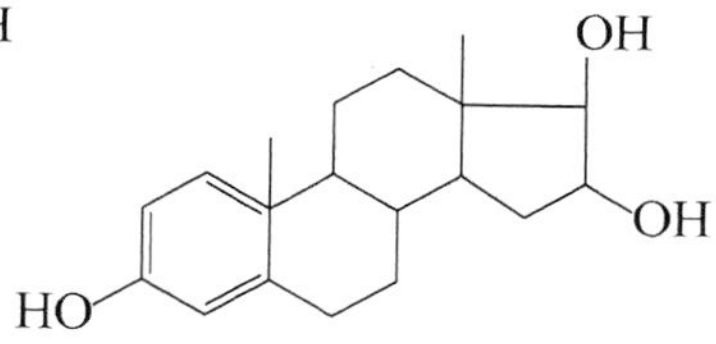

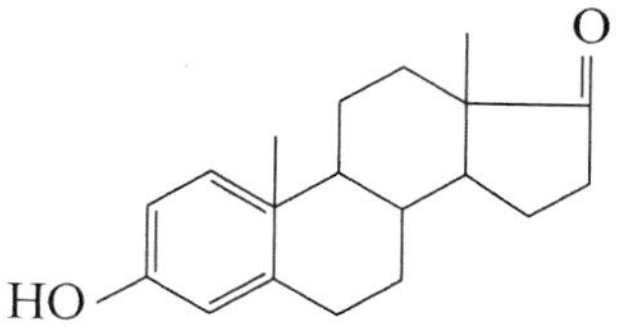

雌二醇活性最强；雌三醇活性最低。雌二醇的活性约为雌三醇的 200 倍、雌酮的 6 倍，后两者可以看作是雌二醇的代谢产物，3 种激素在体内可相互转变。

雌激素的主要生理功能是促进雌性动物性器官的发育，促进乳腺的发育及产生月经等。雌激素还对脑下垂体后叶分泌的催产素有协调作用，这类雌激素亦与体脂的分布和沉积有关。

2) 孕激素

孕酮(progesterone)也称黄体酮，是孕烃的衍生物，孕烃、孕酮及孕二醇(pregnanediol，无激素活性)结构式如下：

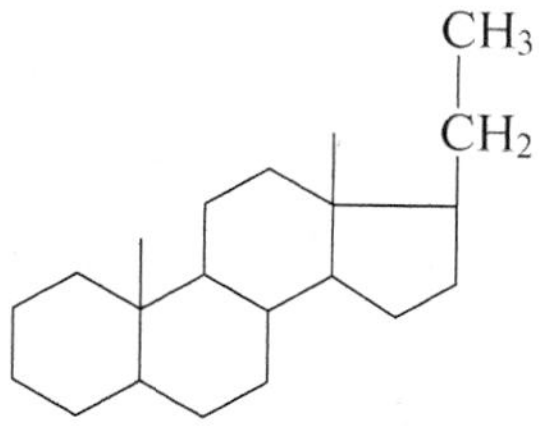

CH_3　CH_2　孕烃　　CH_3　C═O　O　孕酮　　CH_3　HC—OH　HO　孕二醇

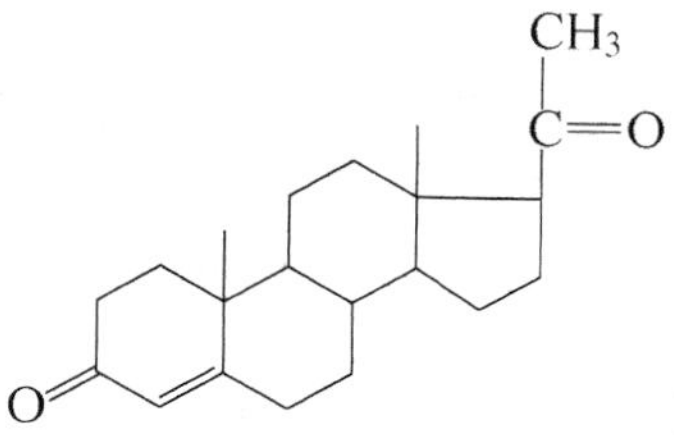

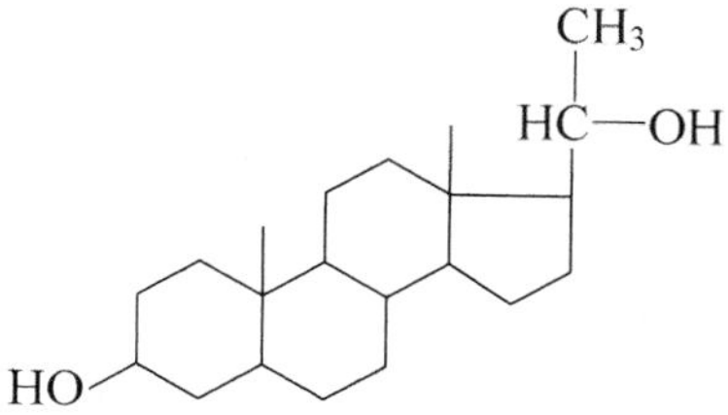

孕酮由胆固醇转变而来，在体内可还原成无活性的孕二醇。孕酮是许多类固醇激素的前体。

孕酮的主要功能是参与女性与雌性动物的月经周期调节，维持正常妊娠。

3) 雄性激素

睾丸的间质细胞分泌的雄激素称之为睾酮(testosterone)，是雄性体内最重要的雄激素。它的主要代谢产物是雄酮(androsterone)。雄酮还可转变为脱氢异雄酮。肾上腺皮质也分泌一种雄激素，称为肾上腺雄酮(androstenedione)。雄激素都是雄烃的直接衍生物，它们含 19 个碳原子(甲基睾酮除外)，雄烃和这些激素的结构式如下：

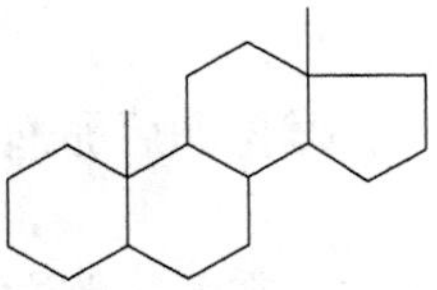

OH O

O HO

雄烃 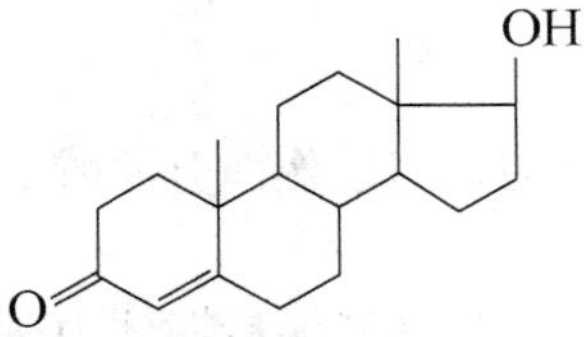 睾酮 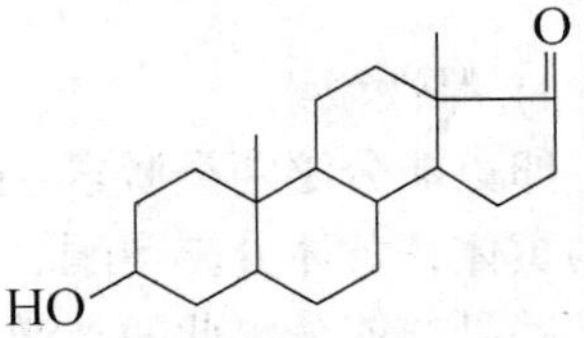 雄酮

O O

O

HO O

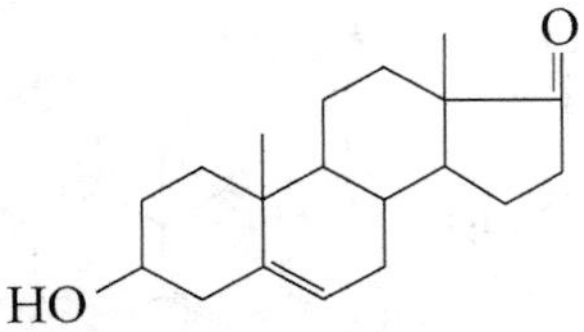

脱氢异雄酮 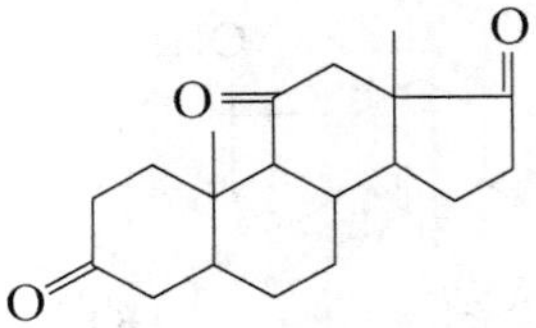 肾上腺雄酮

睾酮是活性最强的雄激素，其活性约为雄酮的 6 倍，而脱氢异雄酮活性小，只有雄酮的 1/3。雄激素的生理功能主要是促进其性器官的发育，促进精子生成和第二性特征的显现。雄激素和雌激素都是由胆固醇衍生而成的(中间经过孕酮)，在结构上很相似，在机体内可以相互转变。已知，不论雄性和雌性动物体内都存在着一定比例的雄激素和雌激素(如雄性动物的肾上腺皮质及睾丸能产生雄激素，亦能产生雌激素；雌性动物的肾上腺皮质及卵巢也能产生两类性激素)。这两类性激素之间存在一定平衡，在雄性中，雄激素含量较雌激素高；而在雌性中，雌激素含量较雄激素高。

10.2.4 脂肪族激素

前列腺素(prostaglandin，PG)最初在人的精液中发现，它是对生理过程有着广泛影响的一类脂肪族激素，有调节其他激素作用的功能。前列腺素广泛存在于哺乳动物的各种组织(如前列腺、子宫内膜、卵巢及脐带等)中。前列腺素是一类脂肪酸物质，包含 20 个碳原子，组成 5 个碳环。

近几十年来的研究发现，前列腺素是人体中分布最广、效应最大的生物活性物质之一。而且同一种前列腺素在不同组织中作用不同，同一种组织对不同的前列腺素反应也不同。前列腺素对生殖、心血管、呼吸、消化及神经等系统均有作用，例如平滑肌的收缩和松弛、血管的扩张和收缩、血压控制和炎症调节等。前列腺素通过与前列腺素受体结合发挥作用，前列腺素受体分布于各种组织或细胞。

10.3 激素的作用机制和受体

激素分子从特定的细胞分泌或释放后，经扩散或血循环到达靶细胞，与靶细胞的受体(receptor)特异性结合，受体对信号进行转换并启动细胞内信使系统，从而靶细胞产生生物学效应。

10.3.1 受体的概念

受体(receptor)是靶细胞中(细胞膜上或细胞内)能识别配体并与其特异结合，将信号传递到细胞内部，进而引起各种生物学效应的一类生物分子。受体可分为细胞膜受体和核受体(nuclear receptor)，细胞膜受体又包括 G 蛋白偶联的受体和酶偶联受体。

而能与受体呈特异性结合，结合后使该细胞产生特定生物效应的活性分子则称配体(ligand)。激素、神经递质、细胞因子、小分子化合物等都可以是受体的配体。

10.3.2 细胞膜受体作用机制

1. G 蛋白偶联受体

G 蛋白偶联受体(G-protein coupled receptors，GPCRs)也称为七次跨膜结构域受体，是细胞膜受体，可以与细胞外分子结合并激活细胞内反应。GPCRs 七次通过细胞膜，并与 G 蛋白结合。配体可以结合 GPCRs 细胞外的 N 末端和环(例如谷氨酸受体)，也可以结合在跨膜螺旋内的结合位点(例如视紫红质样家族)。

例如，肾上腺素可结合到专一性的β-肾上腺素受体。β-肾上腺素受体是一个跨膜受体蛋白，横跨在靶细胞的细胞膜上，含有 7 个螺旋，见图 10-2。肾上腺素的结合位点则处于跨膜螺旋所形成的一个“口袋”内。与激素结合的β-肾上腺素受体形成激素-受体复合物，首先活化 G 蛋白，通过 G 蛋白与激素受体的偶联，将信息传递给腺苷酸环化酶。然后，活化了的腺苷酸环化酶催化 ATP 转变为 cAMP，再触发一系列由 cAMP 介导的级联反应。

2. G 蛋白

G 蛋白是一个界面蛋白，处于细胞膜内侧，由α、β、γ三个亚基组成。G 蛋白在 GDP 形式(对环化酶无活性)及 GTP 形式(有活性)两种形式之间变化。无激素时，几乎所有的 G 蛋白都处于无活性的 GDP 形式。当激素结合到受体上时，激素-受体复合物结合到 G 蛋白上，使得结合态的 GDP 从 G 蛋白上释放，GTP 进入

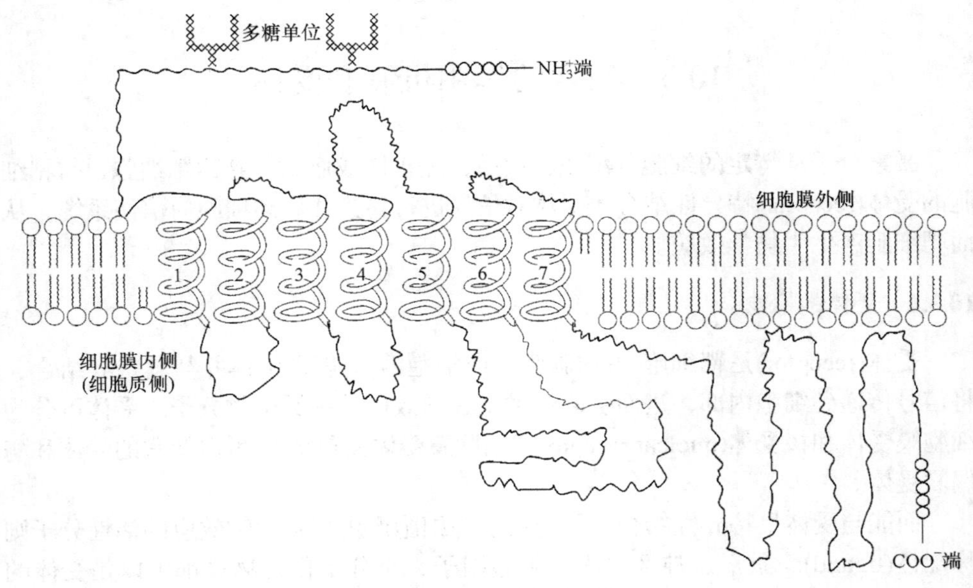

图 10-2　β-肾上腺素受体

G 蛋白取代 GDP。接着，负载着 GTP 的α亚基(G_α-GTP)从β、γ亚基上解离下来，然后 G_α-GTP 活化腺苷酸环化酶，催化 ATP 形成 cAMP。作为第二信使的 cAMP 再经一系列的相关反应级联放大，即先激活细胞内的蛋白激酶，再进一步诱发各种功能单位产生相应的反应。

每一个被激素结合的 GPCR 受体又促使形成许多个分子 G_α-GTP，由此给出"放大"的效应。此后，结合着α亚基的 GTP 又在适当的条件下水解，最终关闭这个由激素所触发的循环。当缺乏激素时，GTP-GDP 交换反应的速度大大降低。最后，几乎所有的 G 蛋白均以结合着 GDP 的无活性形式存在。接着，几乎所有的腺苷酸环化酶都转变成为无活性状态。

3. 效应器及下游效应分子

1) 腺苷酸环化酶系统

被 G_α-GTP 活化的腺苷酸环化酶催化 ATP 产生环磷酸腺苷(cyclic AMP，cAMP)。cAMP 在磷酸二酯酶的作用下可以形成 AMP(图 10-3)。

凡有 cAMP 的细胞，都有一类能催化蛋白质产生磷酸化反应的酶，称为蛋白激酶(protein kinase)。cAMP 通过蛋白激酶，发挥它的作用。cAMP 形成后立即激活蛋白激酶，蛋白激酶又使磷酸化酶激酶磷酸化而被激活。所以蛋白激酶是 cAMP 与磷酸化酶系统联系中的一个关键酶。依赖于 cAMP 的蛋白激酶 A(protein kinase A，PKA)是一种别构酶，别构调节物就是 cAMP。蛋白激酶 A 的无活性形式含有两种类型的亚基，一种是催化亚基(C)，另一种是调节亚基(R)，调节亚基抑制催化亚基。当 cAMP 结合到调节亚基上时，就使无活性的催化亚基-调节亚基复合体解离，释放出有活性的、自由的催化亚基以及 cAMP-调节亚基复合体(见第 6.6 节图 6-6)。

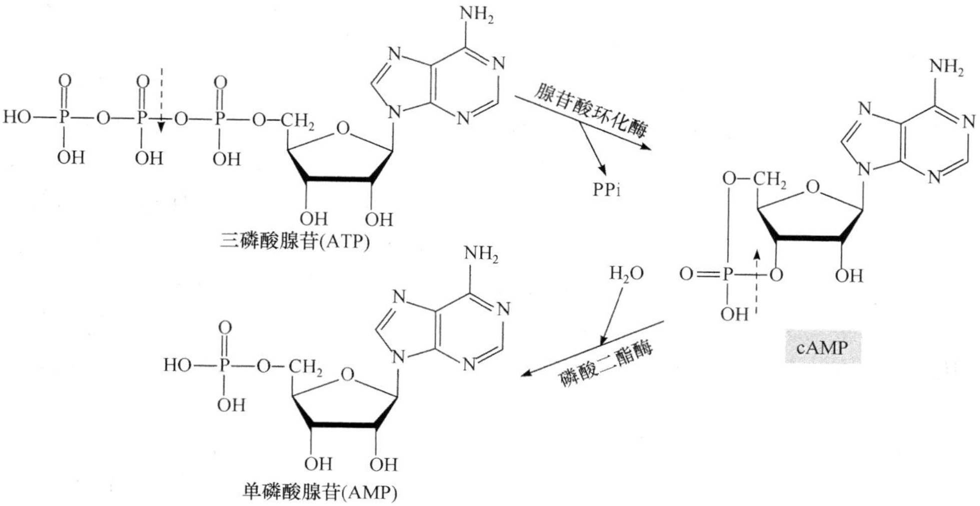

图 10-3　cAMP 的合成与分解

受 cAMP 调控的基因中，在其转录调控区有一共同的 DNA 序列(TGACGTCA)，称为 cAMP 应答元件(cAMP response element，CRE)。蛋白激酶 A 催化 cAMP 应答元件结合蛋白(cAMP response element bound protein，CREB)产生磷酸化作用。CREB 蛋白是一种转录因子，发生磷酸化后由细胞质转移到细胞核中，与靶基因启动子区域的特定 CRE 序列结合，调控靶基因的 mRNA 转录表达。

2) 磷酸肌醇系统

磷酸肌醇级联放大与腺苷酸环化酶级联放大一样，都可以将许多细胞外的信号转化为细胞内的信号，在许多种细胞内引起广泛的不同反应。激素通过结合到细胞表面的受体上，激活 G 蛋白，G 蛋白开启磷脂酶 C(phospholipase C，PLC)的催化活性。在磷脂酶 C 催化下，细胞膜上的磷脂酰肌醇 4,5-二磷酸(phosphatidyl inositol 4,5-bisphophate，PIP_2)分解成两个产物：1,4,5-三磷酸肌醇(inositol 1,4,5-trisphosphate，IP_3)和二酰基甘油(diacylglycerol，DAG)。三磷酸肌醇作用于内质网膜受体，打开 Ca^{2+}通道，升高细胞质内 Ca^{2+}浓度，改变钙调蛋白(calmodulin)等钙传感器的构象，使之变得更易于与其靶蛋白质结合，改变靶蛋白质的生物活性。二酰基甘油则进一步活化蛋白激酶 C，蛋白激酶 C 促使靶蛋白质中的苏氨酸残基与丝氨酸残基磷酸化，最终改变一系列酶的活性。从而完成激素的磷酸肌醇级联放大作用，在多种细胞内引起广泛的生理效应。

10.3.3　核受体作用机制

核受体是一类配体依赖性转录因子超家族，是一类 DNA 结合蛋白，负责感应类固醇激素、甲状腺激素、1,25-二羟维生素 D_3 以及其他某些分子，调节特定基因的表达，从而控制生物体的生长发育、稳态和代谢等。

对核受体的研究始于人们对类固醇等激素的组织特异性结合并能引起相应生理性变化这一现象的观察。基于类固醇激素、甲状腺激素、1,25-二羟维生素 D_3 的脂溶性，人们推测可能是激素穿过细胞膜后进入细胞质，能与胞质内特定受体结合并进入核内影响靶基因的转录。20 世纪 70 年代末，利用放射性标记配体技术分离并纯化了孕激素受体(progesterone receptor，PR)。这期间以及随后，糖皮质激素受体(glucocorticoid receptor，GR)等核受体相继被分离出来。同时，对这些纯化核受体的深入研究使人们对受体活化的一般机制也有了进一步的认识，即配体与相应核受体结合诱导受体的二聚化并增强其与特定 DNA 序列的结合，进而导致特定靶基因表达上调。

典型的核受体一般包括 A、B、C、D、E 等 5 个区域。其中 A/B 区包含一个配体非依赖性的转录激活结构域 AF-1；C 区为高度保守的 DNA 结合结构域(DNA binding domain，DBD)，含两个锌指模体(zinc finger motif)；D 区是可变的铰链区；E 区为配体结合域(ligand binding domain，LBD)，介导配体结合和二聚化过程，还包括一个配体依赖性转录激活域 AF-2。激素与核受体中的配体结合域结合形成激素-核受体复合物，在细胞核内发生二聚化(即两个激素-核受体复合物分子结合在一起)，再通过受体中的 DNA 结合域识别并结合靶基因转录调控区域上的特异 DNA 序列，即反应元件(response element，RE)，从而调控靶基因的 mRNA 转录。然后 mRNA 作为模板，合成特定的蛋白质(酶)，导致细胞对该激素做出最终的生理效应(图 10-4)。

类固醇激素受体包括雌激素受体、雄激素受体、孕激素受体、糖皮质激素受体和盐皮质激素受体。无激素或配体时，类固醇激素受体位于细胞质中，在与配体结合前与热休克蛋白结合，为无活性形式。当与类固醇激素或配体结合时，类固醇激素受体与热休克蛋白解离，激素-受体复合体从细胞质转移到细胞核中，与细胞核内激素反应元件结合，调控靶基因转录。甲状腺素、视黄酸、1,25-二羟维生素 D_3 等激素的受体则不同，无论在有或者无激素时，始终位于细胞核内，也不与热休克蛋白结合；这类激素进入细胞核与受体结合，形成激素-受体复合体。

与核受体结合的激素作用时间较长，可持续几个小时，甚至几天，因为它必须首先进入细胞，作用于细胞核。一旦激素结合到核受体上，核受体就转变成一种转录的增强子。于是特定的基因就得到扩增表达，这些激素的原发效应反映在基因表达上，而不表现在酶的激活或转运过程的变化上。由于这种作用是通过基因转录形成 mRNA 而实现的，因此作用过程较慢，并且大多数是能够影响生物体的组织分化和发育。例如性激素影响性器官的分化和发育以及第二性征的出现。

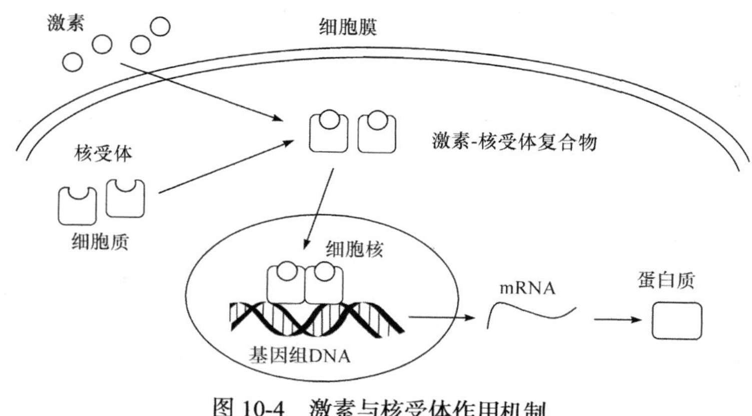

图 10-4　激素与核受体作用机制

10.4　环境激素/内分泌干扰物

在过去几十年中，越来越多的证据显示许多天然或人工合成的化学物质能通过模拟或阻断内源激素干扰生物体内分泌系统，对人类、野生动物、鱼类或鸟类的行为和生殖能力产生不良影响，从而出现致癌、致畸、致突变现象。这些干扰人类或野生动物内分泌系统的正常功能的天然的或者人工合成的物质(包括环境污染物、工业化学物质、农药以及天然植物激素等)，被称为环境激素或者内分泌干扰物。

10.4.1　环境激素/内分泌干扰物的定义与种类

1. 环境激素/内分泌干扰物的定义

对于环境激素/内分泌干扰物，不同的政府组织或研究组织，其名称与定义也不尽相同，如环境激素(environment hormone)、内分泌干扰物(endocrine disruptors)、环境内分泌干扰物(environmental endocrine disruptors，EEDs)、内分泌干扰化学品(endocrine-disrupting chemicals，EDCs)等。国际化学品安全规划署认为，“内分泌干扰物是指能够改变内分泌系统功能，引起个体或种群可逆性或不可逆性生物学效应的外源化合物”。美国环境保护署内分泌干扰物筛选与测定顾问委定义的内分泌干扰物为“从科学原理、实验数据、确凿事实的角度出发，能够在机体、子代、种群或亚种群水平改变生物体内分泌系统的结构或功能的外源性化合物或混合物”。目前采用最多的是这两种定义。

2. 环境激素/内分泌干扰物的种类与来源

一般来说，环境内分泌干扰物可分为以下几类。

1) 天然雌激素

天然雌激素是动物或人体内自然生成的雌激素，主要有雌二醇、雌酮和雌三醇等，其中以雌二醇的生理活性最强。环境中这些天然雌激素主要来源于人和动物的尿液排泄。

2) 植物雌激素和真菌雌激素

植物雌激素是一类在植物体中天然存在，其本身或其代谢产物可以和动物体内的雌激素受体相结合，并可诱导产生弱雌激素作用的非甾体结构类的天然化合物，主要有异黄酮类、香豆雌酚类和木脂体类等三大类。真菌雌激素主要由环境中的霉菌生成，如玉米赤霉烯酮，其合成的衍生物玉米赤霉醇常被用作家畜促生长激素，对哺乳动物生殖系统可造成严重的危害。

3) 人工合成的雌激素(或药用雌激素)

人类出于个人护理或疾病治疗等需要，合成了多种具有强雌激素效应的化学品，如己烯雌酚、己烷雌酚、炔雌醚、17α-乙炔基雌二醇等多种口服避孕药，以及一些用于促进家畜生长的同化激素。人工雌激素的化学性质稳定，在生物体中不易降解与代谢，其进入环境的主要途径是通过人类与动物的排泄。

4) 环境化学污染物

目前研究结果表明，多种不同化学结构的环境污染物具有干扰生物体内分泌系统正常功能的作用。根据其不同的化学结构、商业用途或不同类型的内分泌干扰作用，可分为以下几类：

(1) 农药类　曾经被各国大量使用的毒性大、难以降解的有机氯农药是内分泌干扰物中数量最多的一大类。其他种类的农药，例如杀菌剂和除草剂等，也被证明具有内分泌干扰效应。另外，目前广泛使用的半衰期较短、低毒的拟除虫菊酯类、有机磷类、新烟碱类等杀虫剂，同样有可能会危害生物体内分泌系统的正常功能。

(2) 烷基酚类化合物　烷基酚类化合物主要来自工业清洁剂和家庭洗涤剂及其降解产物，主要有壬基苯酚和辛基苯酚及其衍生物等，其进入环境的主要途径为生活污水的排放。研究发现经污水处理厂处理过的生活污水中存在的低浓度烷基酚类化合物均具有雌激素活性。

(3) 塑料制品及添加剂　塑料制品中含有多种邻苯二甲酸酯类化合物，这些化合物主要作为塑料制品的增塑剂和软化剂。双酚 A 作为聚碳酸酯和环氧树脂的成分，被广泛用于塑料包装产品、树脂产品(如食品罐头内壁涂层)和牙科修复材料等。这些化合物均已被证明具有内分泌干扰作用。

(4) 工业生产副产物　《关于持久性有机污染物的斯德哥尔摩公约》(以下简称《斯德哥尔摩公约》)中明确规定的国际社会需要优先控制的 12 种持久性有机污染物中，多氯代二苯并二噁英以及多氯代二苯并呋喃是两类典型的内分泌干扰物。它们主要来自人类的生产活动，如多种化工生产的杂质与副产物、生活垃圾和工业垃圾的焚烧、金属表面加工与熔炼、纸浆的漂白过程与车辆尾气的排放等。大量研究已经表明，多氯代二苯并二噁英和多氯代二苯并呋喃均会对生物在生长、发育以及生殖等各个方面产生危害。

(5) 精细化工产品　多氯联苯同样属于《斯德哥尔摩公约》中明确规定的需要优先控制的 12 种持久性有机污染物之一，其化学性质稳定、不易燃烧，主要用于变压器设备的变压器油中。已有大量研究表明，多氯联苯在人体及动物体内蓄积，可影响内分泌系统以及生殖系统的正常功能。

(6) 金属类和有机金属类化合物　多种重金属和有机金属化合物如有机锡、铅、汞、镉等可干扰激素受体活性、抑制生物体内激素的正常作用。例如，钡、铜、铅等金属可以竞争性抑制糖皮质激素受体活性，产生抗糖皮质激素效应，抑制免疫细胞中糖皮质激素响应基因的表达。铅可以降低垂体生长激素释放因子的生理作用，降低促性腺激素释放激素的水平，同时还可以影响雌激素对性成熟前小鼠子宫各型细胞的作用。有机锡可导致野生双壳类和螺类海洋生物的雌雄同体。

10.4.2　环境激素/内分泌干扰物的作用机理

环境激素/内分泌干扰物大多数为亲脂性化合物，其化学性质稳定，容易积累在生物体的脂肪中，并可通过食物链的传递，高度富集在营养级更高的生物体中；进入机体后，其生物半衰期较长，可在生物体内长期积蓄，难以代谢或降解，不易排出或不排出体外。一般来说，环境激素/内分泌干扰物通过各种不同的途径进入生物体后，在生物体内可长时间缓慢地发挥作用。这些化合物使内分泌系统的正常功能发生紊乱，特别是在生命发育的早期阶段尤为敏感，这将会严重危害生物的正常发育、生殖过程，从而对生物体产生不可逆转、甚至伴随终身的毒害。环境激素/内分泌干扰物的作用方式与途径主要有以下几种。

1) 与激素受体结合而发挥作用

某些内分泌干扰物的化学结构与天然激素相同或类似，因而可与激素的特异性核受体直接结合，进而产生多种不同的毒性效应。它们进入靶细胞后，与体内激素竞争性地结合激素受体，形成配体-受体复合物，然后进入细胞核，与 DNA 特定结合区中的反应元件相结合，诱导或抑制靶基因的转录，进而启动或抑制一系列激素依赖性生理生化过程(图 10-5)。

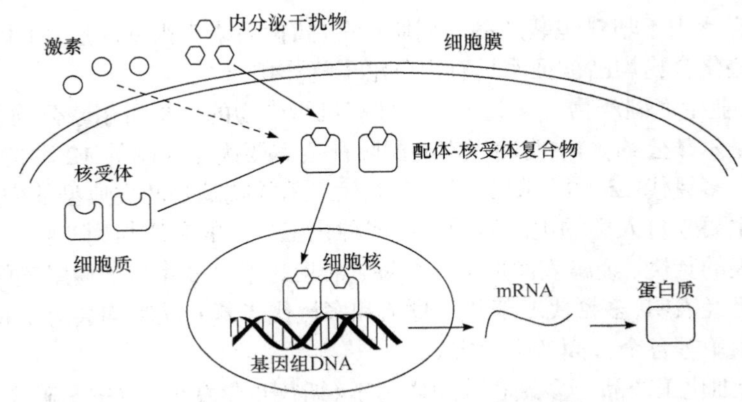

图 10-5 内分泌干扰物与激素核受体作用机制

目前关于环境激素/内分泌干扰物对雌激素受体干扰作用的研究较多，这些化学品具有与雌激素类似的结构，能够与雌激素受体相互作用，进入人体后能够模拟或干扰天然雌激素的生理和生化作用。目前已证实的具有雌激素受体干扰活性的化合物有六七十种，其中农药及其代谢物约占 60%，以杀虫剂居多，部分杀菌剂、除草剂也具有雌激素受体干扰活性。还有一些内分泌干扰物具有类似体内雄激素或抗体内雄激素的作用，如烯菌酮、滴滴伊(DDE)等，可与雄激素竞争性结合雄激素受体，抑制雄激素活性。

环境激素/内分泌干扰物一方面可以干扰激素与受体的结合，同时也可影响配体-核受体复合物的构象，提高或降低蛋白质复合物结构的稳定性，以及受体-受体复合物结构的变化等。污染物与蛋白质之间的相互作用可解释一部分难以用经典理论解释的毒理学结果。另一方面，内分泌干扰物对配体-核受体复合物与特定 DNA 反应元件的结合能力以及受体介导的特定基因的表达和转录效率、转录产物 mRNA 的稳定性等是否会造成影响，仍需进一步研究和探讨。

2) 与其他受体结合而发挥作用

以 2,3,7,8-四氯代二苯并二噁英(2,3,7,8-TCDD)为例，2,3,7,8-TCDD 是典型的内分泌干扰物，多种活体实验模型检测结果表明，它可以显著抑制生物体内正常雌激素的生理活性，呈抗雌激素效应。然而体外受体结合实验却发现，2,3,7,8-TCDD 与雌激素受体的结合能力很弱，在所测试的浓度下，2,3,7,8-TCDD 不能引起对雌激素受体的显著拮抗作用。但 2,3,7,8-TCDD 是一种典型的芳香烃受体(aryl hydrocarbon receptor，AhR)激动剂，能显著诱导 AhR 所介导的细胞色素 P450 酶系中多种特定基因的表达。有研究表明，细胞色素 P450 酶系可促进雌激素的代谢与降解，这从另一方面解释了 2,3,7,8-TCDD 的抗雌激素效应。

3) 非受体途径

环境激素/内分泌干扰物不仅可以通过抑制激素受体所介导的途径中的各个

环节，干扰生物体内激素实现其正常功能，而且可以通过干扰内源激素的产生、分泌、运输、代谢等多个途径，抑制激素的正常活性。例如环境激素/内分泌干扰物可以通过作用于下丘脑-垂体-性腺/甲状腺/肾上腺轴，影响激素的合成、分泌及反馈调节，产生不良效应。内分泌干扰物同时可以干扰激素与血液中特定的载体蛋白(或转运蛋白)结合，影响激素在体内的转运过程，进而抑制生物体内激素正常活性水平的维持。已知睾酮是雌二醇的前体，经芳香化酶的作用，可以将睾酮转化为具有生理活性的雌二醇，但某些环境激素/内分泌干扰物可以抑制或促进芳香化酶的活性，从而抑制或促进生物体内雌激素的生成，表现出相应的毒性效应。内分泌干扰物还可以直接激活细胞内其他信号途径，如细胞膜上的离子通道及钙调蛋白等，产生相应的毒性。内分泌干扰物可以影响细胞分裂的正常过程，引起微核的形成，导致染色体的异常或者畸变；某些内分泌干扰物同时可造成 DNA 损伤，这些是内分泌干扰物具有致癌、致畸、致突变作用的重要机制。

10.4.3　环境激素/内分泌干扰物的毒性效应

环境激素/内分泌干扰物不仅干扰生物体的内分泌系统，还对生物体的生殖与发育、免疫系统、神经系统产生影响，并具有“致癌、致畸、致突变”效应。

1) 对内分泌系统的毒性效应

内分泌系统在生物体发育的各个关键阶段，包括生命早期发育阶段的胚胎发生、分化、性别决定和稳态机制等在内的多个生理过程中发挥着极其重要的作用。环境激素/内分泌干扰物本身可以直接或者间接作用于内分泌器官，影响激素的合成、分泌或者代谢，造成内分泌系统的调控与反馈机制发生紊乱，进而产生各种与内分泌系统相关的不良效应或疾病。

2) 对生殖和发育的毒性效应

在生命发育的关键时期，环境激素/内分泌干扰物对甲状腺激素、雌激素、雄激素等激素正常功能的破坏，可导致个体的发育受到影响或造成畸形、对发育中的生殖器官造成永久性伤害。大量的实验证据表明，环境激素/内分泌干扰物可以引起雌性和雄性动物的生殖系统发育障碍，例如性腺发育不良、卵泡闭锁、排卵异常、睾丸萎缩、精子数量减少等，造成生殖能力下降，甚至出现性逆转、雌雄同体等异常现象。环境激素/内分泌干扰物不仅使许多野生动物的繁殖能力显著下降，而且对人类的生殖健康也产生了潜在的威胁。例如环境流行病学调查发现，有机氯农药滴滴涕暴露与女性怀孕延迟、男性精子质量下降都相关。

3) 对免疫系统的毒性效应

动物实验和对野生动物的调查研究结果表明，环境激素/内分泌干扰物可使许多野生动物胸腺质量减轻、T 细胞介导的免疫功能下降。人体暴露多氯联苯、二噁英、有机氯农药、氨基甲酸酯、有机金属化合物等，可影响机体的免疫功能，导致免疫抑制或过敏反应。

4) 对神经系统的毒性效应

环境激素/内分泌干扰物通过影响神经元的膜通透性、自噬、氧化损伤、离子通道、线粒体、胞核 DNA 断裂等途径，引起神经毒性。多氯联苯、二噁英、DDT、某些金属和有机金属化合物(如铅、甲基汞、有机锡)、二硫代氨基甲酸盐类等化合物能改变动物的行为、学习与记忆、注意力、感官功能和精神运动发育。

5) 对生物体"致癌、致畸、致突变"的毒性作用

已有研究表明，人工合成雌激素已烯雌酚、二噁英类化合物、有机氯农药如滴滴涕等有致癌作用。例如，妇女孕期摄入已烯雌酚可引起其女儿患乳腺癌、子宫癌的概率显著增加。生活在被滴滴涕、多氯联苯等内分泌干扰物严重污染地区的野生动物，其体内肿瘤发病率也比较高。

10.4.4　环境激素/内分泌干扰物的生物筛选与测定方法

环境激素/内分泌干扰物种类繁多，化学结构与性质也各不相同，并广泛分布在各种环境介质中。目前全球已合成的化合物超过 1000 万种，每年仍有 10 万余种新的人工化合物被合成，它们在生产、运输、销售与使用等多个环节中，均有可能被人类有意识或无意识地释放入环境中。许多生物学效应未知或知之甚少的化合物将对生态环境与人体健康造成不可修复的潜在危害。美国环境保护署内分泌干扰物筛选与测定顾问委员会对环境激素/内分泌干扰物的生物筛选方法和模型提供了一系列的解决方案和指导意见。该方案将内分泌干扰物的生物筛选与测定分为两个不同的层次，第一层次为内分泌干扰物的快速筛选研究(Tier 1 Screening)，第二层次为内分泌干扰物的毒性测试研究(Tier 2 Testing)，从分子、细胞、组织、器官、个体乃至种群、群落水平上全面评价内分泌干扰物单一或复合暴露的毒性效应。

1) 内分泌干扰物的生物筛选(Tier 1 Screening)

这一层次主要是利用离体(*in vitro*)实验模型和活体(*in vivo*)实验模型筛选和鉴定化合物是否具有干扰雌激素、雄激素和甲状腺激素的能力。离体实验是指将器官或细胞从体内分离出来，在一定条件下进行的研究，其研究模型主要包括以下几种：激素受体结合实验/雌激素受体介导或调控的特定基因表达实验；雄激素受体结合实验/雄激素受体介导或调控的特定基因表达实验；类固醇激素合成实验(睾丸细胞的体外培养)。活体实验则是指在活体动物上开展的实验，其模型主要包括以下几种：啮齿类动物 3 天子宫增重实验；啮齿类雌性动物发育期(青春期)20 天暴露实验(甲状腺)；啮齿类动物 5～7 天 Hershberger 实验(用于测试雄激素效应)；蛙类发育的"变态"实验；鱼类性腺发育实验等。

2) 内分泌干扰物的生物测试(Tier 2 Testing)

第二层次是对第一层次的生物筛选实验结果的补充与完善，确定外源化合物对人类和野生动物体内雌激素、雄激素以及甲状腺激素造成干扰的剂量效应关系。生物测试模型有哺乳动物的两代生殖毒性实验、哺乳动物的单代生殖毒性实验、鸟类的多代生殖毒性实验、鱼类的多代全生命周期毒性实验、甲壳类(糠虾)的多代全生命周期毒性实验、两栖类(美洲爪蟾)的多代发育和生殖毒性实验等。哺乳类动物模型的结果可以直接反映化合物对人类健康是否可造成危害，是最合适的毒性实验模型。鱼类和两栖类实验模型的水体毒性实验研究应用也非常广泛，能够反映或代表污染物对水生态环境的影响。

第 11 章　新陈代谢总论与生物氧化

新陈代谢(metabolism)是生物最基本的特征，是生命存在的前提。新陈代谢是生物与外界环境进行物质交换与能量交换的全过程。生物体将从周围环境中摄取的蛋白质、脂肪、糖类等营养物质，通过一系列生化反应，转变为自身结构化合物的过程称为同化作用(assimilation)。反之，将体内物质经过一系列的生化反应，分解为不能再利用的物质排出体外的过程，称为异化作用(catabolism)。新陈代谢包括生物体内所发生的一切合成和分解作用。合成代谢是吸能反应，分解代谢是放能反应。

合成代谢与分解代谢是相互联系、相互依存、相互制约的。一个合成代谢过程常常包括许多分解反应，一个分解代谢过程也常常包括许多合成反应。在能量代谢的放能与吸能两方面，也是相互联系、相互制约的。如 ATP 在反应中既能供应能量，而它本身合成时又需消耗能量，因此它的合成又受能量供应的限制。合成代谢反应与分解代谢反应的主次关系也是相互转化的，由于这种转化使得生物个体的发展呈现出生长、发育和衰老等不同的阶段。机体通过新陈代谢获得它所必需的能量；通过新陈代谢建造和修复生物体；通过新陈代谢完成遗传信息的储存、传递和表达过程，使得生物物种世代繁衍、生生不息。

各种生物的新陈代谢过程虽然复杂但却有共同的特点：①生物体内的绝大多数代谢反应是在温和的条件下，由酶所催化进行的。②生物体内反应步骤虽然繁多，但相互配合、有条不紊、彼此协调，而且有严格的顺序。③生物体对内外环境条件有高度的适应性和灵敏的自动调节机制，包括分子水平、细胞水平和整体水平的调节机制。④新陈代谢的反应途径一般都有严格的细胞定位，即代谢途径被局限于细胞的特定区域。新陈代谢实质上就是错综复杂的化学反应相互配合、彼此协调，对周围环境高度适应而形成的一个有规律的化学反应网络。

本章着重讨论新陈代谢和生物氧化过程中的普遍原理及规律。

11.1　新陈代谢总论

11.1.1　新陈代谢的研究方法

研究代谢的方法有多种，下面简要介绍最常用的几种方法。

1) 活体与离体实验

文献中通常用“*in vivo*”表示活体实验，“*in vivo*”表示离体实验。活体实验结果代表生物体在正常生理条件下，在神经、体液等调节机制下的整体代谢情况，比较接近生物体的实际。活体实验为搞清许多物质的中间代谢过程提供了有力的实验依据。例如 1904 年，德国化学家 Knoop 就是根据活体实验提出了脂肪酸的β-氧化学说。

离体实验是用从生物体分离出来的组织切片、组织匀浆或体外培养的细胞、细胞器及细胞抽提物研究代谢的过程。离体实验可同时进行多个样本，或进行多次重复实验。离体实验曾为代谢过程的研究提供了许多重要的线索和依据。例如糖酵解、三羧酸循环、氧化磷酸化等反应过程均是从离体实验获得了证据。

2) 同位素示踪法

同位素是指原子序数相同，在元素周期表上的位置相同，而质量不同的元素。它们是质子数相同而中子数不同的原子。同位素示踪技术是研究代谢过程的最有效方法。因为用同位素标记的化合物与非标记物的化学性质、生理功能及在体内的代谢途径完全相同。通过追踪代谢过程中被标记的中间代谢物、产物及标记位置，可获得代谢途径的丰富资料。例如用 ^{14}C 标记乙酸的羧基，同时喂饲动物，如发现动物呼出的 CO_2 中有 ^{14}C，则说明乙酸的羧基转变成了 CO_2。胆固醇分子中的碳原子来源于乙酰辅酶 A 就是用同位素示踪法得到阐明的。

放射性同位素指原子量不同，衰变中有射线辐射的同位素。放射性同位素根据其衰变时放出的射线性质，可用不同的计数器进行测定。γ射线可用γ计数器测定，β射线可用液体闪烁计数器测定，稳定性同位素如 ^{2}H 可用质谱法测定。

同位素示踪法特异性强、灵敏度高、测定方法简便，是现代生物学研究中不可缺少的手段。放射性同位素对人体有毒害，而且某些同位素的半衰期长，容易造成环境污染，因此应在专门的同位素实验室操作。

3) 代谢途径阻断法

在研究物质代谢过程中，还可应用抗代谢物(antimetabolite)或酶抑制剂(enzyme inhibitor)来阻抑中间代谢的某一环节，观察这些反应被抑制后的结果，以推测代谢情况。例如 Krebs 利用丙二酸抑制琥珀酸脱氢酶，造成琥珀酸的积累，为三羧酸循环途径的确认提供了重要依据。

4) 突变体研究法

突变是研究代谢的有效办法。由于基因的突变造成某一种酶的缺失，导致相应产物的缺失和酶作用底物的堆积。对这些突变生物体的研究有助于鉴别代谢途径的酶及中间代谢物。例如，能够在乳糖培养基上生长的大肠杆菌基因突变后，因β-半乳糖苷酶的缺失，造成了乳糖的堆积(不能被分解为半乳糖和葡萄糖)，通过对这种大肠杆菌突变体的研究，最终阐明了乳糖的代谢过程。

营养缺陷型微生物及人类遗传性代谢病的研究，为研究代谢过程开辟了新的实验途径。此外，还可以应用药物来造成实验动物的代谢异常，从而对其进行代谢研究。例如用根皮苷损伤狗的肾小管，使之不能吸收葡萄糖；或者用四氧嘧啶损伤狗的胰岛，使之不能产生胰岛素，上述两种方法都曾用于糖尿病的研究。

11.1.2　新陈代谢的发生过程

生物体的新陈代谢是一个错综复杂的生物化学反应网络。各类生物大分子有各自不同的代谢途径，又相互作用，相互制约，形成复杂的代谢网络。尽管代谢途径不同，各主要生物大分子如糖类、脂类、蛋白质、核酸的代谢过程可以总结为相似的阶段。

分解代谢过程一般分四个阶段：首先，大分子降解阶段，即生物大分子分解为单体分子。如多糖分解为单糖，蛋白质降解为氨基酸等。这个阶段一般不产生可利用的能量。其次，单体分子初步分解阶段，即各单体分子经特定途径不完全分解，生成中间产物。各种单体分子不管结构性质差别多大，经两阶段被分解成少数几种中间产物，主要有丙酮酸和乙酰 CoA。这个阶段又称殊途同归阶段。该阶段能产生部分能量并释放，提供少量 ATP 和还原型辅酶。第三阶段，乙酰基完全分解阶段，即乙酰基进入三羧酸循环，完全分解生成 CO_2，产生少量 ATP，大量的化学能以 H 原子对的形式转入还原型辅酶分子，进入呼吸链。第四阶段，H 的燃烧阶段，即电子传递和氧化磷酸化。电子从还原型辅酶通过一系列按照电子亲和力递增的顺序排列的电子递体所构成的传递链传递到 O_2，并释放出能量，将 ADP 磷酸化生成生物能量货币 ATP。

合成代谢包括三个基本阶段：首先生成前体分子，如氨基酸、单糖、脂肪酸和核苷酸；其次，利用 ATP 水解所提供的能量，这些分子被激活而形成活性形式；最后，它们被组装成复杂的分子，如蛋白质、多糖、脂类和核酸。

11.1.3　生物体内能量代谢的基本规律

伴随着生物体的物质代谢所发生的一系列的能量转变称能量代谢(energy metabolism)。生物体能量代谢同整个自然界一样都要服从热力学定律。了解热力学的基本概念和基本原理，有助于理解具体的代谢反应过程能否发生，以及物质转化与能量转移的方向。

热力学第一定律(first law of thermodynamics)是能量守恒定律，指能量既不能创造也不能消灭，只能从一种形式转变为另一种形式。生命活动所需要的能量来自物质的分解代谢。生命机体内的机械能、电能、辐射能、化学能、热能等可以相互转变，但生物体与环境的总能量将保持不变。

热力学第二定律是指任何一种物理或化学的过程都自发地趋向于增加体系与

环境的总熵(entropy)。对各种生化反应来说，最重要的热力学函数是自由能(free energy)，即生物体在恒温恒压下用以做功的能量，自由能可以判断反应能否自发进行，是吸能反应，还是放能反应。

在没有做功条件时，自由能将转变为热能而损失。熵是指混乱度或无序性，是一种无用的能。在标准温度和压力条件下，自由能变化ΔG、总热能变化ΔH、总体熵的改变ΔS三者间关系可用下式表示：

$$\Delta G = \Delta H - T\Delta S$$

$\Delta G<0$ 时，反应能自发进行(为放能反应)；

$\Delta G>0$ 时，反应不能自发进行，当给体系补充自由能时，才能推动反应进行(为吸能反应)；

$\Delta G = 0$ 时，表明体系已处于平衡状态。

在 25℃，101 325 Pa(1 个大气压)，反应物浓度 1 mol/L 时，反应系统自由能变化为标准自由能变化，用$\Delta G^{\ominus}$表示，单位为 kJ/mol。

研究反应体系自由能的变化，对于了解生物体内进行的反应有重要作用。例如，某一反应

$$A + B \rightleftharpoons C + D \tag{11-1}$$

自由能变化遵循下式：

$$\Delta G = \Delta G^{\ominus} + RT\ln\frac{[C][D]}{[A][B]} \tag{11-2}$$

某一反应能否进行取决于ΔG，而ΔG决定于标准状况下，产物自由能与反应物自由能之差$\Delta G^{\ominus}$，并与反应物与产物的浓度、反应体系的温度有关。

当反应平衡时，即$\Delta G = 0$时，式(11-2)可改写为

$$\Delta G^{\ominus} = -RT\ln\frac{[C][D]}{[A][B]} \tag{11-3}$$

因为平衡常数

$$K = \frac{[C][D]}{[A][B]} \tag{11-4}$$

所以，一个化学反应的标准自由能变化与反应的平衡常数之间的关系可以式(11-5)表示：

$$\Delta G^{\ominus} = -RT\ln K = -2.303RT\lg K \tag{11-5}$$

式中，R为气体常数[R=8.315 kJ/(mol · K)]，T为热力学温度(单位为 K)，$\ln K$

为平衡常数的自然对数。$\Delta G^{\ominus}$ 可以通过测定平衡时产物和反应物的浓度计算出来。

这种从已知平衡常数计算反应自由能变化的方法，在生物化学中有较大的实际意义。以反应式(11-1)为例，若平衡常数 K 大于 1 时，$\Delta G^{\ominus}$ 为一负值，反应趋向于生成 C 和 D 的方向进行。若平衡常数 K 小于 1 时，则 $\Delta G^{\ominus}$ 为正值，反应不能自发发生。需说明的是，有些$\Delta G>0$ 的反应，在非标准状态下，ΔG 有可能<0。$\Delta G>0$ 的反应可以和$\Delta G<0$ 的反应偶联，使反应能够实际发生。此外，热力学第二定律只能确定反应的方向和限度，不能预测反应的速率，许多$\Delta G<0$ 的反应，需要提供活化能或使用催化剂才能使反应实际发生。

生物体内的 pH 接近 7，通常用$\Delta G'^{\ominus}$ 表示生物体内的标准自由能变化。此外，水作为反应物或产物时，水的浓度通常规定为 1(实际浓度约为 55.5 mol/L)。则

$$\Delta G'^{\ominus} = -2.303RT\ \lg K$$

还应注意的是，反应系统的ΔG 只取决于产物与应物的自由能之差，而与反应历程无关。例如葡萄糖在体外燃烧与体内氧化分解成 CO_2 和 H_2O，反应历程截然不同，但却释放相同的ΔG。葡萄糖在体内氧化总的自由能变化等于各步反应自由能变化的代数和。

11.1.4　高能化合物

在生化反应中，某些化合物随水解反应或基团转移反应可放出大量自由能，称其为高能化合物。高能化合物一般对酸、碱和热不稳定。

1. 生物体中常见的高能磷酸化合物

机体内存在着各种磷酸化合物，它们所含的自由能多少不等，含自由能高的磷酸化合物称为高能磷酸化合物。高能磷酸化合物水解时，放出的自由能高达 30～60 kJ/mol。水解时放出大量自由能的键常称为高能磷酸键，这与化学中的键能(energy bond)(指断裂一个化学键所需要的能量)含义迥然不同。表 11-1 列举了几种常见高能化合物。

含自由能少的磷酸化合物如葡糖-6-磷酸、甘油磷酸等水解时，每摩尔仅释放出 8～20 kJ 自由能。高能磷酸化合物常用～P 或～来表示。

生物体中常见的高能化合物，根据其结构的特点，可以分成几种类型。除高能磷酸化合物外，尚有硫酯型、甲硫型等化合物。

高能化合物水解时，由于水解产物自由能大大降低，远较原来化合物稳定。在代谢中，这些高能化合物具有特殊的生物学作用。

表 11-1　几种常见高能化合物

高能键型		高能化合物举例	水解时释放的标准自由能 $G'^{\ominus}$/(kJ/mol)
	酰基磷酸化合物 $—C(=O)—O\sim P$	乙酰磷酸 $H_3C—C(=O)—O\sim P(=O)(OH)—OH$	−42.3
磷氧键型 $—O\sim P$	烯醇式磷酸化合物 $—C{=}C—O\sim P$	磷酸烯醇式丙酮酸 $CH_2{=}C(COOH)—O\sim P(=O)(OH)—OH$	−61.9
	焦磷酸化合物 $—P—O\sim P—$	腺苷三磷酸 腺苷$—O—P(=O)(OH)—O\sim P(=O)(OH)—O\sim P(=O)(OH)—OH$	−30.5
硫碳键型 $—C\sim S$	硫酯键化合物 $—C(=O)\sim S—$	乙酰辅酶 A $CH_3—C(=O)\sim SCoA$	−31.4

2. ATP 是细胞内能量代谢的偶联剂

从低等的单细胞生物到高等的人类，能量的释放、储存和利用都是以ATP(adenosine triphosphate)为中心的。物质氧化时释放的能量大多先合成 ATP。ATP 水解释放的自由能可以直接驱动各种需能的生命活动。ATP 含有一个磷酸酯键和两个由磷酸基团(α与β之间、β与γ之间)形成的磷酸酐键(phosphydride bonds)。

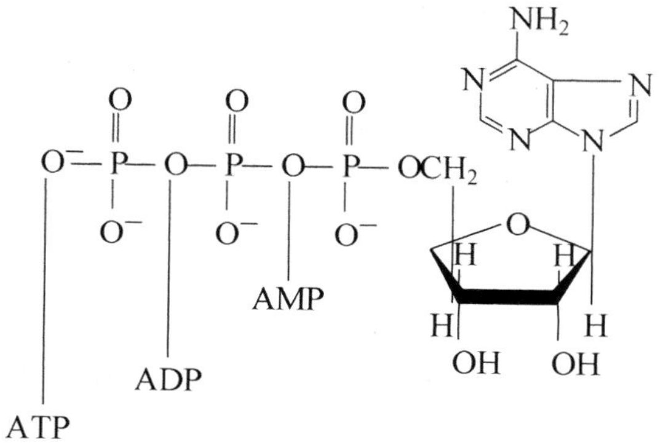

NH_2
$^{-}O—P(=O)(O^-)—O—P(=O)(O^-)—O—P(=O)(O^-)—OCH_2$
OH　OH
AMP
ADP
ATP

磷酸酯键水解时放出 14 kJ/mol 的自由能，磷酸酐键水解时至少放出 30 kJ/mol 的自由能。当机体代谢中需要 ATP 提供能量时，ATP 可以多种形式实行能量的转移和释放。

(1) ATP 转移末端磷酸基，本身变成 ADP。例如糖酵解中，葡糖激酶催化的反应：

$$\text{葡萄糖+ATP} \longrightarrow \text{葡糖-6-磷酸+ADP}$$

(2) ATP 转移焦磷酸基，本身变为 AMP。如核苷酸生物合成中：

$$\text{核糖-5-磷酸+ATP} \longrightarrow \text{核糖-5-磷酸-1-焦磷酸+AMP}$$

(3) ATP 将 AMP 转移给其他化合物，释放焦磷酸。例如在蛋白质生物合成时，氨基酸要先“活化”才能接到肽链上去，氨基酸的活化即是 AMP 转移给氨基酸生成氨酰-AMP。

$$\text{氨基酸+ATP} \longrightarrow \text{氨酰-AMP+PPi}$$

(4) ATP 将其腺苷转移给其他化合物，释放焦磷酸和磷酸，如 *S*-腺苷甲硫氨酸的合成。*S*-腺苷甲硫氨酸参与生物体内许多甲基化反应，是活性甲基的直接供体。*S*-腺苷甲硫氨酸的合成如下：

$$\text{甲硫氨酸+ATP} \longrightarrow S\text{-腺苷甲硫氨酸+PPi+Pi}$$

由于 $ATP+H_2O \longrightarrow ADP+Pi$，其 $\Delta G^{\ominus}=-30.51$ kJ/mol；当 $ADP+Pi \longrightarrow ATP$ 时，也需吸收 30.51 kJ/mol 的自由能。ATP 可以把分解代谢的放能反应与合成代谢的吸能反应偶联在一起。利用 ATP 水解释放的自由能可以驱动各种需能的生命活动。例如原生质的流动、肌肉的运动、电鳗放出的电能、萤火虫放出的光能以及动植物分泌、吸收的渗透能都靠 ATP 供给。

体内有些合成反应可以直接利用其他核苷三磷酸供能。例如 UTP 用于多糖合成，CTP 用于磷脂合成，GTP 用于蛋白质合成等。UTP、CTP 或 GTP 分子中的高能磷酸键不是直接由物质氧化获能产生的。物质氧化时释放的能量都必须先合成 ATP，然后 ATP 将高能磷酸基转移给相应的核苷二磷酸，生成核苷三磷酸：

$$\text{ATP+UDP(CDP、GDP)} = \text{ADP+UTP(CTP、GTP)}$$

3. 辅酶 A 的递能作用

辅酶 A(coenzyme A，CoA)作为酰基化合物的载体参与许多代谢过程，巯基是 CoA 的功能基团。乙酰 CoA 的硫酯键和 ATP 的高能磷酸键相似，在水解时可释放出 31.38 kJ/mol 的自由能。因此可以说，乙酰 CoA 具有高的乙酰基转移势能。乙酰 CoA 所携带的乙酰基已不是一般的乙酰基，而是活泼的乙酰基团，正像 ATP 所携带的活泼磷酸基团一样。

此外，乙酰 CoA 的甲基碳带有部分负电荷，甲基碳上的一个氢容易作为质子脱离，使甲基碳原子成为碳负离子，受到亲电攻击。如与草酰乙酸的羰基碳反应，生成柠檬酰 CoA，随后转化为柠檬酸。乙酰 CoA 是代谢中起枢纽作用的重要物质，以乙酰 CoA 为中心的反应在代谢网络中占据了重要的位置。

11.2　生物氧化与电子呼吸链

有机物在生物体内氧的作用下，生成 CO_2 和水并释放能量的过程称为生物氧化(biological oxidation)。高等动物通过肺进行呼吸，吸入氧，排出二氧化碳，故生物氧化也称呼吸作用。生物体内氧化反应有脱氢、脱电子、加氧等类型。虽然生物体内氧化还原的本质及氧化过程中释放的能量与体外非生物氧化完全相同，但生物氧化有其自身的特点。

11.2.1　生物氧化的特点

(1) 生物氧化是在 37℃，近于中性水溶液环境中进行的，是在一系列酶的催化作用下逐步进行的。

(2) 生物氧化的能量是逐步释放的,并以 ATP 的形式捕获能量。这样不会因氧化过程中能量的骤然释放而损害机体，同时使释放的能量得到有效的利用。

(3) 生物氧化中 CO_2 是有机酸脱羧生成的，由于脱羧基的位置不同，又有 α-脱羧和 β-脱羧之分。

(4) 生物氧化中水是代谢物脱下的氢经一系列的传递体与氧结合而生成的。

(5) 生物氧化有严格的细胞定位。在真核生物细胞内，生物氧化都在线粒体内进行(图 11-1)；在不含线粒体的原核生物如细菌细胞内，生物氧化则在细胞膜上进行。

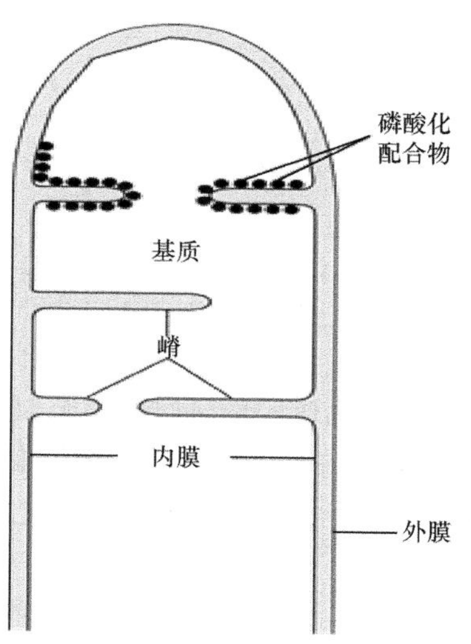

图 11-1　线粒体结构示意图

11.2.2　呼吸链的组成及电子传递顺序

1. 呼吸链的概念

代谢物上的氢原子被脱氢酶激活脱落后，经过一系列的传递体，最后传递给被激活的氧分子，并与之结合生成水的全部体系称呼吸链(respiratory chain)，也称电子传递体系或电子传递链。在具有线粒体的生物中，典型的呼吸链有两种，即 NADH 呼吸链与 $FADH_2$ 呼吸链(图 11-2)，这是根据接受代谢物上脱下的氢的初始受体不同划分的。

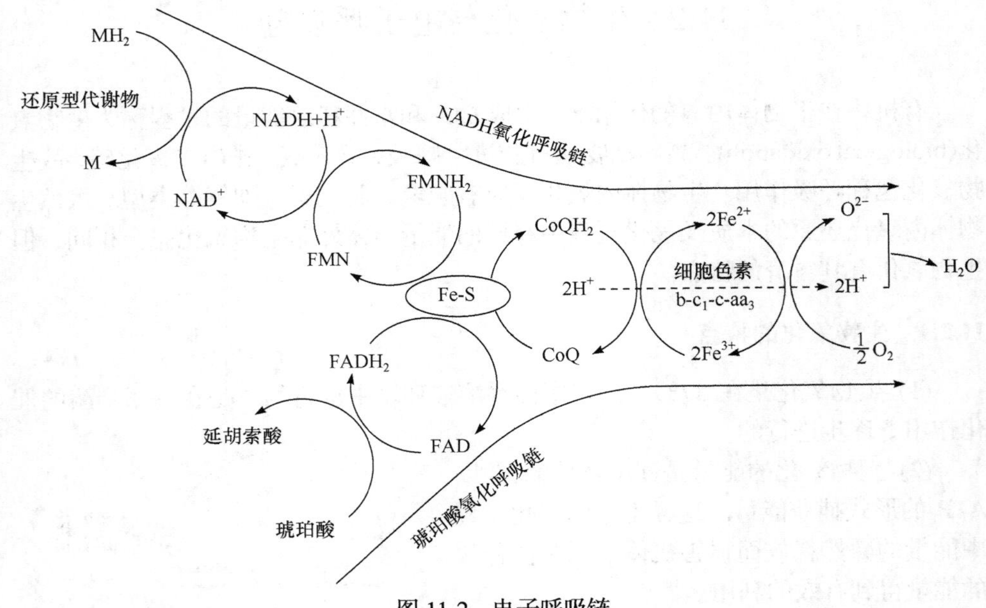

图 11-2　电子呼吸链

多数代谢物所脱的氢，是经 NADH 呼吸链传递给氧的，在糖分解代谢中，只有琥珀酸氧化所脱的氢是经 $FADH_2$ 呼吸链传递的。

在生物体内的呼吸链还有其他一些形式，例如某些细菌中(如分枝杆菌)用维生素 K 代替 CoQ。许多细菌没有完整的细胞色素系统，生物进化越高级，呼吸链就越完善。虽然呼吸链的形式很多，但呼吸链链传递电子的顺序基本上是一致的。

2. 呼吸链的组成

NADH 呼吸链由复合物Ⅰ、Ⅲ、Ⅳ构成，$FADH_2$ 呼吸链由复合物Ⅱ、Ⅲ、Ⅳ构成，其中的电子传递体主要有 5 类。

(1) 烟酰胺脱氢酶类　以 NAD^+或 $NADP^+$为辅酶的不需氧脱氢酶，目前已知有 200 多种。代谢物脱下的氢为 NAD^+或 $NADP^+$接受而使其转变为 $NADH+H^+$或 $NADPH+H^+$。

(2) 黄素脱氢酶类　黄素单核苷酸(FM)或黄素腺嘌呤二核苷酸(FAD)作为辅基与酶蛋白结合是较牢固的，这类酶催化脱氢可将代谢物上的一对氢原子直接传给 FMN 或 FAD 的异咯嗪基而形成 $FMNH_2$ 或 $FADH_2$。

(3) 铁硫蛋白类(Fe-S)　铁硫蛋白(也称铁硫中心)存在于线粒体内膜上，含非卟啉铁和对酸不稳定的硫。铁硫蛋白有数种，铁原子都是配位连接到无机硫原子和蛋白质中半胱氨酸侧链的硫原子上。在铁硫蛋白内，电子由铁原子携带，其作用是借铁的变价进行电子传递。它在接受电子时由 Fe^{3+}状态变为 Fe^{2+}状态。当电子转移到其他电子载体时，铁原子又恢复其 Fe^{3+}状态。

已知的铁硫蛋白有多种，概括为 3 类，最简单的是单个铁四面与蛋白质中的半胱氨酸的硫络合；第二类是 Fe_2S_2，含有 2 个铁原子与 2 个无机硫原子及 4 个半胱氨酸；第三类为 Fe_4S_4，含有 4 个铁原子与 4 个无机硫原子及 4 个半胱氨酸。在从 NADH 到氧的呼吸链中，有多个不同的铁硫中心，例如复合物Ⅱ就含有三个 Fe_2S_2 中心。

(4) 辅酶 Q　辅酶 Q(coenzyme Q，CoQ)是存在于线粒体内膜上的脂溶性小分子。因在生物界广泛存在，属于醌类化合物，故又称泛醌。由于它的非极性性质，可以在线粒体内膜的疏水相中快速扩散。辅酶 Q 在呼吸链中处于中心地位，它可以接受电子和氢原子，成为还原型的辅酶 Q(简称为 QH_2)。QH_2 还原复合物Ⅲ的细胞色素分子，本身又被氧化为氧化型的辅酶 Q。

辅酶 Q 有许多不同的种类，不同的辅酶 Q 主要是侧链异戊二烯的数目不同，常用 CoQ_n 表示它的一般结构，动物和高等植物一般为 CoQ_{10}，微生物一般为 $CoQ_{6\sim9}$。

(5) 细胞色素类　1925 年 Keilin 发现昆虫的飞翔肌中含有一种色素物质参与氧化还原反应，因这种色素物质有颜色，故命名为细胞色素(cytochrome，Cyt)。细胞色素是一类以卟啉为辅基的电子传递蛋白，在呼吸链中，依靠铁的化合价的变化来传递电子。

根据所含辅基还原状态时的吸收光谱的差异将细胞色素分为若干种类。迄今发现的有 30 多种，在高等动物的线粒体内膜上常见的细胞色素有 5 种：Cyt b、Cyt c、Cyt c_1、Cyt a 和 Cyt a_3。线粒体中的细胞色素绝大部分和内膜紧密结合，只有 Cyt c 结合较松，易于分离纯化，结构较清楚。不同种类的细胞色素的辅基结构及与蛋白质连接的方式是不同的。b、c_1、c 的辅基均为血红素；a、a_3 的辅基为血红素 A；c 和 c_1 的辅基与蛋白质的两个半胱氨酸残基侧链通过硫醚键相连，而 b、a、a_3 均是以非共价键连接。

细胞色素氧化酶是一个跨膜蛋白。除 Cyt a_3 外，其余的细胞色素中的铁原子均与卟啉环蛋白质形成 6 个配位键，因此不能再与 O_2、CO、CN 等结合。唯有 a_3 的铁原子形成 5 个配位键，还保留一个配位键，能与 O_2、CO、CN 等结合，其正常功能是与氧结合，可以被分子氧直接氧化。目前，还不能把 a 和 a_3 分开，故把 a 和 a_3 合称为细胞色素氧化酶。在 a_3 分子中除铁外，尚含有两个铜原子，依靠其化合价的变化，把电子从 a_3 传到氧。

在典型的线粒体呼吸链中，细胞色素传递电子的顺序是：

$$\text{Cyt b} \longrightarrow \text{Cyt } c_1 \longrightarrow \text{Cyt c} \longrightarrow \text{Cyt a} \longrightarrow \text{Cyt } a_3 \longrightarrow 1/2\ O_2$$

3. 呼吸链中传递体的顺序

用标准氧化还原电位 ($E^{\ominus}$) 确定呼吸链中各组分的排列顺序。在氧化还原反应中，如果反应物失去电子，则该物质称为还原剂；如果反应物得到电子，则该反应物称为氧化剂。在氧化还原反应中，一种物质作为还原剂失去电子本身被氧化，则另一种物质作为氧化剂将得到电子被还原。物质得失电子的趋势可以用氧化还原电位 $E^{\ominus}$ 定量表示。氧化还原物质与标准氢电极组成原电池，可测定其 $E^{\ominus}$ 。

呼吸链各组分在链上的位置次序与其得失电子趋势的强度有关，电子总是从低氧化还原电位向高的电位上流动，氧化还原电位 $E^{\ominus}$ 的数值越低，即供电子的倾向越大，越易成为还原剂而处在呼吸链的前面。

11.2.3 氧化磷酸化作用

生物体通过生物氧化所产生的能量，除一部分用以维持体温外，大部分可以通过磷酸化作用转移至高能磷酸化合物 ATP 中，此种伴随放能的氧化作用而进行的磷酸化作用称为氧化磷酸化作用(oxidative phosphorylation)。根据生物氧化方式，广义的氧化磷酸化分为底物水平磷酸化及电子传递体系磷酸化，狭义的氧化磷酸化是指电子传递体系磷酸化。ATP 主要由 ADP 磷酸化所生成，少数情况下，可由 AMP 焦磷酸化生成。

1) 底物水平磷酸化

底物水平磷酸化是在被氧化的底物上发生磷酸化作用，即在底物被氧化的过程中，形成了某些高能磷酸化合物，这些高能磷酸化合物通过酶的作用使 ADP 生成 ATP。

$$\text{X}\sim\text{Pi+ADP} \longrightarrow \text{ATP+X}$$

式中，X～Pi 代表底物在氧化过程中所形成的高能磷酸化合物。

在糖的分解代谢中就存在底物磷酸化现象，例如：

$$\text{甘油酸-1,3-二磷酸+ADP} \longrightarrow \text{甘油酸-3-磷酸+ATP}$$

伴随着底物的脱氢，分子内部能量重新分布形成了高能磷酸化合物。高能磷酸化合物再将高能磷酸基转移给 ADP 生成 ATP。

依据相同的机制，α-酮戊二酸氧化脱羧生成琥珀酸、甘油酸-2-磷酸转化为烯醇式丙酮酸并进一步转化为丙酮酸，均发生底物水平磷酸化作用，各生成一个 ATP。

2) 电子传递体系磷酸化

电子由 NADH 或 $FADH_2$ 经呼吸链传递给氧，最终形成水的过程中伴有 ADP 磷酸化为 ATP，这一过程称电子传递体系磷酸化。

电子传递体系磷酸化是生物体内生成 ATP 的主要方式。电子传递是氧化放能反应，ADP 与 P 生成 ATP 的磷酸化是吸能反应。氧化磷酸化是偶联进行的，体内 95%的 ATP 是经电子传递体系磷酸化途径产生的。

3) 呼吸链与 ATP 生成量的关系

(1) P/O 比值同 ATP 生成量的关系　P/O 比值是指每消耗 1 mol 氧原子所消耗无机磷酸的摩尔数。根据所消耗的无机磷酸摩尔数，可间接测出 ATP 生成量。测定离体线粒体进行物质氧化时的 P/O 比值，是研究氧化磷酸化的常用方法。例如实验测定维生素 C 经 Cty c 氧化的 P/O 值为 0.88，即认为可形成 1 mol ATP 。同理根据 NADH 呼吸链的 P/O 值可确定能形成 2.5 mol ATP，$FADH_2$ 呼吸链能形成 1.5 mol ATP。目前的看法是：每个 $NADH+H^+$在呼吸链的传递过程中，能将 10 个 H^+泵出线粒体内膜，$FADH_2$ 则泵出 6 个 H^+，而每驱动合成 1 分子 ATP 需要 4 个 H^+(其中 1 个 H^+用于将线粒体内生成的 ATP 转运到胞浆)。由此推算 NADH 呼吸链应形成 2.5 mol ATP，$FADH_2$ 呼吸链应形成 1.5 mol ATP。

(2) 自由能的变化值ΔG 同 ATP 生成量的关系　在呼吸链中各电子对标准氧化还原电位 $E'^{\ominus}$ 的不同，实质上也就是能级的不同。自由能的变化可以从平衡常数计算，也可以由反应物与反应产物的氧化还原电位计算。氧化还原电位和自由能的关系可由以下公式计算：

$$\Delta G'^{\ominus} = -nF\Delta E'^{\ominus}$$

式中，$\Delta G'^{\ominus}$ 代表反应的自由能，单位为 kJ/mol；n 为电子转移数；F 为法拉第常数，值为 96.49 kJ/V；$\Delta E'^{\ominus}$ 为电位差值。

利用上式，对于任何一对氧化还原反应都可由 $\Delta E'^{\ominus}$ 方便地计算出 $\Delta G'^{\ominus}$，例如：

$$NADH+H^+ + CoQ \longrightarrow NAD^+ + CoQH_2$$

$$\Delta G'^{\ominus} = -2\times 96.49\times[+0.045-(-0.32)] = -70.44\ kJ/mol$$

从 NADH 到 CoQ 的电位差为 0.36 V，从 CoQ 到 Cty c 的电位差为 0.20 V，从 Cty aa_3 到 O_2 的电位差为 0.52 V。根据公式 $\Delta G'^{\ominus} = -nF\Delta E'^{\ominus}$ 计算，它们的 $\Delta G'^{\ominus}$

值分别为：−70.44 kJ/mol、−38.60 kJ/mol、−100.35 kJ/mol。每合成 1 mol ATP 需能 30.52 kJ/mol，在 NADH 呼吸链中这 3 个质子转移部位所产生的自由能均超过此值。

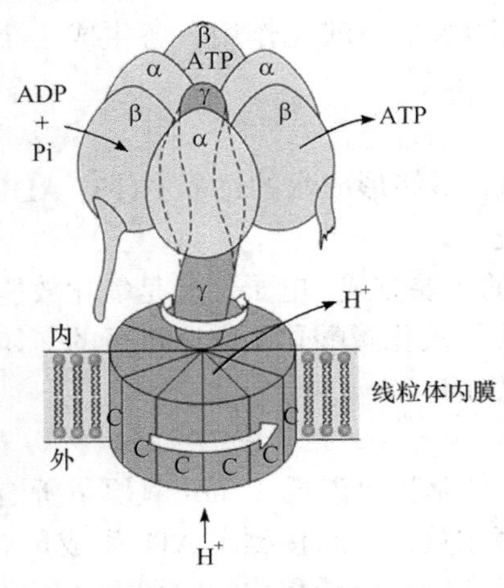

图 11-3　ATP 的生成机制

4) 氧化磷酸化的机制

构象变化学说(conformational hypothesis)是 P. Boyer 于 1964 年提出的，认为电子传递使线粒体内膜的蛋白质分子发生了构象变化，推动了 ATP 的生成。1994 年 J. Walker 等发表了 0.28 nm 分辨率的牛心线粒体 F_1-ATP 合酶的晶体结构。高分辨的电子显微镜研究表明，ATP 合酶含有像球状把手的 F_1 头部、横跨内膜的基底部分 F_o 以及将头部和基底部分连接起来的柄部三个部分(图 11-3)。

头部 F_1 分子量(M_r)约为 380 000，含有 9 个多肽亚基($\alpha_3\beta_3\gamma\delta\varepsilon$)。$F_o$ 嵌合在线粒体内膜中，其中的 10～12 个 C 亚基形成一个环状结构，1 个α亚基和 2 个β亚基位于环状结构外侧，以及由γ亚基构成的跨膜质子通道。

F_1 的 3 个α亚基和 3 个β亚基交替排列，形成橘子瓣样的结构。γ和 ε 亚基结合在一起，位于$\alpha_3\beta_3$ 的中央，构成可以旋转的“转子”，F_1 的 3 个β亚基均有与腺苷酸结合的部位，并呈现 3 种不同的构象。其中与 ATP 紧密结合的称为β-ATP 构象，与 ADP 和 Pi 结合较疏松的称为β-ADP 构象，与 ATP 结合力极低的称为β-空构象。质子流通过 F_o 的通道时，C 亚基环状结构的扭动使γ亚基构成的“转子”旋转，引起$\alpha_3\beta_3$ 构象的协同变化，使β-ATP 构象转变为β-空构象并放出 ATP。当β-ADP 构象转变为β-ATP 构象时，使结合在β亚基上的 ADP 与 Pi 结合成 ATP。

构象变化学说可以解释 ATP 生成的机制，P. Boyer 和 J. Walker 也因此荣获 1997 年的诺贝尔化学奖。

第12章　糖　代　谢

糖代谢包括糖的分解代谢与合成代谢。

糖的分解代谢主要指大分子糖经酶促降解成单糖后，进一步降解，氧化成 CO_2 和 H_2O，并释放能量的过程；糖的分解代谢在无氧和有氧条件下均可以进行。糖酵解和三羧酸循环是生命过程中最重要的产能途径。除为机体的生命活动提供能量外，糖类分解代谢的中间产物还可为氨基酸、核苷酸、脂肪酸、类固醇的合成提供碳骨架，具有重要的生理意义。

糖的合成代谢指绿色植物和光合微生物利用日光作为能源，二氧化碳作为碳源，与水合成葡萄糖并释放氧气的过程。依靠光合作用，地球每年约有 10 t CO_2 被转化成糖类化合物。对动植物来说，是指怎样利用葡萄糖合成糖原或淀粉，以及非糖物质如何转化为糖。本书主要介绍后者。

糖类代谢与脂质、蛋白质等物质代谢相互联系、相互转化，不可分割，构成了代谢的统一整体。

12.1　糖的分解代谢

12.1.1　多糖和低聚糖的酶促降解

多糖和低聚糖由于分子大，不能透过细胞膜，所以在被生物体利用之前必须水解成单糖，其水解均依靠酶的催化来进行。

1. 淀粉的酶促水解

α-淀粉酶可以水解淀粉中任何部位的 α-1,4 糖苷键，水解产物为寡糖和葡萄糖的混合物。β-淀粉酶只能从非还原端开始水解 α-1,4 糖苷键，每次水解产生 1 个麦芽糖，其水解产物为糊精和麦芽糖的混合物。在动物的消化液中有 α-淀粉酶，在植物的种子与块根中有 α-及 β-淀粉酶。

淀粉→糊精→麦芽糖

2. 糖原的酶促水解

糖原在细胞内的降解是经磷酸化酶的磷酸解作用生成葡糖-1-磷酸，由于磷酸化酶也只能磷酸解α-1,4 糖苷键，而不作用于α-1,6 糖苷键，故糖原的完全分解必须在脱支酶等的协同作用下才能完成。

如图 12-1 所示，磷酸化酶作用于糖原分子的非还原端，循序进行磷酸解，连续释放葡糖-1-磷酸，直到在分支点以前还有 4 个葡萄糖残基为止。然后在脱支酶的转移酶活性作用下，糖原分支上的 3 个葡萄糖残基被转移至主链的非还原末端，在分支点处还留下一个 1→6 糖苷键连接的葡萄糖残基，葡萄糖残基再被脱支酶(debranching enzyme)的α(1→6)糖苷酶活性水解为游离的葡萄糖。

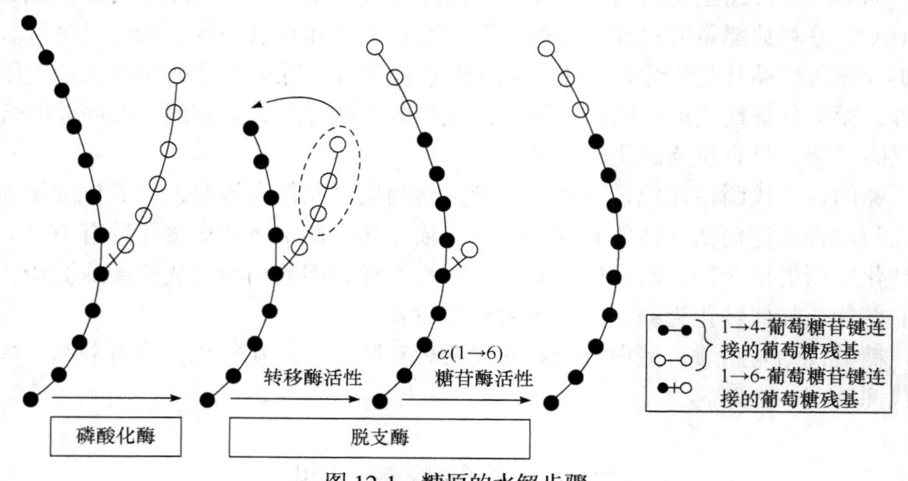

图 12-1 糖原的水解步骤

3. 纤维素的酶促水解

人的消化道中没有水解纤维素的酶，但不少微生物如细菌、真菌、放线菌、原生动物等能产生纤维酶及纤维二糖酶，它们能催化纤维素完全水解成葡萄糖。

4. 双糖的酶水解

双糖的酶水解在双糖酶催化下进行，双糖酶中最重要的除有麦芽糖酶、纤维二糖酶外，还有蔗糖酶、乳糖酶等，它们都属于糖苷酶类，广泛分布于植物、微生物与动物的小肠液中。

食物中的糖类经肠道消化为葡萄糖、果糖、半乳糖等单糖。单糖可被吸收入血。血液中的葡萄糖称为血糖，正常人空腹血糖浓度为 3.9～6.1 mmol/L。正常人血糖浓度维持在一个相对恒定的范围内，又称血糖稳态。血糖稳态是因为血糖的代谢有来源有去路。消化后吸收的单糖经门静脉入肝，一部分合成肝糖原进行储存，另一部分经肝静脉进入血液循环，输送给全身各组织，在组织中分别进行合成与分解代谢。

为了尽量利用糖分子中蕴藏的能量和有特殊生理意义的代谢产物，生物体在不同的组织细胞、不同的环境条件下，采用了复杂微妙的多种糖分解代谢方式。

12.1.2 糖酵解

无氧条件下的糖酵解(glycolysis)作用最初发现自肌肉提取液。由于葡萄糖转化为乳酸与酵母内葡萄糖发酵成乙醇和 CO_2 的过程相似，都经历了由葡萄糖变成丙酮酸(pyruvic acid)这段共同的生化反应历程，所以统称 1 mol 葡萄糖变成 2 mol 丙酮酸并伴随 ATP 生成的过程为糖酵解。有时也称 1 mol 葡萄糖到 2 mol 乳酸的整个反应过程为糖酵解。糖酵解是动物植物、微生物共同存在的糖代谢途径。

1. 糖酵解过程

糖酵解的全部过程从葡萄糖开始，包括 10 步酶促反应，反应均在细胞质中进行，详见图 12-2。

(1) 葡萄糖在葡糖激酶(glucokinase)或已糖激酶的催化下，生成 6-磷酸葡萄糖。激酶使底物磷酸化，但必须是 ATP 提供磷酸基团。ATP 将γ磷酸基团转移到葡萄糖分子上消耗一个 ATP。为糖酵解的限速步骤。

(2) 6-磷酸葡萄糖在已糖磷酸异构酶的催化下，转化为 6-磷酸果糖。

(3) 6-磷酸果糖在果糖磷酸激酶(phosphofructokinase)的催化下，利用 ATP 提供的磷酸基团生成 1,6-二磷酸果糖(fructose-1,6-bisphosphate)。

①激酶催化磷酸基团从 ATP 上转移到某代谢物分子上。当 Mg^{2+}存在时，激酶才有活性。②葡糖激酶与果糖磷酸激酶催化的两步反应均是释放大量自由能的不可逆反应。两种酶均是别构酶类，并通过酶活性的调节来控制糖酵解的反应速度。

(4) 在醛缩酶(aldolase)的催化下，1,6-二磷酸果糖分子在第 3 与第 4 碳原子之间断裂为两个三碳化合物，即磷酸二羟丙酮(dihydroxyacetone phosphate)与 3-磷酸甘油醛(glyceraldaldehyde-3-phosphate)。

醛缩酶催化的是可逆反应，标准状况下，平衡倾向于醇醛缩合成 1,6-二磷酸果糖一侧，但在细胞内，由于正反应产物丙糖磷酸被移走，平衡可向正反应迅速进行。

(5) 在磷酸丙糖异构酶(triose phosphate isomerase)的催化作用下，两个三碳糖之间有同分异构体的互变。

由于 3-磷酸甘油醛持续被氧化，反应的平衡将向生成 3-磷酸甘油醛的方向移动。总的结果相当于 1 分子 1,6-二磷酸果糖生成 2 分子 3-磷酸甘油醛。

(6) 3-磷酸甘油醛氧化为 1,3-二磷酸甘油酸(1,3-bisphosphoglycerate，1,3-BPG)。①3-磷酸甘油醛的氧化是糖酵解过程唯一的氧化脱氢反应，生物体通过此

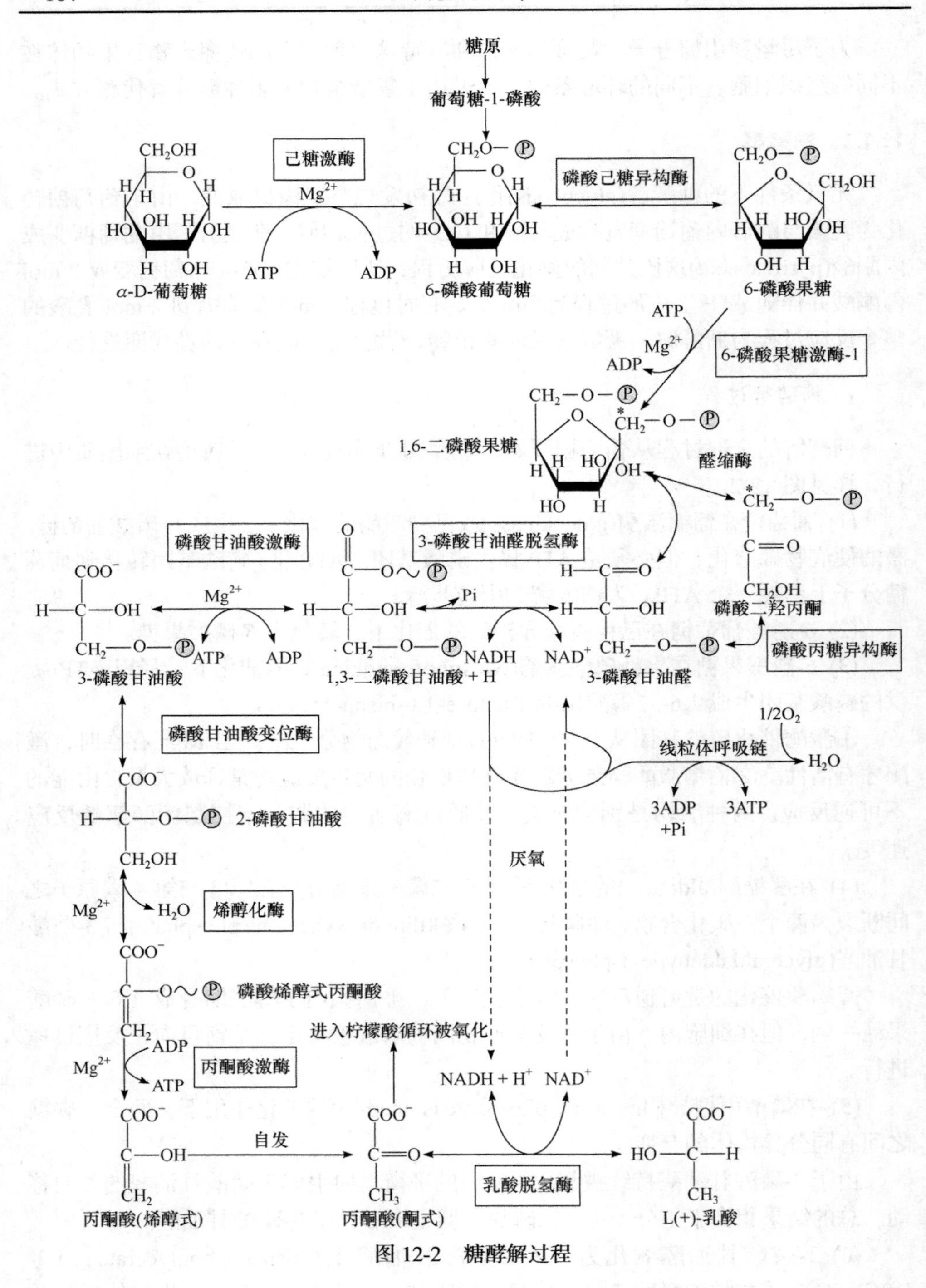

糖原
葡萄糖-1-磷酸
己糖激酶
Mg^{2+}
ATP
ADP
α-D-葡萄糖
6-磷酸葡萄糖
磷酸己糖异构酶
6-磷酸果糖
ATP
Mg^{2+}
ADP
6-磷酸果糖激酶-1
1,6-二磷酸果糖
醛缩酶
磷酸二羟丙酮
磷酸丙糖异构酶
磷酸甘油酸激酶
3-磷酸甘油醛脱氢酶
Pi
NADH
NAD^+
3-磷酸甘油酸
1,3-二磷酸甘油酸 + H
3-磷酸甘油醛
$1/2O_2$
线粒体呼吸链
H_2O
3ADP +Pi
3ATP
磷酸甘油酸变位酶
2-磷酸甘油酸
厌氧
烯醇化酶
磷酸烯醇式丙酮酸
进入柠檬酸循环被氧化
丙酮酸激酶
$NADH + H^+$
自发
乳酸脱氢酶
丙酮酸(烯醇式)
丙酮酸(酮式)
L(+)-乳酸

图 12-2　糖酵解过程

反应可以获得能量。②催化此反应的酶为 3-磷酸甘油醛脱氢酶(glyceraldehyde-3-phosphate dehydrogenase)，它的辅酶 NAD(nicotinamide adenine dinucleotide)转化为 NADH。③反应中同时进行脱氢和磷酸化反应，分子内部能量重新分配，并将能量储存在 1,3-磷酸甘油酸分子中，为下一步底物磷酸化做准备。④碘乙酸为 3-磷酸甘油醛脱氢酶的抑制剂，可与酶活性中心的—SH 基结合。

从葡萄糖到丙酮酸的中间产物，全部是磷酸化合物，这个现象不是偶然的。在这些化合物中，磷酰基提供了一个带负电荷的基团，其意义在于基团的极性，可阻止中间产物透过细胞膜，从而维持糖在细胞内的高浓度(高极性分子一般不易通过细胞膜)，使酵解反应全部在胞质中进行。此外磷酸基的提供，对储存积聚糖酵解的能量也起着重要作用。

(7) 1,3-二磷酸甘油酸生成 3-磷酸甘油酸(3-phosphoglycerate，3-PG)。

磷酸甘油酸激酶将高能磷酸基团转移给 ADP 生成 ATP。

(8) 3-磷酸甘油酸转变成 2-磷酸甘油酸(2-phosphoglycerate，2-PG)。

由甘油酸磷酸变位酶催化，其变位机制与葡糖磷酸变位机制相似，即 3-磷酸甘油酸与 2-磷酸甘油酸互换磷酰基，互换作用是由甘油酸磷酸变位酶的磷酸化型与非磷酸化型的互变来完成的。

(9) 2-磷酸甘油酸在烯醇化酶的催化下生成磷酸烯醇式丙酮酸(phosphoenolpyruvate)。

①脱水使 2-磷酸甘油酸分子内部能量重新分配，产生高能磷酸化合物磷酸烯醇丙酮酸。②氟化物对烯醇化酶有抑制作用。

(10) 磷酸烯醇丙酮酸在丙酮酸激酶(pyruvate kinase)催化下生成丙酮酸。

①经底物磷酸化生成一个 ATP，磷酸烯醇丙酮酸转化成烯醇丙酮酸。②烯醇丙酮酸不稳定，可自动生成丙酮酸，为非酶促反应。

2. 糖酵解的能量计算

糖酵解作用是一放能过程。酵解如果从葡萄糖开始净生成 2 mol ATP(表 12-1)。如果从糖原开始，可净得 3 mol ATP。

表 12-1 1 mol 葡萄糖经酵解所产生的 ATP 的量

反应	ATP 的增减量/mol
葡萄糖→6-磷酸葡萄糖	−1
6-磷酸果糖→1,6-二磷酸果糖	−1
1,3-二磷酸甘油酸→3-磷酸甘油酸	+1×2
磷酸烯醇丙酮酸→丙酮酸	+1×2
1 mol 葡萄糖净增 ATP 的量/mol	+2

3. 糖酵解的调控

从单细胞生物到高等动植物体内都存在糖酵解过程，其生理意义主要是释放能量，使机体在缺氧情况下仍能进行生命活动，酵解过程的中间产物可为机体提供碳骨架。糖酵解反应速度主要受以下 3 种酶的调控。

(1) 果糖磷酸激酶是最关键的限速酶。

①ATP/AMP 比值对该酶活性的调节具有重要的生理意义。当 ATP 浓度较高时，该酶几乎无活性，酵解作用减弱；当 AMP 积累，ATP 较少时，酶活性恢复，酵解作用增强。②H^+可抑制果糖磷酸激酶的活性，它可防止肌肉中形成过量乳酸而使血液酸中毒。③柠檬酸含量高，说明细胞能量充足，葡萄糖就无须为合成其前体而降解。因此柠檬酸可增加 ATP 对酶的抑制作用。④6-磷酸果糖在果糖磷酸激酶的催化下可磷酸化为 2,6-二磷酸果糖。2,6-二磷酸果糖能消除 ATP 对酶的抑制效应，使酶活化。

(2) 己糖激酶活性的调控。

6-磷酸葡萄糖是该酶的别构抑制剂。果糖磷酸激酶活性被抑制时，可使 6-磷酸葡萄糖积累，酵解作用减弱。然而，因 6-磷酸葡萄糖可转化为糖原及戊糖磷酸，因此己糖激酶不是酵解过程关键的限速酶。

(3) 丙酮酸激酶活性的调节。

①1,6-二磷酸果糖是该酶的激活剂，可加速酵解速度。②丙氨酸是该酶的别构抑制剂。酵解产物丙酮酸为丙氨酸的生成提供了碳骨架。丙氨酸抑制丙酮酸激酶的活性，可避免丙酮酸的过剩。③ATP、乙酰 CoA 等也可抑制该酶活性，减弱酵解作用。

4. 丙酮酸的继续氧化

从葡萄糖到丙酮酸的糖酵解阶段是几乎所有生物体都存在的普遍代谢途径。只是在氧存在与否的条件下，或在不同的生物体内，丙酮酸的代谢去路又有所不同。在组织缺氧条件下，丙酮酸还原为乳酸；酵母可使丙酮酸还原成乙醇；在有氧条件下，丙酮酸转化为乙酰辅酶 A(acetyl-coenzyme A，乙酰 CoA)进入柠檬酸循环或称为三羧酸循环，彻底氧化为水和二氧化碳。

1) 丙酮酸还原成乳酸

人和动物激烈运动时，肌肉组织供氧不足，或乳酸菌在无氧条件下发酵，丙酮酸都会还原为乳酸(lactic acid)。剧烈运动后，肌肉及血液中乳酸含量很高就是这个原因。

由葡萄糖到乳酸的总反应式：

$$\text{葡萄糖}(C_6H_{12}O_6)+2Pi+2ADP \longrightarrow 2\ \text{乳酸}(CH_3CHOHCOOH)+2ATP+2H_2O$$

利用乳酸菌发酵可生产奶酪、酸奶和乳酸菌饮料。厌氧生物和某些特殊的细胞，例如成熟的红细胞因没有线粒体不能进行有氧氧化，只能以糖酵解作为唯一的供能途径。人和动物在细胞暂时缺氧时也是通过该途径获得能量。

在无氧条件下，NADH 还原丙酮酸或乳酸，最重要的意义是 NADH 被转化为 NAD^+，使 3-磷酸甘油醛的脱氢反应可以持续。否则，一旦 NAD^+被耗尽，3-磷酸甘油醛的脱氢反应无法进行，糖酵解途径会因此而终止，细胞会因为得不到能量而死亡。

2) 丙酮酸还原成乙醇(ethanol)

无氧条件下，酵母等微生物及植物细胞的丙酮酸能继续转化为乙醇并释放出 CO_2，该过程称为乙醇发酵。其反应机制如下：

(1) 丙酮酸首先在丙酮酸脱羧酶的催化下，以硫胺素焦磷酸(TPP)为辅酶，脱羧变成乙醛，放出 CO_2。

(2) 在乙醇脱氢酶(alcohol dehydrogenase)的催化下，以 $NADH+H^+$为供氢体，乙醛(acetaldehyde)为受氢体，乙醛被还原成乙醇。

$$CH_3COCOO^- \xrightarrow[\text{丙酮酸脱羧酶}]{TPP,\ Mg^{2+}} CH_3CHO + CO_2 \xrightarrow[\text{乙醇脱氢酶}]{NADH^+ + H^+ \rightarrow NAD^+} CH_3CH_2OH$$

丙酮酸　　乙醛　　乙醇

乙醇发酵的总反应式：

葡萄糖($C_6H_{12}O_6$)+2Pi+2ADP ⟶ 2 乙醇(CH_3CH_2OH)+2ATP+$2H_2O$+$2CO_2$

酿酒、制作面包和馒头均为乙醇发酵过程。某些植物种子发芽或受涝时，由于发酵产生的乙醇会使幼苗和根腐烂。

1 个葡萄糖经过乙醇发酵会生成 2 个 CO_2，资源消耗相当大。用淀粉水解得到的葡萄糖生产乙醇用作燃料，不论经济方面是否合算，从资源利用角度讲是不合算的。

12.1.3 糖的有氧分解

无氧条件下，糖酵解途径仅释放有限的能量。大部分生物的糖代谢是在有氧条件下进行的。葡萄糖的有氧分解代谢是一条完整的代谢途径。经过糖酵解、柠檬酸循环和氧化磷酸化的过程，葡萄糖最终转化成 CO_2 和 H_2O。

为了叙述方便，将糖的有氧氧化分为 3 个阶段。第一阶段为葡萄糖至丙酮酸(糖酵解过程)，反应在细胞质中进行；第二阶段是丙酮酸进入线粒体被氧化脱羧成乙酰辅酶 A；第三阶段是乙酰 CoA 进入柠檬酸循环生成 CO_2 和 H_2O。有氧条件下的糖酵解过程与无氧条件基本相同，只是 3-磷酸甘油醛氧化脱氢产生的 NADH，其代谢去路不同，因而产生 ATP 的数量也不相同。糖酵解过程已完成了糖有氧氧化的第一阶段，因此本节主要介绍第二、三阶段如何被氧化的问题。

1. 丙酮酸氧化脱羧形成乙酰 CoA

线粒体膜上有丙酮酸脱氢酶系(pyruvate dehydrogenase complex)(多酶复合物),催化丙酮酸进行不可逆的氧化与脱羧反应,并使之与CoA结合形成乙酰CoA。

$$\underset{\text{丙酮酸}}{CH_3-CO-COO^-} + \underset{\text{CoA}}{HS-CoA} + NAD^+ \xrightarrow{\text{丙酮酸脱氢酶系}} \underset{\text{乙酰CoA}}{CH_3-CO-SCoA} + CO_2 + NADH^+ + H^+$$

参加这一酶系的辅酶有硫胺素焦磷酸(TPP)、硫辛酸、CoA、黄素腺嘌呤二核苷酸(FAD)和烟酰胺腺嘌呤二核苷酸(NAD^+)。组成酶系的共有 3 种酶：丙酮酸脱氢酶(pyruvate dehydrogenase，E_1)、二氢硫辛酰转乙酰基酶(dihydrolipoic acid acetyltransferase，E_2)和二氢硫辛酰脱氢酶(dihydrolipoic acid dehydrogenase，E_3)。

2. 三羧酸循环

乙酰 CoA 的乙酰基部分是在有氧条件下通过一种循环被彻底氧化为 CO_2 和 H_2O 的。这种循环因开始于乙酰 CoA 与草酰乙酸(oxaloacetate)缩合生成的含有 3 个羧基的柠檬酸，因此称为三羧酸循环(tricarboxylic acid cycle，TCA)或柠檬酸循环(citric acid cycle)。三羧酸循环的具体流程见图 12-3。它不仅是糖的有氧分解代谢的途径，也是机体内一切有机物的碳链骨架氧化成 CO_2 和 H_2O 的必经途径。

三羧酸循环包括下列多步反应，现分述如下：

(1) 乙酰 CoA 在柠檬酸合酶催化下与草酰乙酸进行缩合生成柠檬酸。

①该反应为缩合反应,反应不可逆。②生成中间产物柠檬酰 CoA,柠檬酰 CoA 的高能硫酯键水解，放出能量推动反应进行，生成柠檬酸。

(2) 柠檬酸脱水生成顺乌头酸(*cis*-aconitic acid)，然后加水生成异柠檬酸(isocitrate)。

①分异构化反应，为可逆反应，催化该反应的酶为顺乌头酸酶(aconitase)，该酶是含铁的非血红素蛋白，含有一个[4Fe-4S]铁硫簇，又称铁硫中心，因此 Fe^{2+}是必需阳离子。②从柠檬酸至顺乌头酸至异柠檬酸，先后经历脱水与加水过程，从而改变了分子内的 OH^-和 H^+的位置，使不能氧化的叔醇转变成可氧化的仲醇。

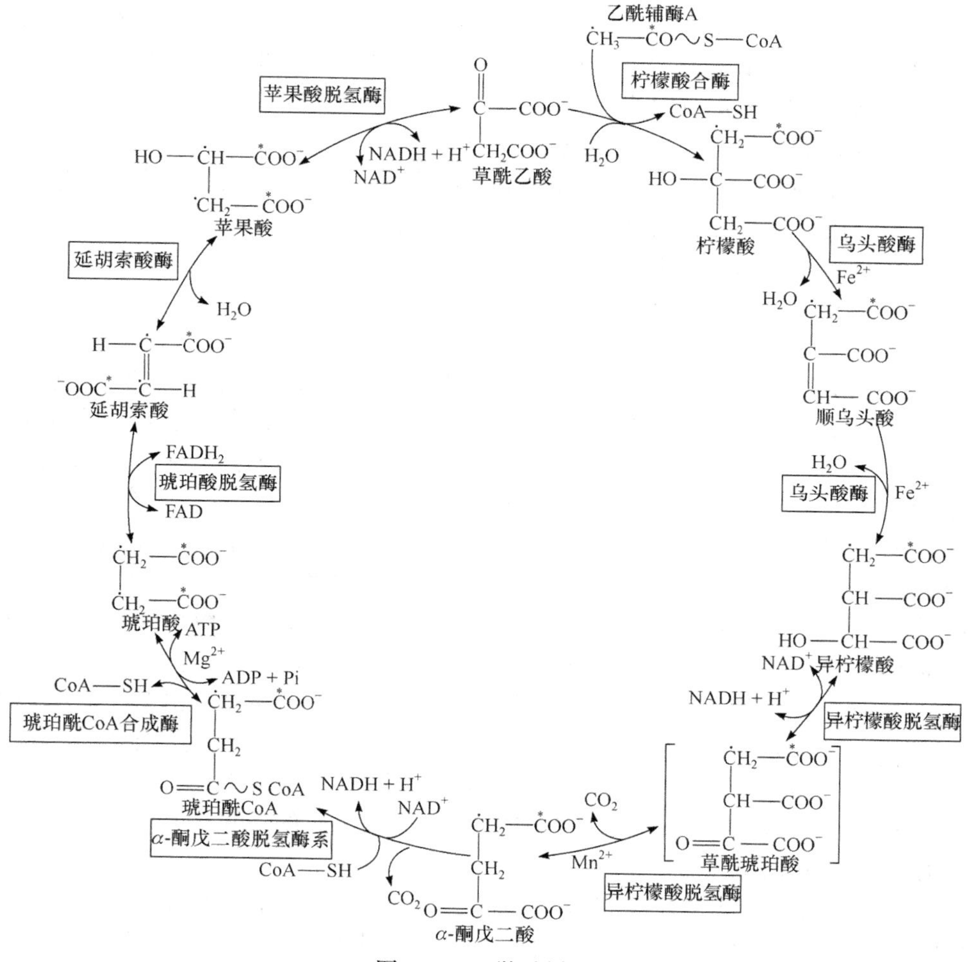

图 12-3　三羧酸循环

(3) 异柠檬酸氧化与脱羧生成α-酮戊二酸。

①在异柠檬酸脱氢酶(isocitrate dehydrogenase)的催化下，异柠檬酸脱去 $2H^+$，其中间产物草酰琥珀酸迅速脱羧生成α-酮戊二酸(α-ketoglutarate)。该反应为不可逆反应。②两步反应均为异柠檬酸脱氢酶所催化。现在认为这种酶具有脱氢和脱羧两种催化能力。

由柠檬酸到异柠檬酸的反应都是三羧酸间的转化，在此反应之后则是二羧酸的变化了。

(4) α-酮戊二酸氧化脱羧形成琥珀酰 CoA(succinyl CoA)。

①与丙酮酸氧化脱羧机制相类似，释放大量能量。②是三羧酸循环中的第二次氧化脱羧，产生了 NADH 及 CO_2。

(5) 琥珀酰 CoA 在琥珀酰 CoA 合成酶(succinyl CoA synthetase)催化下，转移其硫酯键至鸟苷二磷酸(GDP)上生成鸟苷三磷酸(GTP)，同时生成琥珀酸(succinic acid)，然后 GTP 再与 ADP 生成一个 ATP。

(6) 琥珀酸被氧化成延胡索酸(fumarate)。

①琥珀酸脱氢酶(succinate dehydrogenase)催化此反应，为可逆反应。②黄素腺嘌呤二核苷酸(FAD)为辅基，生成 $FADH_2$，相当于 1.5 个 ATP。

(7) 延胡索酸加水生成苹果酸(malate)。

该反应属可逆反应，由延胡索酸酶催化。

(8) 苹果酸被氧化成草酰乙酸。

①该反应属可逆反应，由苹果酸脱氢酶催化。②是三羧酸循环中的第四次氧化还原反应，也是三羧酸循环的最后一步，产生 1 个 NADH。至此草酰乙酸又重新形成。

三羧酸循环一周，消耗 1 分子乙酰辅酶 A(二碳化合物)。循环中的三羧酸、二羧酸并不因参加此多步循环而有所增减。因此，在理论上，这些羧酸只需微量，就可不息地循环，促使乙酰 CoA 氧化。但是，三酸循环中的某些中间代谢物能够转变成其他物质，可能引起三羧酸循环运转障碍，这时三羧酸循环中的某些中间代谢物必须被更新补充。三羧酸循环的多个反应是可逆的，但由于柠檬酸的合成及α-酮戊二酸的氧化脱羧是不可逆的，故此循环是单方向进行。

从三羧酸循环图中可以看出，丙酮酸所含的 3 个碳原子被氧化生成 3 分子的 CO_2，其中 1 分子是在形成乙酰 CoA 时产生的，另外 2 分子的 CO_2 则是在三羧酸循环中产生的[见(3)、(4)]。在三羧酸循环中有两次脱羧生成 2 分子 CO_2，与进入循环的二碳乙酰基的碳原子数相等(但以 CO_2 方式失去的碳并非来自乙酰基的两个 C 原子，而是来自草酰乙酸)。

丙酮酸氧化脱羧反应及三羧酸循环中的反应，反应物都脱下一对 H^+交给 NAD^+或 FAD^+，生成 NADH 或 $FADH_2$。NADH 或 $FADH_2$ 经呼吸链将 H^+交给氧而生成水并释放能量。

三羧酸循环首先是在鸽的横纹肌和鸽肝中证实的。现在已知生物界中均存在着三羧酸循环途径，因此它具有普遍的生物学意义：

①糖的有氧分解代谢产生的能量最多，是机体利用糖或其他物质氧化而获得能量的最有效方式。②三羧酸循环的重要性不仅是供给生物体的能量，而且它还是糖类、脂质、蛋白质三大物质转化的枢纽。③三羧酸循环所产生的各种重要的中间产物，对其他化合物的生物合成也有重要意义。在细胞迅速生长期间，三羧酸循环可供应多种化合物的碳骨架，以供细胞生物合成之用。④在植物体内，三羧酸循环中形成的有机酸既是生物氧化基质，也是生长发育过程中特定时期特定器官中的积累物质，如柠檬果实富含柠檬酸、苹果中富含苹果酸等。⑤在发酵工业上也已利用微生物的三羧酸循环代谢途径生产有关的有机酸如柠檬酸。

三羧酸循环速度受 4 种酶活性的调控：①丙酮酸脱氢酶系催化的反应虽不属于柠檬酸循环，但对于葡萄糖来说是进入柠檬酸循环的必经之路。乙酰 CoA 和 NADH 是丙酮酸脱氢酶系的抑制剂，NAD^+和 CoA 则是该酶的激活剂。②柠檬酸合酶是该途径关键的限速酶。其活性受 ATP、NADH、琥珀酰 CoA 的抑制；草酰乙酸和乙酰 CoA 的浓度较高时，可激活该酶的活性。③异柠檬酸脱氢酶受到 Ca^{2+} 和 ADP 的别构激活和 NADH 的抑制。④α-酮戊二酸脱氢酶系是三羧酸循环的另外一种限速酶。它们的活性也受 ATP、NADH 的抑制。体外实验证实，琥珀酰 CoA 是α-酮戊二酸脱氢酶系的抑制剂。

3. 糖有氧分解中的能量变化

葡萄糖无氧分解生成乳酸时，仅放出 196 kJ/mol 自由能，而葡萄糖的有氧分解则可产生 2867.48 kJ/mol。

生物体放能不是骤然放出的，一些放能过程往往与一些吸能过程相偶联。高等生物的活动所需要的自由能，主要是由三羧酸循环提供的。在糖的有氧分解各阶段中，脱去的氢原子和氧化合生成水分子时，释放出大部分能量，并偶联着 ADP 转变为 ATP 的磷酸化反应。实验表明，在氧化分解反应中，脱去的氢原子经 NAD^+ 或 $NADP^+$传递至氧时可生成 2.5 个 ATP，经 FAD 或 FMN 等传递至氧时可生成 1.5 个 ATP。1 mol 葡萄糖在有氧分解代谢过程中所产生的 ATP 数可用表 12-2 来说明。

表 12-2　1 mol 葡萄糖在有氧分解时所产生的 ATP 摩尔数

反应阶段	反应过程	ATP 的消耗与合成			
		消耗	合成		净得
			底物磷酸化	电子传递磷酸化	
酵解	葡萄糖→6-磷酸葡萄糖	1			−1
	6-磷酸果糖→1,6-二磷酸果糖	1			−1
	3-磷酸甘油醛→1,3-二磷酸甘油酸			2.5×2	5
	1,3-二磷酸甘油酸→3-磷酸甘油酸		1×2		2
	2-磷酸烯醇丙酮酸→烯醇丙酮酸		1×2		2
丙酮酸氧化脱羧	丙酮酸→乙酰辅酶 A			2.5×2	5
三羧酸循环	异柠檬酸→α-酮戊二酸			2.5×2	5
	α-酮戊二酸→琥珀酰辅酶 A			2.5×2	5
	琥珀酰辅酶 A→琥珀酸		1×2		2
	琥珀酸→延胡索酸			1.5×2	3
	苹果酸→草酰乙酸			1.5×2	5
	总计	32			

每摩尔葡萄糖在机体内彻底氧化时，净产生 32 mol ATP。若自糖原开始氧化时，因只消耗 1 mol ATP，故每个葡萄糖单位净获得到 33 mol ATP 。显然，和葡萄糖无氧酵解时只生成 2 mol ATP 相比较，糖的有氧代谢为机体提供了更多的可利用能。

葡萄糖有氧分解的总反应可表示如下：

$$C_6H_{12}O_6+6O_2+32H_3PO_4 \longrightarrow 6H_2O+6CO_2+32ATP$$

4. 戊糖磷酸途径

糖的无氧酵解及有氧氧化过程是生物体内糖分解代谢的主要途径，但不是唯一的途径，糖的另一氧化途径称为戊糖磷酸途径(pentose phosphate pathway)。加碘乙酸能抑制甘油醛-3-磷酸脱氢酶，此酶被抑制后，糖酵解和有氧氧化途径均停止，但许多微生物以及很多动物组织中仍有一定量的糖被彻底氧化成 CO_2 与 H_2O，特别是植物组织中普遍地进行此种氧化。1931 年，Otto Warburg 和 Fritz Lipman 等发现了 $NADP^+$是葡糖-6-磷酸脱氢酶和葡糖酸-6-磷酸脱氢酶的辅酶。1951 年 D. B. Scott 和 S. S.Cohen 分离到核酮糖-5-磷酸，进一步确认了该途径的存在。由于这一途径涉及几个戊糖磷酸的相互转化，所以称为戊糖磷酸途径。因为该反应是从葡糖-6-磷酸开始的，故又称为已糖磷酸支路。

戊糖磷酸途径的化学反应过程主要包括葡糖-6-磷酸脱氢生成葡糖酸-6-磷酸，再经过脱羧基作用转化为戊糖磷酸，最后通过转移二碳单位的转酮醇酶(transketolase)和转移三碳单位的转醛醇酶(transaldolase)的催化作用，进行分子间基团交换，重新生成已糖磷酸和甘油醛磷酸(图 12-4)。

由于生成的果糖-6-磷酸易转化为葡糖-6-磷酸，因此可以明显地看出这个代谢途径具有循环机制的性质，即一个葡萄糖分子每循环一次只脱去一个羧基(放出一个 CO_2)和两次脱氢形成 2 个 $NADPH+H^+$。若 6 分子葡萄糖同时参加戊糖磷酸途径反应，可生成 6 个 CO_2 和 5 分子葡糖-6-磷酸，相当于 1 个葡萄糖分子彻底氧化，其总反应如下：

$$6(\text{葡糖-6-磷酸})+6O_2 \longrightarrow 5(\text{葡糖-6-磷酸})+6CO_2+5H_2O+H_3PO_4$$

戊糖磷酸途径的主要特点：①葡萄糖直接脱氢和脱羧，不必经过糖酵解途径，也不必经过三羧酸循环。②在整个反应过程中，脱氢酶的辅酶为 $NADP^+$而不是 NAD^+。③戊糖磷酸途径可分为氧化阶段与非氧化阶段，前者是从葡糖-6-磷酸脱氢、脱羧形成核酮糖-5-磷酸的过程；后者是戊糖磷酸分子重排产生已糖磷酸和丙糖磷酸的过程。

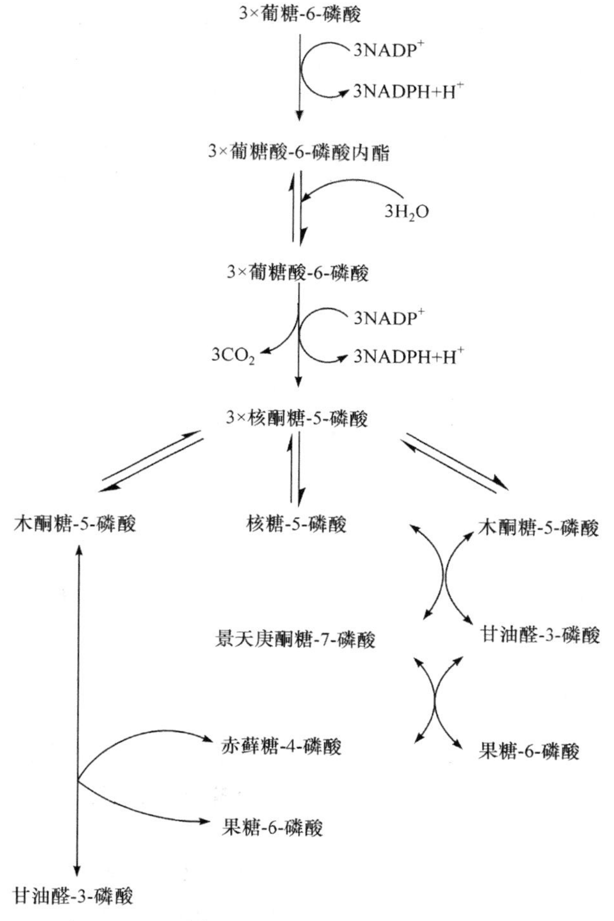

图 12-4　戊糖磷酸途径

戊糖磷酸途径的生物学意义：戊糖磷酸途径的酶类已在许多动植物中发现，这说明戊糖磷酸途径也是普遍存在的一种糖代谢方式，但在不同的组织或器官中它所占的比重有所不同。

(1) 戊糖磷酸途径生成的 NADPH 可被用于合成代谢的还原反应，如脂肪酸和固醇类化合物的生物合成。NADPH 可使 GSH 保持还原状态，GS 能使红细胞膜和血红蛋白的巯基免遭氧化破坏，因此缺乏葡糖-6-磷酸脱氢酶的人，因 NADPH 缺乏，使 GSH 含量过低，红细胞易遭破坏而发生溶血性贫血。肝细胞内质网含有以 NADPH 为供氢体的加单氧酶体系，可参与激素、药物、毒物的生物转化。

(2) 戊糖磷酸途径中产生的核糖-5-磷酸是核酸生物合成的必需原料，并且核酸中核糖的分解代谢也可通过此途径进行。核糖类化合物还与光合作用密切相关。

(3) 通过转酮及转醛醇基反应使丙糖、丁糖、戊糖、己糖、庚糖相互转化。

(4) 在植物中赤藓糖-4-磷酸与甘油酸-3-磷酸可合成草酸,后者可转变成多酚,也可转变成芳香氨基酸如色氨酸及吲哚乙酸等。

戊糖磷酸途径与糖的有氧、无氧分解途径相互联系。甘油醛磷酸是糖分解代谢3种途径的枢纽点。如果戊糖磷酸途径由于受到某种因素影响不能继续进行时,生成的甘油醛磷酸可进入无氧或有氧分解途径,以保证糖的分解仍然能继续进行。糖分解途径的多样性,可以认为是从物质代谢上表现生物对环境的适应性。

12.2　糖的合成代谢

自然界中糖的基本来源是绿色植物及光能细菌的光合作用,以无机物 CO_2 及 H_2O 为原料合成糖。异养生物不能以无机物为原料合成糖。本节将着重介绍非糖物质如何转化为糖,以及寡糖和多糖的合成。

12.2.1　糖异生作用

许多非糖物质如甘油、丙酮酸、乳酸以及某些氨基酸等能在肝中转变为葡萄糖,称糖异生作用 (gluconeogenesis)。

1. 糖异生途径

各类非糖物质转变为葡萄糖的具体步骤基本上按糖酵解逆行过程进行。但从丙酮酸转变为葡萄糖的过程中,并非完全是糖酵解的逆转反应。前已述及糖酵解过程中有3个激酶的催化反应是不可逆的。

(1) 丙酮酸转变为磷酸烯醇式丙酮酸反应是沿另一支路来完成的,即丙酮酸在丙酮酸羧化酶(pyruvate carboxylase)的催化下,固定 CO_2,由ATP供应能量,生成草酰乙酸,后者在磷酸烯醇式丙酮酸羧激酶(phosphoenolpyruvate carboxykinase, PEPCK)的催化下由GTP提供磷酸基,脱羧生成磷酸烯醇式丙酮酸(phosphoenolpyruvate)。

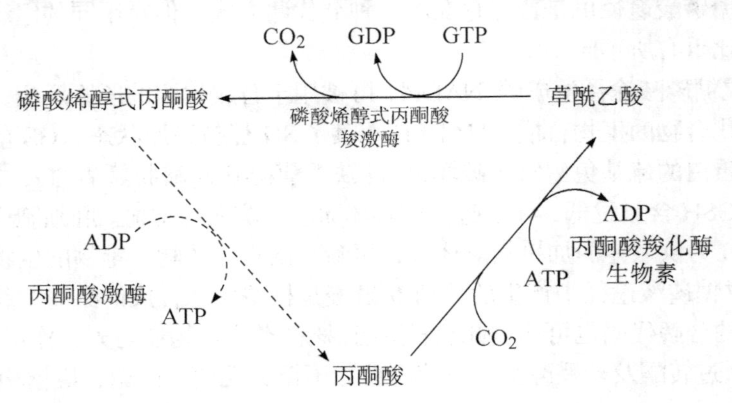

(2) 在磷酸烯醇式丙酮酸沿逆酵解途径合成葡萄糖的过程中，由于使果糖-6-磷酸转变成果糖-1,6-二磷酸的果糖磷酸激酶的作用是不可逆的，所以在糖异生中，由果糖-1,6-二磷酸转变为果糖-6-磷酸不能靠果糖磷酸激酶催化，而需借果糖-1,6-二磷酸酶催化水解，脱去磷酸生成果糖-6-磷酸。

(3) 葡糖-6-磷酸转变为葡萄糖由葡糖-6-磷酸酶催化，水解生成葡萄糖。

从丙酮酸到葡萄糖的总反应式为：

$$2\,\text{丙酮酸}+4ATP+2GTP+2NADH+2H^{+}+4H_2O \longrightarrow \text{葡萄糖}+2NAD^{+}+4ADP+2GDP+6Pi$$

糖异生过程如图 12-5 所示。

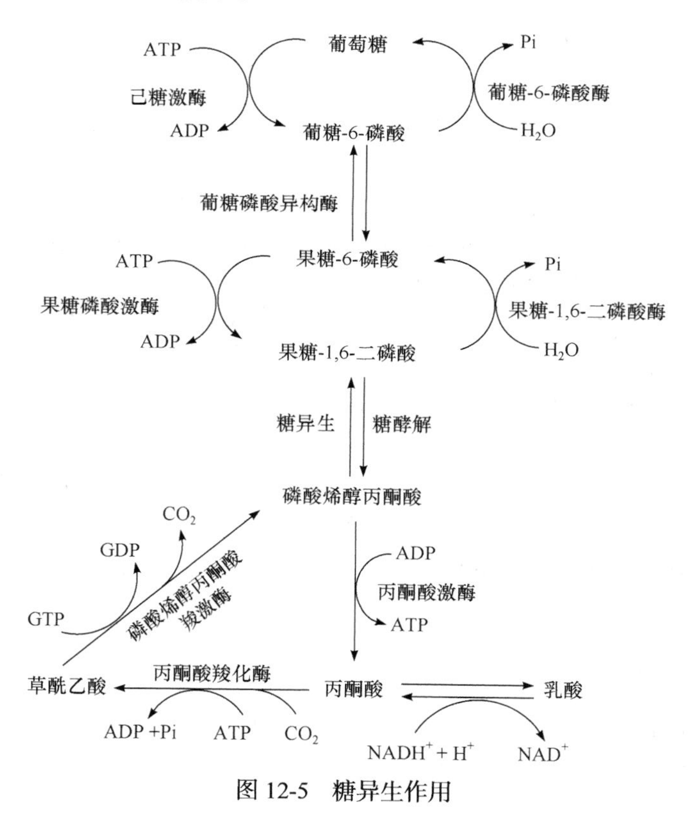

图 12-5 糖异生作用

剧烈运动时，肌肉收缩通过糖酵解作用生成的乳酸，通过血液进入肝，在肝内通过糖异生生成为葡萄糖。葡萄糖通过血液又被肌肉摄取，构成一个循环(肌肉-肝-肌肉)，称乳酸循环(lactic acid cycle)，或以发现者命名称作 Cori 循环(Cori cycle)。

2. 糖异生前体

(1) 凡是能生成丙酮酸的物质均可以转变成葡萄糖，例如乳酸、三羧酸循环的中间物柠檬酸、α-酮戊二酸、苹果酸等。

(2) 凡是能转变成丙酮酸、α-酮戊二酸、草酰乙酸的氨基酸(如丙氨酸、谷氨酸、天冬氨酸等)均可转变成葡萄糖。

(3) 脂肪水解产生的甘油转变为磷酸二羟丙酮后转变为葡萄糖，但动物体中脂肪酸氧化分解产生的乙酰 CoA 不能逆转为丙酮酸，因而不能异生成葡萄糖。

(4) 反刍动物糖异生途径十分旺盛。牛胃细菌可将纤维素分解为乙酸、丙酸、丁酸等，并且可以将奇数脂肪酸转变为琥珀酰 CoA，这些物质可异生成葡萄糖。

3. 糖异生和糖酵解的调控

糖异生与糖酵解是两个相反的代谢途径。对两条途径代谢速度的协调控制主要有下列环节：

(1) 高浓度的葡糖-6-磷酸可抑制己糖激酶，活化葡糖-6-磷酸酶从而抑制酵解，促进了糖异生。

(2) 果糖-1,6-二磷酸酶是糖异生的关键酶，果糖磷酸激酶是糖酵解的关键调控酶。ATP 抑制后者，激活前者。柠檬酸对果糖磷酸激酶亦有抑制作用。果糖-2,6-二磷酸是调节两酶活性的强效应物。当葡萄糖含量丰富时，激素调节使果糖-2,6-二磷酸增加，从而激活果糖酸激酶，并强烈抑制果糖-1,6-二磷酸酶，从而加速酵解，减弱糖异生。

(3) 丙酮酸羧化酶是糖异生的另一调节酶，其活性受乙酰 CoA 和 ATP 激活，受 ADP 抑制。

(4) 糖酵解速度也受丙酮酸激酶的调控，ATP、丙氨酸、NADH 对该活性有抑制作用，对果糖-1,6-二磷酸酶则有激活作用。

糖解和糖异生代谢的协调控制，在满足机体对能量的需求和维持血糖恒定方面具有重要的生理意义。

12.2.2　蔗糖的合成

蔗糖在植物界分布很广，特别是在甘蔗、甜菜、菠萝的汁液中含量很高。蔗糖不仅是重要的光合作用产物和高等植物的主要成分，而且是糖类在植物体中运输的主要形式。

蔗糖在高等植物中的合成主要有两种途径：①蔗糖合酶途径。利用尿苷二磷酸葡糖(UDPG)作为葡萄糖供体与果糖合成蔗糖。UDPG 是葡糖-1-磷酸与鸟苷 5′-三磷酸(uridine triphosphate，UTP)在 UDPG 焦磷酸化酶催化下生成的。②蔗糖磷酸合酶途径(图 12-6)。也利用 UDPG 作为葡萄糖供体，但葡萄糖受体不是游离果糖，而是果糖磷酸酯，合成产物是蔗糖磷酸酯，再经专一的磷酸酶作用脱去磷酸形成蔗糖。

因为蔗糖磷酸合酶的活性较强，且平衡常数有利，以及蔗糖磷酸的磷酸酯酶存在量大，途径②是植物合成蔗糖的主要途径。

蔗糖合酶有两个同工酶，一般认为一个是催化蔗糖合成的，另一个是催化蔗糖分解的。有研究者认为蔗糖合酶催化的途径①主要是分解蔗糖的作用，逆反应的趋势大于正反应。储藏淀粉的组织器官把蔗糖转变成淀粉时，蔗糖合酶起着重要作用。

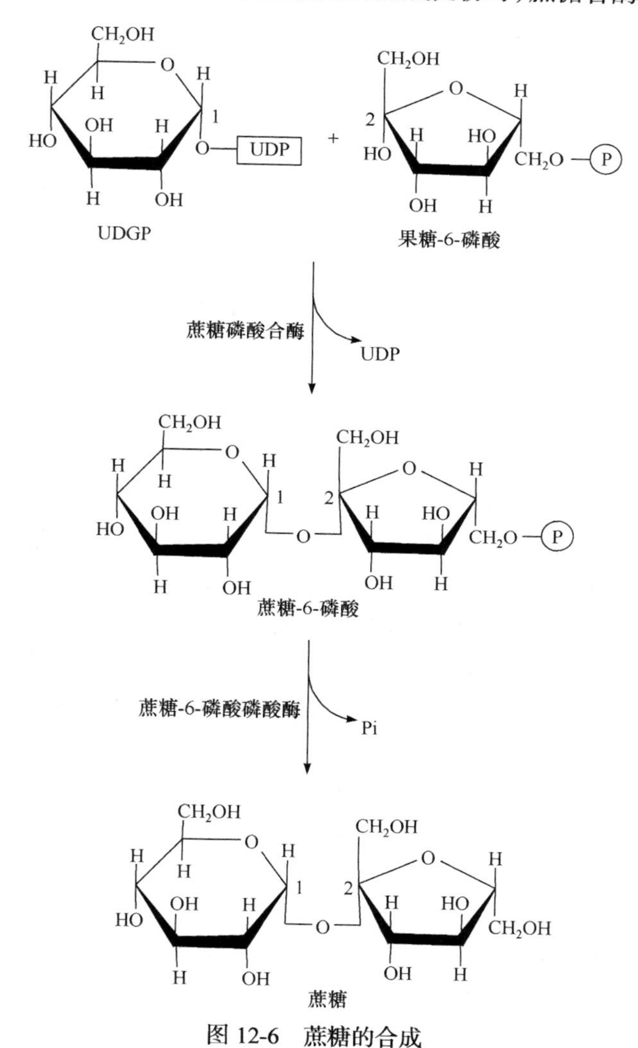

图 12-6　蔗糖的合成

12.2.3　多糖的合成

1. 糖原的合成

由葡萄糖合成糖原的过程称糖原生成作用。糖原合成过程可概括如下：①葡糖-1-磷酸在 UDPG 焦磷酸化酶催化下生成 UDPG。②在糖原合酶(glycogen synthase)催化下，UDPG 将葡萄糖残基加到糖原引物非还原端形成α-1,4 糖苷键。近年研究发现，糖原合成的初始引物是糖原蛋白。③由分支酶将α-1,4 糖苷键转换为α-1,6 糖苷键，形成有分支的糖原(图 12-7)。

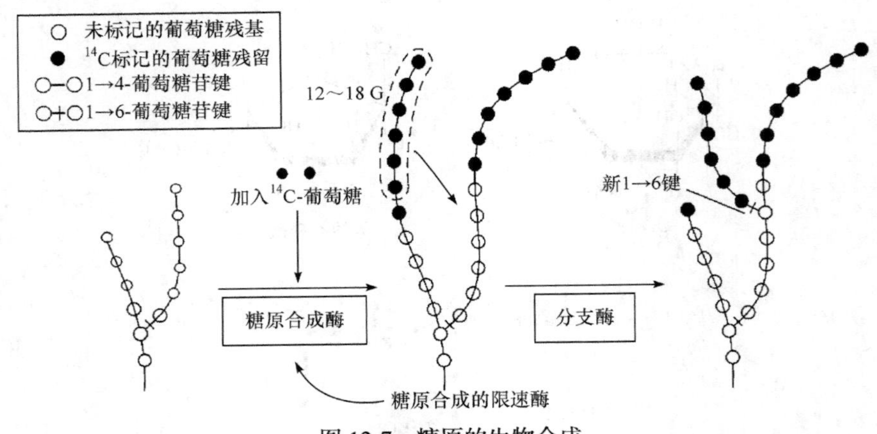

图 12-7　糖原的生物合成

糖原是葡萄糖的储存形式。当人和动物体肝及肌肉组织细胞内能量充足时，机体合成糖原以储存能量。当能量供应不足时，糖原分解、释放能量。糖原合成与分解的协调控制对维持血糖水平的恒定有重要意义。

糖原分解与合成的关键酶是磷酸化酶及糖原合成酶。两种酶的活性均受酶磷酸化或脱磷酸化的共价修饰调节。磷酸化的糖原磷酸化酶有活性，而磷酸化的糖原合酶则失去活性；脱磷酸的糖原磷酸化酶失去活性，而脱磷酸化的糖原合酶则增强活性。

糖原的合成与分解速度受激素的调节。例如胰岛素可促进糖原的合成并降低血糖，肾上腺素、胰高血糖素、肾上腺皮质激素则促进糖原降解，提高血糖浓度。

2. 淀粉的合成

光合作用所合成的糖，大部分转化为淀粉，很多高等植物尤其是谷类、豆类、薯类作物的籽粒及其储藏组织中都储存有丰富的淀粉。

1) 直链淀粉的合成

与淀粉合成有关的酶类主要是尿苷二磷酸葡糖(UDPG)转葡糖苷酶和腺苷二磷酸葡糖(ADPG)转葡糖苷酶。在有“引物”存在的条件下，UDPG 可转移葡萄糖至引物上，引物的功能是作为α-葡萄糖的受体。引物的分子可以是麦芽糖、麦芽三糖、麦芽四糖，甚至是一个淀粉分子。

近年来认为高等植物合成淀粉主要是通过 ADPG 转葡糖苷酶，ADPG 在淀粉合酶的 2 个位点交替作用，使糖链得以延伸，纤维素的合成需要以脂质作为“引物”。

2) 支链淀粉和其他多糖的合成

以上酶催化α-1,4 糖苷键的形成，但是支链淀粉除了α-1,4 糖苷键外，其分支上尚有α-1,6 糖苷键，α-1,6 糖苷键的形成需要另外的酶来完成。植物中的 Q 酶能催化α-1,4 糖苷键转换为α-1,6 糖苷键，使直链淀粉转化为支链淀粉。直链淀粉在 Q 酶作用下先分裂为分子较小的断片而后将断片移到 C_6 上，形成α-1,6 糖苷键连接的支链。

有些微生物也能利用蔗糖和麦芽糖合成淀粉。例如过黄奈氏球菌可以利用蔗糖合成类似于糖原或淀粉的多糖。糖蛋白糖链和细菌肽聚糖有重要的生物学功能，但生物合成比较复杂。

综上所述，生物体内糖的各条代谢途径(图 12-8)相互关联、相互协调，使糖代谢有条不紊地进行。任何一条代谢途径失调，都可能造成代谢紊乱或机体病变。

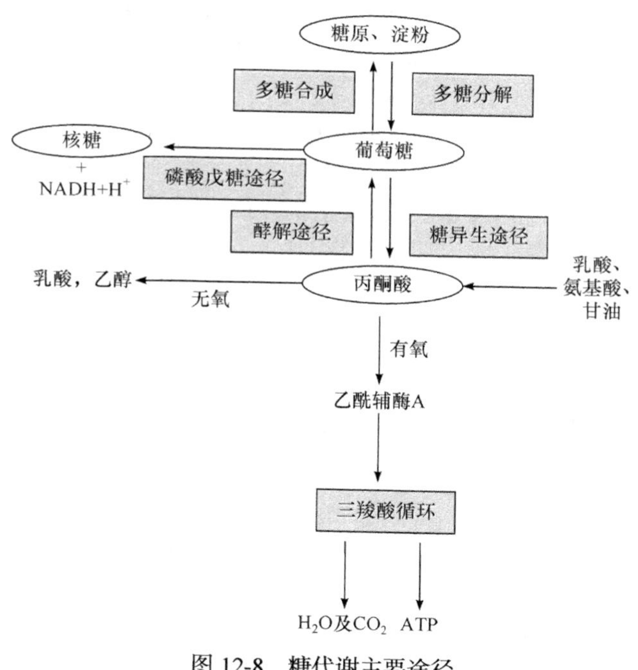

图 12-8　糖代谢主要途径

第 13 章　脂类代谢

生物体含有的脂质基本上分为单纯脂质和复合脂质。前者包括三酰甘油(又称脂肪或甘油三酯，triglyceride)和蜡，后者包括磷脂、糖脂、固醇等。这些脂质不但化学结构有差异，而且具有不同的生物学功能。

脂类是生物体内不可缺少的组成成分。如磷脂、糖脂、固醇等是构成生物膜的重要结构组分。类固醇(又称甾族化合物)在生物体内可形成固醇类激素、维生素 D 及胆汁酸等，磷酸肌醇有细胞内信使的作用，前列腺素有各种生理效应，糖脂与细胞的识别和免疫有着密切的联系。脂质代谢的中间产物萜类，可转变成维生素 A、E、K 及植物次生物质如橡胶、桉树油等。人类的疾病如冠心病、脂肪肝、肥胖症、酮尿症都与脂质代谢紊乱有关。

三酰甘油的生物功能和糖类相似，主要是在体内氧化放能，供给机体利用。1 g 三酰甘油氧化可放出能量 37.66 kJ，三酰甘油不仅含有较高热量而且储存在体内所占体积也小。

本章以三酰甘油为代表介绍脂类的分解和合成代谢。

13.1　脂类的分解代谢

13.1.1　三酰甘油的酶促水解

生物体利用三酰甘油作为供能原料的第一个反应步骤是通过脂肪酶水解三酰甘油生成甘油与脂肪酸。甘油和脂肪酸在组织内进一步氧化生成 CO_2 及水，所放出的化学能被机体用于完成各种生理功能。

脂肪酶广泛存在于动物、植物和微生物中，它能催化三酰甘油逐步水解产生脂肪酸和甘油。

$$
\begin{array}{l}CH_2OCOR_1\\ |\\ CHOCOR_2\\ |\\ CH_2OCOR_3\\ \text{三酰甘油}\end{array}
\xrightarrow{+H_2O}
\begin{array}{l}R_1COO^-\\ \text{脂肪酸}\\ \quad +\\ CH_2OH\\ |\\ CHOCOR_2\\ |\\ CH_2OCOR_3\\ \text{二酰甘油}\end{array}
\xrightarrow{+H_2O}
\begin{array}{l}R_3COO^-\\ \text{脂肪酸}\\ \quad +\\ CH_2OH\\ |\\ CHOCOR_2\\ |\\ CH_2OH\\ \text{单酰甘油}\end{array}
\xrightarrow{+H_2O}
\begin{array}{l}R_2COO^-\\ \text{脂肪酸}\\ \quad +\\ CH_2OH\\ |\\ CHOH\\ |\\ CH_2OH\\ \text{甘油}\end{array}
$$

甘油先经甘油激酶及 ATP 的作用氧化生成甘油-3-磷酸。

$$\begin{array}{l}CH_2OH \\ | \\ CHOH \\ | \\ CH_2OH\end{array} + ATP \xrightleftharpoons{\text{甘油激酶}} \begin{array}{l}CH_2O-\overset{\overset{\displaystyle O}{\|}}{P}-OH \\ |\qquad\quad | \\ C=O\quad OH \\ | \\ CH_2OH\end{array} + ADP$$

甘油　　　　　　　　　　　　　　　　　　甘油-3-磷酸

甘油-3-磷酸再经甘油磷酸脱氢酶催化脱氢，反应需要 NAD^+参加，生成磷酸二羟丙酮及 $NADH+H^+$。磷酸二羟丙酮可以循糖酵解过程转变为丙酮酸，再进入三羧酸循环氧化。磷酸二羟丙酮也可逆糖酵解途径生成糖。

$$\begin{array}{l}CH_2O-\overset{\overset{\displaystyle O}{\|}}{P}-OH \\ |\qquad\quad | \\ CHOH\quad OH \\ | \\ CH_2OH\end{array} + NAD^+ \xrightleftharpoons{\text{甘油磷酸脱氢酶}} \begin{array}{l}CH_2O-\overset{\overset{\displaystyle O}{\|}}{P}-OH \\ |\qquad\quad | \\ C=O\quad OH \\ | \\ CH_2OH\end{array} + NADH + H^+$$

磷酸二羟丙酮 ⟶ 糖

↓

丙酮酸

↓

$CO_2 + H_2O$

13.1.2 脂肪酸的β-氧化作用

Knoop 于 1904 年开始用苯环作为标记，追踪脂肪酸在动物体内的代谢过程。他根据实验推导出，脂肪酸降解时，是逐步将碳原子成对地从脂肪酸链上切下，而不是一个一个地拆除。他在这些实验的基础上提出脂肪酸的β-氧化(β-oxidation)学说，后来证明，他的学说是正确的。之后的多家实验室也证实了辅酶 A 在脂肪酸氧化中的作用，并分离纯化出脂肪酸β-氧化所必需的五种酶，确定了参加酶促反应的辅因子。脂肪酸在酶和辅因子的作用下β-碳原子被氧化，生成比原来少两个碳原子的脂酰辅酶 A 和一分子乙酰辅酶 A。一个脂肪酸分子经反复β-氧化，最终可能全部转变为乙酰辅酶 A。这些乙酰辅酶 A 在正常生理状态下一部分用来合成新的脂肪酸，大部分进入三羧酸循环，氧化供能。

1. 脂肪酸的活化

脂肪酸(fatty acid)的分解代谢发生于原核生物的细胞质基质及真核生物的线粒体基质中。脂肪酸在进入线粒体基质前，先与辅酶 A(CoA)由与内质网或线粒体外膜相连的脂酰辅酶 A 合成酶(acyl CoA synthetase，又称脂肪酸硫激酶Ⅰ，fatty acid thiokinase Ⅰ)催化，生成脂酰辅酶A。此反应需消耗一个ATP。由于反应产生的PPi立即被水解为两分子的Pi，使反应的总体是不可逆的。脂酰辅酶A合成酶实际是一个家族，至少有三种，具有对底物脂肪酸的链长不同的特异性。脂肪酸的活化机制如下：

$$RCH_2CH_2CH_2COO^- + ATP \longrightarrow RCH_2CH_2CH_2CHO-AMP + PPi$$

脂肪酸　　　　　　　　　　脂酰腺苷酸　　　　焦磷酸

$$RCH_2CH_2CH_2CHO-AMP + CoA \longrightarrow RCH_2CH_2CH_2CHOSCoA + AMP$$

脂酰腺苷酸　　　　　　　　　　脂酰辅酶A

这个反应是由CoA的巯基攻击脂酰腺苷酸混合酸酐中间体，形成脂酰辅酶A，并将ATP水解释放的自由能储存于高能硫酯键中。总的反应是由无机焦磷酸酶(inorganic pyrophosphatase)催化焦磷酸水解释放的能量驱动完成的。

2. 脂肪酸的转运

10个碳原子以下的脂酰辅酶A分子可以渗透通过线粒体内膜，但长链的脂酰辅酶A就不能轻易地透过线粒体内膜，需要与极性的肉碱(carnitine)分子结合。肉碱存在于植物和动物组织中。肉碱脂酰转移酶(carnitine acyltransferase)催化此反应。

肉碱脂酰转移酶有两种：肉碱脂酰转移酶Ⅰ和肉碱脂酰转移酶Ⅱ，分别位于线粒体内膜的内、外表面，它们可转运各种酰基。转运过程还需要一种特异的载体蛋白，它将脂酰肉碱运入线粒体，而将游离肉碱转运出去。

3. β-氧化作用

脂酰辅酶A的β-氧化作用是通过四步反应进行的：①脂酰辅酶A经脂酰辅酶A脱氢酶的催化，脱去两个H，生成一个带有反式双键的烯脂酰辅酶A；这一反应需要黄素腺嘌呤二核苷酸(FAD)作为氢的载体。②烯脂酰辅酶A经过水合酶的催化，生成β-羟脂酰辅酶A。③β-羟脂酰辅酶A经β-羟脂酰辅酶A脱氢酶及辅酶NAD^+的催化，脱去两个H而生成β-酮脂酰辅酶A。④β-酮脂酰辅酶A由硫解酶催化与另一分子辅酶A反应生成一分子乙酰辅酶A及一分子碳链短两个碳原子的脂酰辅酶A。

此少两个碳原子的脂酰辅酶A又经过脱氢、加水、再脱氢及硫解4步反应，又生成一分子乙酰辅酶A。如此重复进行，最终一分子脂肪酸通过β-氧化作用生成许多分子乙酰辅酶A(图13-1)。乙酰辅酶A可以进入三羧酸循环氧化成CO_2及H_2O，也可以参加其他合成代谢(如参与酮体和胆固醇的生成)。

4. 脂肪酸β-氧化过程中的能量转变

脂肪酸分子每次自脂酰辅酶A脱氢时，将氢传递给FAD生成$FADH_2$，后者在生物氧化过程中被氧化成水，同时生成1.5分子ATP。每次自β-羟脂酰辅酶A脱氢传递给NAD^+生成$NADH+H^+$再通过呼吸链氧化生成水时，则生成2.5分子

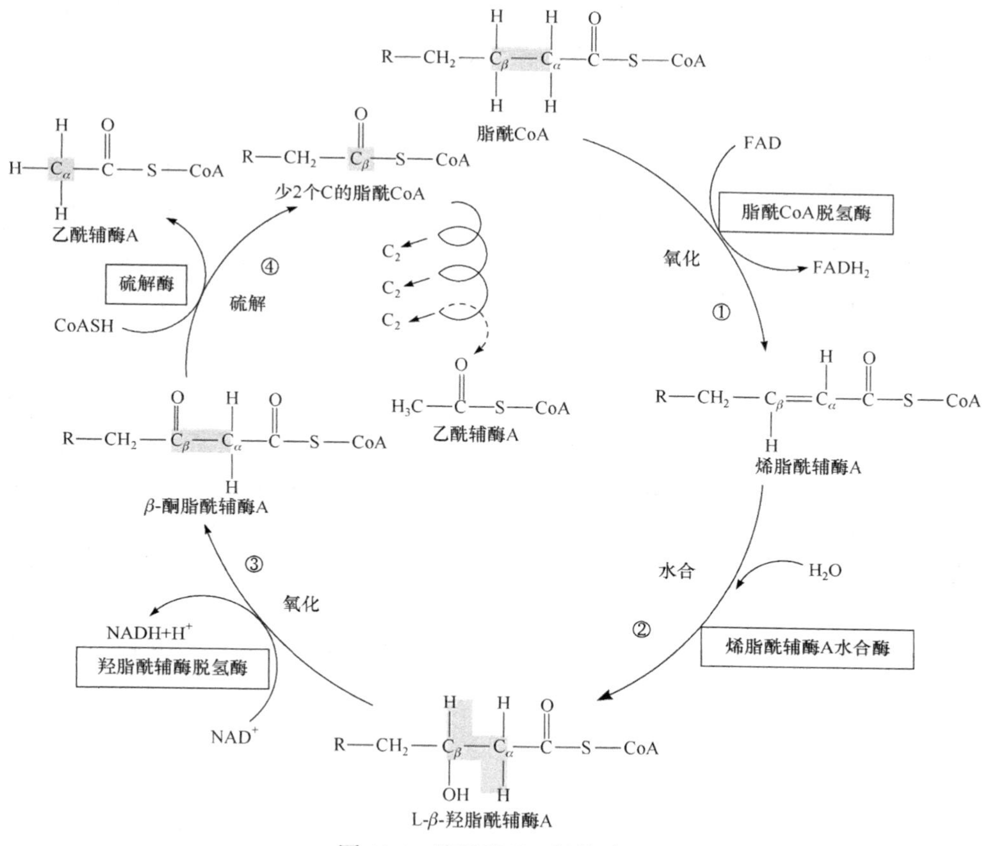

图 13-1　脂肪酸的β-氧化过程

ATP。现以软脂酸($C_{15}H_{31}COOH$)为例说明脂肪酸β-氧化过程中的能量转变。1 mol 软脂酸完全氧化成乙酰辅酶 A 共经过 7 次β-氧化，生成 7 mol $FADH_2$、7 mol NADH+H^+和 8 mol 乙酰辅酶 A，后者又可参加三羧酸循环彻底氧化。7 mol $FADH_2$ 和 7 mol NADH+H^+可提供 1.5×7+2.5×7=28 mol ATP。8 mol 乙酰辅酶 A 彻底氧化则可生成 10×8=80 mol ATP。但在软脂酸氧化开始生成软脂酰辅酶 A 的过程中曾耗去 2 mol ATP，因此每摩尔软脂酸完全氧化，在理论上至少可净合成 28+80−2= 106 mol ATP。

如用热量计直接测定 1 mol 软脂酸(256 g)完全氧化成二氧化碳和水时，可释放出能量 9790.56 kJ，由此可见，脂肪酸氧化所产生的能量有 30.54×106÷9790.56×100%=33.1%，以 ATP 的形式储存起来(ATP 水解为 ADP 和 Pi 时，$\Delta G'^{\ominus}=-30.54$ kJ，所以生成 1 mol ATP 相当于捕获 30.54 kJ 的能量)。

13.1.3　酮体的生成和利用

乙酰乙酸、β-羟丁酸和丙酮，统称为酮体。正常情况下，血液中酮体浓度相对恒定，这是因为肝中产生的酮体可被肝外组织迅速利用，尤其是肾和心肌具有较强的使乙酰乙酸氧化的酶系，其次是大脑。肌肉组织也是利用酮体的重要组织。对于不能利用脂肪酸的脑组织来说，利用酮体作为能源具有重要意义。但在某些生理或病理情况下，如因饥饿将糖原耗尽后，膳食中糖供给不足时，或因患糖尿病而缺乏氧化糖的能力时，脂肪分解加速，肝中酮体生成增加，超过了肝外组织氧化的能力。又因糖代谢减少，丙酮酸缺乏，可与乙酰辅酶 A 缩合成柠檬酸的草酰乙酸减少，更加减少了酮体的去路，使酮体积聚于血内成为酮血症。血内酮体过多，由尿排出，又形成酮尿。酮体为酸性物质，若超过血液的缓冲能力时，就可引起酸中毒。

1. 酮体的生成

脂肪酸β-氧化所生成的乙酰辅酶 A 在人及哺乳动物肝外组织中，大部分可迅速通过三羧酸循环氧化成二氧化碳及水，并产生能量，或被某些合成反应所利用，但是在肝中脂肪酸的氧化不是很完全，二分子乙酰辅酶 A 可以缩合成乙酰乙酰辅酶 A；乙酰乙酰辅酶 A 再与一分子乙酰辅酶 A 缩合成β-羟基-β-甲戊二酸单酰辅酶 A(HMG-CoA)，后者裂解成乙酰乙酸；乙酰乙酸在肝线粒体中可还原生成β-羟丁酸，乙酰乙酸还可以脱羧生成丙酮(图 13-2)。

肝中有活力很强的生成酮体的酶，但缺少利用酮体的酶。肝线粒体内生成的酮体可迅速透出肝细胞循血流输送至全身。

2. 酮体的氧化

在肝中形成的乙酰乙酸和β-羟丁酸进入血液循环后送至肝外组织，主要在心、肾、脑及肌肉中通过三羧酸循环氧化。β-羟丁酸首先氧化成乙酰乙酸，然后乙酰乙酸在β-酮脂酰辅酶 A 转移酶(在心肌、骨骼肌、肾、肾上腺组织中)或乙酰乙酸硫激酶(骨骼肌、心及肾等组织中)的作用下，生成乙酰乙酰辅酶 A，再与第二个分子辅酶 A 作用形成两分子乙酰辅酶 A，乙酰辅酶 A 可进入三羧酸循环途径氧化。此过程的反应式如下：

$$\underset{\text{乙酰乙酸}}{CH_3COCH_2COO^-} + \underset{\text{琥珀酰CoA}}{{}^-OOCCH_2CH_2COSCoA} \xrightleftharpoons{\beta\text{-酮脂酰辅酶A转移酶}}$$

$$\underset{\text{乙酰乙酰CoA}}{CH_3COCH_2COSCoA} + \underset{\text{琥珀酸}}{{}^-OOCCH_2CH_2COO^-}$$

或 $$\underset{\text{乙酰乙酸}}{CH_3COCH_2COO^-} + CoASH + ATP \xrightleftharpoons{\text{乙酰乙酸硫激酶}}$$

$$\underset{\text{乙酰乙酰CoA}}{CH_3COCH_2COSCoA} + AMP + PPi$$

$$\underset{\text{乙酰乙酰CoA}}{CH_3COCH_2COSCoA} + \underset{\text{CoA}}{CoASH} \xrightarrow{\text{硫解酶}} \underset{\text{乙酰CoA}}{2CH_3COSCoA}$$

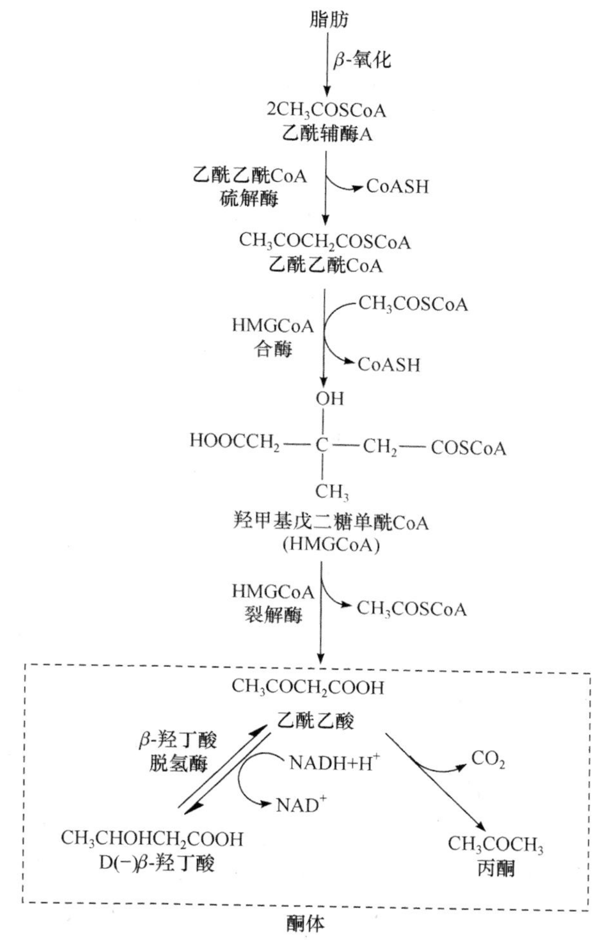

图 13-2　酮体的生成

上式的琥珀酰辅酶 A 可能是α-酮戊二酸氧化脱羧作用的中间产物，也可能由琥珀酸、ATP 与辅酶 A 作用而成。

$$^{-}OOCCH_2CH_2COO^{-} + CoASH + ATP \longrightarrow {}^{-}OOCCH_2CH_2COSCoA + ADP + Pi$$

酮体的另一化合物丙酮除随尿排出，还有一部分可直接从肺部呼出。丙酮在体内也可转变成丙酮酸或甲酰基及乙酰基，丙酮酸可以氧化，也可以合成糖原。

如上所述，肝氧化脂肪酸时可产生酮体，但由于缺乏β-酮脂酰辅酶 A 转移酶和乙酰乙酸硫激酶，故不能利用酮体，而肝外组织则相反，在脂肪酸氧化过程中不产生酮体，却能氧化由肝生成的酮体。这样肝把碳链很长的脂肪酸分裂成分子较小、易被其他组织用以供能的酮体，为肝外组织提供可利用的能源。

13.2 脂类的合成代谢

13.2.1 脂肪酸的生物合成

脂肪酸合成途径不同于脂肪酸氧化途径，这是生物合成和降解途径相对独立进行的例子。它允许这两个过程在热力学上都能进行，并且在相似的生理条件下受独立的机制调控。脂肪酸氧化和合成途径的主要差别如表 13-1 所示。

表 13-1 脂肪酸氧化和合成途径的主要差别

	β-氧化	脂肪酸合成
细胞内定位	发生在线粒体	发生在细胞质基质中
脂酰基载体	辅酶 A	酰基载体蛋白(ACP)
电子受体/供体	FAD、NAD^+	NADPH
生成和提供 C_2 单位的形式	乙酰辅酶 A	丙二酸单酰辅酶 A
酰基转运的形式	脂酰肉碱	柠檬酸

1. 脂肪酸合成的原料及转运

乙酰辅酶 A 是脂肪酸合成的原料，主要是由糖分解代谢产生的丙酮酸在线粒体中由丙酮酸脱氢酶系催化经脱氢脱羧产生的；另一部分也可由脂肪酸的β-氧化生成。当机体能量供应充足时，多余的乙酰辅酶 A 即可用于合成脂肪酸。由于产生乙酰辅酶 A 的部位都在线粒体，而脂肪酸生物合成是在细胞质基质中进行的，但是乙酰辅酶 A 不能自由通过线粒体膜。在线粒体中的乙酰辅酶 A 可通过三羧酸转运系统(tricarboxylate transport system)进入细胞质基质，来完成它的转运。

首先乙酰辅酶 A 和草酰乙酸结合成柠檬酸，后者经三羧酸转运系统透出线粒体至细胞质基质，在细胞质基质中柠檬酸经 ATP-柠檬酸裂解酶的催化重新生成乙酰辅酶 A 和草酰乙酸。草酰乙酸也不能返回线粒体用于柠檬酸的合成，但可经苹果酸再氧化脱羧而成丙酮酸，然后进入线粒体羧化成草酰乙酸，故实际上可把柠檬酸看作携带乙酰基团出线粒体的运输形式。线粒体外的苹果酸也可进入线粒体再形成草酰乙酸，作为合成柠檬酸的原料。苹果酸氧化脱羧产生的 NADPH 可用于脂肪酸的合成。

2. 乙酰 CoA 羧化产生丙二酸单酰 CoA

乙酰 CoA 被用于合成脂肪酸前要先进行羧化，催化此反应的酶是乙酰 CoA 羧化酶(acetyl CoA carboxylase)，生物素是该酶的辅基，在羧化反应中起转移羧基的作用，其反应过程如下：

$$\underset{\text{乙酰CoA}}{CH_3CO{\sim}SCoA} + CO_2 \xrightarrow[\text{ATP, Mg}^{2+}\text{, 生物素}]{\text{乙酰CoA羧化酶}} \underset{\text{丙二酸单酰CoA}}{\begin{array}{c} COO^- \\ | \\ CH_2 \\ | \\ CO\text{-}SCoA \end{array}}$$

乙酰 CoA 羧化酶为别构酶，柠檬酸和异柠檬酸是此酶的别构激活剂，软脂酰 CoA 和其他长链脂酰 CoA 是别构抑制剂。另外，此酶也受磷酸化和去磷酸化的调节。

3. 软脂酸的合成

乙酰 CoA 和丙二酸单酰 CoA 制备好之后，脂肪酸合成的下一步反应是脂肪酸合酶复合体的酶促反应。在动物细胞中，脂肪酸合酶复合体包含有 7 种酶活性和一个酰基载体蛋白。

酰基载体蛋白质(acyl carrier protein，ACP)是一个分子量低的蛋白质，它的辅基是磷酸泛酰巯基乙胺。这个辅基的磷酸基团与 ACP 的丝氨酸残基以磷酸酯键相连，另一端的—SH 基与脂酰基形成硫酯键，这样形成的分子可把脂酰基从一个酶反应转移到另一个酶反应，由此即得到“酰基载体蛋白”的名称。这个长链的磷酸泛酰巯基乙胺分子犹如“摆臂”，把底物在酶复合体上从一处的催化中心转移到另一处。ACP 的装配和脂肪酸合成的酶系因有机体类型而异。

软脂酸的合成过程如图 13-3 所示。

(1) CoA 在乙酰 CoA-ACP 转酰基酶的催化下，将乙酰基转移到 ACP 的磷酸泛酰巯基乙胺的—SH 基上(图 13-3①)，然后再转移至β-酮脂酰-ACP 合酶的半胱氨酸的—SH 上形成乙酰-β-酮脂酰-ACP 合酶(图 13-3②)。在哺乳动物体内乙酰基可直接转到β-酮脂酰-ACP 合酶的半胱氨酸的—SH 上。

(2) 空载的 ACP 的磷酸泛酰巯基乙胺的—SH 基，可在丙二酸单酰 CoA-ACP 转酰基酶催化下生成丙二酸单酰-ACP(图 13-3②)。

(3) 丙二酸单酰基通过 ACP 的磷酸泛酰巯基乙胺的长臂带到β-酮脂酰-ACP 合酶的催化部位，在酶的催化下脱去 CO_2 与β-酮脂酰-ACP 合酶半胱氨酸结合的乙酰基缩合形成乙酰乙酰-ACP(图 13-3③)。

(4) 乙酰乙酰-ACP 在β-酮脂酰-ACP 还原酶的催化下由 NADPH+H^+提供氢，被还原为β-羟丁酰-ACP，产物是 D 型的(图 13-3④)。

(5) β-羟丁酰-ACP 在β-羟脂酰-ACP 脱水酶的催化下脱水，生成Δ^2-反烯丁酰-ACP(图 13-3⑤)。

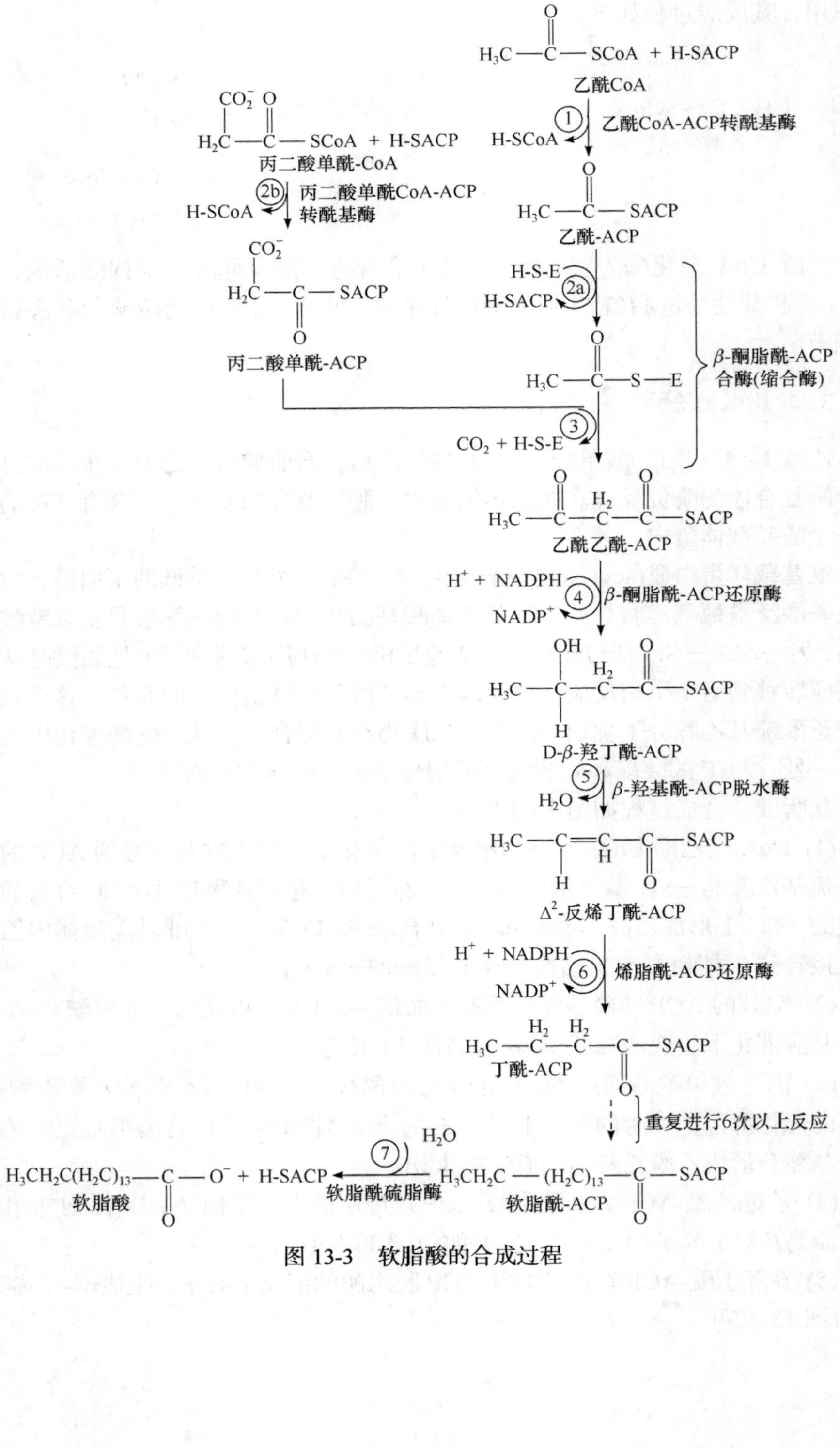

$H_3C—C(=O)—SCoA + H\text{-}SACP$

乙酰CoA

① 乙酰CoA-ACP转酰基酶（$\rightarrow$ H-SCoA）

$H_3C—C(=O)—SACP$

乙酰-ACP

② a（H-S-E $\rightarrow$ H-SACP）

$H_3C—C(=O)—S—E$

$CO_2^-—H_2C—C(=O)—SCoA + H\text{-}SACP$

丙二酸单酰-CoA

② b 丙二酸单酰CoA-ACP转酰基酶（$\rightarrow$ H-SCoA）

$CO_2^-—H_2C—C(=O)—SACP$

丙二酸单酰-ACP

β-酮脂酰-ACP合酶(缩合酶)（②a、③）

③（$\rightarrow CO_2$ + H-S-E）

$H_3C—C(=O)—CH_2—C(=O)—SACP$

乙酰乙酰-ACP

④ β-酮脂酰-ACP还原酶（H^+ + NADPH $\rightarrow$ $NADP^+$）

$H_3C—CH(OH)—CH_2—C(=O)—SACP$

D-β-羟丁酰-ACP

⑤ β-羟基酰-ACP脱水酶（$\rightarrow H_2O$）

$H_3C—CH=CH—C(=O)—SACP$

Δ^2-反烯丁酰-ACP

⑥ 烯脂酰-ACP还原酶（H^+ + NADPH $\rightarrow$ $NADP^+$）

$H_3C—CH_2—CH_2—C(=O)—SACP$

丁酰-ACP

重复进行6次以上反应

$H_3CH_2C—(H_2C)_{13}—C(=O)—SACP$

软脂酰-ACP

⑦ 软脂酰硫脂酶（H_2O）

$H_3CH_2C(H_2C)_{13}—C(=O)—O^- + H\text{-}SACP$

软脂酸

图 13-3　软脂酸的合成过程

(6) Δ^2-反烯丁酰-ACP 在烯脂酰-ACP 还原酶催化下由 NADPH+H^+提供氢，被还原为丁酰-ACP(图 13-3⑥)。丁酰基被转酰基酶转移至β-酮脂酰-ACP 合酶的半胱氨酸的—SH 上形成丁酰-β-酮脂酰-ACP 合酶。

重复(2)～(6)的步骤。一般当饱和脂酰链达 16 碳原子时，由软脂酰硫酯酶催化水解释放软脂酸，而多酶体系则可被反复地利用。有些生物无软脂酰硫酯酶，而直接利用软脂酰-ACP。

软脂酸的从头合成途径可总结如下式：

$$CH_3CO\sim SCoA + 7\,\underset{\displaystyle CO—SCoA}{\underset{|}{\overset{\displaystyle COO^-}{\overset{|}{CH_2}}}} + 14NADPH + 14H^+ \longrightarrow$$

$$C_{15}H_{31}COO^- + 8CoASH + 14NADP^+ + 6H_2O + 7CO_2$$

4. 脂肪酸链的延长(线粒体、微粒体延长途径)

在线粒体中可以进行与脂肪酸β-氧化相似的逆向过程，使得一些脂肪酸碳链(C_{16})加长。与β-氧化不同的是其最后一步是由Δ^2-反烯脂酰辅酶 A 还原酶催化，NADPH+H^+供氢，还原产生比原来多 2 个碳原子的脂酰辅酶 A，后者尚可通过类似过程，并重复多次而加长碳链(延长至 C_{24})。

微粒体系统的特点是利用丙二酸单酰辅酶 A 加长碳链，还原过程需 NADPH+H^+供氢，中间过程与软脂酸合成相似，但不需要以 ACP 为核心的多酶复合体系。

5. 不饱和脂肪酸的合成

软脂酸和硬脂酸是动物组织中合成软脂烯酸(C_{16})和油酸(C_{18})的前体，通过脂酰辅酶 A 加氧酶所催化的氧化反应引入双键。

$$\text{软脂酰辅酶A} + NADPH + H^+ + O_2 \longrightarrow \text{软脂烯酰辅酶A} + NADP^+ + 2H_2O$$

$$\text{硬脂酰辅酶A} + NADPH + H^+ + O_2 \longrightarrow \text{油酰辅酶A} + NADP^+ + 2H_2O$$

动物组织很容易在脂肪酸的Δ^9部位引入双键，脂肪酸的去饱和作用是在光面内质网膜上进行的。但不能在脂肪酸链的Δ^9双键与末端甲基间再引入双键。因此，哺乳动物体内不能自己合成具有多个双键的脂肪酸如亚油酸($C_{18}\Delta^{9,12}$)及亚麻酸($C_{18}\Delta^{9,12,15}$)。亚油酸和亚麻酸是动物体内合成其他物质所必需的，必须由食物获得，故称为必需脂肪酸(essential fatty acid)。大白鼠饲料中缺乏必需脂肪酸能引起皮肤炎。引入体内的亚油酸可能转变成其他的多不饱和脂肪酸，特别应当指出的是α-亚麻酸和花生四烯酸只能从亚油酸转化生成。花生四烯酸是一种 20 碳脂肪酸，双键位于Δ^5、Δ^8、Δ^{11} 和Δ^{14} 位上，它是绝大多数前列腺素及凝血烷的前体物质。前列腺素是激素样物质，能调节多种细胞功能。

13.2.2　三酰甘油的合成

1. 甘油-3-磷酸的生物合成

合成脂肪所需的甘油-3-磷酸可由糖酵解产生的磷酸二羟丙酮还原而成，亦可由脂肪分解产生的甘油经脂肪组织外的甘油激酶催化与 ATP 作用而成。

$$\underset{\text{甘油}}{\begin{array}{l}CH_2OH\\|\\CHOH\\|\\CH_2OH\end{array}} + ATP \xrightleftharpoons{\text{甘油激酶}} \underset{\text{甘油-3-磷酸}}{\begin{array}{l}CH_2O-\overset{\overset{\displaystyle O}{\|}}{P}-OH\\|\qquad\quad |\\CHOH\quad OH\\|\\CH_2OH\end{array}} + ADP$$

2. 三酰甘油的合成

脂酰辅酶 A 和甘油-3-磷酸可在甘油磷酸转酰基酶催化下缩合生成磷脂酸 (phosphatidic acid)。催化此类反应的酶首先在鼠肝中发现，它只作用于甘油的 3-磷酸酯，对于 C_{16} 和 C_{18} 的脂酰辅酶 A 催化作用最强，所以动物体内软脂酸及硬脂酸所组成的三酰甘油分子较多。磷酸二羟丙酮也能与脂酰辅酶 A 作用生成脂酰磷酸二羟丙酮，然后还原生成溶血磷脂酸，溶血磷脂酸和脂酰辅酶 A 作用可生成磷脂酸。磷脂酸也是磷脂合成的中间物。磷脂酸在磷脂酸磷酸酶作用下生成二酰甘油及磷酸。二酰甘油与另一分子的脂酰辅酶 A 缩合即生成三酰甘油。植物和微生物体内三酰甘油的生物合成途径与动物相似。

人体的脂肪代谢调节主要有以下几个方面：①激素对脂肪代谢的调节，如肾上腺素和生长激素促进三酰甘油水解，胰岛素抑制三酰甘油水解。胰岛素促进脂肪酸合成，丙二酸单酰 CoA 通过抑制肉碱基转移酶 I (CAT Ⅰ)，抑制脂肪酸分解。胰高血糖素和肾上腺素抑制脂肪酸的合成，促进脂肪酸的分解。②丙二酸单酰 CoA 浓度对脂肪代谢的调节，乙酰 CoA 羧化酶是脂肪酸合成的关键酶，胰高血糖素、肾上腺素和软脂酰 CoA 抑制该酶，进而抑制脂肪酸的合成。柠檬酸激活该酶，进而促进脂肪酸的合成。③长时间膳食的改变和细胞营养状态可影响脂肪代谢，如高热能低脂膳食促进脂肪合成。

13.2.3　胆固醇的合成代谢

胆固醇(cholesterol)是脊椎动物细胞膜的重要组分，也是脂蛋白的组成成分。动物体内的胆固醇有两个来源，一是自身合成，二是从外界摄入。在动物体内由乙酰辅酶 A 作为合成胆固醇的原料。胆固醇生物合成途径可分为 5 个阶段，即①乙酰乙酰 CoA 与乙酰 CoA 在β-羟基-β-甲基戊二酸单酰 CoA 合成酶催化下生成β-羟基-β-甲基戊二酸单酰 CoA(HMG-CoA，C_6)，此过程与酮体生成相同；②β-羟基-β-甲基戊二酸单酰 CoA 在β-羟基-β-甲基戊二酸单酰 CoA 还原酶催化下还原生成甲羟戊酸(MVA)；③甲羟戊酸(MVA)经焦磷酸化和脱去 CO_2 生成异戊烯醇焦磷酸(IPP)；④6 个异戊烯单位缩合生成鲨烯(C_{30})；⑤鲨烯转变成羊毛脂固醇(C_{30})；⑥羊毛脂固醇转变成胆固醇(C_{27})(图 13-4)。

异戊烯醇焦磷酸除可用来合成类固醇化合物，还可用来合成橡胶、植物色素、挥发油、某些维生素等萜类化合物。

HMG-CoA 还原酶是胆固醇合成的限速酶，各种因素对胆固醇合成的调节主要是通过对 HMG-CoA 还原酶活性及浓度的影响来实现的。如饮食中胆固醇含量的增加可以抑制 HMG-CoA 还原酶的合成，从而降低机体本身胆固醇的合成；胰岛素和甲状腺素能诱导肝 HMG-CoA 还原酶的合成，胰高血糖素和皮质醇则能抑制并降低 HMG-CoA 还原酶的活性。通过多种因素的调节，使机体的胆固醇保持在一定的水平。血液中胆固醇含量过高是引发冠心病的主要原因。

此外，LDL 过高容易导致高胆固醇血症。

动物体的各种组织都能合成胆固醇，其中以肝及小肠作用最强。胆固醇可以在肠黏膜、肝、红细胞及肾上腺皮质等组织中酯化成胆固醇酯。

胆固醇除了是脊椎动物细胞膜的组成成分，在人或动物体内的类固醇也是由胆固醇转变而来的。实验的结果证明了这种推测。胆固醇能转化为孕酮(黄体激素)、肾上腺皮质激素、睾酮(雄性激素)、雌性激素、维生素 D、胆酸等。胆固醇在肠黏膜细胞中可在脱氢酶的作用下生成 7-脱氢胆固醇。7-脱氢胆固醇在皮肤内受紫外线的照射，即转变为维生素 D_3，维生素 D_3 可促进钙、磷的吸收。胆酸的种类颇多，都是胆固醇在肝中的代谢产物。不同的胆酸与甘氨酸及牛磺酸结合，即成为胆汁中的各种胆汁酸。各种类固醇激素分别由睾丸、卵泡、黄体及肾上腺皮质生成及分泌。

动物体内的胆固醇可从肝中随胆汁或通过肠黏膜进入肠道。胆固醇进入肠道后，大部分重新吸收，小部分可直接或被肠细菌还原成粪固醇随粪排出，虽然粪固醇是由机体排泄的胆固醇转变而成，但是它不是机体本身的代谢最终产物。

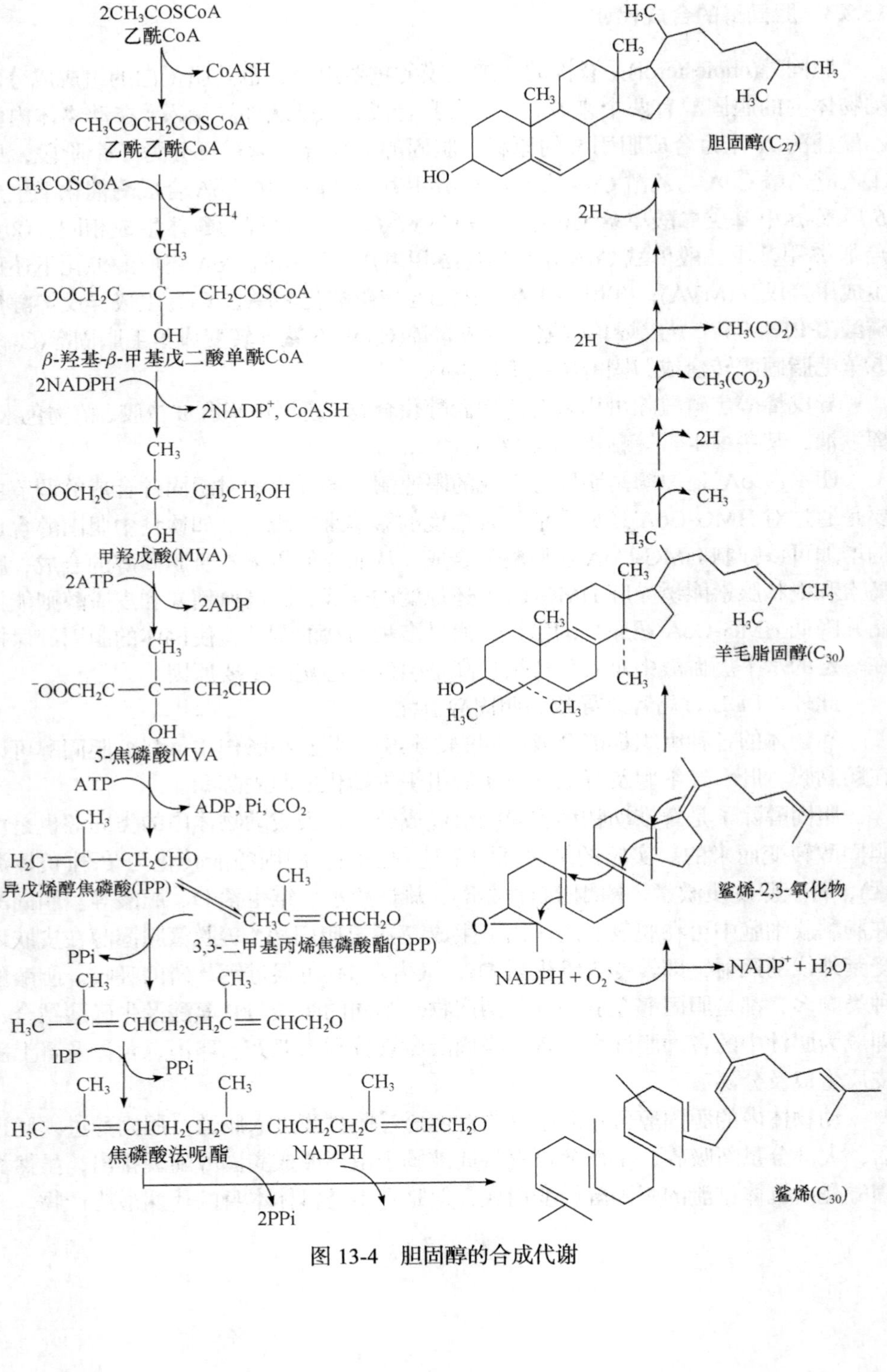

$2CH_3COSCoA$
乙酰CoA
→ $CoASH$
$CH_3COCH_2COSCoA$
乙酰乙酰CoA
$CH_3COSCoA$ → CH_4
$^{-}OOCH_2C-C(CH_3)(OH)-CH_2COSCoA$
β-羟基-β-甲基戊二酸单酰CoA
2NADPH → $2NADP^+$, CoASH
$^{-}OOCH_2C-C(CH_3)(OH)-CH_2CH_2OH$
甲羟戊酸(MVA)
2ATP → 2ADP
$^{-}OOCH_2C-C(CH_3)(OH)-CH_2CHO$
5-焦磷酸MVA
ATP → ADP, Pi, CO_2
$H_2C=C(CH_3)-CH_2CHO$
异戊烯醇焦磷酸(IPP) ⇌ $CH_3C(CH_3)=CHCH_2O$
3,3-二甲基丙烯焦磷酸酯(DPP)
PPi
$H_3C-C(CH_3)=CHCH_2CH_2C(CH_3)=CHCH_2O$
IPP → PPi
$H_3C-C(CH_3)=CHCH_2CH_2C(CH_3)=CHCH_2CH_2C(CH_3)=CHCH_2O$
焦磷酸法呢酯　NADPH
2PPi
鲨烯(C_{30})
NADPH + O_2 → $NADP^+ + H_2O$
O
鲨烯-2,3-氧化物
HO　H_3C　CH_3　CH_3　CH_3　H_3C　CH_3　CH_3
羊毛脂固醇(C_{30})
→ CH_3
→ 2H
→ $CH_3(CO_2)$
2H → $CH_3(CO_2)$
2H →
HO　CH_3　CH_3　H_3C　CH_3　H_3C
胆固醇(C_{27})

图 13-4　胆固醇的合成代谢

第 14 章　环境污染物与糖脂代谢紊乱

14.1　糖脂代谢紊乱

糖类和脂类的正常代谢为生命活动提供能量和生物合成原料，是机体正常活动的根本基础。糖脂代谢一旦紊乱，将引起一系列问题和病症。与糖脂代谢紊乱最直接相关的疾病有糖尿病和肥胖症，间接相关的有由此衍生的一系列慢性病如心血管疾病(高血压、高血脂、心肌梗死等)、肾病、神经炎症、免疫炎症、皮肤病等。

糖尿病是一种慢性疾病，由胰岛素分泌不足或机体无法有效利用胰岛素引起。胰岛素是调节血糖平衡的一种激素。糖尿病分一型和二型糖尿病，其中二型糖尿病较多见，占糖尿病患者的 90%以上。一型糖尿病又称胰岛素依赖型糖尿病，多发于少年儿童期，表现为胰岛素分泌缺陷，主要病症有多尿、口渴、消瘦、疲劳等。目前对一型糖尿病的病因和预防措施还知之甚少，只能依靠注射胰岛素维持生命。二型糖尿病多发于成年期，由机体无法有效利用胰岛素引起，普遍认为与生活习惯(如过度饮食和缺乏运动)以及基因遗传有关。病症与一型糖尿病类似，但是发病更为隐蔽，常在发病后数年才确诊。糖尿病是导致失明、肾脏衰竭以及过早死亡的重要原因。

肥胖症是指不正常或过量的脂肪积累并导致健康损害的一种疾病。肥胖症通常以体重指数(body mass index，BMI)来衡量。BMI 以体重除以身高的平方来计算，单位为 kg/m^2。根据世界卫生组织(WHO)规定，成年人 BMI 大于等于 25 为超重，大于等于 30 为肥胖症。对于 5～18 岁的少年儿童，则是 BMI 大于生长曲线标准偏差 1 以上为超重，2 以上为肥胖症。导致肥胖的根本原因是能量摄入和消耗的不平衡，即高糖高脂等高能量食物的摄入增加，以及现代城市化社会生活变化带来的运动量减少。肥胖会极大增加一些非传染性疾病的风险，如心血管疾病、糖尿病、癌症和关节炎等。对于低收入水平国家的儿童，更严重的问题是高糖脂和高盐食品导致的营养不良状况。

据 WHO 数据统计，近年来，糖尿病和肥胖症的发病率呈迅速上升趋势。2016 年，全球有 19 亿(39%)成年人超重，6.5 亿(13%)成年人患肥胖症，3.4 亿 5～19 岁少年儿童超重或肥胖，总体较 20 世纪 70 年代增长三倍多。2014 年，4.2 亿(8.5%)的 18 岁以上人口患有糖尿病。二型糖尿病的发病率在儿童中也呈上升趋势。糖尿病和肥胖症在人群中如此显著的流行病学特征引起了科学家们的广泛关注。值得注意的是，肥胖症与糖尿病的关系密切而复杂。80%的糖尿病患者是肥胖的，但是在肥胖症人群中，75%～80%的人不会发展到糖尿病，他们的胰岛素抵抗指标的差异可达六倍之多。

寻找糖尿病和肥胖症的诱发原因是控制疾病的必要条件。研究发现，引起糖脂代谢紊乱的原因非常复杂，可能是基因和环境因素相互作用的结果，与遗传、免疫等均有密切关系。许多致病因素仍然存在争议。特别是二型糖尿病的病因，目前尚未明确，可能与老龄化、城镇化生活、饮食习惯、运动规律以及环境污染暴露等有关。

传统的糖脂代谢紊乱研究主要关注个体水平上的生物化学代谢特征和调节，以及个体生活习惯对疾病产生的影响。这些研究为我们认识糖尿病和肥胖症的基本特征和规律提供了基础知识。然而大量的研究和调查结果表明，尽管肥胖和糖尿病发生在个体水平上与个体的基因遗传、生活方式等有关，但是这些个体因素无法全部解释近年来飙升的糖尿病和肥胖症的发病概率。科学家们开始思考环境因素对糖尿病和肥胖症的发病率的贡献。

14.2　环境污染物暴露与糖脂代谢紊乱的相关性研究

现代社会的发展极大地改变了人类的生活习惯和生存环境。人类的生产生活活动造成越来越多的化学物品排放进入环境，如农业生产中的杀虫剂、除草剂等，工业生产活动中的有机化合物、重金属等，健康护理中的化妆品、抗生素等。其中一些化合物直接或间接地危害人类健康，被称为环境污染物。许多环境污染物具有持久性，能够通过食物链、空气、水和土壤等途径直接或间接地进入人体，因此造成人类越来越多地暴露于一系列污染物。

在 2002 年，Baillie-Hamilton 等科学家们开始提出假设，除了糖类和脂类，一些化学物质如环境污染物会不会使我们发胖？提出这个问题的背景是，在传统的毒理学研究中，体重减少作为化学药品毒性的一项指标而被大量测量，然而在实验中，科学家们记录到一些低剂量的化学药品，如持久性有机污染物，能使体重增加。这个一直被忽视的实验现象随着肥胖症在人类社会的流行开始引起关注。2006 年，Blumburg 提出暴露组(exposome)、致肥胖因子(obesogens)等概念，为研究环境污染暴露与糖脂代谢紊乱提供了理论指导。暴露组指个体从出生到死亡经受的所有暴露(包括生物的、物理的、化学的)的组合。致肥胖因子功能上可定义为那些能改变代谢平衡、破坏食欲控制、扰乱脂质稳态、促进脂肪细胞肥大、刺激脂肪形成、提高脂肪细胞增生、在发育中改变脂肪细胞分化的一类化学物质。研究发现，在肥胖症患者体内，体重控制机制无法正常执行，肥胖的病因与代谢调节失控有关。由于人类基因组信息和基因进化速度无法解释肥胖症人数在近几十年急剧上升的现象，科学家们认为肥胖症的流行应该与近几十年急剧变化的环境因素关系更为密切。因此，环境污染物与肥胖症(以及与它关系密切的糖尿病)的相关性成为研究焦点和热点。

21 世纪初的十多年里，世界各国开展了一系列的前瞻性研究，调查环境污染物暴露与糖脂代谢紊乱的相关性。大部分调查采用现况研究(cross-sectional study)、病例对照研究(case-control study)或队列研究(cohort study)的方法。现况研究是调查分析在同一个时间点特定人群中的污染物暴露水平与疾病指标数据，从而推断二者的相关性。而病例对照研究是通过比较疾病患者与正常对照者既往暴露于某个(或某些)污染物的百分比差异，以判断污染物与疾病有无关联及关联程度大小。队列研究是将某一特定人群按是否暴露于某可疑因素或暴露程度分为不同的亚组，追踪观察两组或多组成员结局(如疾病)发生的情况，比较各组之间结局发生率的差异，从而判定这些因素与该结局之间有无因果关联及关联程度的一种观察性研究方法。数十年的调查研究表明，环境中二手烟、持久性有机污染物、有机锡、砷等是糖尿病的显著致病因子，且环境化学物质致肥胖的假说也得到相当证据的支持。目前一个流行的假说是化学物质引起肥胖，导致胰岛素抵抗并最终导致糖尿病。大部分致肥胖因子被认为是内分泌干扰物。潜在的致肥胖因子包括多种类型的污染化合物，环境中可能还有大量的致肥胖因子未被发现。

验证环境污染物与糖脂代谢紊乱的相关性非常重要，但是也非常困难。许多调查结果往往不尽相同。造成这种情况主要是因为统计学方法的精确度不够，以及对污染物暴露程度和疾病指标的精确表征不足。比如，以血液中持久性有机污染物(POPs)的浓度来反映 POPs 暴露的程度是有偏差的。POPs 具有在脂肪组织中积累的特性，在体内的药理代谢动力学因人而异，血液中的浓度无法反映真实的暴露历史和剂量。而肥胖人群中 POPs 与糖尿病的相关性更强，这个结果暗示脂肪组织中的 POPs 可能对糖尿病的发生至关重要。还有值得注意的是反向因果关系。糖尿病的发病进展可能改变 POPs 的体内代谢动力学，促进 POPs 从脂肪组织释放到血液，导致正相关性，而非 POPs 导致糖尿病。另外，关于疾病的判断，应该将主观的判断改成客观的生物标记物检测，比如瘦素、抵抗素、内脏脂肪素、结合珠蛋白、C-反应蛋白、唾液酸等，这些都是肥胖程度和糖尿病的很好的指示标记物。用生物标记物检测来代替问卷调查数据，可以为数据准确性提供保障。

流行病学的调查可以说明污染物暴露与糖脂代谢紊乱的相关性，然而二者的因果关系以及污染物对肥胖症和糖尿病的致病机制还需要更多科学实验来探讨和验证。下面以几种典型环境污染物为代表，介绍它们对糖脂代谢的影响及其机制。

14.3　几种典型环境污染物对糖脂代谢的影响及其机制

14.3.1　双酚 A

双酚 A(bisphenol A，BPA)，分子式为 $C_{15}H_{16}O_2$，结构式如图 14-1 所示。BPA 是世界上使用最广泛的工业化合物之一，主要用于生产聚碳酸酯、环氧树脂、不饱和聚酯树脂等多种高分子材料，这些材料被广泛应用于塑料制品、电子产品、医疗设备等的生产中。人们在日常生活中经常能接触到各种含 BPA 的产品。食用被 BPA 污染的食物是人类暴露于 BPA 的主要途径，因为 BPA 会通过食品包装材料转移到食物中，如饮料、罐头等。另外，工业生产中的 BPA 会随着废弃物的排放进入水、土或大气环境中，也是导致人类暴露于 BPA 的一种途径。目前几乎在所有的环境介质中都能够检测到 BPA，包括地表水、饮用水、沉积物、污泥、室内积尘等。

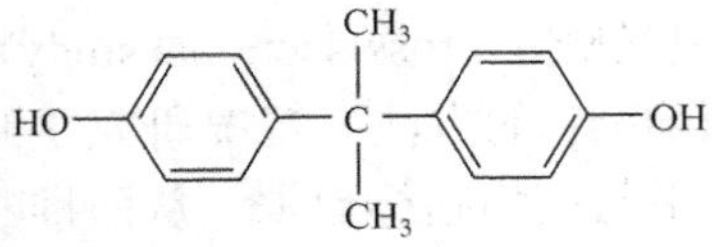

图 14-1　BPA 的结构式

研究表明，BPA 是一种有毒化合物，具有神经毒性、生殖毒性、免疫毒性、致癌性、致畸性和致突变性。BPA 因具有类雌激素活性、甲状腺激素受体拮抗剂等性质而成为最早一批被认定的内分泌干扰物。2008 年，由于其潜在的神经毒性，以及诱发儿童性早熟的可能，加拿大率先宣布禁止在婴幼儿产品(如奶瓶)中添加 BPA。然而目前没有一项权威性的国际协议提供 BPA 的安全浓度参考值。WHO 认为少量摄入 BPA 是安全的，并没有完全禁止 BPA 的使用，因此人类目前还将处于暴露于 BPA 的境况。尽管目前有一些 BPA 的替代产品出现，如 BPS、BPAF，然而它们的安全性在得到实验验证之前仍然是令人担忧的。由于 BPA 在人体内的半衰期很短，通常以检测尿液 BPA 浓度来反映暴露情况。令人担忧的是，在各个年龄段的人类尿液中都能检测到 BPA，包括婴幼儿。因此，对于 BPA 可能引起的健康问题，如不孕不育、青春期早发、前列腺癌、乳腺癌以及糖脂代谢紊乱等，一直是科学家关注的焦点。

流行病学调查研究表明，尿液 BPA 含量与肥胖症和糖尿病的发生有一定正相关性。对我国上海成年人群的一项调查表明，BPA 暴露与肥胖有显著正相关，尿液中的 BPA 浓度越高，向心性肥胖的发生风险就越大。对韩国育龄期妇女的一项调查表明，胰岛素抵抗和肥胖与尿液 BPA 浓度有一定相关性。另外，调查还发现，生命早期暴露于 BPA 对生命后期的糖尿病和肥胖症的发病也有一定贡献。

BPA 暴露与肥胖症、糖尿病的因果关系在实验动物身上也得到证实。暴露于 100 μg/(kg · d)的 BPA，8 天后小鼠全身能量代谢降低，出现胰岛素抵抗和高胰岛素血症，同时肝脏和骨骼肌组织中胰岛素信号通路被干扰。怀孕 3 个月的小鼠暴露于 10 μg/(kg · d)或 100 μg/(kg · d)浓度的 BPA，会导致代谢紊乱，葡萄糖稳态破坏，且后代的糖耐量较低，胰岛素耐量较高，血浆胰岛素、瘦素、甘油三酯和甘油等脂质代谢标志物水平较高。以 Wistar 大鼠和幼犬为实验对象，发现围产期暴露于 BPA 将导致肥胖，正常代谢功能受损，尤其是小剂量(50 μg/kg)的暴露，且随着年龄的增长，后代雄性出现高胰岛素血症和代谢紊乱的概率也会增加。

由于 BPA 与雌激素分子 17β-雌二醇(E_2)的结构相似，能与雌激素受体(如 ER-α和 ER-β)结合，具有类雌激素活性，因此认为，干扰内分泌系统功能是 BPA 诱发肥胖症和糖尿病的主要机制。另外，BPA 还可以通过 DNA 去甲基化、微核糖核酸、组蛋白修饰来调控表观遗传机制，引起胰岛素、胰岛素抗体等糖代谢生物标志物和脂肪酸、甘油三酯、胆固醇等脂质代谢标志物的异常，引发糖脂代谢紊乱。

14.3.2　二噁英与多氯联苯

二噁英(dioxin)通常指具有相似结构和理化特性的一组多氯取代的平面芳烃类化合物，属氯代含氧三环芳烃类化合物，由于氯原子取代数量和位置的不同，存在毒性不同的 75 种多氯代二苯并-对-二噁英(polychlorodibenzo-*p*-dioxins，PCDDs)和 135 种多氯代二苯并呋喃(polychloro-dibenzofurans，PCDFs)(图 14-2)。环境中二噁英主要以混合物的形式存在，是一类剧毒物质，其中，2,3,7,8-四氯二苯并-对-二噁英(2,3,7,8-TCDD)是所有已知化合物中毒性最强的二噁英单体(经口 LD_{50} 仅为 0.6 μg/kg)，具有极强的致癌性(致大鼠肝癌剂量 10 pg/g)和极低剂量的内分泌干扰毒性作用。多氯联苯(polychlorinated biphenyls，PCBs)是联苯的苯环上的 10 个氢原子被不同数目氯原子取代形成的一氯化物、二氯化物……十氯化物，共有 200 多种多氯联苯异构体。PCBs 极难分解，容易在生物体脂肪组织中积累，具有生殖毒性和致畸性、致癌性。由于二噁英与 PCBs 都属于多氯含苯环的持久性有机污染物，结构和性质上有一定相似性，常常被视为同类型污染物一起研究。

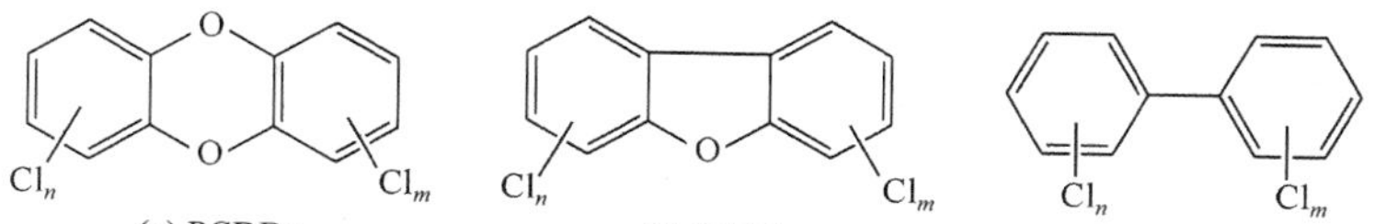

O O Cl_n Cl_m
(a) PCDDs
O Cl_n Cl_m
(b) PCDFs
Cl_n Cl_m
(c) PCBs

图 14-2　二噁英与 PCB 的结构式

二噁英无任何用途，非人为生产，其排放常与工业副产物、焚烧排放、氯系化学物质的制造(如多氯联苯、杀虫剂、除草剂、落叶剂等)等相关。而多氯联苯为人工合成产物，因其不易被氧化、抗酸碱腐蚀、良好的电绝缘性和耐热性，在 20

世纪被广泛用作绝缘油、热载体、润滑油以及多种工业产品的添加剂，大部分情况下随着工业排放进入环境介质如土壤、水体和大气等。随着二噁英与 PCBs 的危害逐渐显现，人们开始有意识地控制二者向环境的排放，国际上多氯联苯的合成也自 1973 年起逐渐减少或停止。然而，由于其稳定的物理化学性质和无法避免的露天焚烧(主要包括农业/林业明火、生活垃圾的焚烧等)，环境中仍然存在一定程度的 PCBs 和二噁英暴露风险。二噁英和 PCBs 通常通过呼吸道、消化道及皮肤接触侵入人体。一方面环境中的二噁英和 PCBs 会被吸附沉降至水体和土壤之中，通过富集作用沿着食物链进入人体，构成消化道暴露，消化道暴露是正常人群暴露于二噁英和 PCBs 的主要途径；另一方面直接释放到空气中的二噁英和 PCBs 则可能直接被人们呼吸吸入或与人体裸露在外的皮肤接触，构成呼吸道和皮肤的暴露。

随着环境排放的控制，急性毒性的二噁英或 PCBs 暴露风险可能较低，但是长期低剂量的暴露风险仍存在，其带来的负面健康效应越来越受到关注。一系列基于人群的流行病学调查研究表明，长期低剂量的二噁英或 PCBs 暴露与糖脂代谢紊乱存在很强的正相关性，会促进或导致肥胖、糖尿病的发生。

对不同浓度二噁英暴露下的 94 份中国男性工人血清进行综合脂质组学研究，结果显示，高暴露组中出现甘油三酯、神经酰胺和鞘氨基醇的积累，甘油磷脂结构改变，自由脂肪酸代谢失衡，血小板活化因子的上调等现象，表明长期二噁英暴露在脂质代谢水平上对人体健康存在一定的负面影响。离体实验研究发现，0.1 nmol/L 的 TCDD 会通过对代谢信号通路的影响来干扰 β 细胞产生 ATP，并刺激小鼠胰岛的胰岛素释放，从而扰乱正常的糖代谢过程。另外，对妊娠期和哺乳期的小鼠进行短暂低剂量 TCDD 暴露，会增加小鼠对高脂肪饮食诱导的肥胖症和糖尿病的易感性。体现在实验组为：在暴露期后体重增加更快，高血糖加速出现，葡萄糖诱导的血浆胰岛素水平受损，胰岛大小减小，$MAFA^{-ve}$ β细胞增加，胰岛素原积累增加，表明小鼠糖脂代谢已受到不利干扰。

PCBs 影响糖脂代谢也得到大量实验数据的支持。研究表明 PCBs 暴露会导致小鼠更高的体脂率和腹部脂肪的积累，且在高脂肪饮食条件下更明显；进一步研究显示，PCB-138 能够在体内外通过阻止 TNF-α诱导的 3T3-L1 脂肪细胞凋亡坏死来抑制脂肪的丧失，同时提高抗凋亡蛋白表达水平，使得脂肪细胞能够维持增大的脂滴并抵抗细胞死亡，最终导致肥胖。另有研究表明，PCBs(PCB-118、PCB-138)可通过脂肪内的特异性蛋白(Fsp27)介导脂肪组织中脂滴增大，还会通过 IRS1 下调介导 PCBs 诱导的胰岛素抵抗，从而扰乱小鼠糖代谢过程。同时，还有研究表示，相比储存在脂肪组织中，进入循环系统的 PCB-77 会对糖代谢造成更明显的影响，包括 AhR 介导的葡萄糖稳态受损和胰岛素耐受性受损。

14.3.3　全氟/多氟烷基化合物

全氟/多氟烷基化合物(per- and polyfluoroalkyl substances，PFAS)是指氢原子全部或大部分被氟原子取代且拥有至少一个全氟化碳原子的烷基化合物。由于碳链的长度和氟取代数目的差异，PFAS 包含约 4700 种化合物。图 14-3 所示为两种常见的 PFAS：全氟辛烷磺酸(PFOS)和全氟辛酸(PFOA)的结构式。

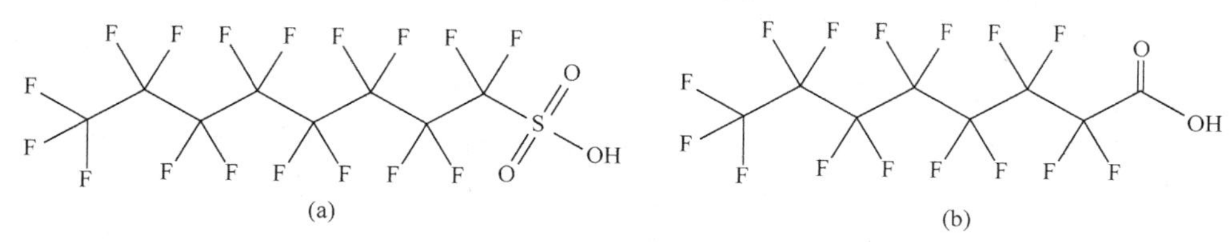

图 14-3　两种常见的 PFAS
(a) 全氟辛烷磺酸；(b) 全氟辛酸

由于 C—F 键的稳定性，PFAS 具有很好的热稳定性和化学稳定性，一度被认为是一种惰性材料，对生物体不会有安全危害。加上良好的疏水性和憎油性，20 世纪 40 年代，PFAS 被广泛应用于工业生产和消费品制作中，如家具、不粘炊具、食品包装材料、纺织涂料、蜡、消防泡沫、表面活性剂、清洁剂、杀虫剂和化妆品等。进入 21 世纪，PFAS 开始引起广泛关注是因为在环境中能大量检测到它的踪影，包括饮用水、地下水、各类水体环境、室内空气、土壤、食物、植物、动物、人类血液样品等。2009 年，PFAS 被列入持久性有机污染物名单。实验室研究表明，在较高浓度下，PFAS 确实会对水生和陆生动植物如金藻、蛙类、鱼类、蚯蚓、大白菜等产生生长毒性，然而对 PFAS 长期低剂量暴露的危害的认识还有限。

人群的流行病学调查提示，PFAS 与高胆固醇血、肥胖和糖尿病有一定相关性。如母亲孕期 PFOA 暴露与后代的青少年期肥胖呈正相关。青春期少年的 PFAS 暴露与糖代谢失调有关，增加患二型糖尿病的风险。

PFAS 对肥胖症和糖尿病的诱发作用得到实验的进一步支持。研究发现在浓度 100 μmol/L 以上的 PFOA 暴露会增加大鼠胰腺细胞的细胞凋亡，促进活性氧、线粒体超氧化物和促炎细胞因子的形成，提示 PFOA 可以通过增加氧化应激和线粒体功能障碍对胰腺细胞产生直接的细胞毒性作用。斑马鱼胚胎期开始暴露于 16 μmol/L 或 32 μmol/L PFOS，会导致后期胰脏发育畸形，肥胖及饱和脂肪酸含量增加，说明胚胎期就是 PFOS 暴露敏感期，且会持续影响到生命后期，是诱发肥胖症和糖尿病的因素。体外实验和基因敲除小鼠进一步证明，PFAS 通过激活 G 蛋白偶联受体 40 (GPR40，胰岛 β 细胞上的一种膜受体)，增加胞内钙离子浓度，刺激胰岛素分泌，为 PFAS 干扰胰岛素分泌阐明了一种新的机制。分子模拟计算预测该机制也可能存在于人类细胞中。另有研究表明，PFAS 能作为一种激动剂激活过氧化物酶体增殖因子激活受体(peroxisome proliferator-activated receptors，PPARs，是核受体超家族的成员) PPARγ，PPARγ 的激活通过促进间质干细胞成脂分化等进一步促进脂肪形成，是 PFAS 引发肥胖症的机制之一。

14.3.4 $PM_{2.5}$

近 20 年来，空气污染导致的雾霾成了我国主要环境问题之一。细颗粒物($PM_{2.5}$)是指环境空气中空气动力学当量直径小于等于 2.5 μm 的颗粒物。$PM_{2.5}$ 的来源广泛，可分为天然源和人为源，天然源包括自然灾害(火灾、火山喷发)和自然尘(土壤颗粒、扬尘、沙尘暴、海浪飞沫、森林排放)等，人为源主要是燃料燃烧、二手烟、烹饪等。从全球角度看，天然源贡献不可忽视，尤其是自然灾害带来的全球影响，但相比天然源，人为源排放种类更多、浓度更高，对区域的效应也更持续和显著。

$PM_{2.5}$ 进入人体的主要途径是呼吸道。研究表明，直径小于 2.5 μm 的细颗粒物能够穿过呼吸道屏障抵达肺泡，导致人体呼吸功能被削弱甚至引发呼吸道疾病(慢性阻塞性肺病、哮喘、急性支气管炎等)。$PM_{2.5}$ 对人体健康的负面影响不仅仅来自它的物理颗粒性质，还取决于它的化学组成分。$PM_{2.5}$ 中检测出大量有毒有害物质如有机污染物、重金属等。大部分 $PM_{2.5}$ 在肺部沉积，而小部分则携带化学污染物穿过气血屏障进入血液循环，并通过氧化应激、炎症反应、信号通路改变等一系列作用，影响全身系统，包括心血管系统、免疫系统、中枢神经系统等。

研究表明，$PM_{2.5}$ 暴露与肥胖、糖尿病等代谢性疾病相关。一项对天津市社区居民进行的调查随访显示 $PM_{2.5}$ 暴露和人群 T2DM 发病风险存在正相关性；另有一项针对中国儿童的调查显示，$PM_{2.5}$ 与儿童肥胖显著相关；针对美国退伍军人(以男性为主)的调查也显示，$PM_{2.5}$ 与肥胖风险增加有关。以上的研究在流行病学上提示了 $PM_{2.5}$ 对糖脂代谢存在影响。

进一步体内实验研究表明，$PM_{2.5}$ 暴露导致妊娠期大鼠及其后代代谢紊乱和体重增加，主要机制是 $PM_{2.5}$ 激活 TLR2/4 依赖的炎症反应和脂质氧化；瘦素(leptin，LP)是一种由脂肪组织分泌的蛋白质类激素，它能参与糖、脂肪及能量代谢的调节，促使机体减少摄食，增加能量释放，抑制脂肪细胞的合成，进而使体重减轻。根据已有的研究表明，长期的炎症会导致瘦素信号响应，有研究揭示了 $PM_{2.5}$ 暴露导致肥胖的机制是通过由信号调节的下丘脑炎症引发的瘦素抵抗、暴食和能量消耗下降，最终导致肥胖。在糖代谢方面，研究表明，$PM_{2.5}$ 会通过促进细胞应激反应、改变小鼠的抗氧化防御和 70-kD 热休克蛋白(HSP70)状态从而增加小鼠糖尿病的发病风险；对暴露于高浓度 $PM_{2.5}$ 的小鼠进行了组织、代谢、基因表达和分子信号转导分析，发现 $PM_{2.5}$ 暴露会损害肝脏功能从而干扰糖代谢，其机制是通过激活炎症通路、抑制胰岛素受体底物(IRS1)介导的信号通路和抑制肝脏中过氧化物酶体增殖物激活受体 PPARc 和 PPARa 的表达来影响肝脏葡萄糖代谢。

$PM_{2.5}$ 的毒性性质较其他化学物质更为复杂，它兼具物理损害和化学损害的特性，而且化学性质非常复杂，因此研究 $PM_{2.5}$ 引起的健康危害及其机制更为困难，还有待进一步阐明。

综上所述，21 世纪以来，大量科学研究和调查证明了低剂量长期的环境污染物暴露能影响糖脂代谢，是糖尿病和肥胖症的重要诱因之一。然而我们还不能把糖尿病和肥胖症的高发病率大部分归咎于环境污染暴露。需要清醒地意识到，糖尿病和肥胖症的诱因非常复杂，哪怕环境污染物只是贡献了一小部分，我们也有必要加强对污染物的风险评估和致病机理的了解。充分理解污染物与糖尿病、肥胖症的关系以及因果关系，可以帮助人们意识到这些隐形污染物的暴露并制定公共健康规范加以预防，特别是在年轻人中。

第 15 章　蛋白质和氨基酸代谢

细胞内的组分一直在进行着更新，细胞不停地将氨基酸合成蛋白质，又将蛋白质降解为氨基酸。这种看似浪费的过程对于生命活动是非常必要的。首先，可去除那些不正常的蛋白质，它们的积累对细胞有害。其次，通过降解多余的酶和调节蛋白来调节物质在细胞中的代谢。研究表明降解最迅速的酶都位于重要的代谢调控位点上，这样细胞才能有效地应答环境变化和代谢的需求。另外细胞以蛋白质的形式储存养分，在代谢需要时将其降解。因此细胞中蛋白质降解的速度也随其营养状况和激素水平的变化而变化。

蛋白质降解产生的氨基酸能通过氧化产生能量供机体需要，食肉动物所需能量的 90%来自氨基酸氧化，食草动物依赖氨基酸氧化供能所占比例很小，大多数微生物可以利用氨基酸氧化供能。光合植物则很少利用氨基酸供能，却能按合成蛋白质、核酸和其他含氮化合物的需求合成氨基酸。

15.1　蛋白质的酶促降解

15.1.1　细胞内蛋白质的降解

细胞内的蛋白质有其存活的时间，从几分钟到几个星期或更长。真核细胞对蛋白质的降解有两个体系：一是溶酶体降解；二是依赖 ATP，以泛素(ubiquitin，Ub)标记的选择性蛋白质的降解。

溶酶体中约含有 50 种水解酶类，其中包括蛋白水解酶。溶酶体内 pH 约为 5，其所含酶类均具有酸性最适 pH，在细胞质基质的 pH 条件下大部分酶都将失活，这可能也是对细胞本身的一种保护。

溶酶体可降解细胞通过胞饮作用摄取的物质，也可融合细胞中的自噬泡。在营养充足的细胞中，溶酶体的蛋白质降解是非选择性的。但在饥饿细胞中，这种降解会消耗掉一部分细胞必需的酶和调节蛋白，此时溶酶体会引入一种选择机制，即选择性降解含有五肽 Lys-Phe-Glu-Arg-Gln 或与其密切相关的序列的胞内蛋白质，为那些必不可少的代谢过程提供必需的营养物质。许多正常和病理过程都伴有溶酶体活性的增加，例如产妇分娩后出现的子宫回缩，在 9 天内该肌肉型器官的质量从 2 kg 减少到 50 g 就是这一过程的明显例子。

泛素系统广泛存在于真核生物中，是精细的特异性的蛋白质降解系统。2004 年 Aaron Ciechanover、Avram Hershko 和 Irwin Rose 因发现了泛素调节的蛋白质降解过程而获得了诺贝尔化学奖。泛素系统由泛素、26S 蛋白酶体和多种酶构成。在真核细胞中泛素是一个由 76 个氨基酸残基组成的单体蛋白，因广泛存在且含量丰富而得名。在人、果蝇、鲑鱼中的泛素都是相同的，酵母与人体的泛素比较，也仅有三个氨基酸的差别，是高度保守的真核蛋白之一。泛素可通过酶的作用，消耗 ATP，给选择降解的蛋白质加上标记，被标记的蛋白质由蛋白酶体(proteasome)水解成小肽，小肽再由细胞质基质中的肽酶水解为氨基酸。天然蛋白被选定为降解蛋白质具有一定的结构特征，被称为 N 端规则(N-end rule)，已发现 N 端为 Asp、Arg、Leu、Lys 和 Phe 残基的蛋白质半衰期只有 2～3 min，而 N 端为 Ala、Gly、Met、Ser 和 Val 残基的蛋白质在原核生物中半衰期超过 10 h，在真核生物中半衰期则超 20 h。原核生物中没有泛素，但发现富含 Pro、Glu、Ser、Thr 残基片段的蛋白质很快被降解，删除这些含 PGST 序列的片段，就可以延长蛋白质的半衰期，但如何去识别这些信号，其机制还不清楚，有待进一步的研究。研究发现泛素系统通过特异性的降解蛋白质，调节细胞分化、免疫反应，参与转录、离子通道、分泌的调控及神经元网络、细胞器的形成等，泛素系统还与人类某些疾病有关。

15.1.2　外源蛋白的酶促降解

外源蛋白质进入体内，必须先经过水解作用变为小分子的氨基酸，然后才能被吸收。以人体为例：食物蛋白质进入胃后，胃黏膜分泌胃泌素，刺激胃腺的胃壁细胞分泌盐酸和主细胞分泌胃蛋白酶原。无活性的胃蛋白酶原经激活转变成的胃蛋白酶将食物蛋白质水解成大小不等的多肽片段，随食糜流入小肠，触发小肠分泌胰泌素。胰泌素刺激胰分泌碳酸氢盐进入小肠，中和胃内容物中的盐酸，pH 达 7.0 左右。同时小肠上段的十二指肠释放出肠促胰酶肽，以刺激分泌一系列胰酶酶原，其中有胰蛋白酶原、胰凝乳蛋白酶原和羧肽酶原等。在十二指肠内，胰蛋白酶原经小肠细胞分泌的肠激酶作用，转变成有活性的胰蛋白酶，催化其他胰酶酶原激活。这些胰酶将肽片段混合物分别水解成更短的肽。小肠内生成的短肽由羧肽酶从肽的 C 端降解，氨肽酶从 N 端降解，如此经多种酶联合催化，食糜中的蛋白质降解成氨基酸混合物，再由肠黏膜上皮细胞吸收进入机体。细胞对氨基酸的吸收也是耗能的主动运输过程。胃肠道几乎能把大多数动物性食物的球状蛋白完全水解，一些纤维状蛋白，例如角蛋白只能部分水解。植物性蛋白质如谷类种子蛋白，往往被纤维素包裹着，胃肠道不能完全消化。

植物和微生物也含有蛋白酶，都可以将蛋白质水解为氨基酸供机体所用。

就高等动物来说，外界食物蛋白质经消化吸收的氨基酸和体内合成及组织蛋白质经降解的氨基酸，共同组成体内氨基酸代谢库(图 15-1)。所谓氨基酸代谢库即指体内氨基酸的总量。氨基酸代谢库中的氨基酸大部分用以合成蛋白质，一部分可以作为能源，体内有一些非蛋白质的含氮化合物也是以某些氨基酸作为合成的原料。

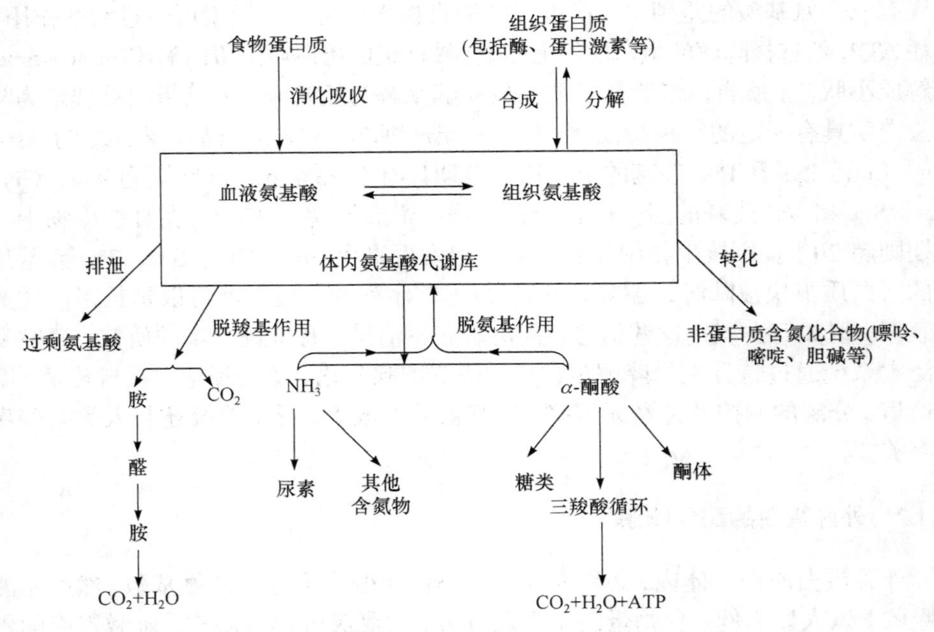

图 15-1　氨基酸代谢概况

多数细菌的氨基酸分解不占主要地位，而以氨基酸的合成为主。有些细菌以氨基酸为唯一碳源，这类细菌则以氨基酸的分解为主。高等植物随着机体的不断生长需要氨基酸，因此氨基酸的合成代谢较分解代谢旺盛。本章主要讨论动物体内氨基酸的代谢。

15.2　氨基酸的分解代谢

天然氨基酸的分子大都含有α-氨基和α-羧基，因此，各种氨基酸都有其共同的代谢途径。但是由于不同氨基酸的侧链基团不同，所以个别氨基酸还有其特殊的代谢途径。本节着重讨论氨基酸的共同代谢途径，个别氨基酸代谢途径只作概括性阐述。

氨基酸的共同分解代谢途径包括脱氨基作用和脱羧基作用两个方面。

$$\mathrm{R-\underset{NH_3^+}{\overset{H}{C}}-COO^-}\begin{cases}\xrightarrow{\text{脱氨基作用}} \mathrm{R-CO-COO^-} + \mathrm{NH_3}\ (\alpha\text{-酮酸}) \\ \xrightarrow{\text{脱羧基作用}} \mathrm{R-CH_2-NH_2} + \mathrm{CO_2}\ (\text{胺})\end{cases}$$

15.2.1　氨基酸的脱氨基作用

氨基酸的脱氨作用(deamination)主要有氧化脱氨基作用、转氨基作用、联合脱氨基作用和脱酰胺基作用。

1) 氧化脱氨基作用

氨基酸在酶的催化下氧化生成α-酮酸，消耗氧并产生氨，此过程称氧化脱氨[基]作用(oxidative deamination)。反应式如下：

$$\underset{\text{氨基酸}}{\mathrm{HC(R)(NH_3^+)COO^-}} \xrightarrow[\text{酶}]{-2H} \underset{\alpha\text{-亚氨基酸}}{\mathrm{C(R)(=NH)COO^-}} + \mathrm{H^+} \qquad \mathrm{H^+} + \mathrm{C(R)(=NH)COO^-} \xrightarrow{+H_2O} \underset{\alpha\text{-酮酸}}{\mathrm{C(R)(=O)COO^-}} + \mathrm{NH_4^+}$$

上述反应分两步进行，第一步是脱氢，氨基酸经酶催化脱氢生成α-亚氨基酸，第二步是加水脱氨。α-亚氨基酸不需酶参加，水解生成α-酮酸及氨。

催化氨基酸氧化脱氨基作用的酶有 L-氨基酸氧化酶、D-氨基酸氧化酶和 L-谷氨酸脱氢酶等。

L-氨基酸氧化酶催化 L-氨基酸氧化脱氨，D-氨基酸氧化酶催化 D-氨基酸氧化脱氨。前者辅基为 FMN 或 FAD，后者的辅基为 FAD。这类黄素蛋白酶能催化氨基酸脱氢脱氨，脱下的氢由辅基 FMN 或 FAD 转移到氧分子上形成过氧化氢，再由细胞内过氧化氢酶分解为水和氧。但是由于 L-氨基酸氧化酶在体内分布不普遍，其最适 pH 为 10 左右，在正常生理条件下活力低，所以该酶在 L-氨基酸氧化脱氨反应中并不起主要作用。D-氨基酸氧化酶在体内分布虽广，活力也强，但体内 D-氨基酸不多，因此这个酶的作用也不大。

L-谷氨酸脱氢酶的辅酶为 NAD^+或 $NADP^+$，它能催化 L-谷氨酸氧化脱氨，生成α-酮戊二酸及氨。L-谷氨酸脱氢酶是一种别构酶，ATP、GTP、NADH 是别构抑制剂，ADP、GDP 是别构激活剂。当 ATP、GTP 不足时，谷氨酸氧化脱氨作用便加速，从而调节氨基酸氧化分解供给机体所需能量。此酶在动物、植物、微生物中普遍存在，而且活性很强，特别在肝及肾组织中活力更强，它的最适 pH 在中性附近，其所催化的反应如下：

$$H_3\overset{+}{N}-\underset{\underset{\underset{\underset{COO^-}{|}}{CH_2}}{\underset{|}{CH_2}}}{\overset{\overset{COO^-}{|}}{C}}-H + H_2O \xrightleftharpoons[\text{L-谷氨酸脱氢酶}]{NAD(P)^+ \quad GTP \quad ADP \quad NAD(P)^+H+H^+} \underset{\underset{\underset{\underset{COO^-}{|}}{CH_2}}{\underset{|}{CH_2}}}{\overset{\overset{COO^-}{|}}{C=O}} + NH_4^+$$

L-谷氨基酸　　　　α-酮戊二酸

上述反应是可逆的，即在氨、α-酮戊二酸以及 $NADH+H^+$或 $NADPH+H^+$存在下，L-谷氨酸脱氢酶可催化合成 L-谷氨酸。从 L-谷氨酸脱氢酶所催化的反应平衡常数偏向于 L-谷氨酸的合成看，此酶主要是催化谷氨酸的合成，但是在 L-谷氨酸脱氢酶催化谷氨酸产生的 NH_3 在体内被迅速处理的情况下，反应又可以趋向于脱氨基作用，特别在 L-谷氨酸脱氢酶和转氨酶(见下述“联合脱氨基作用”)联合作用时，几乎所有氨基酸都可以脱去氨基，因此 L-谷氨酸脱氢酶在氨基酸的代谢中占有重要地位。

2) 转氨基作用

一种α-氨基酸的氨基可以转移到α-酮酸上，从而生成相应的一分子α-酮酸和一分子α-氨基酸，这种作用称转氨[基]作用(transamination)，也称氨基移换作用。催化转氨基反应的酶叫氨基转移酶或转氨酶，它催化的反应是可逆的，平衡常数接近 1.0。转氨基作用的简式如下：

$$H-\underset{\underset{COO^-}{|}}{\overset{\overset{R_1}{|}}{C}}-NH_3^+ + \underset{\underset{COO^-}{|}}{\overset{\overset{R_2}{|}}{C=O}} \xrightleftharpoons{\text{转氨酶}} \underset{\underset{COO^-}{|}}{\overset{\overset{R_1}{|}}{C=O}} + H-\underset{\underset{COO^-}{|}}{\overset{\overset{R_2}{|}}{C}}-NH_3^+$$

α-氨基酸　　α-酮酸　　α-酮酸　　α-氨基酸

式中，α-氨基酸可以看作是氨基的供体，α-酮酸则是氨基的受体。α-酮酸与α-氨基酸在生物体内可以相互转化，因此转氨基作用一方面是氨基酸分解代谢的开始步骤，另一方面也是非必需氨基酸合成代谢的重要步骤。由糖代谢所产生的丙酮酸、草酰乙酸及α-酮戊二酸可分别转变为丙氨酸、天冬氨酸及谷氨酸；同时自蛋白质分解代谢而来的丙氨酸、天冬氨酸及谷氨酸也可转变为丙酮酸、草酰乙酸及α-酮戊二酸，参加三羧酸循环，这些相互转变的过程都是通过转氨作用而实现的，从而沟通了糖与氨基酸的代谢。

大多数转氨酶都需要α-酮戊二酸作为氨基的受体，这就意味着许多氨基酸的氨基，通过转氨作用转给α-酮戊二酸生成谷氨酸，再经 L-谷氨酸脱氢酶的催化脱去氨基。

转氨酶的种类很多，在动、植物组织和微生物中分布也很广泛，而且在真核生物细胞质基质中和线粒体内都可进行转氨基作用，因此氨基酸的转氨基作用在生物体内是极为普遍的。实验证明，除赖氨酸、苏氨酸外，其余α-氨基酸都可参加转氨基作用，并且各有其特异的转氨酶。但其中以谷丙转氨酶和谷草转氨酶最为重要，前者是催化谷氨酸与丙酮酸之间的转氨作用，后者是催化谷氨酸与草酰乙酸之间的转氨基作用，反应式如下：

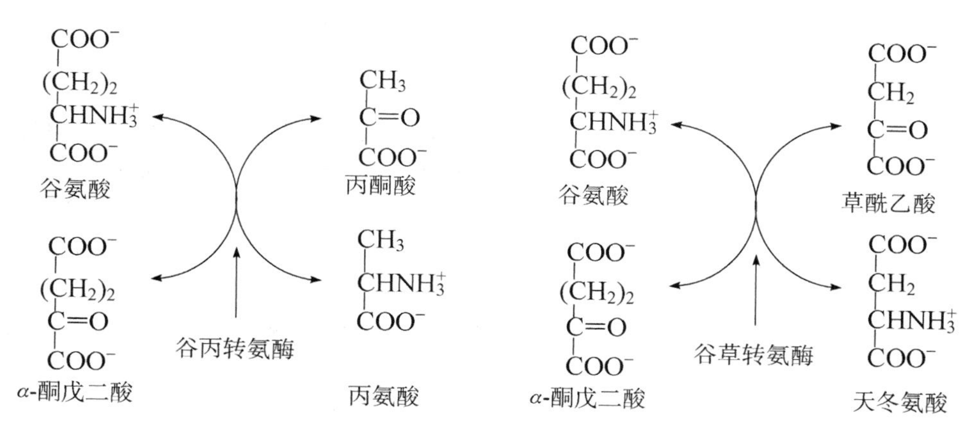

在不同动物或人体组织中，这两种转氨酶活力又各不相同，谷草转氨酶(GOT)，又称天冬氨酸氨基转移酶(AST)，在心脏中活力最大，其次为肝。谷丙转氨酶(GPT)，又称丙氨酸氨基转移酶(ALT)，在肝中活力最大，当肝细胞损伤时，酶就释放到血液内，于是血液内酶的活力明显地增加，因此临床上有助于肝病的诊断。血清谷草转氨酶的活力变化同样也用于心脏疾病的诊断。

转氨酶的种类虽多，但其辅酶只有一种，即吡哆醛-5′-磷酸(pyridoxal-5′-phosphate，PLP)，它是维生素 B_6 的磷酸酯，在此过程中为氨基传递体。

3) 联合脱氨基作用

生物体内 L-氨基酸氧化酶活力不高，而 L-谷氨酸脱氢酶(L-glutamate dehydrogenase)的活力却很强，转氨酶虽普遍存在，但作用仅仅使氨基酸的氨基发生转移，并不能使氨基酸真正脱去氨基。故一般认为 L-氨基酸在体内往往不是直接氧化脱去氨基，而是先与α-酮戊二酸经转氨作用转变为相应的酮酸及 L-谷氨酸。L-谷氨酸经L-谷氨酸脱氢酶作用重新转变成α-酮戊二酸，同时放出氨。这种脱氨基作用是转氨基作用和氧化脱氨基作用联合进行的，所以叫联合脱氨[基]作用(transdeamination)。动物体内大部分氨基酸是通过这种方式脱去氨基的，其反应式表示如下：

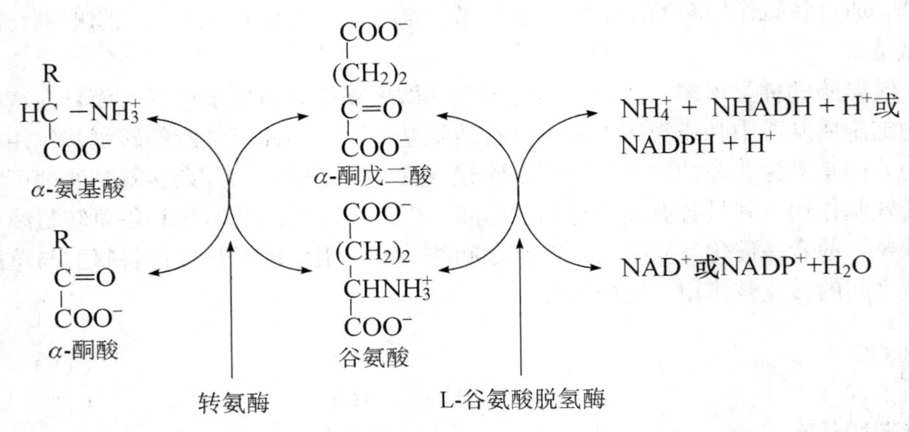

α-酮戊二酸实际上是一种氨基传递体，组织中除L-谷氨酸外其他L-氨基酸的脱氨基作用非常缓慢，如果加入少量α-酮戊二酸，则脱氨作用显著增强，因此认为联合脱氨基作用可能是体内氨基酸脱基作用的主要方式，也是合成非必需氨基酸的重要途径。

4) 脱酰胺基作用

天冬酰胺和谷氨酰胺的酰胺基可由相应的酰胺酶加水脱去氨基，其反应式如下：

$$\underset{\text{天冬酰胺}}{\begin{array}{l}CONH_2\\ |\\ CH_2\\ |\\ CHNH_3^+\\ |\\ COO^-\end{array}} + H_2O \longrightarrow \underset{\text{天冬氨酸}}{\begin{array}{l}COO^-\\ |\\ CH_2\\ |\\ CHNH_3^+\\ |\\ COO^-\end{array}} + NH_4^+$$

$$\underset{\text{谷氨酰胺}}{\begin{array}{l}CONH_2\\ |\\ (CH_2)_2\\ |\\ CHNH_3^+\\ |\\ COO^-\end{array}} + H_2O \longrightarrow \underset{\text{谷氨酸}}{\begin{array}{l}COO^-\\ |\\ (CH_2)_2\\ |\\ CHNH_3^+\\ |\\ COO^-\end{array}} + NH_4^+$$

15.2.2　氨基酸的脱羧基作用

氨基酸在氨基酸脱羧酶催化下进行脱羧作用，生成二氧化碳和一个伯胺类化合物。这个反应除组氨酸外均需要吡哆醛-5′-磷酸作为辅酶。

$$^{+}H_3N\underset{}{\overset{R}{\overset{|}{C}}}HCOO^- \longrightarrow RCH_2NH_2 + CO_2$$

氨基酸的脱羧基作用(decarboxylation)在微生物中很普遍，在高等动、植物组织内也有，但不是氨基酸代谢的主要方式。

氨基酸脱羧酶的专一性很高，除个别脱羧酶外，一种氨基酸脱羧酶一般只对一种氨基酸起作用。氨基酸脱羧后形成的胺类中有一些是组成某些维生素或激素的成分，有一些具有特殊的生理作用，例如脑组织中游离的γ-氨基丁酸就是谷氨酸经谷氨酸脱羧酶催化脱羧的产物，是一种重要的神经递质。

$$\underset{\text{谷氨酸}}{COO^- - (CH_2)_2 - CHNH_3^+ - COO^-} \longrightarrow \underset{\gamma\text{-氨基丁酸}}{COO^- - (CH_2)_2 - CH_2NH_3^+} + CO_2$$

$$\underset{\text{天冬氨酸}}{COO^- - CH_2 - CHNH_3^+ - COO^-} \longrightarrow \underset{\beta\text{-丙氨酸}}{COO^- - CH_2 - CH_2NH_3^+} + CO_2$$

天冬氨酸脱羧酶促使天冬氨酸脱羧形成β-丙氨酸，其是维生素泛酸的组成成分。

组胺可使血管舒张、降低血压，而酪胺则使血压升高。前者是组氨酸的脱羧产物，后者是酪氨酸的脱羧产物。

$$\underset{\text{组氨酸}}{\text{(咪唑环)}-CH_2-CH(NH_3^+)-COO^-} \longrightarrow \underset{\text{组胺}}{\text{(咪唑环)}-CH_2CH_2NH_2} + CO_2$$

$$\underset{\text{酪氨酸}}{HO-C_6H_4-CH_2-CH(NH_3^+)COO^-} \longrightarrow \underset{\text{酪胺}}{HO-C_6H_4-CH_2CH_2NH_2} + CO_2$$

如果体内生成大量胺类，则会引起神经或心血管等系统的功能紊乱，但体内的胺氧化酶能催化胺类氧化成醛，继而醛氧化成脂肪酸，再分解成二氧化碳和水。

$$RCH_2NH_2 + O_2 + H_2O \longrightarrow RCHO + H_2O_2 + NH_3$$

$$RCHO + 1/2O_2 \longrightarrow RCOO^- + H^+$$

氨基酸经脱氨作用生成氨及α-酮酸。氨基酸经脱羧作用产生二氧化碳及胺。胺可随尿直接排出，也可在酶的催化下，转变为其他物质。二氧化碳可以由肺呼出。而氨和α-酮酸等则必须进一步参加其他代谢过程，才能转变为可被排出的物质或合成体内有用的物质。

15.2.3　氨的代谢去路

在动物体中氨的去路有三条，即排泄、以酰胺的形式储存、重新合成氨基酸和其他含氮物。

1) 氨的排泄方式

氨是有毒物质，在 pH 7.4 时主要以 NH_4^+的形式存在。在兔体内，当血液中氨的含量达到 5 mg/100 mL 时，兔即死亡。高等动物的脑组织对氨相当敏感，血液中含 1%氨便能引起中枢神经系统中毒。人类氨中毒后引起语言紊乱、视力模糊，出现一种特殊的震颤，甚至昏迷或死亡。关于氨中毒的机制，一般认为高浓度的氨与三羧酸循环中间物α-酮戊二酸合成 L-谷氨酸，使大脑中的α-酮戊二酸减少，导致三羧酸循环无法正常运转，ATP 生成受到严重阻碍，从而引起脑功能受损。另一方面，大量合成谷氨酸要消耗 $NADPH+H^+$，严重影响需要还原力($NADPH+H^+$)的反应正常进行。由此可见，动物体内氨基酸氧化脱氨基作用产生的氨不能大量积累，必须向体外排泄，但各种动物排泄氨的方式则各不相同。在进化过程中，由于外界生活环境的改变，各种动物在解除氨毒的机制上就有所不同。水生动物体内及体外水的供应都极充足，氨可以由大量的水稀释而不致发生不良影响，所以水生动物主要是排氨的，也有使部分氨转变成氧化三甲胺再排泄的。鸟类及生活在比较干燥环境中的爬虫类，由于水的供应困难，所产生的氨不能直接排出，即变成溶解度较小的尿酸，再被排出体外。两栖类是排尿素的。人和哺乳类动物虽然在陆地上生活，但其体内水的供应不太欠缺，故所产生的氨主要是变为溶解度较大的尿素，再被排出。这些事实都证明环境条件可以影响生物的物质代谢。

2) 尿素的形成机制

尿素的合成不是一步完成，而是通过鸟氨酸循环的过程形成的。此循环可分成三个阶段：第一阶段为鸟氨酸与二氧化碳和氨作用，合成瓜氨酸；第二阶段为瓜氨酸与氨作用，合成精氨酸；第三阶段精氨酸被肝中精氨酸酶水解产生尿素和重新放出鸟氨酸。反应从鸟氨酸开始，结果又重新产生鸟氨酸，这些反应形成一个循环，故称鸟氨酸循环(ornithine cycle urea cycle)，又称尿素循环(urea cycle)。尿素循环是 1932 年由 Hans Krebs 和他的学生 Kurt Henseleit 阐明的。这是人们发现的第一条代谢循环，比发现三羧酸循环要早 5 年。其反应过程如图 15-2 所示。

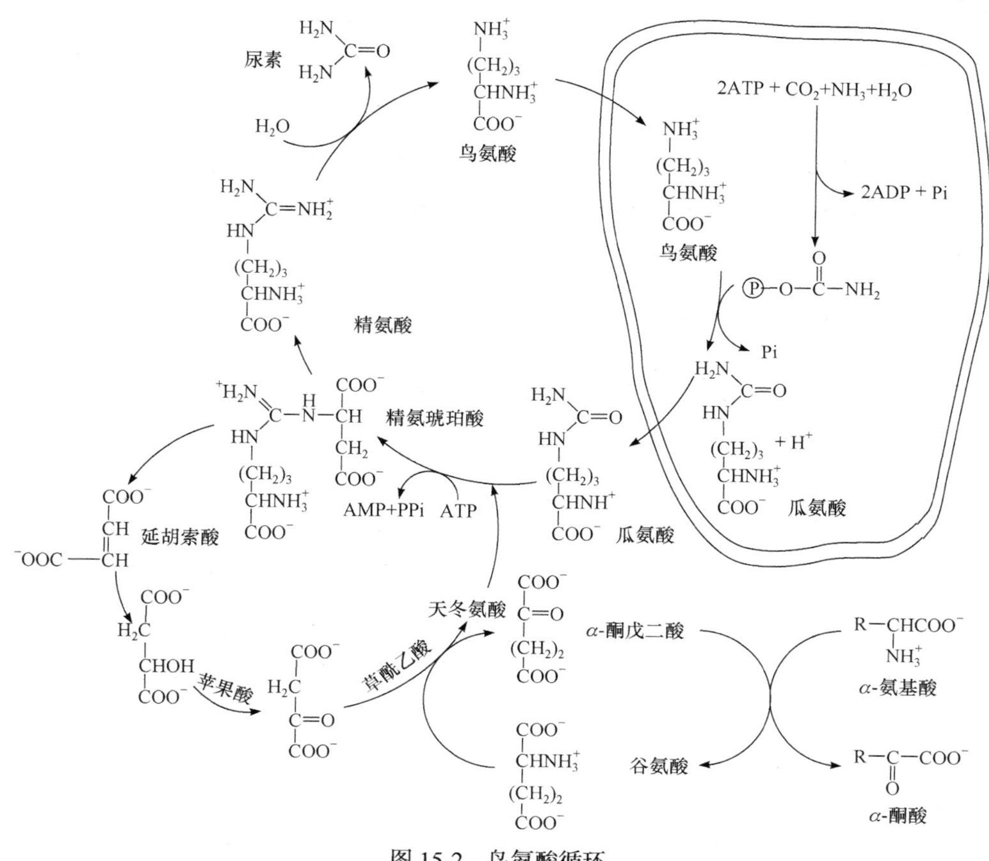

图 15-2　鸟氨酸循环

鸟氨酸循环的中间步骤比较复杂，现将中间步骤分述如下：

(1) 从鸟氨酸合成瓜氨酸　在这一过程中，需要一分子 NH_3 和一分子 CO_2(以 HCO_3^-形式参与反应)。NH_3 来源于谷氨酸的氧化脱氨作用，而 CO_2 是糖的代谢产物，二者在 ATP 存在下首先合成氨甲酰磷酸，催化此反应的酶为氨甲酰磷酸合成酶Ⅰ，并有 *N*-乙酰谷氨酸作为别构激活剂参加反应。然后氨甲酰磷酸在鸟氨酸转氨甲酰酶催化下，将氨甲酰基转移给鸟氨酸形成瓜氨酸。

(2) 从瓜氨酸合成精氨酸　在 ATP 与 Mg^{2+}的存在下，精氨琥珀酸合成酶催化瓜氨酸与天冬氨酸缩合为精氨琥珀酸，同时产生 AMP 及焦磷酸。

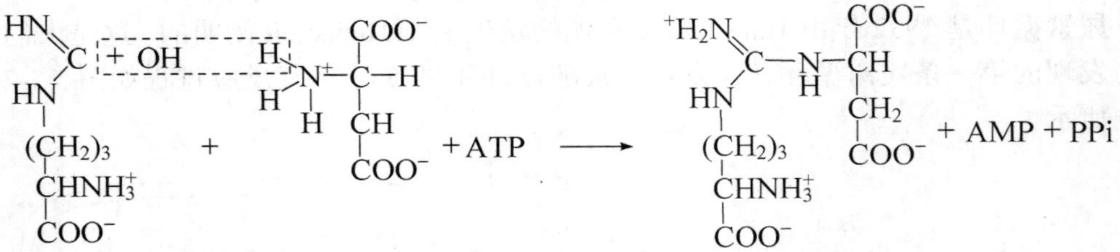

HN=C(+OH)—HN—$(CH_2)_3$—$CHNH_3^+$—COO^- + H—N^+(H)(H)—C(H)(COO⁻)—CH_2—COO^- + ATP ⟶ ^+H_2N=C(—N(H)—CH(COO⁻)—CH_2—COO⁻)—HN—$(CH_2)_3$—$CHNH_3^+$—COO^- + AMP + PPi

瓜氨酸　　天冬氨酸　　精氨琥珀酸

精氨琥珀酸通过精氨琥珀酸裂合酶的催化形成精氨酸和延胡索酸，延胡索酸经三羧酸循环转变为草酰乙酸。草酰乙酸与谷氨酸进行转氨作用又可转变为天冬氨酸，天冬氨酸在此为氨基的供体。

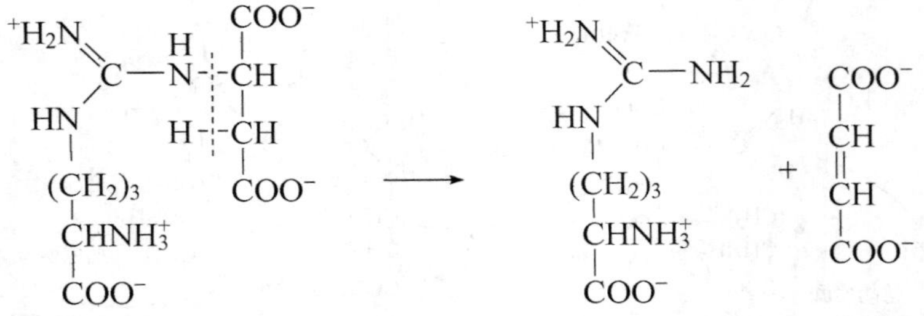

^+H_2N=C(—N(H)—CH(COO⁻)—CH(H)—COO⁻)—HN—$(CH_2)_3$—$CHNH_3^+$—COO^- ⟶ ^+H_2N=C(NH_2)—HN—$(CH_2)_3$—$CHNH_3^+$—COO^- + COO^-—CH=CH—COO^-

精氨琥珀酸　　精氨酸　　延胡索酸

(3) 精氨酸水解生成尿素　精氨酸在精氨酸酶的催化下水解产生尿素和鸟氨酸。此酶的专一性很高，只对 L-精氨酸有作用，存在于排尿素动物的肝中。

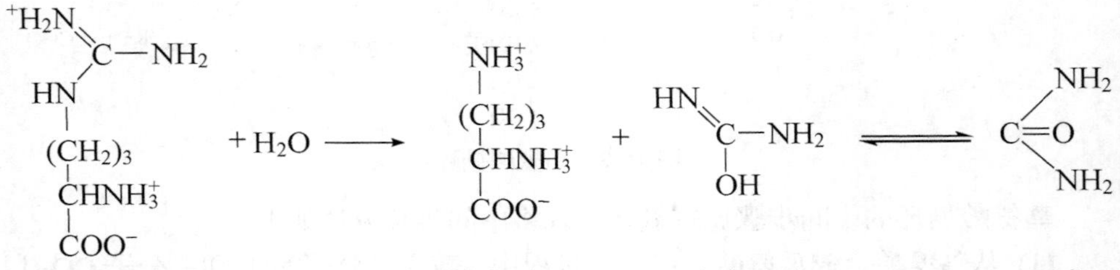

^+H_2N=C(NH_2)—HN—$(CH_2)_3$—$CHNH_3^+$—COO^- + H_2O ⟶ NH_3^+—$(CH_2)_3$—$CHNH_3^+$—COO^- + HN=C(NH_2)—OH ⇌ NH_2—C(=O)—NH_2

精氨酸　　鸟氨酸　　尿素(烯醇式)　　尿素

鸟氨酸循环将氨转化成尿素，尿素中的 2 个氨，一分子来源于谷氨酸的氧化脱氨，另一分子来自于天冬氨酸，而天冬氨酸的氨是由其他氨基酸通过转氨基作用转给草酰乙酸生成的，每生成 1 mol 尿素要消耗 3 mol ATP(实际是 4 个高能键)。参与尿素生成的酶，氨甲酰磷酸合成酶 Ⅰ 和鸟氨酸转氨甲酰酶是线粒体酶，瓜氨酸生成后可通过特定的转运系统，从线粒体转至细胞质基质，再通过精氨琥珀酸合成酶、精氨琥珀酸裂合酶、精氨酸酶的作用生成尿素。

鸟氨酸循环中，天冬氨酸与瓜氨酸反应生成精氨琥珀酸后，经裂解生成精氨酸和延胡索酸。延胡索酸转化成草酰乙酸，经转氨作用生成天冬氨酸，再进入鸟氨酸循环，周而复始地运转，因此鸟氨酸循环与三羧酸循环关系非常密切。

尿素是哺乳动物蛋白质代谢的最终产物。尿素氮占尿中排出的总氮量的 90%，在蛋白质营养不足时，可降低至 40%～50%。鸟类和某些爬行类以尿酸的形式排氨。

3) 以酰胺的形式储存

氨基酸脱氨作用所产生的氨除了形成如尿素这样的含氮物排出体外，还可以酰胺的形式储存于体内，供合成氨基酸和其他含氮物所用。谷氨酰胺和天冬酰胺不仅是合成蛋白质的原料，而且也是体内解除氨毒的重要方式。存在于脑、肝及肌肉等细胞组织中的谷氨酰胺合成酶，能催化谷氨酸与氨作用合成谷氨酰胺，此反应需要 ATP 参加。

$$\begin{array}{c}COO^-\\|\\(CH_2)_2\\|\\CHNH_3^+\\|\\COO^-\end{array} + NH_3 + ATP \xrightarrow{Mg^{2+}} \begin{array}{c}CONH_2\\|\\(CH_2)_2\\|\\CHNH_3^+\\|\\COO^-\end{array} + ADP + Pi$$

谷氨酸　　　　谷氨酰胺

谷氨酰胺是动物体内氨的主要运输形式，除了通过血液循环将氨运送到肝合成尿素外，也可将氨运输到肾以铵盐的形式排出，是尿氨的主要来源。

氨在天冬酰胺合成酶的催化下也可与天冬氨酸反应生成天冬酰胺，它大量存在于植物体内，是植物体中储氨的重要物质。当需要时，天冬酰胺分子内的氨基又可通过天冬酰胺酶的作用分解出来，供合成氨基酸和其他含氮物所用。

4) 重新合成氨基酸和其他含氮物

氨被利用重新合成氨基酸的过程基本上是联合脱氨基的逆过程(详见下述“α-酮酸的代谢去路”)，氨也可以用于合成其他含氮物，如鸟氨酸循环的氨甲酰磷酸是由 NH_3 和 CO_2 在 ATP 供能条件下经氨甲酰磷酸合成酶催化合成的。这种酶分布在线粒体内，又称氨甲酰磷酸合成酶 Ⅰ 。它为别构酶，*N*-乙酰谷氨酸为正别构剂。它利用转氨基作用和 L-谷氨酸脱氢酶的催化作用，由谷氨酸氧化产生的氨作为氮源。而氨甲酰磷酸合成酶Ⅱ分布于胞质，一般存在于生长迅速的组织细胞内，包括肿瘤细胞中。它利用谷氨酰胺作为氮源，不需要*N*-乙酰谷氨酸参加就可催化合成氨甲酰磷酸。生成的氨甲酰磷酸再与天冬氨酸缩合成氨甲酰天冬氨酸，然后经环化形成二氢乳清酸，最后合成尿苷酸。所以，氨基酸脱下的氨经谷氨酰胺就可转化成嘧啶类化合物，这也是氨的去路之一。

15.2.4 α-酮酸的代谢去路

α-氨基酸脱氨后生成的α-酮酸可以再合成为氨基酸，可以转变为糖和脂肪，也可氧化成二氧化碳和水，并放出能量以供体内需要。

1) 再合成氨基酸

体内氨基酸的脱氨作用与α-酮酸的还原氨基化作用可以看作一对可逆反应，并处于动态平衡中。当体内氨基酸过剩时，脱氨作用相应地加强。相反，在需要氨基酸时，氨基化作用又会加强，从而合成某些氨基酸。

糖代谢的中间产物α-酮戊二酸与氨的作用产生谷氨酸就是还原氨基化过程，也就是谷氨酸氧化脱氨基的逆反应，此反应是由L-谷氨酸脱氢酶催化，以还原辅酶为氢供体。动物体内谷氨酸脱氢酶的还原辅酶为$NADH+H^+$或$NADPH+H^+$，而在植物体内为$NADPH+H^+$。

$$NH_4^+ + \underset{\alpha\text{-酮戊二酸}}{\begin{array}{c} COO^- \\ | \\ (CH_2)_2 \\ | \\ C{=}O \\ | \\ COO^- \end{array}} \xrightleftharpoons[]{NAD(P)H+H^+ \quad NAD(P)^+} \underset{\text{谷氨酸}}{\begin{array}{l} COO^- \\ | \\ HC-NH_3^+ \\ | \\ CH_2 \\ | \\ CH_2 \\ | \\ COO^- \end{array}} + H_2O$$

用^{15}N标记NH_3的实验证明，植物细胞质中最初接受氮素的碳骨架主要是α-酮戊二酸，因此谷氨酸是氮素同化早期阶段含^{15}N最多的化合物。

上述反应是多数有机体直接利用NH_3合成谷氨酸的主要途径，不仅如此，该反应在其他所有氨基酸的合成中，都有重要意义，因为谷氨酸的氨基可以转到α-酮酸上，从而形成各种相应的氨基酸。例如，谷氨酸与丙酮酸和草酰乙酸通过转氨基作用分别合成丙氨酸和天冬氨酸。

2) 转变成糖及脂肪

当体内不需要将α-酮酸再合成氨基酸，并且体内的能量供给又极充足时，α-

酮酸可以转变为糖及脂肪，这已为动物实验所证明。例如，用氨基酸饲养患人工糖尿病的犬，大多数氨基酸可使尿中葡萄糖的含量增加，少数几种可使葡萄糖及酮体的含量同时增加，而亮氨酸只能使酮体的含量增加。在体内可以转变为糖的氨基酸称为生糖氨基酸(glucogenic amino acids)，按糖代谢途径进行代谢；能转变成酮体的氨基酸称为生酮氨基酸(ketogenic amino acids)，按脂肪酸代谢途径进行代谢；二者兼有的称为生糖兼生酮氨基酸(glucogenic and ketogenic amino acids)，部分按糖代谢，部分按脂肪酸代谢途径进行。一般说，生糖氨基酸的分解中间产物大都是糖代谢过程中的丙酮酸、草酰乙酸、α-酮戊二酸、琥珀酰 CoA，或者与这几种物质有关的化合物。生酮氨基酸的代谢产物为乙酰辅酶 A 或乙酰乙酸。亮氨酸和赖氨酸为生酮氨基酸，异亮氨酸和 3 种芳香族氨基酸为生糖兼生酮氨基酸，其他氨基酸为生糖氨基酸。

3) 氧化成二氧化碳和水

脊椎动物体内氨基酸分解代谢过程中，20 种氨基酸有着各自的酶系催化氧化分解α-酮酸。各种氨基酸可分别形成乙酰 CoA、α-酮戊二酸、琥珀酰 CoA、延胡索酸、草酰乙酸 5 种中间产物，进入三羧酸循环进一步分解生成 CO_2，脱出的氢通过呼吸链生成水，释放出能量用以合成 ATP(图 15-3)。

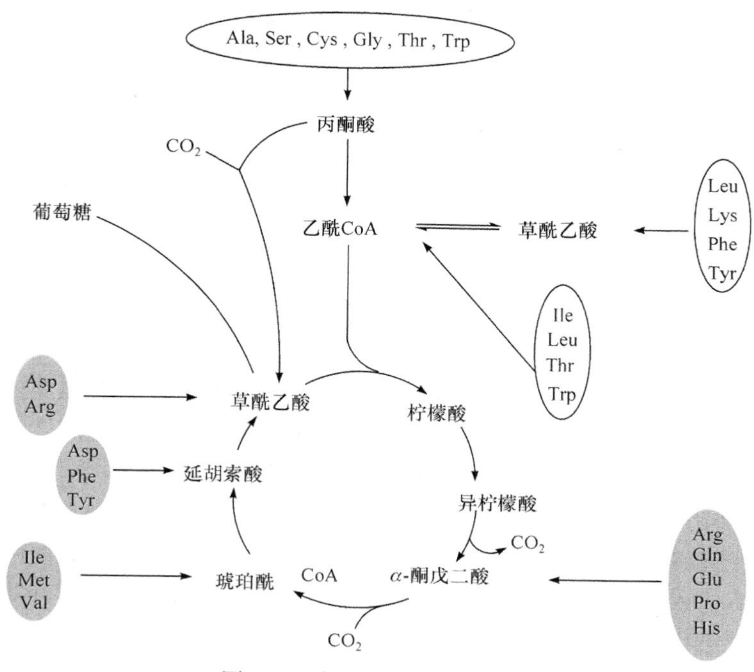

图 15-3　氨基酸分解代谢简图

15.3　氨基酸的合成代谢

氨基酸是蛋白质的基本组成单位，不同生物用于合成蛋白质的氮源不同。自然界能直接利用大气中的 N_2 作为氮源的生物不多，仅有与豆科植物共生的根瘤菌和少数细菌能合成固氮酶，可将大气中的 N_2 还原为 NH_3，进而合成氨基酸和蛋白质。植物和绝大多数微生物可以将硝酸盐和亚硝酸盐还原为 NH_3，而动物只能通过降解动植物蛋白质来作为合成蛋白质的氮源。

氨基酸合成代谢的一般规律在上一节已作介绍，但个别氨基酸的代谢还有其特殊性，而且内容极其繁杂，本书仅介绍氨基酸合成代谢的概况。

15.3.1　氨基酸合成途径的类型

不同生物合成氨基酸的能力有所不同。动物不能合成全部 20 种氨基酸。例如人和大鼠只能合成 10 种氨基酸，其余 10 种自身无法合成，必须由食物供给。这种必须由食物供给的氨基酸称为必需氨基酸，自身能合成的氨基酸称为非必需氨基酸。植物和绝大多数微生物能合成全部氨基酸。动物体内自身能合成的非必需氨基酸都是生糖氨基酸，其原因是这些氨基酸与糖的转变是可逆过程；必需氨基酸中只有少部分是生糖氨基酸，这部分氨基酸转变成糖的过程是不可逆的。所有生酮氨基酸都是必需氨基酸，因为这些氨基酸转变成酮体的过程是不可逆的，因此，脂肪很少或不能用来合成氨基酸。

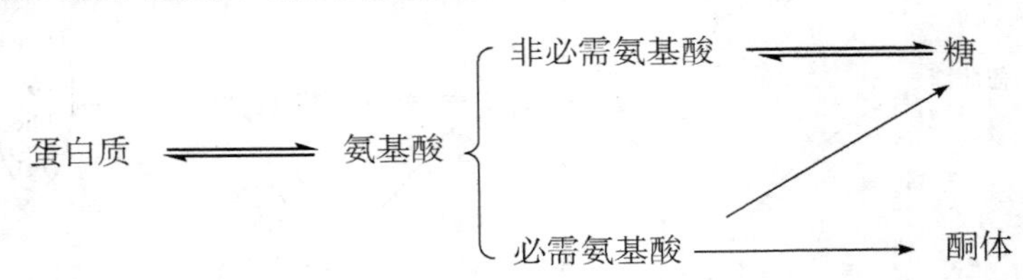

不同氨基酸生物合成途径不同，但许多氨基酸生物合成都与机体内的几个主要代谢途径相关。因此，可将氨基酸生物合成相关代谢途径的中间产物，看作氨基酸生物合成的起始物，并以此起始物不同划分为六大类型。

(1) α-酮戊二酸衍生类型　α-酮戊二酸与 NH_3 在谷氨酸脱氢酶(辅酶为 $NADPH+H^+$)催化下，还原氨基化生成谷氨酸；谷氨酸与 NH_3 在谷氨酰胺合成酶催化下，消耗 ATP 而形成谷氨酰胺；谷氨酸的γ-羧基还原生成谷氨酸半醛，然后环化成二氢吡咯-5-羧酸，再由二氢吡咯还原酶作用还原成脯氨酸。谷氨酸也可在转乙酰基酶催化下生成 *N*-乙酰谷氨酸，再在激酶作用下，消耗 ATP 后转变成 *N*-

乙酰-γ-谷氨酰磷酸，然后在还原酶催化下由 $NADPH+H^+$提供氢而还原成 *N*-乙酰谷氨酸-γ-半醛。最后经转氨酶作用，谷氨酸提供α-氨基而生成 *N*-乙酰鸟氨酸，经去乙酰基后转变成鸟氨酸。通过鸟氨酸循环而生成精氨酸。

由上所述，α-酮戊二酸衍生型可合成谷氨酸、谷氨酰胺、脯氨酸和精氨酸等非必需氨基酸。

(2) 草酰乙酸衍生类型　在谷草转氨酶催化下，草酰乙酸与谷氨酸反应生成天冬氨酸；天冬氨酸经天冬酰胺合成酶催化，在谷氨酰胺和 ATP 参与下，从谷氨酰胺上获取酰胺基而形成天冬酰胺；细菌和植物还可以由天冬氨酸为起始物合成赖氨酸或转变成甲硫氨酸。另外以天冬氨酸为起始物合成高丝氨酸，再转变成苏氨酸(苏氨酸合酶催化)。天冬氨酸与丙酮酸作用进而合成异亮氨酸。

由此可见，草酰乙酸衍生型可合成天冬氨酸、天冬酰胺、赖氨酸、甲硫氨酸、苏氨酸和异亮氨酸等 6 种氨基酸。

(3) 丙酮酸衍生类型　以丙酮酸为起始物可合成丙氨酸、缬氨酸和亮氨酸。

(4) 甘油酸-3-磷酸衍生类型　由甘油酸-3-磷酸起始，可分别合成丝氨酸、甘氨酸和半胱氨酸。甘油酸-3-磷酸经磷酸甘油酸脱氢酶催化脱氢生成羟基丙酮酸-3-磷酸，经磷酸丝氨酸转氨酶作用，谷氨酸提供α-氨基而形成丝氨酸 3-磷酸。它在磷酸丝氨酸磷酸酶作用下去磷酸生成丝氨酸。丝氨酸在丝氨酸转羟甲基酶作用下，脱去羟甲基后生成甘氨酸。

大多数植物和微生物可以把乙酰 CoA 的乙酰基转给丝氨酸而生成 *O*-乙酰丝氨酸。反应由丝氨酸转乙酰基酶催化。*O*-乙酰丝氨酸经巯基化而生成半胱氨酸和乙酸。

(5) 赤藓糖-4-磷酸和磷酸烯醇丙酮酸衍生类型　芳香族氨基酸中苯丙氨酸、酪氨酸和色氨酸可由赤藓糖-4-磷酸为起始物，在有磷酸烯醇丙酮酸条件下酶促合成分支酸，再经氨基苯甲酸合酶作用可转变成邻氨基苯甲酸，经系列反应最后生成色氨酸；分支酸还可以转变成预苯酸，在预苯酸脱氢酶作用下生成对羟基苯丙酮酸，经转氨生成酪氨酸；在预苯酸脱水酶作用下预苯酸转变成苯丙酮酸，经转氨形成苯丙氨酸。

(6) 组氨酸生物合成　组氨酸酶促生物合成途径非常复杂。它由 5′-磷酸核糖基焦磷酸(PRPP)开始，首先把核糖-5′-磷酸部分连接到 ATP 分子中的嘌呤环的第 1 号氮原子上生成 *N*-糖苷键相连的中间物[*N*-1-(核糖-5′-磷酸)-ATP]，经过一系列反应最后合成组氨酸。由于组氨酸来自 ATP 分子上的嘌呤环，故有人认为它是嘌呤核苷酸代谢的一个分支。图 15-4 示意了 6 种衍生类型有关的氨基酸主要代谢路线。

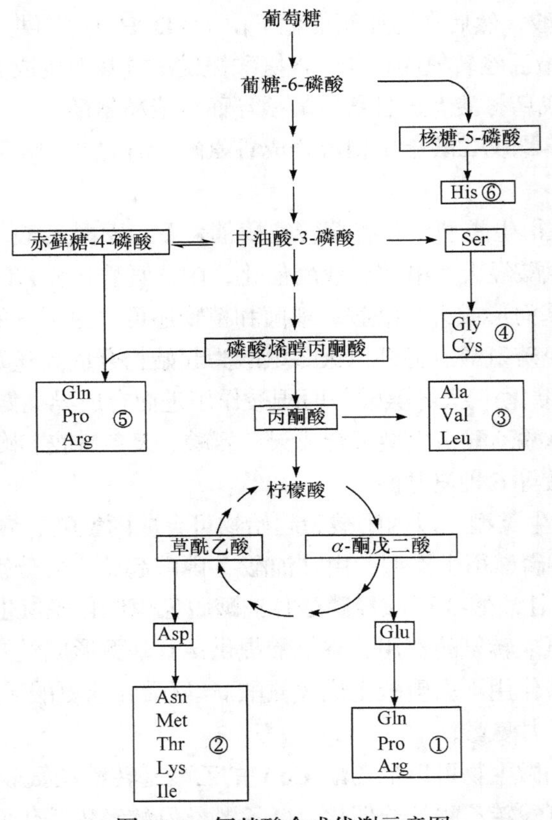

图 15-4　氨基酸合成代谢示意图

15.3.2　氨基酸与某些重要生物活性物质的合成

生物体需要一些生物活性物质用来调节代谢和生命活动，有些活性物质可由氨基酸合成。表 15-1 列举了一部分氨基酸来源的生物活性物质。

表 15-1　氨基酸来源的生物活性物质

氨基酸	转变产物	生物学作用	备注
甘氨酸	嘌呤碱	核酸及核苷酸成分	与 Gln、Asp、一碳单位 CO_2 共同合成
	肌酸	组织中储能物质	与 Arg、Met 共同合成
	卟啉	血红蛋白剂细胞色素等的辅基	与琥珀酰 CoA 共同合成
丝氨酸	乙醇胺及胆碱	磷脂成分	胆碱由 Met 提供甲基
	乙酰胆碱	神经递质	
半胱氨酸	牛磺酸	结合胆汁酸成分	

续表

氨基酸	转变产物	生物学作用	备注
天冬氨酸	嘧啶碱	核酸及核苷酸成分	与 CO_2、Gln 共同合成
谷氨酸	γ-氨基丁酸	抑制性神经递质	
组氨酸	组胺	神经递质	
酪氨酸	儿茶酚胺类	神经递质	肾上腺素由 Met 提供甲基
	甲状腺激素	激素	
	黑色素	皮、发形黑色	
色氨酸	5-羟色胺	神经递质促进平滑肌收缩	即 *N*-乙酰-5-甲氧色胺
	黑素紧张素	松果体激素	
	烟酸	维生素 B_3	
鸟氨酸	腐胺	促进细胞增殖	
	亚精胺		
天冬氨酸	—	兴奋性神经递质	
谷氨酸	—	兴奋性神经递质	

15.4　蛋白质的生物合成

生物体处于不断地新陈代谢之中，蛋白质的生物合成在细胞代谢过程中占有十分重要的位置。在大肠杆菌细胞中，蛋白质占细胞干重的 50%左右，每个菌体约有 3000 种不同的蛋白质分子。而大肠杆菌细胞分裂周期仅 20 分钟，可见蛋白质在生物体中的合成速度非常之快。

蛋白质的生物合成也称为翻译(translation)。绝大多数生物的遗传信息储存在 DNA 分子上，通过转录传递给 mRNA，而 mRNA 可作为蛋白质合成的直接模板，在核糖体上翻译为蛋白质，蛋白质是基因表达的最终产物。这个过程与从一种语言翻译为另一种语言时的情形相类似，核酸中的核苷酸顺序转变为多肽链中的氨基酸顺序，因此人们形象地将以 mRNA 为模板合成蛋白质的过程称为翻译。

与其他生物大分子的合成相同，蛋白质的生物合成过程也经历起始、延长和终止 3 个阶段。合成后的多肽链多数要经过加工、折叠才能成为具有生物活性的蛋白质。生物体中蛋白质合成的数量和种类受到严格调节控制，使蛋白质浓度维持在细胞生理需要的水平。

15.4.1 蛋白质合成体系

蛋白质合成的原料是氨基酸，其合成过程非常复杂。真核生物细胞合成蛋白质需要 70 多种核糖体蛋白质、20 多种活化氨基酸的酶、10 多种辅助酶和其他蛋白质因子参加，同时还要 100 多种附加的酶类参与蛋白质合成后的修饰，40 多种 tRNA、4 种 rRNA，总计约有 300 种不同的大分子参与多肽的合成。一个典型的细菌其细胞干重 35%的物质参与蛋白质合成过程。蛋白质合成所消耗的能量，约占全部生物合成反应总耗能量的 90%，所需要的能量由 ATP 和 GTP 提供。

蛋白质合成机制的研究工作，早期是采用大肠杆菌无细胞体系(cell-free system)进行的，所谓无细胞体系即把大肠杆菌温和地破碎，离心去除细胞壁和细胞膜，得到的粗提物，其中包括 DNA、mRNA、核糖体、酶以及其他蛋白质合成所需的细胞组分。加入 DNA 酶使无细胞体系中原有的 DNA 降解，系统不能再合成 mRNA，而原有的 mRNA 也随之降解，这时可加入纯化或合成的 mRNA，并加入 ATP、GTP 和氨基酸后，这个系统即可合成蛋白质。研究表明原核生物和真核生物的蛋白质生物合成有许多相似之处，但也存在差异。下面将主要介绍原核生物的蛋白质合成。

1. mRNA

DNA 上的遗传信息通过转录传递给 mRNA，mRNA 携带了能指导氨基酸掺入到肽链中的信息。

mRNA 所含的 A、G、C、U 这 4 种核苷酸，3 个一组构成三联体密码(triplet code)或密码子(codon)。这 4 种核苷酸可排列组合形成 64 个不同的三联体密码，其中 61 个密码子分别编码各种氨基酸，另外 3 个密码子不编码任何氨基酸，而是肽链合成的终止密码(termination codon)，它们是 UAA、UAG、UGA。在 61 个可编码的密码子中有一个 AUG。它既是甲硫氨酸的密码子，又是肽链合成的起始密码(initiation codon)。

mRNA 中的核苷酸仅有 4 种，而氨基酸有 20 种，4 种核苷酸怎样排列组合才足以代表 20 种氨基酸呢？用数学方法推算，如果每一种核苷酸代表一种氨基酸，那么只能代表 4 种氨基酸，这显然是不可能的。如果每两个核苷酸代表一种氨基酸，可以有 $4^2=16$ 种排列方式，仍不足以为 20 种氨基酸编码。如果由 3 个核苷酸代表一种氨基酸，就可以有 $4^3=64$ 种排列方式，这就满足了 20 种氨基酸编码的需要。之后的大量实验结果也证明密码确实是由 3 个连续的核苷酸所组成的。

1961 年 Nirenberg 等用大肠杆菌无细胞体系，外加 20 种同位素标记的氨基酸混合物及人工合成的简单的多核苷酸 polyU (多聚尿苷酸)代替天然的 mRNA，观察这种结构的 RNA 可以指导合成怎样的多肽，从而推测氨基酸的密码。结果发现只有多聚苯丙氨酸生成。这一实验结果证明：UUU 是决定苯丙氨酸的密码。同样用 polyA (多聚腺苷酸)和 polyC (多聚胞苷酸)替代 mRNA，结果只得到多聚赖氨酸和多聚脯氨酸。这就表明 AAA 是赖氨酸的密码，CCC 是脯氨酸的密码。PolyG (多聚鸟苷酸)本身因有强烈的氢键结合，不能与核糖体结合，因此不能用这种方法推断 GGG 的密码意义。

以后在此基础上，应用人工合成的具有特定重复序列的多核苷酸，如 CUCUCUCU…进行体外蛋白质生物合成，发现其合成的产物为 Leu-Ser-Leu-Ser 交替出现的多肽，说明了 CUC 是编码 Leu 的密码子，UCU 是编码 Ser 的密码子。应用人工合成的三核苷酸的重复序列作模板，也能得到十分有意义的结果，如用 polyUUC 作模板，得到 3 种不同的产物：多聚苯丙氨酸、多聚丝氨酸及多聚亮氨酸。这是因为在体外，核糖体可以在这些合成的 mRNA 上以 3 种可能的读框(reading frame)来阅读 mRNA 上的密码子。

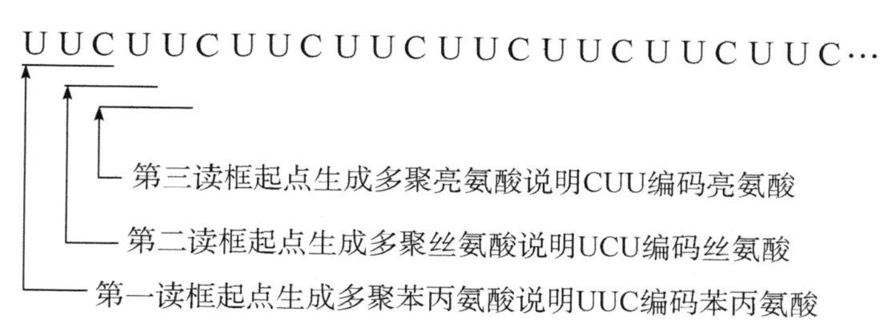

另一种测定密码子中的核苷酸排列序列的方法是核糖体结合技术。此技术建立在两个基本事实上：一是人工合成的三核苷酸即可以起着 mRNA 的模板作用，并不需要很长的 RNA 链；二是在无 GTP 存在时，三核苷酸可以促进与其对应的携带有氨基酸的 tRNA 结合在核糖体上，而不生成蛋白质。这样，利用结合的 tRNA 复合物可被硝基纤维素膜吸附的性质，可将其与未结合的 tRNA 分开。由于三核苷酸只与一定的 tRNA 对应，此 tRNA 又只与一定的氨基酸结合，因此只要有带标记的氨基酸被滤膜保留，即可推测出模板是什么氨基酸的密码子。例如加入 UUU 时，苯丙氨酸-tRNA 结合于核糖体；加入 AAA 时，赖氨酸-tRNA 结合于核糖体，CCC 则对脯氨酸-tRNA 的结合有显著促进。因此可以确定它们分别是苯丙氨酸、赖氨酸及脯氨酸的密码子。此法实验条件简便，用它确定了绝大多数密码子的序列。

利用酶法或化学法合成有特定序列的均聚核苷酸、共聚核苷酸，以及核糖体结合技术等方法，仅仅用了 4 年时间，于 1965 年完全厘清了 20 种天然氨基酸的 60 多组密码子，编制了遗传密码表(表 15-2)。

表 15-2　遗传密码表

第一个核苷酸(5′)	第二个核苷酸				第三个核苷酸(3′)
	U	C	A	G	
U	苯丙氨酸	丝氨酸	络氨酸	半胱氨酸	U
	苯丙氨酸	丝氨酸	络氨酸	半胱氨酸	C
	亮氨酸	丝氨酸	终止密码	终止密码	A
	亮氨酸	丝氨酸	终止密码	色氨酸	G
C	亮氨酸	脯氨酸	组氨酸	精氨酸	U
	亮氨酸	脯氨酸	组氨酸	精氨酸	C
	亮氨酸	脯氨酸	谷氨酰胺	精氨酸	A
	亮氨酸	脯氨酸	谷氨酰胺	精氨酸	G
A	异亮氨酸	苏氨酸	天冬酰胺	丝氨酸	U
	异亮氨酸	苏氨酸	天冬酰胺	丝氨酸	C
	异亮氨酸	苏氨酸	赖氨酸	精氨酸	A
	甲硫氨酸	苏氨酸	赖氨酸	精氨酸	G
G	缬氨酸	丙氨酸	天冬氨酸	甘氨酸	U
	缬氨酸	丙氨酸	天冬氨酸	甘氨酸	C
	缬氨酸	丙氨酸	谷氨酸	甘氨酸	A
	缬氨酸	丙氨酸	谷氨酸	甘氨酸	G

遗传密码的基本特点：

(1) 密码是无标点和不重叠的　mRNA 的阅读是从 5′到 3′方向，由起始密码 AUG 开始，到终止密码为止，可以称为一个开放读码框架(open reading frame, ORF)。读码框架内每 3 个核苷酸组成的三联体，就是决定一个氨基酸的密码子。在两个密码子之间没有任何分隔信号。因此要正确地阅读密码，必须从起始密码子开始，依次连续地 3 个核苷酸(即一个密码子)一读，直至遇到终止密码为止。mRNA 链上碱基的插入或缺失，会造成框移，使下游翻译出来的氨基酸完全改变，这样的突变称为移码突变。

生物体中的基因多数是不重叠的，即使在重叠基因中，还是从不同的起点开始，以各自的读框按三联体方式连续读码。

遗传密码是以三联体密码编码一个氨基酸，在生物体内也得到了证实。

(2) 密码的简并性　遗传密码中，除色氨酸和甲硫氨酸仅有一个密码子，其余氨基酸的密码子不止一个。同一种氨基酸有两个或更多密码子的现象称为简并性(degeneracy)，对应于同一种氨基酸的不同密码子称为同义密码子。

从遗传密码表上可见，有 2 个以上密码的氨基酸，三联体上第一、第二位上的碱基大多是相同的，只是第三位不同。例如 CUU、CUC、CUA、CUG 都是亮氨酸的密码子，ACU、ACC、ACA、ACG 都是苏氨酸的密码子。这些密码子的第三位如果发生突变，也不会影响到翻译出的氨基酸的种类。因此，密码子的简并性对于生物体来讲可以减少突变的频率，保持遗传的稳定性。

(3) 摆动性　翻译过程中氨基酸的正确加入，需要靠 mRNA 上的密码子与 tRNA 上的反密码子相互以碱基配对来辨认。通过 tRNA 反密码子来阅读 mRNA 上的遗传密码。tRNA 上的反密码子与 mRNA 的密码子配对时，密码子的第一位、第二位碱基是严格按照碱基配对原则进行的，而第三位碱基配对则不很严格，这种现象称为摆动性(wobble)。特别是 tRNA 反密码子中除 A、G、C、U 这 4 种碱基外，往往在第一位出现 I (次黄嘌呤)。次黄嘌呤的特点是与 U、A、C 都可以形成碱基配对，这就使带有次黄嘌呤的反密码子可以识别更多的简并密码子。由于摆动性的存在，合理地解释了密码子的简并性，同时也使基因突变造成的危害程度降至最低。

(4) 密码的通用性　即不论病毒、原核生物还是真核生物都用同一套遗传密码。但 1980 年底，有实验室报道酵母链孢霉和哺乳动物线粒体的遗传密码有的不同于标准密码。如在线粒体中 UGA 不是终止密码而是色氨酸的密码。AUA 是甲硫氨酸的密码，而不再是异亮氨酸的密码：CUA 应是亮氨酸的密码，但是在线粒体中却是苏氨酸的密码。由此看来，细胞核和亚细胞的密码子略有不同。这到底是进化结果还是突变的产物，到目前尚没有统一的认识。

近些年来发现终止密码 UGA 可以编码硒代半胱氨酸(selenocysteine)，硒代半胱氨酸是原核生物和真核生物某些酶的组分，是半胱氨酸分子中的硫被硒所替代形成的特殊氨基酸。由于它不是翻译后修饰的结果，而是在翻译的过程中掺入的，并有其相应的密码子，因而硒代半胱氨酸可认为是蛋白质中的第 21 种氨基酸。

(5) 原核生物和真核生物 mRNA 的某些特点　原核生物的一个 mRNA 分子往往为功能相关的几种蛋白质编码(称为多顺反子 mRNA)。例如大肠杆菌中一个 7000 核苷酸长的 mRNA 可以编码合成色氨酸代谢有关的 5 种酶。每一种酶蛋白合成都有自己的起始和终止密码，以控制多肽链合成的起始与终止，形成各自的开放读码框架。在 mRNA 的 5′端和 3′端以及各开放读码框架之间都有一段核苷酸序列是不翻译的，也称非编码区，这些区域往往与遗传信息的表达调控有关。

真核生物的 mRNA 通常只为一条多肽链编码，称为单顺反子 mRNA。它的

5′端和 3′端也有一段核苷酸序列是不翻译的。在真核生物 mRNA 的 3′端，通常还含有转录后加上去的多聚腺嘌呤核苷酸(poly A)序列作尾巴，其功能可能与增加 mRNA 分子的稳定性有关。

无论是原核生物还是真核生物，密码子的阅读都是从 mRNA 的 5′端到 3′端。原核生物 mRNA 上的起始密码一般为 AUG，偶尔为 GUG。真核生物大多为 AUG。AUG 除了是起始密码，还是甲硫氨酸的密码子。mRNA 分子的 5′端序列对于起始密码的选择有重要作用，这种作用对于原核生物和真核生物是有所差别的。原核生物在起始密码上游约 10 个核苷酸处(即–10 区)通常有一段富含嘌呤的序列。这一序列最初由 Shine-Dalgarno 首先发现的，因此人们把这一序列称为 SD 序列(Shine- Dalgarno sequence)。SD 序列可以与小亚基 16S rRNA 3′-末端的序列互补，使 mRNA 与小亚基结合。

真核生物 mRNA 5′端的帽子结构可能对于核糖体进入部位的识别起到一定作用，核糖体与其结合之后，通过一种消耗 ATP 的扫描机制向 3′端移动来寻找起始密码，翻译的起始通常开始于从核糖体进入部位向下游扫描到的第一个 AUG 序列。

2. 核糖体

早在 1950 年就有人将放射性同位素标记的氨基酸注射到大白鼠体内，经短时间后，取出肝制成匀浆，离心，将其分成细胞核、线粒体、“微粒体”及上清液，并测定各部分的放射性强度，发现只有“微粒体”部分的放射性强度最高。他们还发现用放射性标记氨基酸与新制备的大白鼠肝无细胞匀浆一起保温，也有放射性标记氨基酸掺入到“微粒体”蛋白质中。把标记的“微粒体”部分再进一步分离就发现掺入的放射性大部分集中在小的核糖核蛋白颗粒中。这些核糖核蛋白颗粒后来称为核糖体。将微粒体用去污剂处理，可以使核糖体从内质网上分离出来，离心后即可获得纯化的核糖体。将核糖体与放射性标记氨基酸、ATP、Mg^{2+}和大白鼠肝的胞浆上清液部分一起保温，就可以进行肽链的合成。此后又发现许多其他的细胞，如网织红细胞、大肠杆菌等均可使氨基酸掺入核糖体。上述一系列实验结果表明：核糖体是细胞内蛋白质合成的部位。

1) 核糖体的组成和结构

核糖体是细胞质里的一种球状小颗粒。原核细胞的核糖体直径约 18 nm，颗粒分子量为 2.8×10^6，沉降系数 70S。它含 60%～65% rRNA 和 30%～35%蛋白质。真核细胞的核糖体较大，直径为 20～22 nm，它含 55%左右的 rRNA 和 45%左右的蛋白质，颗粒分子量约为 4.0×10^6，沉降系数为 77～80S。在原核细胞中，核糖体或自由存在或与 mRNA 结合。在真核细胞中，核糖体或与粗面内质网结合或者自由存在。当多个核糖体与 mRNA 结合时称为多聚核糖体。真核细胞的线粒体和叶绿体中也有核糖体存在，沉降系数为 50～60S。平均每个原核细胞含有 15 000 个或更多的核糖体，每个真核细胞含有 10^6～10^7 个核糖体。

核糖体是由大小不同的两个亚基组成的。原核生物的核糖体由沉降系数各为 50S 和 30S 的亚基所组成。50S 的大亚基含 23S rRNA 和 5S rRNA 各一分子和 36 种蛋白质。30S 小亚基含一分子 16S rRNA 和 21 种蛋白质。上述 57 种蛋白质和 3 种 RNA 的一级结构几乎全部阐明，现在人们已经把大肠杆菌核糖体的化学结构基本搞清楚，并且在核糖体体外重组研究中取得重大进展。真核细胞的核糖体由沉降系数各为 60S 和 40S 的两个亚基所组成。60S 大亚基含 28S rRNA、5.8S rRNA、5S rRNA 各一分子和大约 49 种蛋白质。40S 小亚基含 18S rRNA 和大约 33 种蛋白质。

2) 核糖体的功能

核糖体可以看作是一个蛋白质生物合成的分子“机器”，机器内的各组分相互精密配合，彼此分工明确，分别参与多肽链的启动、延长、终止，并可“移动”含有遗传信息的模板 mRNA。贯穿于大小亚基接触面上的 mRNA 和合成的新生多肽链通过外出孔而进入膜腔。原核生物核糖体上有 3 个 tRNA 结合位点：肽酰-tRNA 结合位(peptidyl site，P 位)、氨酰-tRNA 结合位(aminoacyl site，A 位)和脱肽酰-tRNA 结合位(exit site，E 位)。P 位大部分位于小亚基，其余小部分在大亚基。A 位主要分布在大亚基上，在 A 位处 5S rRNA 有一序列能与氨酰-tRNA 的 TψC 环的保守序列互补，以利于延长用的氨酰-tRNA 进入 A 位，而起始用的 tRNA 无此互补序列，因此，进入核糖体时，它只能进到 P 位。核糖体的 30S 亚基与 50S 亚基结合成 70S 起始复合物时，两亚基的接合面上留有相当大的空隙。两亚基的接合面空隙内有一个结合 mRNA 的位点。在 50S 亚基上还有一个 GTP 水解的位点，为氨酰-tRNA 移位过程提供能量。蛋白质生物合成可能在两亚基接合面上的空隙内进行。

3. tRNA

tRNA 是氨基酸进入核糖体形成肽链的载体，是联系 mRNA 核苷酸序列与多肽链中氨基酸序列信息间的桥梁。tRNA 分子上与蛋白质生物合成有关的位点至少有 4 个，即①3′端 CCA 上的氨基酸接受位点；②氨酰-tRNA 合成酶识别的位点；③核糖体识别位点，使延长中的肽链附着于核糖体上；④反密码子位点，在蛋白质合成时，带着不同氨基酸的各个 tRNA 通过反密码子较为准确地在 mRNA 分子上“对号入座”(依次与其密码相结合)。通过“对号入座”在核糖体上将 mRNA 的核苷酸顺序转变为多肽链中的氨基酸顺序。

1988 年以来人们通过实验发现，tRNA 分子上某个碱基或某些碱基对能决定

tRNA 携带氨基酸的专一性。例如突变的赖氨酸 tRNA 不仅对 Lys 专一，它还能携带 Ala 或 Gly。经研究发现，赖氨酸 tRNA 分子在氨基酸接受臂中的 G3 · G70 一对碱基已被 G3 · U70 所取代。另外还发现大肠杆菌的丙氨酸 tRNA 的氨基酸接受臂上的 G3 · U70 被其他碱基对取代，丙氨酸 tRNA 便不能携带 Ala。如果把 G3 · U70 碱基对引入半胱氨酸 tRNA 或苯丙氨酸 tRNA，结果这两种 tRNA 转变成具有携带 Ala 的功能。同样发现，异亮氨酸 tRNA 的 G5 · G69 碱基对决定着负载 Ile 的专一性。因此，氨酰-tRNA 合成酶不仅要对其活化的氨基酸专一，而且对 tRNA 必须专一，正是这种专一性才保证蛋白质生物合成的忠实性。这种氨酰-tRNA 合成酶和 tRNA 之间的相互作用和 tRNA 分子中某些碱基或碱基对决定着携带专一氨基酸的作用，有人把它称为第二套遗传密码系统(second genetic code)。第二套密码系统的提出，立即受到人们的重视，但其编码规律明显比第一套要复杂得多。

15.4.2　蛋白质的合成过程

蛋白质的生物合成可分为五个阶段：它们是氨基酸的活化；活化氨基酸的转运；肽链合成的起始；肽链合成的延长和肽链合成的终止。

1. 氨基酸的活化

组成蛋白质分子的 20 种氨基酸在合成蛋白质前，均必须活化以获取能量。活化反应是在专门的氨酰-tRNA 合成酶(aminoacyl-tRNA synthetase)催化下进行的，即每一种氨基酸由一种氨酰-tRNA 合成酶催化，反应如下：

$$\text{ATP} + \text{氨基酸} \xrightarrow[\text{Mg}^{2+}\text{或Mn}^{2+}]{\text{氨酰-tRNA合成酶}} \text{氨酰} - \text{AMP} - \text{酶} + \text{PPi}$$

氨基酸的—COOH 通过酸酐键与 AMP 上的 5′-磷酸基连接形成高能酸酐键，从而使氨基酸的羧基得到活化，氨酰-AMP 本身很不稳定，但与酶结合后就变得较为稳定(图 15-5)。

氨酰-tRNA 合成酶的特点是具有高度专一性，每种氨基酸的活化至少需要一种特定的氨酰-tRNA 合成酶。有的氨基酸如大白鼠肝细胞中的 Gly 和 Ser 的活化就有 2 种特定的氨酰-tRNA 合成酶。氨酰-tRNA 合成酶只作用于 L-氨基酸，对 D-氨基酸不起作用。但有的酶对氨基酸的专一性也不是绝对的。例如 L-Ile-tRNA 合成酶，也能活化 Val，形成 Val-AMP 酶复合物；L-Val-tRNA 合成酶也能与 Ser 形成 Ser-AMP-酶复合物。但这两种酶都不能把所带的氨基酸转移到 tRNA^{Ile} 和 tRNA^{Val} 上，这个事实说明，氨酰-tRNA 合成酶有 2 个识别位点，一个是识别氨基酸的位点，另一个是识别 tRNA 的位点，酶的这种高度专一性是保证遗传信息准确翻译的重要条件。

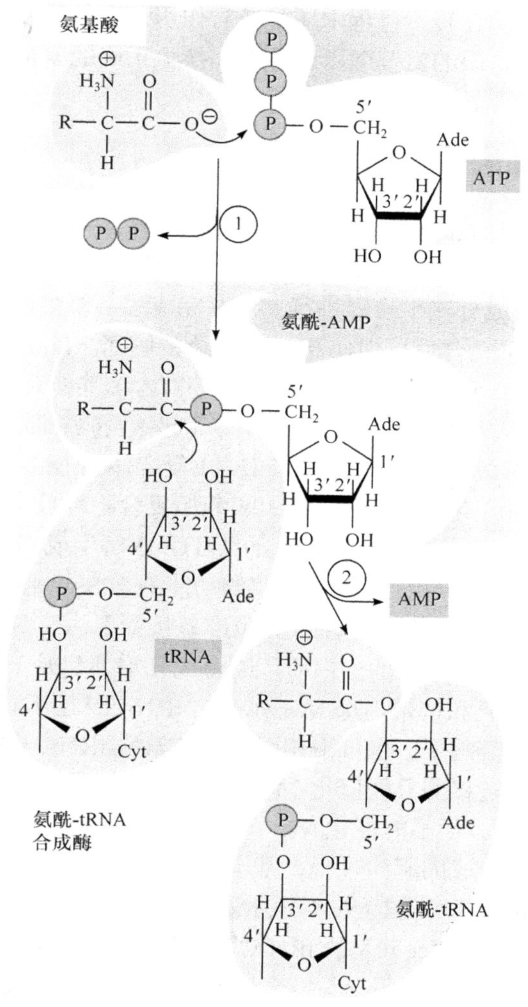

图 15-5　氨基酸的活化与转运

2. 活化氨基酸的转运

氨基酸不能直接与核酸上的碱基配对，即不能阅读遗传密码，它必须由专一的 tRNA 携带，通过 tRNA 上的反密码子来阅读 mRNA 上的遗传密码。因此氨酰-AMP-酶复合物在氨酰-tRNA 合成酶催化下，将活化了的氨酰基转移到相应的 tRNA 分子上，形成氨酰-tRNA，这个过程就是活化氨基酸的转运。

各种 tRNA 的 3′端都有 CCA 序列。活化了的氨基酸通过它的羧基与腺苷酸核糖的 3′-羟基以酯键相连，形成氨酰-tRNA(图 15-5)。

氨酰-tRNA 合成酶在转运过程中还有校对作用，即一旦发生 tRNA 装载了错误的氨基酸，它能把错误的氨基酸水解下来，换上正确的氨基酸。这种校对作用也保证了翻译的正确性。

3. 肽链合成的起始

原核细胞中肽链合成的起始需要 30S 亚基、50S 亚基、mRNA、*N*-甲酰甲硫氨酰-tRNA、起始因子(initiation factor) IF- 1、IF-2 和 IF- 3 以及 GTP、Mg^{2+}参加。

起始复合物的形成分三个步骤进行。①在完成了一轮多肽链的合成后，起始因子 IF-3 与 30S 亚基结合后可促使 70S 核糖体的解离。IF-1 可协助 IF-3 与 30S 亚基的结合。然后 30S 亚基中的 16S rRNA 3′端富含嘧啶核苷酸序列与 mRNA 中的 SD 序列结合，并从 5′端到 3′端移动至 AUG 起始密码，形成 30S · mRNA · IF-3 · IF - 1 复合体。②30S · mRNA · IF - 3 · IF - 1 复合体与 IF - 2 · GTP·甲酰甲硫氨酰-tRNA 结合形成 30S 起始复合物。③30S 起始复合物释放出 IF - 3 后就与 50S 核糖体大亚基结合，与此同时与 IF-2 结合的 GTP 水解生成 GDP 及 Pi 释放出来，IF-1 及 IF-2 也离开此复合物，形成具有起始功能的 70S 起始复合物。这时 fMet-tRNA 占据了核糖体上的 P 位，空着的 A 位准备接受下一个氨酰-tRNA。

大肠杆菌和其他原核生物的蛋白质生物合成几乎都起始于甲酰甲硫氨酸。识别起始密码的 $tRNA^{fMet}$ 和携带内部 Met 残基的 $tRNA^{Met}$ 是不同的 2 种 tRNA，尽管它们都识别相同的密码子，也可由相同的甲硫氨酰-tRNA 合成酶催化，装载上甲硫氨酰基，但甲酰转移酶只能催化 Met-$tRNA^{fMet}$(装载上 Met 的 $tRNA^{fMet}$)甲酰化生成 fMet -$tRNA^{fMet}$，而不能催化 Met-$tRNA^{Met}$。甲酰基由 N^{10}-甲酰四氢叶酸提供。真核生物蛋白质合成的起始过程，基本与原核生物相似，但也有差别。真核生物的蛋白质合成起始于甲硫氨酸，装载 Met 的是 $tRNA^{iMet}$(i 表示 initiation)，这种 tRNA 也不同于携带内部 Met 残基的 $tRNA^{Met}$。核糖体是由 40S 小亚基和 60S 大亚基组成的，需要十几种起始因子参与。真核生物蛋白质合成的起始因子(eukaryotic initiation factor，EIF)有 eIF- 1、eIF- 2、eIF - 3、eIF - 4、eIF - 5 和 eIF-6，其中 eIF- 4 还可分 eIF-4A、eIF-4B、eIF-4C、e1F-4D、eIF- 4E、eIF-4F。真核生物的翻译过程较复杂，有些蛋白质的作用还不是很清楚，但比较统一的说法是 eIF-2 与 GTP 和 Met-$tRNA^{iMet}$ 形成三元复合物，类似于 IF-2；eIF-3 类似于 IF-3；eIF-4B 能扫描 mRNA 的起始密码；eIF- 4E、eIF- 4F 与 mRNA 5帽子识别有关，因此 eIF- 4 E 也称为帽结合蛋白(cap binding protein，CBP)。

4. 肽链合成的延长

原核生物肽链的延长需要 70S 起始复合物、与密码子对应的氨酰-tRNA、GTP、

Mg^{2+}和延长因子(elongation factor EF)。原核生物的延长因子有 EF-Ts、EF-Tu 和 EF-G，真核生物的延长因子是 eEF-1 和 eEF-2。

肽链的延长，经历进位(entrance)、转肽(peptide bond formation)和移位(translocation)三个步骤(图 15-6)。

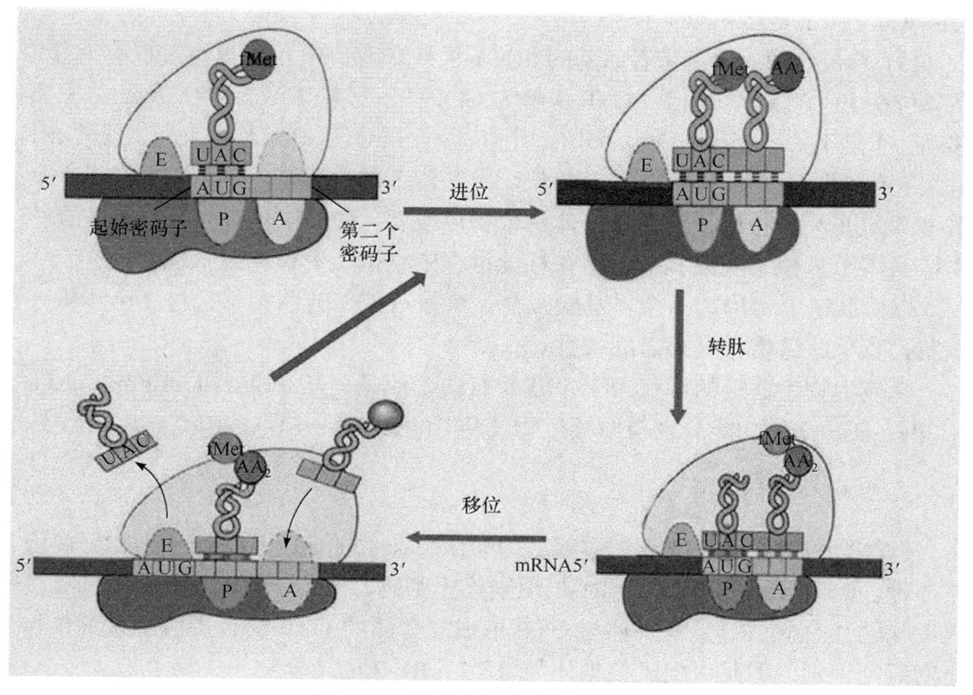

图 15-6　肽链合成的起始、延长

(1) 进位　氨酰-tRNA 进入 70S 核糖体需要 GTP 和延长因子 EF-Ts、EF-Tu。EF-Ts 可帮助 GTP 与 EF-Tu 结合形成 EF-Tu · GTP 二元复合物。EF-Tu · GTP 与氨酰-tRNA 结合形成氨酰-tRNA· EF-Tu · GTP 三元复合物。此三元复合物中的氨酰-tRNA 通过反密码子识别相应的密码子，并且结合于核糖体的 A 位上。伴随三元复合物中 GTP 水解成 GDP 和 Pi，EF-Tu · GDP 和 Pi 从核糖体释放，释放的 EF-Tu · GDP 由 EF-Ts 取代 GDP 生成 EF-Tu · EF-Ts，转而 EF-Ts 又帮助 GTP 与 EF-Tu 生成 EF-Tu · GTP 二元复合物。此 EF-Tu · GTP 再与氨酰-tRNA 结合形成氨酰-tRNA · EF-Tu · GTP 三元复合物，进入肽链的延长(图 15-6)。

(2) 转肽　在肽基转移酶的催化下，A 位上氨酰-tRNA 3′端氨基酸的氨基对 P 位上的 fMet-$tRNA^{fMet}$ 的甲酰甲硫氨酰的羰基进行亲核攻击形成肽键。由此也决定了肽链合成的方向是从 N 端→C 端。用 H3-亮氨酸作标记，分析兔网织红细胞无细胞系中血红蛋白的合成过程证明了这一点。新生的多肽链通过在其 C 端加上一个氨基酸残基而得以延长，并由此被转移到 A 位的-tRNA 上，这个过程称为转肽作用。肽键形成的能量来自于氨酰-tRNA 的“高能”酯键。转肽后，脱酰基-$tRNA^{fMet}$ 留在 P 位而二肽酰-tRNA 在 A 位。近年来的研究发现肽基转移酶是 23S rRNA 而不是蛋白质。

(3) 移位　随后，携带着肽基的 tRNA 从 A 位移到 P 位，这个过程称为移位。在移位酶 EF-G 催化作用下，GTP 水解为 GDP+Pi，核糖体沿 mRNA 从 5′→3′方向移动，于是下一个密码进入 A 部位，等待着第三个氨酰-tRNA 进入；二肽酰-tRNA 进入 P 位；脱酰基-$tRNA^{fMet}$ 进入 E 位。在 E 位上的脱酰基-$tRNA^{fMet}$，在下一个氨酰-tRNA 进入 A 位时，由于核糖体构象得以改变，使其脱落离开核糖体。真核生物核糖体无 E 位，脱酰基-tRNA 在移位过程中直接从 P 位离开核糖体。

以后肽链上每增加一个氨基酸残基，就接进位、转肽和移位这 3 个步骤一再重复，直至肽链增长到必需的长度。

真核生物中肽链的延长因子 eEF1 有两个亚基，是 eEFα和 eEFβγ。eEFα、eEFβγ、eEF- 2 的功能分别与原核生物 EF-Tu、EF-Ts、EF-G 相似。

5. 肽链合成的终止

肽链合成的终止需要有肽链释放因子(release factor，RF)。原核生物释放因子有 3 种：RF-1、RF-2、RF-3。RF-1 识别终止密码 UAA、UAG，RF-2 识别终止密码 UAA、UGA，RF-3 是一种与 GTP 形成复合体的 GTP 结合蛋白，它不参与终止密码的识别，但是可促进核糖体与 RF-1、RF-2 的结合。

当肽链延长到终止密码进入核糖体的 A 位时，释放因子(release factor，RF)识别终止密码，并诱导肽基转移酶使它的构象发生改变，由肽基转移酶的活性转变为水解酶的活性，使 P 部位上 tRNA 所携带的多肽链与 tRNA 之间的酯键水解，反应产物多肽链和空载的 tRNA 被释放，同时伴随着 RF-3 上的 GTP 水解成 GDP+Pi，释放因子也被释放出核糖体。mRNA 与 70S 核糖体分离，IF-3 与 30S 亚基结合，使 70S 核糖体大、小亚基分离，核糖体进入下一轮的蛋白质合成。

以上所描述的蛋白质合成是在单个核糖体上的情况，实际上生物体内合成蛋白质常是多个核糖体附着在同一 mRNA 上形成多聚核糖体，每一个核糖体按上述步骤依次在 mRNA 的模板指导下，各自合成一条肽链。例如血红蛋白多肽链的 mRNA 分子较小，只能附着 5～6 个核糖体，而合成肌球蛋白多肽链的 mRNA 较大，可以附着 50～60 个核糖体。

15.4.3　蛋白质合成后的加工

由 mRNA 翻译出来的多肽链，一般要经过各种方式的“加工处理”才能转变成为有一定生物学功能的蛋白质。这些加工包括：

(1) N 端甲酰基或 N 端氨基酸的切除　原核生物蛋白质的 N 端为甲酰甲硫氨酸，往往先被脱甲酰基酶催化水解除去 N 端的甲酰基，然后在氨肽酶的作用下，再切去一个或多个 N 端氨基酸。在真核生物中，N 端的甲硫氨酸常常在肽链的其他部分还未完全合成时就已经水解下来。

(2) 信号肽的切除　某些蛋白质在合成过程中，在 N 端有一段 15～30 个高度疏水的氨基酸组成的信号序列即信号肽(signal sequence)，用以引导合成的蛋白质前往细胞的固定部位。之后，这些信号序列将在特异的信号肽酶作用下除去。

(3) 氨基酸的修饰　蛋白质中有些氨基酸不是由遗传密码直接编码的，而是在肽链合成后，由专门的酶修饰形成的。如某些蛋白质的一些丝氨酸、苏氨酸及酪氨酸残基中的羟基，可通过酶促磷酸化作用，生成磷酸丝氨酸、磷酸苏氨酸及磷酸酪氨酸残基。某些酶的活性就是通过酶分子中特定丝氨酸羟基的磷酸化和去磷酸化而得以调节。一些蛋白中特定的酪氨酸残基的磷酸化是正常细胞转化成癌细胞的重要步骤。又如胶原蛋白中的羟脯氨酸和羟赖氨酸是蛋白质合成后由脯氨酸和赖氨酸经酶促羟基化而形成的。

(4) 二硫键的形成　信使 RNA 中没有胱氨酸的密码子，二硫键是通过两个半胱氨酸的巯基氧化形成的。二硫键在蛋白质空间构象的形成中起极大的作用。

(5) 糖链的连接　在多肽链合成时或合成后，在酶的催化下，糖链可通过 *N*-糖苷键与肽链中的天冬酰胺或谷氨酰胺的酰胺 N 相连，也可通过 *O*-糖苷键与丝氨酸或苏氨酸的羟基 O 相连，形成糖蛋白或蛋白聚糖。

(6) 蛋白质的剪切　有些新生的多肽链要在专一性的蛋白酶作用下水解掉部分肽段后，才能转变成有功能的蛋白质。如前胰岛素转变为胰岛素，前胶原转变为胶原，蛋白酶原转变为蛋白酶等。有些动物病毒的信使 RNA 则先翻译成很长的多肽链，然后再水解成许多个有功能的蛋白质分子。

(7) 辅基的附加　许多蛋白质的活性需要共价结合的辅基。这些辅基是在多肽链离开核糖体后才与多肽链结合的。如乙酰 CoA 羧化酶与生物素的共价结合，以及细胞色素与血红素的共价结合等。

(8) 多肽链的正确折叠　蛋白质的一级结构决定高级结构，即多肽链氨基酸顺序包含着蛋白质高级结构的全部信息，所以合成后的蛋白质能自动折叠。然而细胞中不是所有的蛋白质合成后都能自动折叠。近年来大量实验及理论的研究发现，生物体内蛋白质多肽链的准确折叠和组装过程需要某些辅助蛋白质参与。这种辅助蛋白质称为分子伴侣(molecular chaperones) 或监护蛋白。分子伴侣一般与没有折叠或部分折叠的多肽链的疏水表面结合，诱发多肽链折叠成正确构象，防止多肽链间相互聚合或错误折叠。在生物进化过程中，分子伴侣是十分保守的蛋白质家族成员中的一类。在行使功能时要 ATP 提供能量，而无序列的偏爱性。在细胞膜、线粒体膜和内质网膜的内外空间都存在。

15.4.4 蛋白质合成所需的能量

蛋白质合成所消耗的能量，约占全部生物合成反应总耗能量的 90%，所需要的能量由 ATP 和 GTP 提供。每一分子氨酰-tRNA 的形成需要消耗 2 个高能磷酸键。在延长过程中有一分子 GTP 水解成 GDP。在移位过程中又有一分子 GTP 水解，因此在蛋白质合成过程中每形成一个肽键至少需要 4 个高能键。1 mol 肽键水解时，标准自由能的变化为–20.9 kJ，而合成一个肽键消耗能量为 122 kJ/mol (30.5 kJ/mol×4)。所以肽键合成标准自由能变化为 101 kJ/mol，说明蛋白质合成反应实际上是不可逆的。大量的能量消耗可能是用于保证 mRNA 的遗传信息翻译成蛋白质的氨基酸序列的准确性。

15.4.5 蛋白质的定向转运

无论是原核生物还是真核生物，新合成的蛋白质必须转运到特定的亚细胞部位或运输到胞外才能发挥其相应的功能。尤其在真核生物中，新合成的多肽被送往溶酶体、线粒体、叶绿体、细胞核等细胞器；蛋白质的加工修饰也在特定的细胞器中进行，如蛋白质的糖基化是在内质网和高尔基体中进行的。因此，蛋白质的输送是有目的、定向地进行的，我们把蛋白质定向地到达其执行功能的目标地点，称为定向转运(protein targeting)。

蛋白质的定向转运机制，普遍被人接受的是 D. Salatini 和 G. Blobel 提出的信号肽理论。此理论认为多肽链中的信号序列控制蛋白质在细胞内的转移与定位。如真核细胞分泌性蛋白有一个 N 末端信号序列，这个信号序列使得它们转移进入了内质网腔(ER lumen)。

正在合成的多肽链进入内质网加工可看作 8 个步骤：①首先在细胞溶胶中的核糖体大、小亚基附着在 mRNA 上形成蛋白质合成的起始复合物，开始蛋白质合成；②信号序列即信号肽最早出现于合成过程中，因为它处于 N 端；③信号识别颗粒(signal recognition particle，SRP)是一种核蛋白，由一分子 7S RNA 和 6 个不同的多肽组成。当多肽合成到约 70 个氨基酸长时，它识别信号序列，并与核糖体结合阻止肽链延长或使肽链延长速度大大减慢，防止未成熟蛋白质提前释放入细胞溶胶中；④核糖体-信号识别颗粒复合物，通过 SRP 与内质网上的 SRP 受体结合，SRP 受体也称停泊蛋白(docking protein)，是一个跨膜的二聚体蛋白，结合需要 GTP；⑤新生的肽链被递送到内质网的一个多肽转移复合物(又称易位子复合物)上，伴随 GTP 的水解，信号识别颗粒解离并重新进入 SRP 循环被利用；⑥蛋白质合成重新开始，在 ATP 的驱使下，转移复合物将正在生长的多肽转递进内质网腔；⑦信号肽被信号肽酶切除；⑧肽链合成完毕，核糖体从内质网膜上解离重新进入核糖体循环。

在内质网腔内，新合成的蛋白质经过几种途径修饰。除了去除信号序列，多肽链还进行折叠和形成二硫键，许多蛋白质还被糖基化。现已发现甘露糖-6-磷酸是在高尔基体中合成的糖蛋白转运到溶酶体内的又一种信号。

大多数蛋白质的信号肽位于 N 端，但也有例外，如卵清蛋白的信号肽位于多肽链的中部，但功能相同。目前已有许多蛋白质的信号肽顺序被测定，虽然这些序列长度不等(13～36 个氨基酸残基)，但是它们都有：①10～15 个残基的疏水氨基酸序列；②在疏水序列的前端近 N 末端有一个或多个带正电荷氨基酸残基；③在 C 端(近信号肽酶裂解位点)有一短的序列，具有相当的极性，特别是接近信号肽酶裂解位点的氨基酸残基常带有短的侧链(如甘氨酸)。

线粒体、叶绿体、过氧化物酶体和细胞核中的一些蛋白质是在细胞质的游离核糖体合成的，然后被定向输送到各种细胞器。

15.4.6　蛋白质合成的抑制剂

蛋白质的生物合成受各种药物和生物活性物质的干扰，不少抗生素就是通过抑制蛋白质的生物合成而杀菌或抑菌的。

四环素和土霉素由于它们封闭了 30S 亚基上的 A 位，使氨酰-tRNA 的反密码子不能在 A 位与 mRNA 结合，因而阻断了肽链的延长。真核细胞核糖体本身对四环素也敏感，但四环素不能透过真核细胞膜，因此不能抑制真核细胞的蛋白质合成。

链霉素、新霉素、卡那霉素的作用是与原核生物核糖体 30S 亚基结合，使核糖体构象发生改变，造成氨酰-tRNA 与 mRNA 上密码子的结合变得松弛，引起密码的错读。另外还能抑制 70S 起始复合物的形成，或使其解体，而阻碍蛋白质合成的起始。

氯霉素可与原核生物 50S 亚基结合，抑制肽酰转移酶的活性，从而阻断肽键的形成。氯霉素对人体的毒性，可能是抑制了线粒体内蛋白质的合成。

嘌呤霉素的结构与氨酰-tRNA 3′端上的 AMP 残基的结构非常相似，它可以和 50S 亚基的 A 位结合，阻止氨酰-tRNA 的进入，同时转肽酶也能将合成中的肽酰基转到嘌呤霉素分子上形成肽酰嘌呤霉素，但其连接键是酯键而不是肽键，因此阻止了肽酰基的转移，由于肽酰嘌呤霉素不像 tRNA 可以与密码子形成碱基配对，很容易从核糖体上脱落，使蛋白质合成终止。它对原核生物和真核生物的蛋白质合成都有抑制作用，所以不能作为抗菌药。

红霉素、麦迪霉素可与50S亚基结合，抑制移位反应。

放线菌酮、环己亚胺可抑制真核生物的转肽酶，而抑制蛋白质的合成。

白喉杆菌产生的白喉毒素是一种对真核生物有剧毒的毒素蛋白，它是一种修饰酶，可对真核生物的延长因子-2 (EF-2)进行共价修饰，生成EF-2的腺苷二磷酸核糖衍生物，使EF-2失活，从而使蛋白质合成受阻。毒素的作用通常都是极微量即发生效应的，这与酶的高效催化性能有关。

干扰素是由真核生物细胞感染病毒后分泌的能够抗病毒的蛋白质。它对病毒的作用有两个方面：一是在双链RNA(如RNA病毒)存在下，可以诱导一种蛋白激酶使eIF-2磷酸化，失去启动翻译的能力，而抑制蛋白质的合成。另一种作用是可诱导产生2′-5′A即2′,5′-磷酸二酯键连接的多聚腺苷酸，此2′- 5′A则可活化一种称为RNase L的核酸内切酶，由RNase L降解病毒RNA。

第 16 章　核苷酸代谢

核苷酸在体内发挥着十分重要的作用。①是核酸的组成成分；②参与 NAD^+、$NADP^+$、FAD、FMN 和 CoA 等酶的合成；③某些核苷酸衍生物为生物合成提供活化的中间体，如 UDPG 是糖原合成中糖基的供体，*S*-腺苷甲硫氨酸(SAM)是体内重要的甲基供体；④ATP 等核苷三磷酸是能量代谢中通用的高能化合物；⑤cAMP 和 cGMP 是细胞信号转导的第二信使；⑥一些核苷酸类似物在治疗癌症、病毒感染、自身免疫疾病以及遗传性疾病(如痛风症)方面都有其独特的作用。

虽然动物和异养型微生物可以分泌消化酶来分解食物或体外的核酸类物质，获取一定量的核苷酸，但核苷酸主要是通过机体自身合成的。因此，核酸不属于营养必需物质。植物一般不能消化体外的有机物质，所以也是通过自身合成核苷酸来满足生理需要的。

食物来源的核蛋白经胃酸及蛋白酶的作用分解成核酸和蛋白质，核酸在小肠内受胰液中的核酸酶(包括 RNA 酶、DNA 酶、内切核酸酶和外切核酸酶)、肠液中多核苷酸酶(磷酸二酯酶)作用，生成单核苷酸，再由核苷酸酶(磷酸单酯酶)分解为核苷和磷酸。核苷酸、核苷及磷酸均可被细胞吸收，被吸收的核苷酸及核苷绝大部分在肠黏膜细胞中进一步分解，产生的戊糖参加体内的戊糖代谢，嘌呤和嘧啶碱绝大部分被分解成尿酸等物质排出体外。因此，食物来源的嘌呤实际上很少被机体利用，只有戊糖和磷酸可被机体利用。细胞内均含有多种核酸酶，细胞内核酸的分解过程类似于食物中核酸的消化过程。

细胞内既可进行核苷酸的分解代谢，又可进行核苷酸的合成代谢，二者处于动态平衡，受到严格的调控。从简单化合物合成核苷酸称从头合成，其过程十分复杂，但已研究得相当透彻，并以此为基础开发了不少治疗癌症等疾病的药物。用碱基或核苷合成核苷酸称补救合成，该途径中某些酶的缺乏会导致严重的遗传病。

16.1　核苷酸的分解

16.1.1　嘌呤核苷酸的分解

不同生物分解嘌呤的代谢终产物各不相同，但所有生物均可以通过氧化和脱氨基，将嘌呤转化为尿酸。

嘌呤的分解首先是在脱氨酶的作用下水解脱去氨基，使腺嘌呤转化成次黄嘌呤，鸟嘌呤转化成黄嘌呤。动物组织中腺嘌呤脱氨酶含量极少，而腺苷脱氨酶和腺苷酸脱氨酶活性较高，因此腺嘌呤的脱氨基主要在核苷和核苷酸水平。鸟嘌呤脱氨酶分布较广，故鸟嘌呤的脱氨基主要在碱基水平。次黄嘌呤核苷、黄嘌呤核苷和腺嘌呤核苷均可在嘌呤核苷磷酸化酶(purine nucleoside phosphorylase，PNP)作用下，加磷酸脱糖基，分别生成次黄嘌呤、黄嘌呤和腺嘌呤。次黄嘌呤可在黄嘌呤氧化酶的作用下生成黄嘌呤，鸟嘌呤在鸟嘌呤脱氨酶的作用下生成黄嘌呤，黄嘌呤在黄嘌呤氧化酶的作用下氧化成尿酸(图 16-1)。

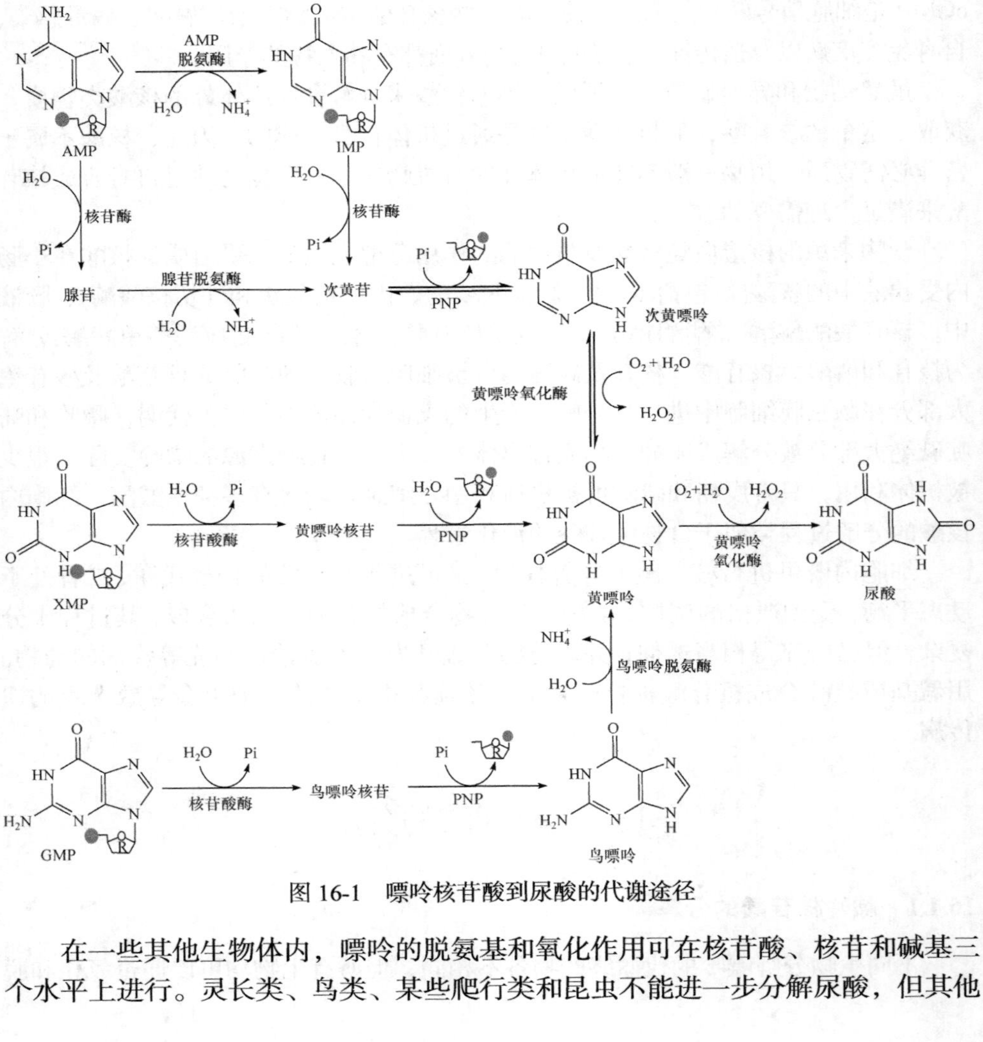

图 16-1　嘌呤核苷酸到尿酸的代谢途径

在一些其他生物体内，嘌呤的脱氨基和氧化作用可在核苷酸、核苷和碱基三个水平上进行。灵长类、鸟类、某些爬行类和昆虫不能进一步分解尿酸，但其他类群的动物可以不同程度地分解尿酸(图 16-2)。植物和多数微生物广泛存在尿囊素酶、尿囊酸酶和脲酶，可以用与动物相似的途径将嘌呤类分解为二氧化碳、氨和有机酸。

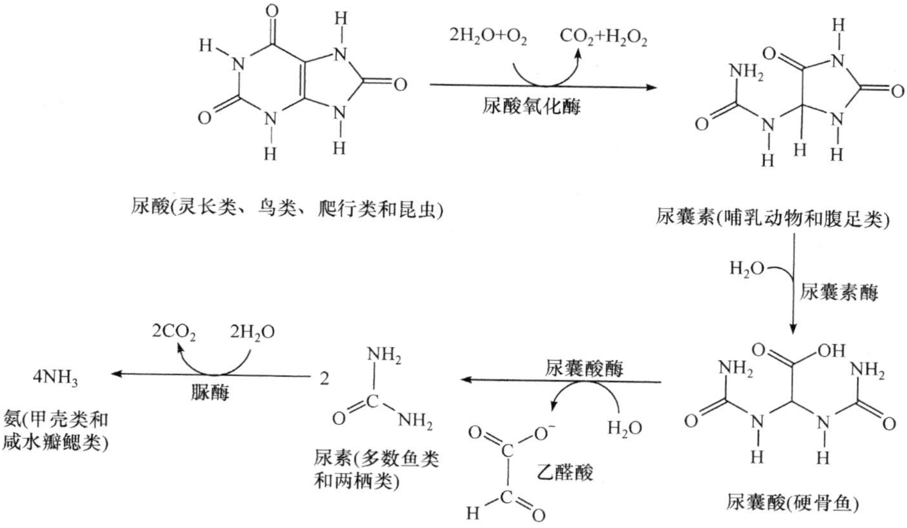

$2H_2O+O_2$　$CO_2+H_2O_2$

尿酸氧化酶

尿酸(灵长类、鸟类、爬行类和昆虫)

尿囊素(哺乳动物和腹足类)

H_2O　尿囊素酶

尿囊酸(硬骨鱼)

尿囊酸酶　H_2O

乙醛酸

尿素(多数鱼类和两栖类)

$2CO_2$　$2H_2O$

脲酶

$4NH_3$

氨(甲壳类和咸水瓣鳃类)

图 16-2　尿酸的分解

尿酸是人体内嘌呤类化合物分解代谢的最终产物。正常情况下，体内嘌呤合成和分解代谢的速度呈动态平衡，血中尿酸的水平为 2～6 mg/100 mL，随尿排出的尿酸量是恒定的。当 100 mL 血液中尿酸水平超过 8 mg 时，由于尿酸的溶解度很低，尿酸以钠盐或钾盐的形式沉积于软组织、软骨及关节等处，形成尿酸结石及关节炎，这种疾病称痛风(gout)。此外，尿酸盐也可沉积于肾成为肾结石。肾本身的疾患或高血压性心、肾疾病均使尿酸排出受阻，也可导致血尿酸水平升高。长期摄入富含核酸的食物，如肝、酵母、沙丁鱼等均可使血尿酸水平升高。

治疗痛风症的药物别嘌呤醇(allopurinol)是次黄嘌呤的类似物，可与次黄嘌呤竞争与黄嘌呤氧化酶的结合。别嘌呤醇氧化的产物是别黄嘌呤，后者的结构又与黄嘌呤相似，可牢固地与黄嘌呤氧化酶的活性中心结合，从而抑制该酶的活性，使次黄嘌呤转变为尿酸的量减少，使尿酸结石不能形成，以达到治疗之目的。

16.1.2　嘧啶核苷酸的分解

嘧啶核苷酸的分解过程比较复杂，包括脱氨作用、氧化、还原、水解和脱羧作用等。

哺乳类动物嘧啶碱的分解主要在肝中进行。胞嘧啶和尿嘧啶的分解相对简单，胞嘧啶在胞嘧啶脱氨酶的作用下脱去氨基转变为尿嘧啶，在二氢尿嘧啶脱氢酶的作用下还原为二氢尿嘧啶，然后在二氢嘧啶酶的作用下水解开环生成β-脲基丙酸。后者在脲基丙酸酶的催化下脱羧、脱氨转变为β-丙氨酸(图 16-3)。β-丙氨酸经转氨作用脱去氨基，参加有机酸代谢。β-丙氨酸亦可参与泛酸及辅酶 A 的合成。胸腺嘧啶在二氢尿嘧啶脱氢酶的作用下还原为二氢胸腺嘧啶，再由二氢嘧啶酶水解生成β-脲基异丁酸，然后由β-脲基丙酸酶催化生成β-氨基异丁酸。β-氨基异丁酸将氨基转到α-酮戊二酸，生成的甲基丙二酰-半醛进一步转变为琥珀酰-CoA 进入三羧酸循环分解(图 16-4)。β-氨基异丁酸也可随尿排出一部分，摄入含 DNA 丰富的食物时，可使随尿排出的β-氨基异丁酸增多。

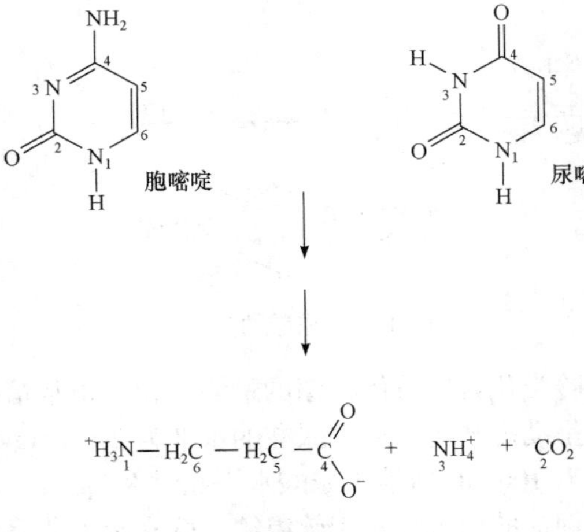

图 16-3 胞嘧啶和尿嘧啶的分解

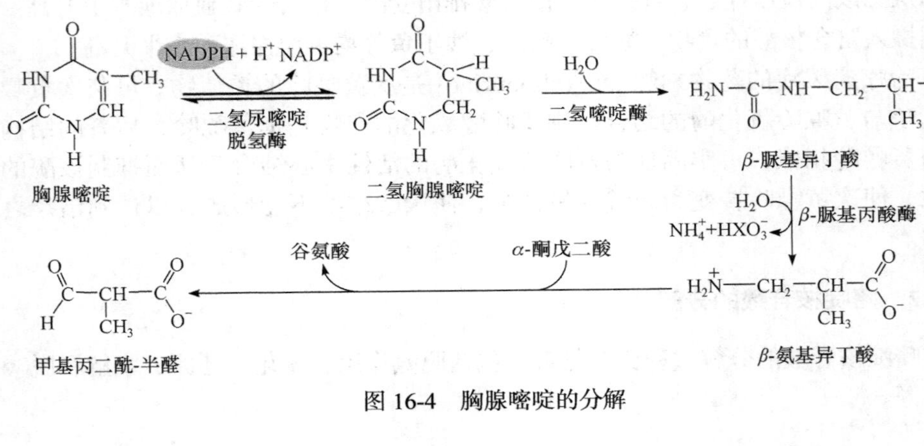

图 16-4 胸腺嘧啶的分解

16.2 核苷酸的生物合成

16.2.1 核苷酸生物合成的概况

动物、植物和微生物通常都能合成各种嘌呤和嘧啶核酸。核苷酸的生物合成有两条基本途径，其一是利用核糖磷酸、某些氨基酸、CO_2和NH_3等简单物质为原料，经一系列酶促反应合成核苷酸。此途径并不经过碱基、核苷的中间阶段，称从头合成(*de novo* synthesis)途径。其二是利用体内游离的碱基或核苷合成核苷酸，称补救途径(salvage pathway)。二者在不同组织中的重要性各不相同，如肝组织主要进行从头合成，而脑、骨髓等只能进行补救合成。此外，遗传原因、疾病、药物、毒物甚至生理紧张都能造成从头合成途径中某些酶的缺乏，致使合成核苷酸的速度不能满足细胞生长的需要。此时，补救途径对正常生命活动的维持来说，是必不可少的。

补救途径所需的碱基和核苷主要来源于细胞内核酸的分解，细菌生长介质或动物消化食物分解产生的核苷和碱基，进入细胞后也可用于补救途径。

16.2.2 嘌呤核苷酸的从头合成

由于鸟类体内含氮化合物的最终代谢产物尿酸保留了嘌呤的环状结构，因此用同位素标记的各种营养物喂鸽子，即可找出标记物在环中的位置。该法证明甘氨酸是嘌呤环 C4、C5 和 N7 的来源，甲酸盐是 C2 和 C8 来源，碳酸氢盐或CO_2是 C6 的来源，N1 来自天冬氨酸，用其他方法证明 N3 和 N9 来自谷氨的酰胺基(图 16-5)。

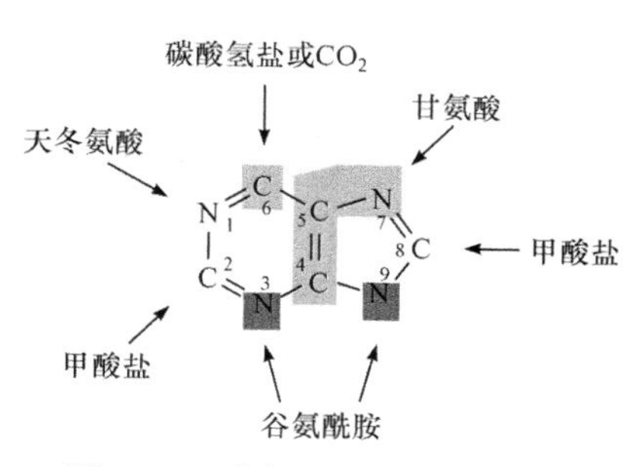

图 16-5 嘌呤环中各原子的来源

由此可见，嘌呤环中不同来源的原子，必然是由不同的化学反应掺入环内的，故嘌呤的合成肯定是一个复杂的过程。由于环内的 C 和 N 基本上是相间排列的，合成过程必然涉及很多形成 C—N 键的反应。Buchanan 和 Greenberg 等从动物和细菌的无细胞提取物中分离和鉴定了一系列与嘌呤合成有关的酶，基本厘清了嘌呤的合成途径。该途径以核糖-5-磷酸为起始物，逐步增加原子合成次黄嘌呤苷酸(IMP)，然后再由 IMP 转变为 AMP 和 GMP。

1) IMP 的合成

IMP 的从头合成很复杂，包括 11 步反应(图 16-6)。

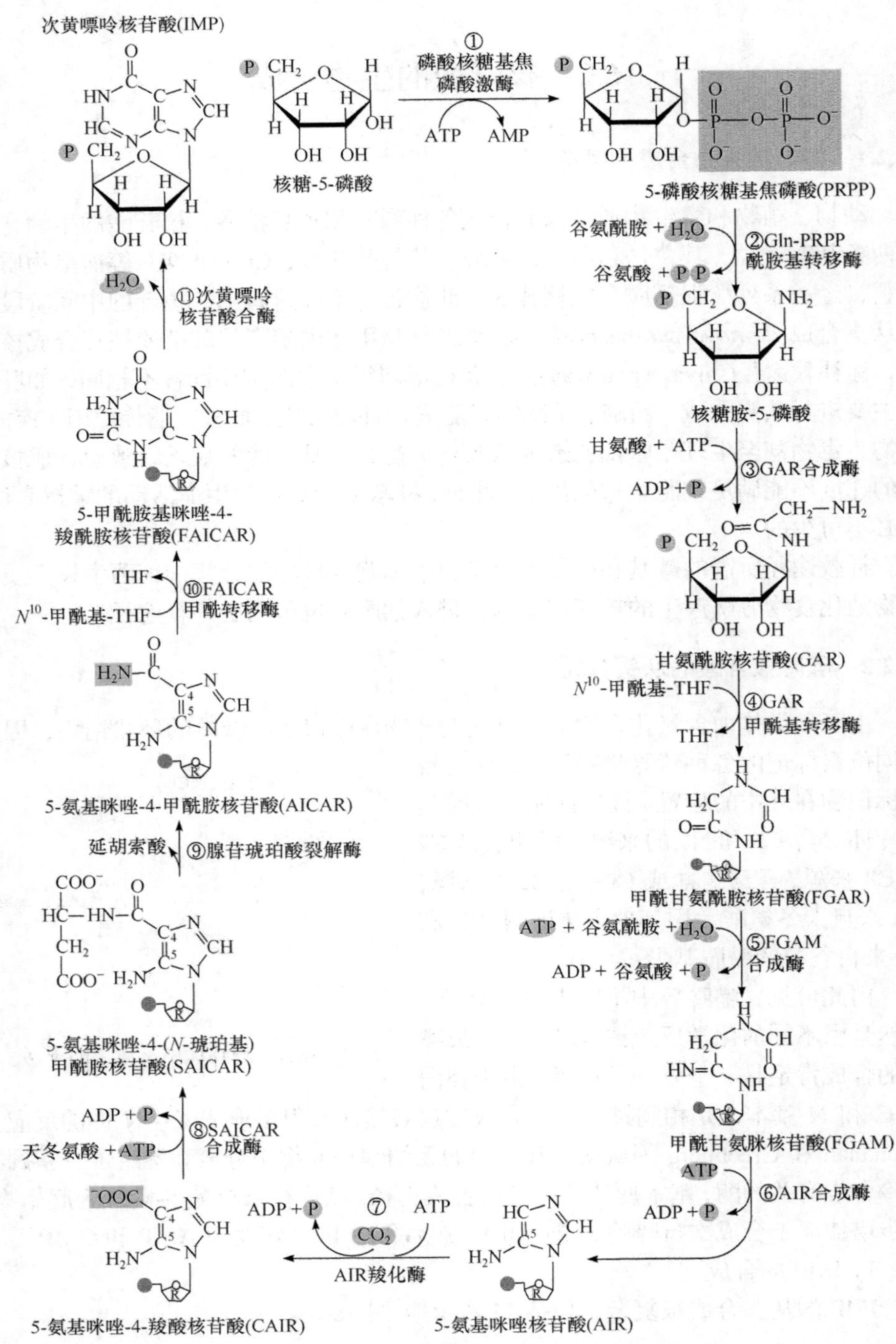

图 16-6　次黄嘌呤核苷酸的合成

① 嘌呤核苷酸合成的起始物质是 5-磷酸核糖基焦磷酸(5-phosphoribosyl pyrophosphate，PRPP)。它是由 ATP 和核糖-5-磷酸生成的，催化这个反应的酶是磷酸核糖基焦磷酸激酶(phosphoribosyl pyrophosphokinase)，又称 PRPP 合成酶。在反应中 ATP 的焦磷酸基是作为一个单位转移到核糖-5-磷酸的第一位碳的羟基上的。

② 5-磷酸核糖基焦磷酸与谷氨酰胺反应生成核糖胺-5-磷酸(5-phosphoribo-β-amide)、谷氨酸和无机焦磷酸。催化这一反应的酶是谷氨酰胺-磷酸核糖基焦磷酸酰胺基转移酶(glutamine-PRPP amidotransferase)。在这一反应中，原来的α构型核糖化合物转变为β构型。

③ 核糖胺-5-磷酸在 ATP 参与下与甘氨酸合成甘氨酰胺核苷酸(glycinamide ribonucleotide，GAR)，反应由 GAR 合成酶(GAR synthetase)催化。

④ GAR 进一步生成甲酰甘氨酰胺核苷酸(formylglycinamide ribonucleotide，FGAR)。反应中甲酰基的供体是 N^{10}-甲酰基-四氢叶酸。催化这一反应的酶是 GAR 甲酰基转移酶(GAR transformylase)。经这一步反应，嘌呤环骨架的 4, 5, 7, 8, 9 位已经形成。

⑤ FGAR 接受谷氨酰胺提供的 N 原子,生成甲酰甘氨脒核苷酸(formylglycinamidine ribonnucleotide，FGAM)，反应由 FGAM 合成酶(FGAM synthetase)催化，需 Mg^{2+}和 K^{+}参与反应，ATP 供能。

⑥ FGAM 在 AIR 合成酶(AIR synthetase)催化下脱水闭环生成 5-氨基咪唑核苷酸(5-aminoimidazole ribotide，AIR)，反应需 ATP 供能，Mg^{2+}和 K^{+}参与反应。

⑦ 由 CO_2 提供嘌呤环的 C6，使 AIR 生成 5-氨基咪唑-4-羧酸核苷酸(5-aminoimidazole-4-carboxylate ribotide，CAIR)，反应由 AIR 羧化酶(AIR carboxylase)催化，需生物素参与。

⑧ 由天冬氨酸提供嘌呤环 N1，使 CAIR 生成 5-氨基咪唑-4-(*N*-琥珀基)甲酰胺核苷酸[5-aminoimidazole-4-(*N*-succino)-carboxamide ribotide，SAICAR]，反应由 SAICAR 合成酶(SAICAR symthetase)催化，ATP 供能，Mg^{2+}参与反应。

⑨ SAICAR 在腺苷琥珀酸裂解酶(adenylosuccinate lyase)催化下脱掉延胡索酸，生成 5-氨基咪唑-4-甲酰胺核苷酸(5-aminoimidazole-4-carboxamide ribotide，AICAR)。

⑩ 由 N^{10}-甲酰基-THF 提供嘌呤环 C2，使 AICAR 生成 5-甲酰胺基咪唑-4-羧酰胺核苷酸(5-formamidoimidazole-4-carboxamide ribotide，FAICAR)，反应由 FAICAR 甲酰转移酶(FAICAR transformylase)催化。

⑪ FAICAR 在次黄嘌呤核苷酸合酶(IMP synthase)的催化下脱水闭环，生成次黄嘌呤核苷酸(IMP，见图 16-6)。

上述反应中，①是磷酸基转移反应，②和⑤是氨基化反应，③、④、⑧、⑩

是合成酰胺键的反应，⑥和⑪是脱水环化反应，⑦为酰基化反应，⑨是裂解反应。可见，此途径虽然相当复杂，但亦有简单的一面，同一类型的反应多次出现，且有些反应与其他代谢途径中的有关反应十分类似。

2) AMP 和 GMP 的合成

IMP 在腺苷琥珀酸合成酶(adenylosuccinate synthetase)与腺苷琥珀酸裂解酶(adenylosuccinate lyase)的连续作用下，消耗 1 分子 GTP，以天冬氨酸的氨基取代 C6 上的氧而生成 AMP。由 IMP 转变为 GMP 的过程首先由 IMP 脱氢酶催化，以 NAD^+为受氢体，将 IMP 氧化成黄嘌呤核苷酸(xanthosine monophosphate， XMP)，然后在鸟苷酸合成酶(guanylate synthetase)催化下，由 ATP 供能，以谷氨酰胺上的酰胺基取代 XMP 中 C2 上的氧而生成 GMP(图 16-7)。

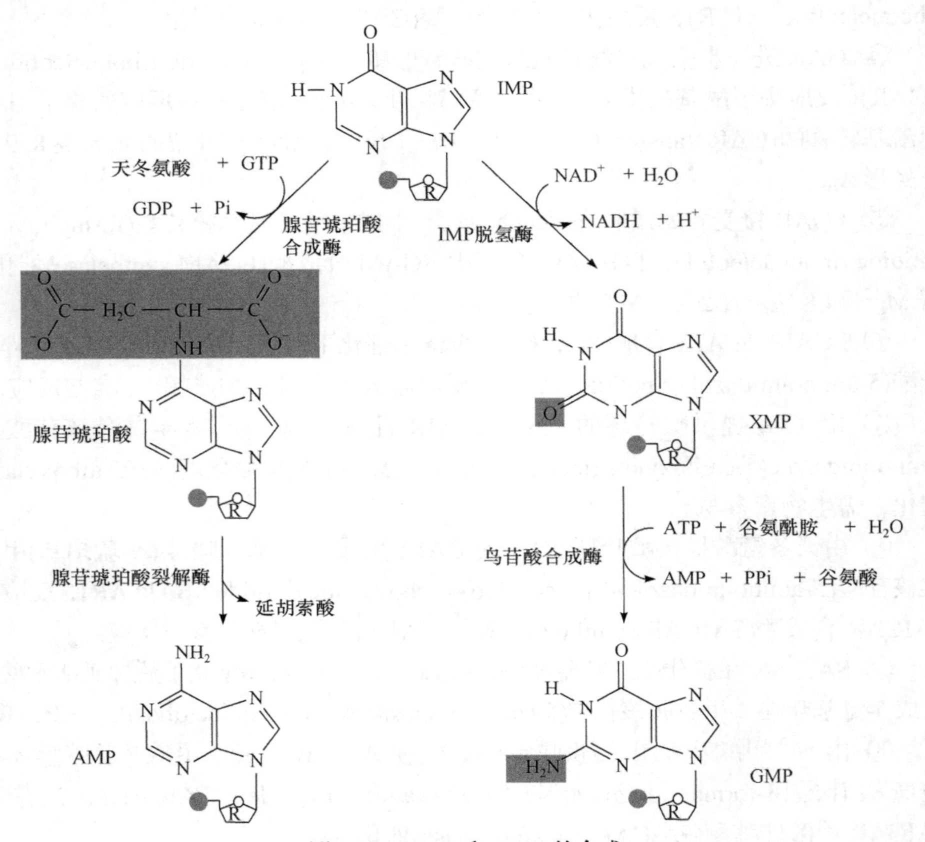

图 16-7　AMP 和 GMP 的合成

16.2.3　嘧啶核苷酸的从头合成

嘧啶环上的原子来自简单的前体化合物 CO_2、NH_3 和天冬氨酸(图 16-8)。

与嘌呤核苷酸的合成不同，生物体先利用小分子化合物形成嘧啶环，再与核糖磷酸结合成乳清酸核苷酸。其他嘧啶核酸则由乳清酸核苷酸转变而成。

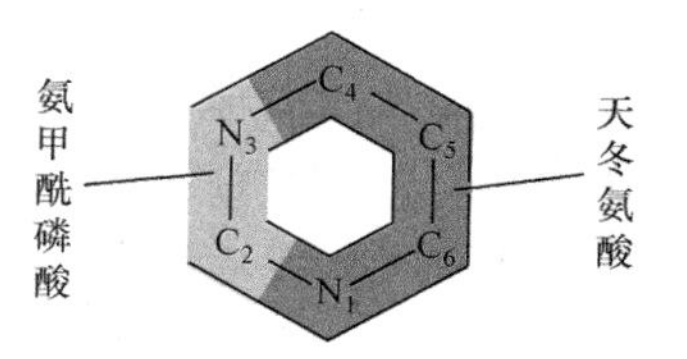

图 16-8　嘧啶环的原子来源

1) UMP 的合成

如图 16-9 所示，UMP 的合成可以人为地分为 3 个阶段。

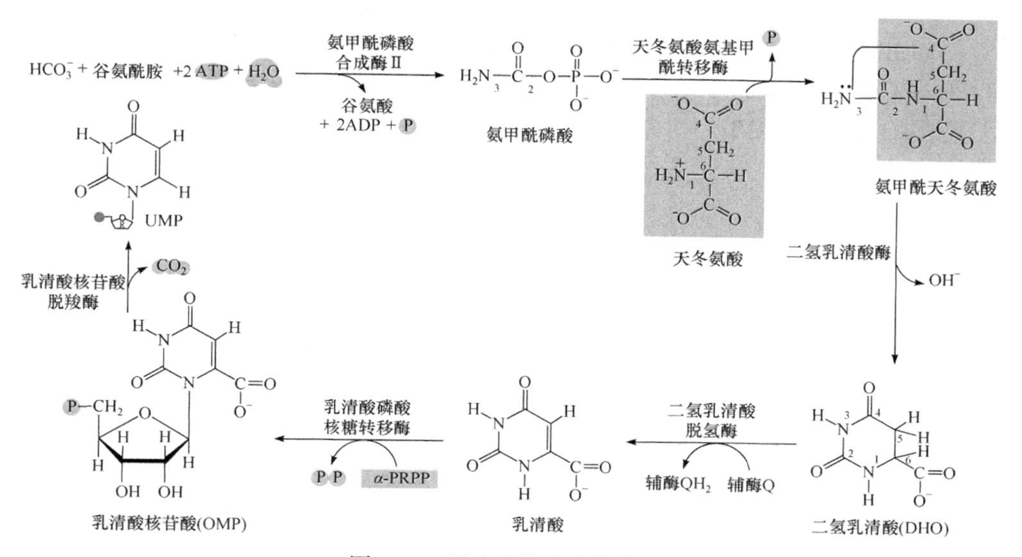

图 16-9　尿嘧啶核苷酸的合成

(1) 氨甲酰磷酸(carbamyl phosphate)的生成　在胞液中，由谷氨酰胺、二氧化碳或碳酸氢盐为原料，在氨甲酰磷酸合成酶Ⅱ(carbamylphosphate synthetase Ⅱ，CPS Ⅱ)的催化下，由 ATP 供能，合成氨甲酰磷酸。CPS Ⅱ的性质与尿素合成中所需的 CPS Ⅰ不同，后者存在于肝线粒体中，*N*-乙酰谷氨酸是其别构激活剂。

(2) 乳清酸(orotate)的合成　氨基甲酰磷酸在天冬氨酸氨基甲酰转移酶(aspartate transcarbamolyase)的催化下，与天冬氨酸反应生成氨甲酰天冬氨酸(carbamoyl aspartate)。天冬氨酸氨基甲酰转移酶是细菌嘧啶核苷酸合成过程的关键酶，此酶存在于细胞液，受产物的反馈抑制。氨甲酰天冬氨酸经二氢乳清酸酶(dihydroorotase)催化脱水，生成二氢乳清酸(dihydrorotate)，再经二氢乳清酸脱氢酶(dihydroorotate dehydrogenase)的作用，脱氢成乳清酸，乳清酸具有与嘧啶环类似的结构。

(3) 尿嘧啶核苷酸的合成　在乳清酸磷酸核糖转移酶(orotate phosphoribosyl transferase)催化下，乳清酸与 PRPP 反应，生成乳清酸核苷酸(orotidine monophosphate，OMP)。后者再由乳清酸核苷酸脱羧酶催化脱去羧基形成尿嘧啶核苷酸(uriuine monphosphate，UMP)。

嘧啶核苷酸主要在肝中合成。二氢乳清酸脱氢酶分布于线粒体中，其他酶存在于胞质中。在细菌中，生成 UMP 的 6 种酶是独立存在的，但是在真核细胞中，M_r 为 250 000 的同一蛋白质具有 CPS Ⅱ、天冬氨酸氨基甲酰转移酶和二氢乳清酸酶三种酶的活性，构成一个多功能酶。另外，乳清酸磷酸核糖转移酶和乳清酸核苷酸脱羧酶，也存在于另一种 M_r 为 52 000 的同一多肽链上。多功能酶使酶的催化效率得以提高，也有利于核苷酸合成的调控。

2) CTP 的合成

UMP 通过尿苷酸激酶和二磷酸核苷酶的连续作用，生成尿苷三磷酸(UTP)。UTP 在 CTP 合成酶的催化下，消耗一分子 ATP，从谷氨酰胺接受氨基而生成胞苷三磷酸(CTP)(图 16-10)。

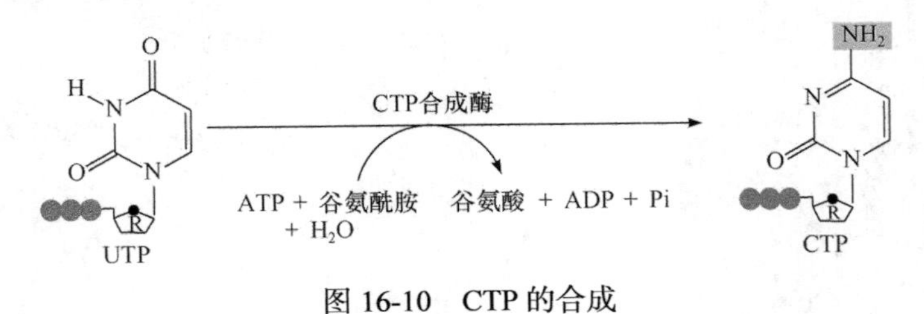

图 16-10　CTP 的合成

16.2.4　核苷三磷酸的合成

核苷酸不直接参加核酸的生物合成，而是先转化成相应的核苷三磷酸后再掺入 RNA 或 DNA。

从核苷酸转化为核苷二磷酸的反应是由相应的激酶催化的。这些激酶对碱基专一，对其底物含核糖脱氧核糖无特殊要求。

此类反应的通式是：

$$\text{(d) NMP + ATP} \xrightarrow{\text{激酶}} \text{(d) NDP + ADP}$$

核苷二磷酸转化为核苷三磷酸由另一种激酶催化，该酶对碱基和戊糖都没有特殊要求，磷酸基的供体为 ATP。

$$\text{(d) NDP + ATP} \xrightarrow{\text{激酶}} \text{(d) NTP + ADP}$$

16.2.5　脱氧核苷酸的合成

生物体中的脱氧核苷酸是由核糖核苷酸还原生成的。

在大肠杆菌中，由核苷二磷酸生成脱氧核苷二磷酸的反应如图 16-11 所示。反应中作为还原剂的硫氧还蛋白是含 108 个氨基酸残基的多肽。其活性基团是两个半胱氨酸残基，可以氧化成胱氨酸。氧化型硫氧还蛋白在硫氧还蛋白还原酶的作用下被 NADPH 还原。

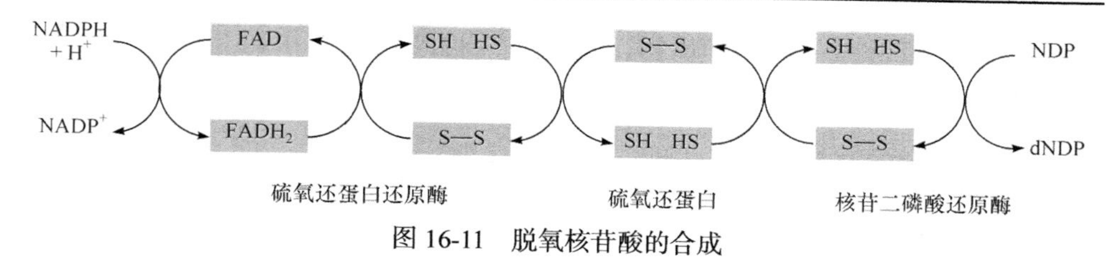

图 16-11 脱氧核苷酸的合成

许多原核细胞(如乳酸杆菌、枯草杆菌等)中的还原酶与大肠杆菌的还原酶不同，它以核苷三磷酸为底物，还原剂是含维生素 B_{12} 的一种辅酶。

脱氧核酸合成的机制较复杂，核苷酸还原酶的多重调控不但可以控制脱氧核苷酸的总量，还可以控制 4 种脱氧核苷酸之间的平衡。

16.2.6 胸苷酸的合成

胸苷酸由脱氧尿苷酸甲基化生成，这个反应是由胸苷酸合酶催化的(图 16-12)。N^5,N^{10}-亚甲基四氢叶酸是甲基的供体，产物为脱氧胸苷酸(dTMP)和二氢叶酸。四氢叶酸可以从二氢叶酸再生，还原反应经二氢叶酸还原酶催化，由 NADPH 供氢，

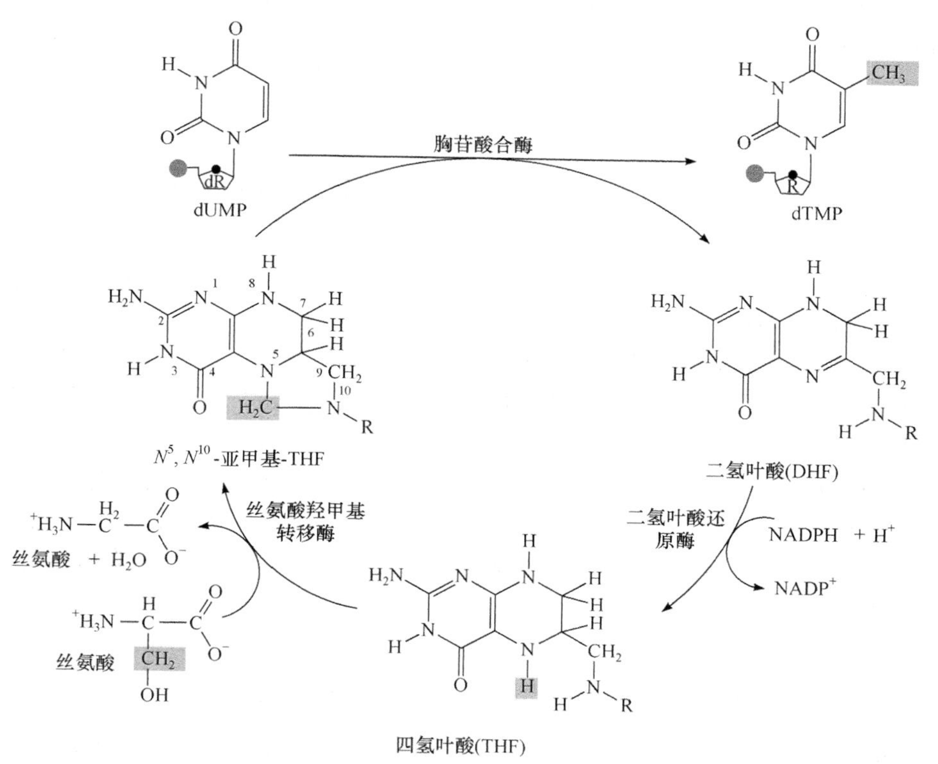

图 16-12 胸苷酸的合成

随后，由丝氨酸羟甲基转移酶催化，丝氨酸为四氢叶酸提供甲基，生成 N^5,N^{10}-亚甲基四氢叶酸。

16.2.7 核苷酸的补救合成

1) 嘌呤核苷酸合成的补救途径

各种碱基可与核糖-1-磷酸反应生成核苷：

$$碱基 + 核糖\text{-}1\text{-}磷酸 \xrightarrow{核苷磷酸化酶} 核苷 + Pi$$

由此产生的核苷，在适当的核苷磷酸激酶作用下，由 ATP 供给磷酸基，即生成核苷酸。

$$核苷 + ATP \xrightarrow{核苷磷酸激酶} 核苷酸 + ADP$$

在生物体内，除腺苷酸激酶(adenosine kinase)外，缺乏其他嘌呤核苷酸激酶，可见在嘌呤核苷酸的补救合成途径中，上述途径不很重要。

另一个重要的途径是在核糖磷酸转移酶作用下，嘌呤碱与 PRPP 合成嘌呤核苷酸。其中 AMP 的合成由腺嘌呤磷酸核糖转移酶(adenine phosphoribosyl transferase，APRT)催化，IMP 和 GMP 均是在次黄嘌呤-鸟嘌呤磷酸核糖转移酶(hypoxanthine-guanine phosphoribosyl transferase ，HGPRT)催化下合成的。

$$腺嘌呤 + PRPP \xrightarrow{APRT} AMP + PPi$$

$$次黄嘌呤(鸟嘌呤) + PRPP \xrightarrow{HGPRT} IMP(GMP) + PPi$$

嘌呤核苷酸的补救合成可以节省能量和一些前体分子的消耗。此外，某些器官和组织，如脑和骨髓等缺乏有关酶，不能从头合成嘌呤核酸，这些组织只能利用红细胞运来的嘌呤碱及核苷，经补救途径合成嘌呤核苷酸，由于存在于 X 染色体上的 HGPRT 基因缺陷而导致 HGPRT 完全缺失的患儿，表现为自毁容貌症，或称 Lesch-Nyhan 综合征。其发病的机制是：由于 HGPRT 的缺乏，停止了嘌呤的补救合成，使嘌呤核苷酸从头合成的底物，尤其是 PRPP 堆积，高水平的 PRPP 导致嘌呤核苷酸和嘧啶核苷酸过量生成。由于嘌呤核苷酸的从头合成是在 PRPP 基础上进行的，因而 HGPRT 缺陷对嘌呤核苷酸合成影响更大。高水平的嘌呤核苷酸进而促使它的分解加强，导致血液中尿酸的堆积，过量尿酸导致自毁容貌症。

2) 嘧啶核苷酸合成的补救途径

嘧啶核苷酸的补救合成主要是由嘧啶与 PRPP 合成嘧啶核苷酸：

$$嘧啶 + PRPP \xrightarrow{嘧啶磷酸核糖转移酶} 嘧啶核苷酸 + PPi$$

从人红细胞纯化的嘧啶磷酸核糖转移酶(pyrimidine phosphoribosyl transferase)能利用尿嘧啶、胸腺嘧啶及乳清酸为底物，但对胞嘧啶不起作用。UMP 补救合成的另一途径由两步反应完成：

$$\text{尿嘧啶} + \text{核糖-1-磷酸} \xrightarrow{\text{尿苷磷酸化酶}} \text{尿嘧啶核苷} + \text{Pi}$$

$$\text{尿嘧啶核苷} + \text{ATP} \xrightarrow{\text{尿苷激酶}} \text{尿嘧啶核苷酸} + \text{ADP}$$

胞嘧啶不能直接与 PRPP 反应生成 CMP，但尿苷激酶也能催化胞苷的磷酸化反应。

$$\text{胞嘧啶核苷} + \text{ATP} \xrightarrow{\text{尿苷激酶}} \text{胞嘧啶核苷酸} + \text{ADP}$$

脱氧胸苷可通过胸苷激酶(thymidine kinase)生成 TMP，但此酶在正常肝细胞中活性很低，在再生肝(指肝受损后代偿性再生产生的肝组织)中活性升高，在恶性肝肿瘤中明显升高且与恶性程度有关。

16.3 核苷酸生物合成的调节

16.3.1 嘌呤核苷酸生物合成的调控

如图 16-13 所示，嘌呤核苷酸生物合成途径的第 1 个酶 PRPP 合成酶可被 IMP、AMP、GMP、ADP、GDP 反馈抑制，而 ATP 可提高 PRPP 合成酶的活性，该酶催化生成的 PRPP 可参与从头合成，又可参与补救合成，从头合成旺盛时，该酶活力下降，必然会同时抑制补救合成和从头合成，反之亦然。

谷氨酰胺-PRPP 酰胺转移酶催化由 PRPP 进入嘌呤核苷酸从头合成途径的第一步反应，是嘌呤核酸从头合成途径的限速酶。该酶可被 AMP、ADP、ATP 及 GMP、GDP、GTP 等反馈抑制，其中对 AMP 和 GMP 尤其敏感。从人胎盘中分离出的谷氨酰胺-PRPP 酰胺转移酶是一种别构酶，其活性形式为单体，非活性形式为二聚体。过量的 AMP、GMP 及 IMP 等均可使其由单体转变为二聚体，导致核糖胺-5-磷酸生成的抑制。PRPP 则可使其由二聚体转变为单体，增强此酶的活性。在核糖胺-5-磷酸与 IMP 之间，未发现调节步骤。

在由 IMP 转变成 AMP 或 GMP 的过程中，过量的 AMP 反馈抑制腺苷琥珀酸合成酶，但不影响 GMP 的生成。同样，过量的 GMP 反馈抑制 IMP 脱氢酶，但不影响 AMP 的生成。此外，GTP 可以促进 AMP 的生成，ATP 也可以促进 GMP 的生成，这种交叉调节作用对维持 ATP 与 GTP 浓度的平衡具有重要意义。

在补救合成中，APRT 受 AMP 的反馈抑制，HGPRT 受 IMP 和 GMP 的反馈抑制，对维持 ATP 与 GTP 浓度的平衡也有重要意义。

维持 ATP 与 GTP 浓度平衡的另一个机制是 IMP、AMP、GMP 的相互转变。

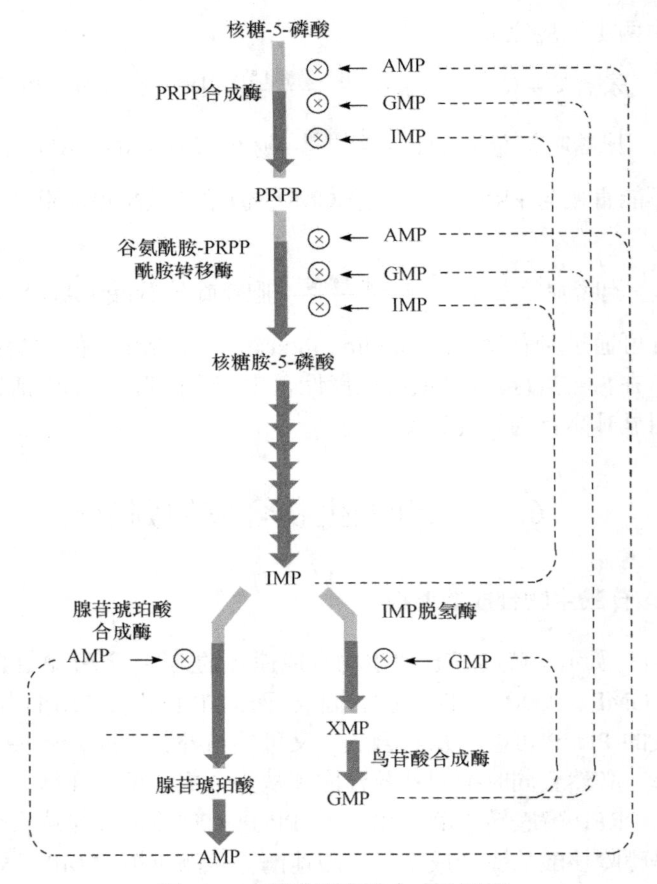

图 16-13　嘌呤核苷酸合成的调控

例如，IMP 可以转变成 XMP、AMP 及 GMP。AMP 又可在腺苷脱氨酶作用下转变成 IMP，GMP 在鸟苷酸还原酶作用下还原脱氨，也可以生成 IMP。这样的相互转变可使过量的嘌呤核苷酸转化为数量不足的另一种嘌呤核酸，最终实现 ATP 与 GTP 浓度的平衡。

16.3.2　嘧啶核苷酸生物合成的调控

如图 16-14 所示，嘧啶核苷酸的从头合成受一系列反馈系统的调节。细菌的天冬氨酸氨基甲酰转移酶是嘧啶核苷酸从头合成的主要调节酶，ATP 是其别构激活剂，CTP 是其别构抑制剂。哺乳动物的 CPS Ⅱ是嘧啶核苷酸从头合成途径的主要调节酶，UMP 为其别构抑制剂，PRPP 则有激活作用。此外，哺乳动物细胞中，上述两个多功能酶的合成还受阻遏或去阻遏的调节。

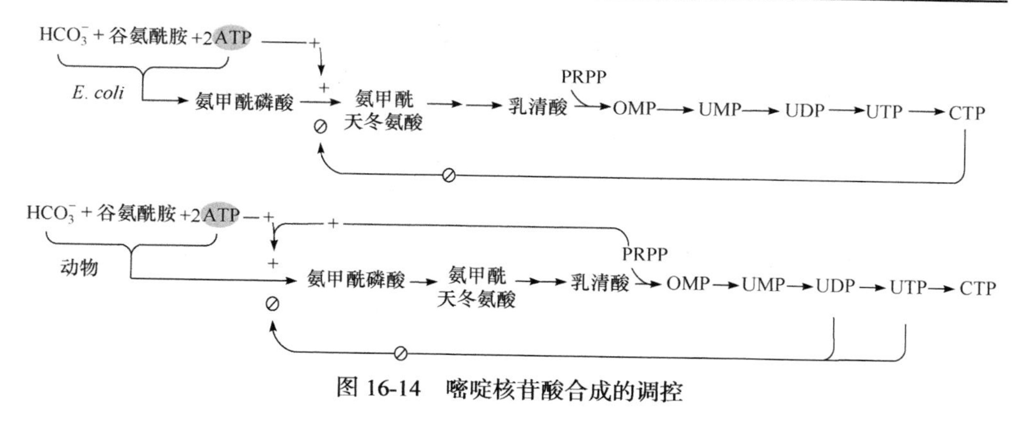

图 16-14　嘧啶核苷酸合成的调控

由于 PRPP 合成酶是嘧啶与嘌呤两类核苷酸合成过程中共同需要的酶，它可同时接受嘧啶核苷酸及嘌呤核苷酸的反馈抑制。该酶催化的反应伴随着 PPi 的释放，PPi 会被快速水解，因此核苷酸的合成是不可逆的。同位素掺入实验表明，嘧啶与嘌呤的合成有协调控制关系，二者的合成速度通常是平行的。

16.4　辅酶核苷酸的生物合成

16.4.1　烟酰胺核苷酸的合成

烟酰胺核苷酸包括 NAD 和 NADP，其合成途径可概括如下：

① 烟酸 + 5-磷酸核糖基焦磷酸 $\xrightarrow{\text{烟酸单核苷酸焦磷酸化酶}}$ 烟酸单核苷酸 + PPi

② 烟酸单核苷酸 + ATP $\xrightarrow{\text{脱酰胺-NAD焦磷酸化酶}}$ 脱酰胺-NAD + PPi

③ 脱酰胺-NAD + 谷氨酰胺 $\xrightarrow{\text{NAD合成酶}}$ NAD + 谷氨酸

④ NAD + ATP $\xrightarrow{\text{NAD激酶}}$ NADP + ADP

16.4.2　黄素核苷酸的合成

黄素核苷酸包括 FMN 和 FAD，其合成途径可概括如下：

① 核黄素 + ATP $\xrightarrow{\text{黄素激酶}}$ FMN + ADP

② FMN + ATP $\xrightarrow{\text{FAD焦磷酸化酶}}$ FAD + PPi

16.4.3　辅酶 A 的合成

辅酶 A 的合成途径可概括如下：

① 泛酸 + ATP $\xrightarrow{\text{泛酸激酶}}$ 4′-磷酸泛酸 + ADP

② 4′-磷酸泛酸 + 半磅氨酸 $\xrightarrow{\text{磷酸泛酰半磅氨酸合成酶}}$ 4′-磷酸泛酰半磅氨酸

(反应需要CTP或ATP提供能量)

③ 4′-磷酸泛酰半磅氨酸 $\xrightarrow{\text{磷酸泛酰半磅氨酸脱羧酶}}$ 4′-磷酸泛酰巯基乙胺 + CO_2

④ 4′-磷酸泛酰巯基乙酸 + ATP $\xrightarrow{\text{脱磷酸辅酶A焦磷酸化酶}}$ 脱磷酸辅酶A + PPi

⑤ 脱磷酸辅酶A + ATP $\xrightarrow{\text{脱磷酸辅酶A激酶}}$ 辅酶A + ADP

第 17 章　核酸的生物合成以及环境污染物对其影响

核酸的生物合成包括 DNA 复制与 RNA 转录。

20 世纪 50 年代初，众多的研究已充分证明 DNA 是遗传物质，能够准确地进行自我复制，并将遗传信息传给子代。1953 年 Watson 和 Crick 提出 DNA 双螺旋结构模型，几周以后他们又提出了 DNA 复制的半保留机制。这一机制于 1958 年由 Meselson 和 Stahl 的同位素实验证实。DNA 复制包括 DNA 双链的解开、新链的合成、错配核苷酸的校对等，这些复杂过程均有相应的酶或蛋白质参与。

RNA 分子在 RNA 聚合酶的作用下，以 4 种核苷三磷酸为原料，以 DNA 为模板，按照碱基配对的规律合成。以 DNA 为模板合成 RNA，即转录(transcription)。RNA 转录与 DNA 复制的一个重要差别，是转录的选择性。转录有时间和空间上的严格调控。RNA 聚合酶需要在特定时间、特定位点以特定的速率合成 RNA，所以转录的起始复合物结构十分复杂。转录与复制不同的另一个特点是转录的初级产物，一般要通过拼接和修饰等复杂的加工过程，才可以形成有功能的成熟 RNA。

环境污染物可以导致 DNA 损伤，引起 DNA 复制错误，发生基因突变；而生物体的细胞内又存在 DNA 修复系统，使 DNA 损伤得到恢复。环境污染物还会影响 RNA 转录过程，例如影响 RNA 聚合酶活性、干扰 RNA 拼接过程等。

17.1　DNA 的生物合成

17.1.1　DNA 复制的概况

DNA 复制(replication)是指亲本 DNA 双螺旋解开，两条链分别作为模板，合成子代 DNA 分子的过程。不论是原核生物还是真核生物，在细胞增殖周期的一定阶段，DNA 将发生精确的复制，随即细胞分裂，以染色体为单位，将复制好的 DNA 分配到两个子细胞中。质粒、噬菌体，以及线粒体、叶绿体 DNA 也有基本相似的复制过程，但它们的复制受到染色体 DNA 复制的控制。

1. DNA 的半保留复制

Watson 和 Crick 提出半保留复制(semiconservative replication)的设想，即 DNA

的两条链彼此分开各自作为模板，按碱基配对规则合成互补链。由此产生的子代DNA的一条链来自亲代，另一条链则是以这条亲代链为模板合成的新链。1958年Meselson和Stahl应用同位素标记法和CsCl密度梯度超速离心技术研究*E. coli*的DNA复制，证实了半保留复制机制是正确的。

这一实验首先用$^{15}NH_4Cl$作为唯一氮源培养*E. coli*细菌15代，使所有细菌DNA都带有^{15}N标记，然后将这些细菌转移到$^{14}NH_4Cl$培养基上培养，按不同时间取样品，裂解细胞，裂解液中的DNA用CsCl密度梯度超速离心来分离。

由于[^{15}N]DNA比[^{14}N]DNA的密度大，离心时[^{15}N]DNA形成的区带靠近离心管底，[^{14}N]DNA形成的区带靠近离心管口，用紫外光照射可检测到吸收带。[^{15}N]培养基中的细菌亲代DNA分子只形成一条靠近离心管底的[^{15}N]DNA区带。*E. coli*细菌移至[^{14}N]培养基经过一代后，所有DNA的密度都在[^{15}N]DNA和[^{14}N]DNA之间，说明合成的子代DNA分子一条链含有[^{15}N]，而另一条链则含有[^{14}N]。第二代DNA子分子一半为[^{15}N]和[^{14}N]的杂合分子，另一半则是两条链均为[^{14}N]的DNA分子，[^{14}N]DNA分子比例增加，因此DNA区带进一步靠近离心管口(图17-1)。此后，更多的实验研究证明了细菌、动植物细胞及病毒的DNA都是以半保留方式复制。

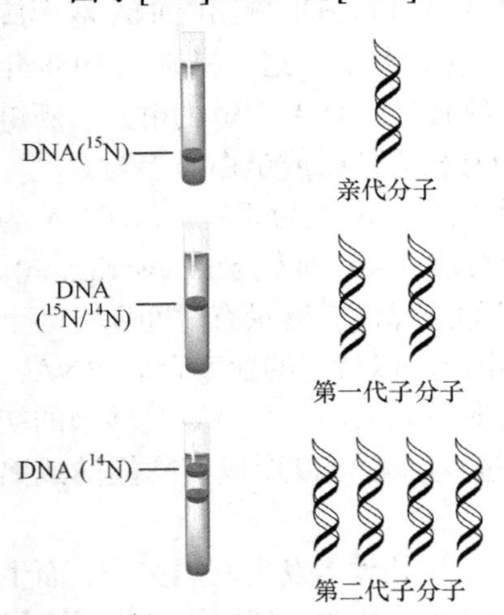

图17-1　DNA的半保留复制

2. DNA复制的起点和方向

基因组中能独立进行复制的单位称复制子(replicon)。复制时，从一个固定的起点(origin)开始复制，此时双链DNA解开形成两条单链，分别作为模板进行复制，由此形成的结构很像叉子，被形象地称作复制叉(replication fork)。复制的方向大多是双向的，并形成含有两个复制叉的复制泡(replication bubble)。少数是单向复制的，只形成一个复制叉。

1963年Cairns在大肠杆菌的培养基中加入^{3}H标记的脱氧胸苷，经过适当时间的培养后，分离完整的大肠杆菌DNA，铺到一张透析膜上，进行放射自显影，可以观察DNA复制泡所形成的放射自显影图片。低放射活性区(图中的轻标记DNA)在放射自显影图的中间，而高放射活性区(图中的重标记DNA，即^{3}H标记)则在两端，说明大肠杆菌染色体的复制是朝两个方向进行的(图17-2)。

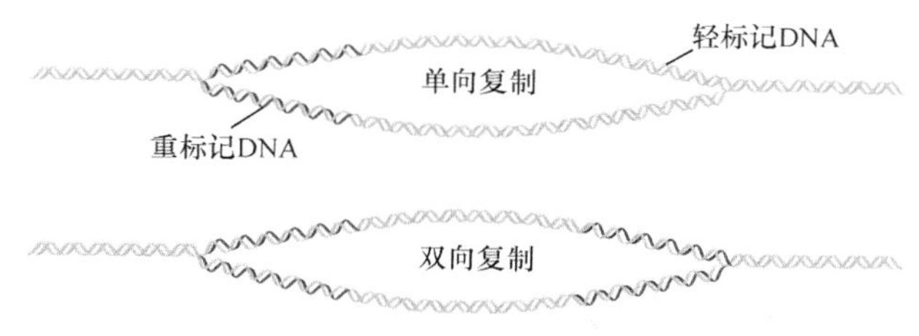

图 17-2　DNA 的双向复制

DNA 复制的起点是含有 100～200 bp 的一段 DNA。原核生物的环状 DNA 只有一个复制起点，但在迅速生长的原核生物中，第一个 DNA 分子的复制尚未完成，第二个 DNA 分子就在同一个复制起点上开始复制，从而使原核生物可以用更快的速度繁殖。

在真核生物染色体的不同位置上有多个起点，从这些起点开始双向复制就形成多个复制泡。真核生物的复制叉移动较慢，但由于同时起作用的复制叉数目很大，真核生物染色体 DNA 复制的总速度比原核生物还快。

17.1.2　参与 DNA 复制的酶和蛋白质

1. DNA 聚合酶

1) 原核生物 DNA 聚合酶

DNA 复制过程中最基本的酶促反应是 4 种脱氧核苷酸的聚合反应。1956 年 DNA 聚合酶 I (DNA polymerase I，pol I)首先从大肠杆菌中分离出来，它是分子量为 109 000 的一条肽链，催化 DNA 新链合成。DNA 复制的酶促反应需要 4 种脱氧核苷三磷酸作为底物，还需 Mg^{2+}、DNA 模板以及与模板 DNA 互补的一小段 RNA 引物，DNA 聚合酶 I 的活性部位含有紧密结合的 Zn^{2+}。DNA 聚合酶 I 催化新加入的脱氧核苷酸单位的α-磷酸基与引物的 3′-OH 共价结合，并从新加入的脱氧核苷三磷酸分子上释放焦磷酸，因此合成的方向是从 5′端到 3′端(图 17-3)。

脱氧核苷酸单位遵循 Watson-Crick 碱基配对的原则逐个加到引物的 3′端，形成与模板链碱基序列互补的 DNA 链。进一步的研究表明，DNA 聚合酶 I 还可以催化 DNA 链的水解。DNA 聚合酶 I 具有从 DNA 分子的 3′末端开始，按 3′→5′方向的外切酶活性，可切除错配的核苷酸，即具有校对功能(proofreading function)。DNA 聚合酶 I 也有从 DNA 分子的 5′末端开始，按 5′→3′方向的外切酶活性，可用于切除 RNA 引物。

20 世纪 70 年代，人们先后发现了 DNA 聚合酶 II (DNA polymerase II，pol II)和 DNA 聚合酶 III (DNA polymerase III，pol III)。DNA pol II 主要参与 DNA 损伤的修复，DNA pol III 是主要的 DNA 复制酶。大肠杆菌 3 种 DNA 聚合酶的主要数据

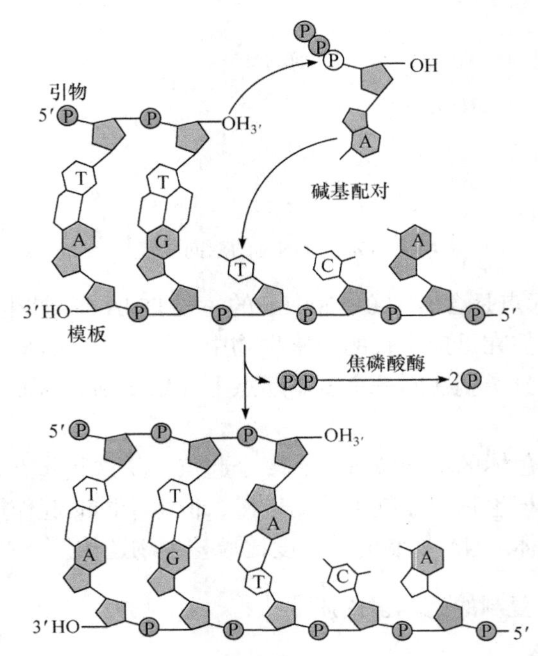

图 17-3 DNA 聚合酶催化的反应

如表 17-1 所示，对于多亚基的酶，表中只列出催化亚基的基因。DNA pol Ⅱ除催化亚基外，还有 γ、δ、δ′ 、χ、ψ 等辅助亚基，表中 M_r 是催化亚基的分子量。

表 17-1 大肠杆菌的 DNA 聚合酶

DNA 聚合酶的类型	Ⅰ	Ⅱ	Ⅲ
结构基因	*polA*	*polB*(*dnaA*)	*polC*(*dnaE*)
亚基数	1	≥7	≥10
$M_r/10^3$	103	88	830
3′→5′外切酶活性	有	有	有
5′→3′外切酶活性	有	无	无
聚合速度(核苷酸/s)	16～20	40	250～1 000
连续合成能力(核苷酸)	3～200	1 500	≥500 000

DNA 聚合酶Ⅲ含有 α、ε、θ、τ、γ、δ、δ′、χ、ψ、β 等多个亚基。DNA 聚合酶Ⅲ含有两个核心酶(core enzyme)，其亚基组成均为 αεθ，具有聚合酶活性和校对活性，τ 亚基二聚体将两个核心酶连接为一个复合物。2 个 β 亚基构成 β-滑动夹子(β-sliding clamp)结构，每个 β-滑动夹子连接一个核心酶，可将正在复制的 DNA 固定在夹子中心，使 DNA 聚合酶不易从模板脱离，有利于 DNA 的连续复制。

$\gamma_2\delta\delta'\chi\psi$ 六个亚基形成夹子装配复合物(clamp-loading complex)，促进 β-滑动夹子同核心酶的装配。

2) 真核生物 DNA 聚合酶

已知的真核生物 DNA 聚合酶主要有 5 种(表 17-2)，真核生物 DNA 聚合酶的酶促反应与原核生物 DNA 聚合酶相似，均以 4 种 dNTP 为底物，需要 Mg^{2+}激活力，要求有模板和引物，链的延伸方向为 5′→ 3′。

表 17-2　真核生物的 DNA 聚合酶

DNA 聚合酶的类型	α(Ⅰ)	β(Ⅳ)	γ(M)	δ(Ⅲ)	ε(Ⅱ)
分子量/10^3	100～220	45	60	122	
亚基数	4	1	2	3～5	4
聚合酶活性 5′→3′	+	+	+	+	+
外切(校正)酶活性 3′→5′			+	+	+
引物(合成)酶活性	+				
持续合成能力	中	高	高	有增殖细胞核抗原时高	高
对抑制剂敏感	蚜肠霉素	双脱氧胸苷三磷酸	双脱氧胸苷三磷酸	蚜肠霉素	蚜肠霉素
细胞定位	核	核	线粒体	核	核

注：括弧外是 SV40 病毒 DNA 聚合酶的名称。括弧内是酵母相应 DNA 聚合酶的名称。

2. 参与 DNA 复制的其他酶

原核生物 DNA 复制时，首先要在引物酶(primase)的作用下合成一小段 RNA 引物(RNA primer)，随即在 DNA pol Ⅲ催化下合成 DNA 链。RNA 引物在 DNA pol Ⅰ的 5′→ 3′外切酶作用下被切除，并用与模板链配对的脱氧核苷酸填补缺口。一个 DNA 片段的 3′-OH 和另一个 DNA 片段的 5′-磷酸基之间最后一个键的形成，是由 DNA 连接酶(DNA ligase)催化。

DNA 双螺旋的解开需 DNA 解旋酶(DNA helicase)参与，该酶解开螺旋需 ATP 提供能量。环状 DNA 复制时，超螺旋的圈数由拓扑异构酶(topoisomerase)调整。拓扑异构酶Ⅰ(TopⅠ)与 RNA 转录有关，切开 DNA 双链中的一条链，绕另一条链一周后再连接，可以改变 DNA 的连环数，其作用过程不需要 ATP 提供能量，可消除和减少负超螺旋，对正超螺旋不起作用。拓扑异构酶Ⅱ(TopⅡ)与 DNA 复制有关，可以切断 DNA 的两条链，使其跨越另一段 DNA 后再连接，在消耗 ATP 的情况下，每作用一次可引入 2 个负超螺旋，可以消除 DNA 复制时形成正超螺旋的扭曲张力；在不消耗 ATP 的情况，该酶可消除负超螺旋。TopⅠ和 TopⅡ广泛存在于原核和真核生物中。

17.1.3 DNA 复制的起始

1. 原核生物的 DNA 复制起始

大肠杆菌的复制原点称 oriC，由 245 bp 组成，这一序列在大多数细菌中高度保守。起始复合物的关键成分是 Dna A 蛋白，20～40 个 Dna A 蛋白四聚体在 ATP 参与下与 oriC 的 9 bp 重复序列结合(这些序列富含 A-T 对)。然后 Dna B 蛋白四聚体在 Dna C 蛋白的参与下和这个区域结合。Dna B 蛋白是一种解螺旋酶，使双链解开形成复制泡和两个复制叉。多个单链结合蛋白(SSB 蛋白)同时结合于解开的 DNA 单链部分，稳定单链 DNA。其间 Top Ⅱ 用来消除 Dna B 解螺旋形成的扭曲张力。至此，DNA 复制的起始阶段基本完成，形成的复合物称预引发体(preprimosome)或预引发复合物。DNA 复制的起始阶段需要在引发体(primosome)作用下合成 RNA 引物。

2. 真核生物的 DNA 复制起始

酵母 DNA 复制的起点称自主复制序列(autonomously replicating sequence，ARS)，其长度约为 150 bp，有几个对 ARS 功能所必需的保守序列。酵母 DNA 复制的起始需要起点识别复合物(origin recognizing complex，ORC)参与，该复合体由 6 个蛋白组成。一些蛋白质与 ORC 作用，并调节其功能，从而影响细胞周期。

17.1.4 DNA 链的延伸

DNA 链延伸形成酯键时，由于 DNA 合成的原料均为 5′-核苷三磷酸，只能将 5′位的磷酸基连接到引物的 3′-OH 上。迄今发现的 DNA 聚合酶也只能催化 5′→3′方向的新链合成。但是 DNA 的两条链是反向平行的，如果两条新链都沿着复制叉解开的方向合成，则一条链沿 5′→3′方向合成，那么另一条链如何沿 3′→5′方向合成呢?

1968 年日本科学家冈崎夫妇用 ^{3}H 标记的脱氧胸苷短时间处理噬菌体感染的大肠杆菌，然后分离标记的 DNA 产物，发现短时间内首先合成的是较短的 DNA 片段，这些 DNA 短片段被按照发现者的名字定名为冈崎片段(Okazaki fragment)。冈崎夫妇的重要发现以及后来许多其他人的研究成果表明 DNA 复制过程是半不连续复制(semidiscontinuous replication)，即一条链按与复制叉移动的方向一致的方向，沿 5′→3′方向连续合成，称为前导链(leading strand)；另一条链是先按与复制叉移动的方向相反的方向，沿 5′→3′方向合成冈崎片段，再通过酶的作用将冈崎片段连在一起构成完整的链，称为后随链(lagging strand)。近年来的研究发现，前导链和后随链的 DNA 新链是由同一个 DNA pol Ⅲ的两个核心酶分别催化的。

DNA 的半不连续复制如图 17-4 所示。DNA pol Ⅲ利用它的一套核心酶连续合成前导链，以另一套核心酶合成经过环化的后随链上的冈崎片段。一旦一个冈崎片段被合成完毕，它的 RNA 引物被 DNA pol Ⅰ除去并用 DNA 替换。留下一个切口由 DNA 连接酶连接。

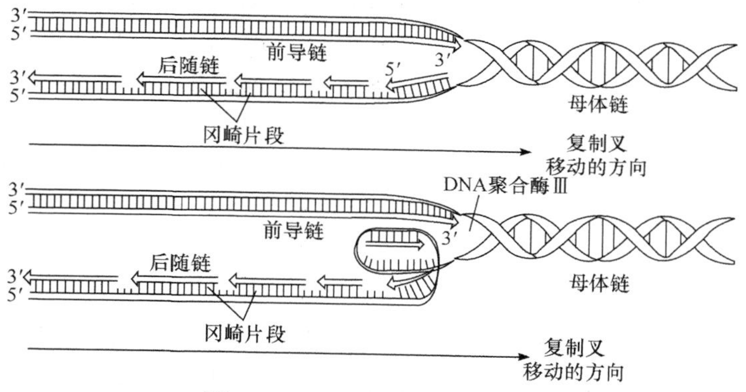

图 17-4　DNA 的半不连续复制

17.1.5　DNA 复制的终止

原核生物中，单向复制的环状 DNA 分子的复制原点就是其复制的终点。双向复制的 DNA 环形分子，在两个复制叉相遇时即完成复制，该区域含有多个称作终止子(terminator)的终止序列。两个复制叉合成新链的速度出现差异时，一个复制叉先移动到终止子处，被称作终点利用物质(terminus utilization substance, Tus)的蛋白质会结合在终止子序列上，阻止复制叉的移动，待另一个复制叉到达同一位置，两个复制叉相遇，即完成了整个 DNA 的复制过程。

17.1.6　原核生物和真核生物 DNA 复制异同

1) 原核生物和真核生物 DNA 复制的共同点

(1) 均为半保留复制。

(2) 均为半不连续复制。

(3) 均需要解旋酶解开双螺旋，并由 SSB 同单链区结合。

(4) 均需要拓扑异构酶消除解螺旋形成的扭曲张力。

(5) 均需要 RNA 引物。

(6) 新链合成均有校对机制。

2) 原核生物和真核生物 DNA 复制的主要差别

(1) 原核生物为单起点复制，复制子大而少。真核生物为多起点复制，复制子小而多。

(2) 原核生物复制叉移动的速度为 900 nt/s(核苷酸/秒)，真核生物复制叉移动的速度为 50 nt/s。

(3) 原核生物冈崎片段的大小为 1000～2000 nt，真核生物冈崎片段的大小为 100～200 nt。

(4) 真核细胞的 DNA 聚合酶和蛋白质因子的种类比原核细胞多。

(5) 原核细胞在第一轮复制还没有结束时，就可以在复制起始区启动第二轮复制。真核细胞的复制有复制许可因子控制，复制周期不可重叠。

(6) 原核生物的 DNA 为环形分子，DNA 复制时不存在末端会缩短的问题。真核生物的 DNA 为线形分子，DNA 复制时末端会缩短，需要端粒酶解决线形 DNA 的末端复制问题。

17.1.7　逆转录作用

以 RNA 为模板合成 DNA，与转录过程中遗传信息从 DNA 到 RNA 的方向相反，称逆转录(reverse transcription)。催化这一过程的逆转录酶(reverse transcriptase)最早是于 1970 年在致癌 RNA 病毒中发现的，含有逆转录酶的病毒称逆转录病毒。逆转录酶也含 Zn^{2+}，以 4 种 dNTP 为底物，合成与 RNA 碱基序列互补的 DNA，即互补 DNA (complementary DNA，cDNA)。

逆转录酶催化三种不同的反应：①RNA 指导的 DNA 合成，形成 RNA-DNA 杂合双链；②RNA 链的降解(RNase H 活性)，在 RNA-DNA 杂合双链的 RNA 链上形成若干个缺口和 RNA 短片段；③DNA 指导的 DNA 合成，以单链 cDNA 为模板，以 RNA 短片段为引物，填补缺口，并用 DNA 链取代 RNA 短片段，形成双链 cDNA。

在科研工作中，逆转录酶常被用于合成互补于各种 RNA 的 DNA。用逆转录酶合成真核生物 mRNA 获得的互补 DNA 叫作 cDNA(complementary DNA)。某一细胞的全套 mRNA 经逆转录作用合成的一整套 cDNA，称 cDNA 文库(cDNA library)，可用于多方面的研究工作。例如通过测定 cDNA 序列，得到相应 mRNA 的序列，从而推导出蛋白质的氨基酸序列。还可以通过制备 cDNA 的方法测定 rRNA 的序列。

17.2　DNA 的损伤与修复

17.2.1　DNA 损伤的产生

各种体内外因素所导致的 DNA 组成与结构的变化称为 DNA 损伤(DNA damage)。DNA 损伤导致 DNA 的结构发生永久性改变，即基因突变；导致 DNA

失去作为复制或转录的模板的功能。

引起 DNA 损伤的因素有多种，并通过不同的机制，例如碱基置换、移码突变、DNA 片段缺失或插入等。碱基置换包括两种类型：转换(transmitions)指两种嘌呤之间或两种嘧啶之间的互换；颠换(transversion)指嘌呤与嘧啶之间的互换。移码突变(frameshift mutation)是指 DNA 分子某位点的核苷酸增加或缺失，致使这一位点以后的编码序列发生移位错误的突变。单个核苷酸变化引起的突变称点突变(point mutation)，若这种突变导致蛋白质中氨基酸变化，称错义突变(missense mutation)，若不引起氨基酸的替换称同义突变(same-sense mutation) 或中性突变(neutral mutation)，若将氨基酸的密码突变为终止密码，引起肽链合成的中断，称无义突变(nonsense mutation)。

1. 内源因素

1) DNA 复制错误

尽管 DNA 聚合酶具有高度精确的聚合反应和高效的校正功能，但 DNA 复制时，还可能发生碱基错误配对，如大肠杆菌每 10^4～10^5 bp 中约有一个错配出现。此外，细胞的正常生理活动也可以引起 DNA 的自发性损伤。例如出现互变异构移位(tautomeric shift)引起的碱基错配，碱基自发地改变氢原子的位置，使碱基在酮式和烯醇式之间互变，或者氨基和亚氨基异构体之间互变，引起碱基的错误配对，使复制后的子链上出现错误。还有，当在复制位点出现重复核苷酸序列时，通常会发生复制打滑(replication slippage)，新生子链环出 1 个碱基，形成环突结构，导致第二次复制的子链碱基插入或者缺失，引发移码突变。

2) DNA 自身的不稳定性

DNA 结构自身的不稳定性是 DNA 自发性损伤中最频繁和最重要的因素。当 DNA 受热或所处环境的 pH 值发生改变时， DNA 分子上连接碱基和核糖之间的糖苷键可自发发生水解，导致 DNA 脱嘌呤或脱氨基，其中以脱嘌呤最为普遍，并可因此而造成 DNA 链的断裂。

3) 机体代谢过程中产生的活性氧

机体代谢过程中会产生活性氧(reactive oxygen species，ROS)，即反应活性很高的含氧自由基和 H_2O_2。自由基是指外层轨道带有未配对电子的原子、原子团或分子，例如 $\cdot O_2^-$和 ·OH 等。含氧自由基可造成碱基的氧化，如 8-氧鸟嘌呤可与 C 或 A 配对，造成 G-C→ T-A 的碱基颠换，引起突变。

2. 外源因素

外界环境因素，包括化学诱变剂和物理因子(如紫外线、电离辐射)以及代谢过程中产生的自由基等的影响，也会引起 DNA 损伤，使其结构改变，功能丧失，导致基因突变。

由化学诱变剂导致 DNA 发生突变的过程称化学诱变。化学诱变剂如 5-溴尿嘧啶、亚硝酸、羟胺、烷化剂和嵌合剂等，以不同的作用方式引起碱基置换、DNA 片段的缺失或插入、移码突变或插入突变。如 5-溴尿嘧啶的酮式与 A 配对，烯醇式与 G 配对，2-氨基嘌呤通常与 A 配对，其亚氨形式则与 C 配对，故二者均会引起 AT 对转变为 GC 对，或 GC 对转化为 AT 对。

羟胺(NH_2OH)使胞嘧啶转化为 4-羟胞嘧啶而与 A 配对，结果使 GC 对转变为 AT 对。烷化剂如氮芥、硫芥、乙基甲烷磺酸、亚硝基胍等，使 DNA 碱基上的 N 原子烷基化。最常见的是将鸟嘌呤转化为 7-甲基鸟嘌呤，使其与 T 配对，引起碱基对的变化。氮芥和硫芥还可使同一条链或两条链之间的 G 共价交联成二聚体，阻断 DNA 的复制。亚硝基胍可在复制叉部位引起多重突变，烷化剂还可能引起 DNA 的脱嘌呤和链的断裂。

一些扁平的稠环分子如吖啶橙、原黄素、溴化乙锭等可插入 DNA 的碱基对之间，在 DNA 复制时，使合成的链插入或缺失核苷酸，引起移码突变。若插入或缺失的核苷酸不是 3 的整数倍，可导致肽链中后续的氨基酸全部错误，这样的突变对细菌来说通常是致死的。

X 射线、γ射线等高能离子辐射可能使 DNA 失去电子进而断裂，或造成碱基、戊糖的结构损伤。紫外线可直接作用或通过自由基间接作用于 DNA，引起 DNA 断裂，双链交联，或者在同一条链形成胸腺嘧啶二聚体。

17.2.2　DNA 损伤的修复

DNA 是细胞内唯一可以修复的大分子，保护了单个细胞和下一代。DNA 损伤的修复是生物在长期进化过程中获得的一种能使 DNA 的损伤得到恢复的保护功能。目前已知一百多种基因编码的蛋白参与了 DNA 损伤的修复。这些蛋白对 DNA 损伤的响应包括：去除 DNA 损伤并且恢复 DNA 双链的连续性；激活细胞周期监控点，使细胞周期进程停滞以高效修复受损 DNA；维持基因组稳定性，预防疾病发生。

1. 直接修复

直接修复包括光修复和单个酶催化的直接修复作用。光修复(photoreaction repair)是指在可见光(400 nm 为最有效的波长)激活下，DNA 光复活酶(photoreactivating enzyme)识别并结合到紫外线照射所形成的胸腺嘧啶二聚体上，随即切开嘧啶二聚体的环丁烷结构，使其解聚为单体的过程。DNA 光复活酶广泛存在于原核和真核生物细胞中，但人类细胞内目前尚未发现。单个酶催化的直接修复，指在酶的催化下，改变修饰碱基的结构，使其恢复为正常碱基。目前已发现多种酶能催化这一类直接修饰反应，如 DNA 的断裂可由 DNA 连接酶直接修复，无嘌呤位点由嘌呤插入酶直接修复，O^6-甲基鸟嘌呤-DNA 甲基转移酶可将修饰碱基 O^6 位的甲基转移到酶的半胱氨酸残基上，使修饰碱基恢复为正常的鸟嘌呤。

2. 切除修复

DNA 损伤修复最普遍的方式包括碱基切除修复和核苷酸切除修复，即切除异常的碱基和核苷酸，并用正常的碱基或核苷酸替换。

碱基切除修复(base excision repair)由特异性的糖基化酶(人细胞核中已发现 8 种)识别损伤部位，切除受损碱基。随后，核酸内切酶切除脱碱基的戊糖，参与修复的 DNA 聚合酶和 DNA 连接酶以未受损的链为模板填补缺口。

核苷酸切除修复(nucleotide excision repair，NER)系统由多种蛋白质识别不同的 DNA 损伤造成的双螺旋扭曲，随即在损伤部位 5′侧和 3′侧切断 DNA 的单链，释放出单链片段，缺口由用于修复的 DNA 聚合酶以未受损的链为模板填补缺口，最后由连接酶连接切口。

切除修复可用来修复理化因素造成的 DNA 损伤，如切除胸腺嘧啶二聚体。切除修复系统的缺陷可引起着色性干皮病，甚至皮肤癌，已鉴定出 7 种基因与此类疾病有关。切除修复也可用于修复 DNA 复制过程中产生的碱基错配，称错配修复(mismatch repair，MMR)。有些肿瘤的发生与错配修复系统的缺陷有关。

3. 应急反应修复和重组修复

DNA 分子严重损伤时，正常的复制和修复系统无法完成 DNA 的复制，此时会启动应急反应(SOS response)修复。SOS 反应广泛存在于原核和真核生物，是生物在不利环境中求得生存的一种基本功能。

重组修复(recombination repair)是在 DNA 复制过程中，新链合成遇到其模板链有损伤时，跨越损伤区，合成带缺口的新链。这种带有缺口的子代 DNA 分子通过同源重组，将亲代 DNA 另一条模板链的相应区段移接到子代 DNA 缺口处，然后再用合成的序列填补亲代链上的缺口。这种修复机制并未消除亲代 DNA 链上的损伤，只是使其损伤部分不能复制而得到“稀释”。

17.3　RNA 的生物合成

17.3.1　RNA 生物合成的概况

原核生物与真核生物的 RNA 聚合酶本质上均催化同一种反应，即在一定的模板(DNA 或 RNA)指导下，以 4 种核苷三磷酸为原料，按碱基配对规律，从 5′→3′

合成 RNA 链。与 DNA 聚合酶不同，负责转录的 RNA 聚合酶不需要引物，可以在称作启动子(promotor)的特定起始位点从头合成 RNA。RNA 聚合酶与启动子结合后，解开一小段 DNA 双螺旋，形成一个转录泡(transcription bubble)。转录过程中新生的 RNA 链与 DNA 模板形成一小段 RNA-DNA 双螺旋，随着新链的延伸，RNA 链逐渐从模板剥离。基因转录时，两条互补的 DNA 链有一条作为 RNA 合成的模板，称作模板链(template strand)或反义链(anti-sense strand)，另一条链称作非模板链(nontemplate strand)或有义链(sense strand)。由于非模板链的核苷酸序列与转录生成的 mRNA 的序列一致，也被称作编码链(coding strand)。

17.3.2　原核生物的转录

1. 原核生物的 RNA 聚合酶

催化转录作用的酶称作 RNA 聚合酶(RNA polymerase)。原核生物的转录作用，不论其产物是 mRNA、rRNA、还是 tRNA，都是由同一种 RNA 聚合酶催化合成的。大肠杆菌 RNA 聚合酶包含几个大小不等的亚基，由各个亚基组成的全酶(holoenzyme)，其亚基组成为 $\alpha_2\beta\beta'\sigma$，$M_r$ 约为 4.65×10^5。σ 因子易于从全酶上解离，其他的亚基则比较牢固地结合成为核心酶(core enzyme)$\alpha_2\beta\beta'$。近年发现，核心酶还有一个 ω 亚基。因此，核心酶的亚基组成可表示为 $\alpha_2\beta\beta'\omega$，全酶的亚基组成可表示为 $\alpha_2\beta\beta'\omega\sigma$。当 σ 因子与核心酶结合成全酶时，即能起始转录，当 σ 因子从转录起始复合物中释放后，核心酶沿 DNA 模板移动并延伸 RNA 链。可见 σ 因子为转录起始所必需，但对转录延伸并不需要。全酶以 4 种核苷三磷酸为原料，以 DNA 为模板从 5′→3′合成 RNA。

2. 转录的起始

若以 DNA 模板对应于 RNA 的第 1 个核苷酸为+1，其下游(downstream)即转录区依次记为正数，上游依次记为负数(没有 0)，则 RNA 聚合酶结合区即启动子从−70 延伸到+30。研究者 Pribnow 和 Schaller 对比分析多种原核生物的启动子，发现在−10 区有一段共有序列 TATAAT，这段序列命名为 Pribnow 框(Pribnow box)，或被称作−10 序列。在−35 区还有一个共有序列 TTGACA，被称作识别区域，或−35 序列。−35 序列与聚合酶对启动子的特异性识别有关，−10 区富含 A-T 对，有利于 DNA 局部解链，−10 区与−35 区之间的距离，明显影响转录的效率。

3. RNA 链的延伸

首先 RNA 聚合酶与 DNA 结合并沿 DNA 链滑行，σ 亚基识别启动子的−35 区和−10 区，随即从−10 序列到转录起点附近 DNA 的两条链局部解开，形成长度约 18 bp 的转录泡，并起始 RNA 的合成，RNA 合成的第 1 个核苷酸通常是 G 或 A。随后，按照碱基配对的规律，逐渐掺入核苷酸，由 RNA 聚合酶β亚基催化形成磷酸二酯键，在合成 8 个以上核苷酸以后，σ 亚基从全酶脱离，核心酶沿模板链移动，延伸 RNA 链(图 17-5)。脱离的 σ 亚基可以与另一个核心酶结合，构成 σ 亚基的循环。

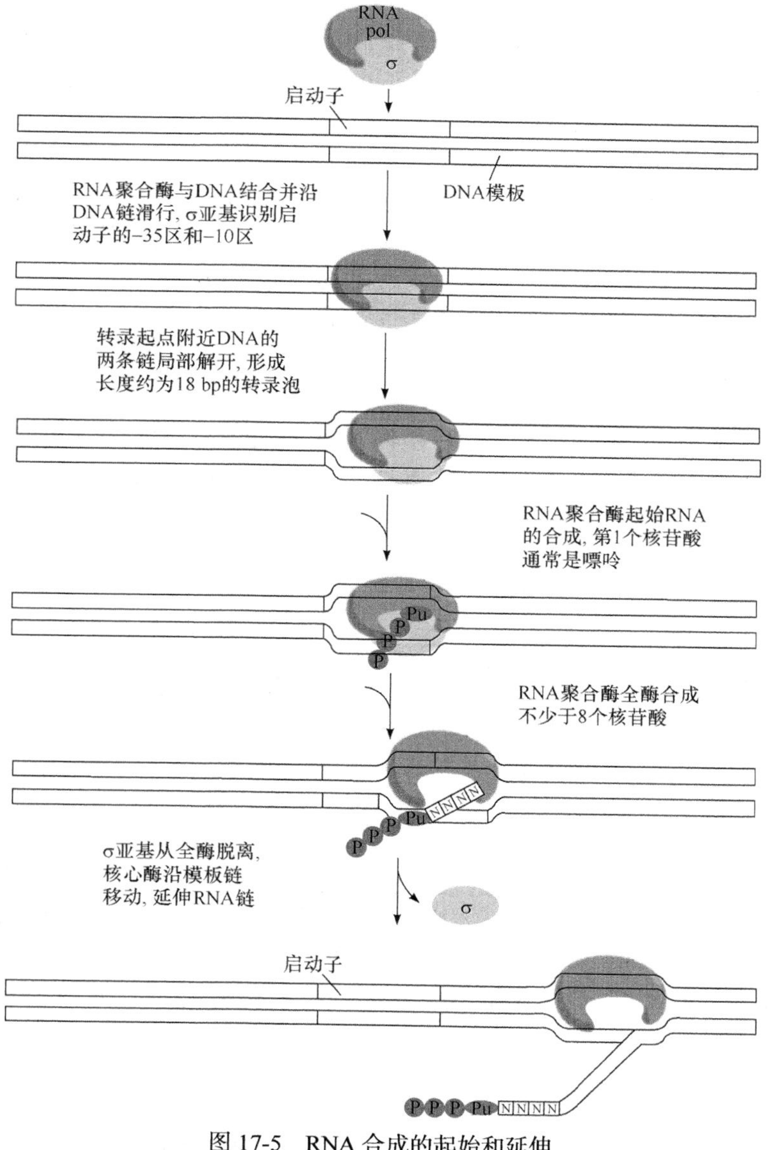

图 17-5　RNA 合成的起始和延伸

在延伸阶段，转录泡不断向前移动，其前方的双螺旋在不断解开，其后方又有双螺旋逐渐形成。转录泡前方正超螺旋的消除和其后方负超螺旋的形成，由拓扑异构酶催化。一旦转录泡离开启动子一定的距离，另一个 RNA 聚合酶即可与该启动子结合。因此，同一个转录单位可以同时合成多个 RNA 分子。

4. 转录的终止

转录终止于具有终止功能的特定 DNA 序列，这一特定的序列称作终止子(terminator)。协助 RNA 聚合酶识别终止子的辅助因子(蛋白质)称终止因子(termination factor)。根据终止子结构的特点和其作用是否依赖于终止因子，将大肠杆菌终止子分为两类：一类称为不依赖于 ρ 因子的终止子，属于强终止子，通常有一个富含 AT 的区域和一个或多个富含 GC 的区域，具有回文对称序列，该序列转录生成的 RNA 能形成茎环二级结构，终止 RNA 聚合酶的转录作用。另一类为依赖于 ρ 因子的终止子，其回文对称序列中不含 GC 区，其 3′末端也无一串 U 序列，也没有强的终止信号，属于弱终止子。

17.3.3 真核生物的转录

真核生物转录的基本过程与原核生物相似，但是真核生物有三种 RNA 聚合酶，转录步骤和转录调控更加复杂。真核生物转录过程大致分为装配、起始、延伸和终止四个阶段，其延伸和终止与原核生物大致相似。

1. 真核生物的 RNA 聚合酶

真核生物的 RNA 聚合酶分为三类，均由 10 多个亚基组成。它们的定位、相对活性、合成产物和对α-鹅膏蕈碱的敏感性等见表 17-3。它们都能依赖模板合成 RNA，但都不能直接识别启动子和起始转录，需要一些反式作用因子(transacting factor)如转录因子等帮助识别启动子。

表 17-3 真核细胞三种 RNA 聚合酶的某些性质

酶	定位	相对活性	产物	对α-鹅膏蕈碱的敏感性
RNA 聚合酶Ⅰ	核仁	50%～70%	5. 8S rRNA 18S rRNA	不敏感(>10^{-3} mol/L 抑制)
RNA 聚合酶Ⅱ	核质	20%～40%	mRNA 和 snRNA	高度敏感(10^{-9}～10^{-8} mol/L 抑制)
RNA 聚合酶Ⅲ	核质	10%	tRNA、5S rRNA、U6 snRNA 和 scRNA	中度敏感(10^{-5}～10^{-4} mol/L 抑制)

2. 真核生物转录的起始

真核生物的 DNA 包括许多参与转录调控的序列，称顺式作用元件(*cis*-acting

element)，如启动子、增强子和沉默子等。真核生物转录时，启动子逐步与某些转录因子及 RNA 聚合酶结合，在模板 DNA 上形成前起始复合物，然后再与另一些转录因子结合形成转录起始复合物。真核生物的启动子分为三类，即Ⅰ类、Ⅱ类和Ⅲ类，分别控制 RNA 聚合酶Ⅰ、Ⅱ和Ⅲ的转录起始。

1) 真核生物Ⅰ类启动子控制的转录起始

Ⅰ类启动子主要控制 rRNA 前体的转录起始，由 RNA 聚合酶Ⅰ催化。rRNA 基因上游区缺失等研究表明，哺乳动物Ⅰ类启动子的核心启动子或核心元件(core promoter or core element)位于−45 至+20，上游控制元件(upstream control element，UCE)位于−187～−107，这两个控制区都富含 GC 序列。

2) 真核生物Ⅲ类启动子控制的转录起始

Ⅲ类启动子控制 RNA 聚合酶Ⅲ的转录起始。Ⅲ类启动子又分为 3 个类型(type)，其中 5S rRNA 基因的启动子为类型Ⅰ(type Ⅰ)，包含位于+50 至+65 的 A 框(box A)、中间元件和位于+81 至+99 的 C 框(box C)。tRNA 和腺病毒 VA RNA 基因的启动子为类型Ⅱ(type Ⅱ)，含有 A 框和 B 框。类型Ⅲ启动子位于起始点上游区，含三个上游元件，由相应的因子识别和结合，方能促使 RNA 聚合酶Ⅲ正确定位并起始转录。

3) 真核生物Ⅱ类启动子控制的转录起始

Ⅱ类启动子调控编码各种蛋白质的基因转录，该类启动子包含基本启动子(含 TATA 框)、起始子、上游元件、下游元件和应答元件。这些元件通过不同的组合，可以构成数量巨大的不同的启动子，它们可被特异的转录因子识别和相互作用。

基本启动子(basal promoter)位于起点上游，其中心区位于−25～+30 区域，含 TATA (A/T) A (A/T)7 个碱基的保守序列，称 TATA 框或 Goldberg-Hogness 框，与大肠杆菌−10 序列的作用相似。

起始子位于−3～+6，RNA 聚合酶Ⅱ必须与起始子结合蛋白(IBP)结合，才能精确定位在启动子。起始子可与 TATA 框构成核心启动子，用以驱动基因的低水平转录。

上游元件(upstream element)通常位于启动子上游 100～200 bp 范围内或更上游区段，最常见的增强子元件(enhancer element)，含有 CAAT 框(共有序列为 GCCAATCT)和 GC 框(共有序列为 GGGCGG 和 CCCCC)。

应答元件(response element)为能结合核受体、激素受体、维生素受体等转录因子的 DNA 特征序列，这些转录因子的活性是通过磷酸化和脱磷酸化来调节的。

目前发现至少有 20 种以上的蛋白因子参与 RNA 聚合酶Ⅱ的转录起始过程。结合在基本启动子附近的蛋白质叫作通用转录因子(general transcription factors，GTFs)，包括 TFⅡA、TFⅡB、TFⅡD、TFⅡE 和 TFⅡF 等，它们与启动子结合形成转录复合物。

目前已知至少 6 种通用转录因子参与 RNA 聚合酶Ⅱ(polⅡ)的转录起始(图 17-6)。首先由 TFⅡD 与 TATA 框结合。随后，TFⅡA 结合其上，稳定 TFⅡD 与启动子的结合。接着，TFⅡB 结合在 TATA 框下游–10～+10 区域，并与附近的 TBP 结合，为 RNA 聚合酶Ⅱ的结合提供一个表面，并对模板链有保护作用。TFⅡF 的大亚基在转录起始时催化 DNA 解链，小亚基与核心酶紧密结合，形成 RNA 聚合酶Ⅱ全酶起始复合物。在聚合酶作用下，TFⅡE 进入结合位点，后者又引入 TFⅡH 并提高其活性。TFⅡH 包括 ATPase、解旋酶和蛋白激酶活性。一旦聚合酶Ⅱ被 TFⅡH 磷酸化，TFⅡD、TFⅡB 和 TFⅡA 等逐步从起始复合物解离下来。只有 TFⅡF 保留其上，形成延伸复合物。TFⅡF 在延伸反应中起作用，使新生 RNA 链得以延长。当转录进行到 3′末端，遇到终止信号或终止子序列时，聚合酶Ⅱ去磷酸化，转录即终止。

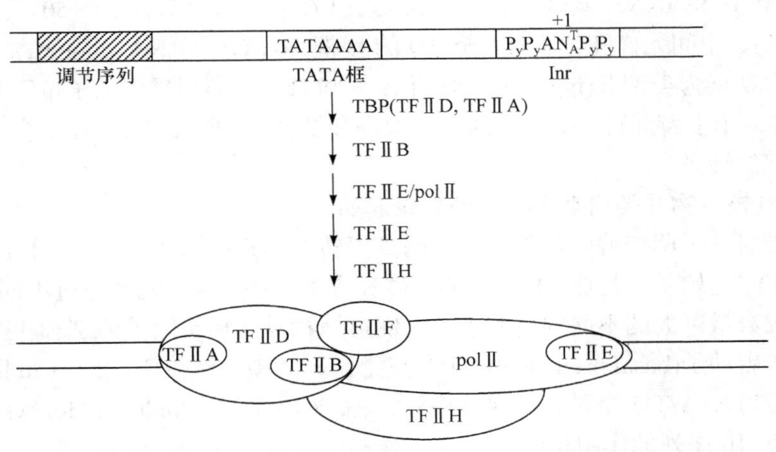

图 17-6　RNA 聚合酶Ⅱ和转录因子在启动子上的装配

3. 真核生物转录的终止

真核生物 RNA 聚合酶转录的终止区，不存在典型的茎环结构，3′末端也不见典型的多聚 U 序列，真核生物转录终止的机制有待进一步研究。

17.3.4　mRNA 转录后加工

原核生物由于没有明显的细胞核，多数基因转录出的原初 mRNA 转录本不需加工，在转录尚未完成即可开始翻译。而真核生物的转录和翻译分别在核内和胞质中进行，在核中转录出的 mRNA 的原初转录物是分子量极大的前体，被称为核内不均一 RNA(heterogeneous nuclear RNA，hnRNA)。hnRNA 经过复杂的加工，才能形成成熟的 mRNA。

1. 5′端帽子结构的生成

hnRNA 初级转录本的 5′端为腺嘌呤核苷三磷酸(pppA)，经 RNA 三磷酸酶作用释放一个焦磷酸(Pi)，再在鸟苷酰转移酶催化下，与 GTP 反应生成 $G^{5'}ppp^{5'}N_1pN_2p$-RNA。最后在鸟嘌呤-7-甲基转移酶和 2′-*O*-甲基转移酶催化下，分别对鸟嘌呤(G)和起始核苷酸(N_1 和 N_2)进行甲基化，生成 $m^7G^{5'}ppp^{5'}N_1mpN_2p$-RNA，即 5′帽子结构。帽子结构可以提高 mRNA 的稳定性，在肽链合成的起始阶段有重要作用。

2. 3′端 polyA 尾巴的生成

真核生物 mRNA 的 3′端大都有 20～150 个腺苷酸残基的 polyA 尾巴。

在转录完成时，由 RNAaseⅡ在 3′末端保守序列 UUAUUU 下游 10～30 个核苷酸处切割，产生自由的 3′-OH 末端，然后由 polyA 聚合酶将腺苷酸逐个加上去，使 polyA 链延伸。polyA 可延长 mRNA 的寿命，增强 mRNA 翻译的效率。

3. mRNA 前体的拼接

大多数真核基因包含了内含子(intron)和外显子(exon)，都是断裂基因，断裂基因的转录产物需通过拼接，去除内含子，使编码区即外显子成为连续序列。mRNA 前体的拼接依赖于拼接体(spliceosome) 内多种核糖核蛋白(ribonucleoprotein，RNP)之间的相互作用。

4. 选择性拼接

一个基因的转录产物在不同的发育阶段、分化细胞和生理状态下，通过不同方式的拼接，可以得到不同的 mRNA 和翻译产物，称为选择性拼接(alternative splicing)。选择性拼接主要有四种类型：外显子跨跃(exon skipped)，即在拼接时将某个外显子切除；外显子延长(exon extended)，即某些内含子的一部分被保留下来，使外显子的长度增加；内含子保留(intron retained)，即在拼接时保留了某个内含子；外显子交替(alternative exon)，即不同的加工产物选择了不同的外显子。

选择性拼接的 mRNA 翻译所产生的各种蛋白质产物称为同源体。例如大鼠编码 7 种组织特异性的α-原肌球蛋白的基因，在不同的组织和细胞中通过变换选择拼接位点可得到 10 个不同的蛋白质(如平滑肌、横纹肌、成纤细胞、肝细胞和脑细胞等的原肌球蛋白)。这种选择拼接在基因表达的调控中起重要的作用。

17.4　转录水平的调控

由 DNA 转录成 RNA 再翻译成蛋白质的过程，叫作基因表达。原核生物的基因组和染色体结构都比真核生物简单，转录和翻译可在同一时间和空间上进行。真核生物由于存在细胞核结构的分化，转录和翻译在空间和时间上都被分隔开，基因表达远比原核生物复杂。基因表达受到严格的调节控制，转录水平的调控是关键。转录调控主要发生在起始和终止阶段。

17.4.1　原核生物的基因表达调控

法国巴斯德研究所的 J. Monod 和 F. Jacob 对大肠杆菌乳糖发酵过程酶的适应合成以及对有关突变型进行了广泛深入的研究，在 1960～1961 年提出了乳糖操纵子模型(lac operon model)。操纵子模型可以很清楚地说明原核生物基因表达的调节机制。

1. 操纵子模型

操纵子(operon)是原核细胞基因表达的协调单位，由一组在功能上相关的结构基因(structural gene)和控制位点所组成。控制位点包括启动基因(promoter gene)和操纵基因(operator gene)，此控制位点可受调节基因(regulator gene)产物的调节。

现以大肠杆菌乳糖操纵子来说明操纵子的作用机制。大肠杆菌可利用多种糖作为碳源，当用乳糖作为唯一碳源时，通过诱导作用合成三种水解和利用乳糖的酶，即水解乳糖的 β-半乳糖苷酶、β-半乳糖苷透性酶和 β-半乳糖苷转乙酰酶。

大肠杆菌乳糖操纵子(lactose operon)由一组功能相关的结构基因(*lacZ*、*lacY*、*lacA*)、操纵基因(*O*)、与 RNA 聚合酶结合的启动子(*P*)序列组成。结构基因 *lacZ*、*lacY*、*lacA* 分别编码 β-半乳糖苷酶、β-半乳糖苷透性酶、β-半乳糖苷转乙酰酶。操作基因 *O* 不编码任何蛋白质，它是另一位点上调节基因 *lacI* 编码的阻遏蛋白(repressor protein)的结合部位。阻遏蛋白是一种变构蛋白，当无诱导物乳糖存在时，阻遏蛋白处于活性状态，与操纵基因 *O* 相结合，阻止了结合在启动子上的 RNA 聚合酶向前移动，使结构基因的转录不能进行；当细胞中有乳糖作为诱导物(inducer)存在时，阻遏蛋白与乳糖结合构象发生改变而无活性，不能结合到操纵基因 *O* 上，从而结构基因编码的三种酶得以转录并翻译，因此大肠杆菌可以吸收和分解乳糖。这一简单模型解释了乳糖代谢体系的调节机制(图 17-7)。

2. 降解物的阻遏作用

当大肠杆菌在含有葡萄糖和乳糖的培养基中生长时，则先利用葡萄糖，而不利用乳糖。只有当葡萄糖耗尽后，细菌生长经过一段停滞期后，不久在乳糖诱导下 β-半乳糖苷酶开始合成，细菌才能利用乳糖。这种现象称为降解物阻遏作用。大肠杆菌含有一种基因表达的正调控蛋白，称分解代谢基因活化蛋白(catabolite activator protein，CAP)。CAP 能够与 cAMP 形成复合物，cAMP-CAP 复合物结合在乳糖操

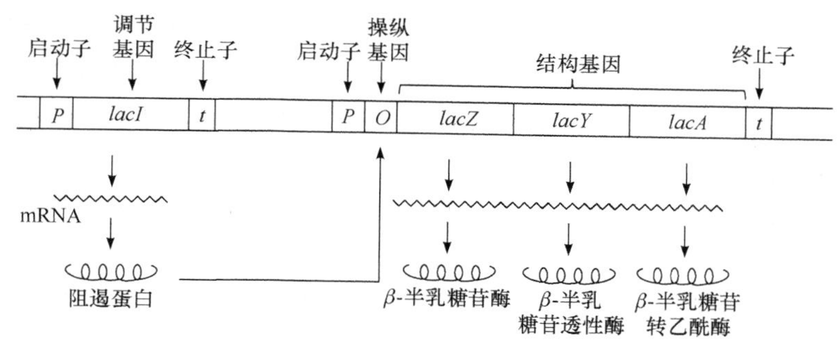

图 17-7　大肠杆菌乳糖操纵子模型

纵子的启动子上，可促进转录的进行。因此，cAMP-CAP 是一个不同于阻遏蛋白的正调控因子。葡萄糖分解代谢的降解物能抑制腺苷酸环化酶活性，并活化磷酸二酯酶，从而降低 cAMP 浓度，因此不能形成 cAMP-CAP 复合物，使分解代谢乳糖的酶的基因不能转录(图 17-8)。

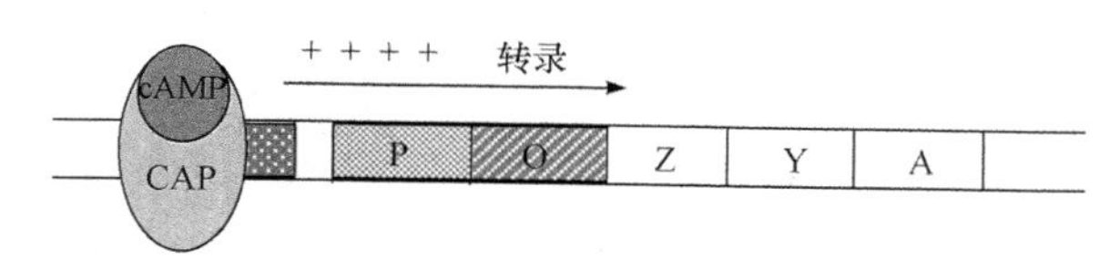

图 17-8　乳糖操纵子的正调节

乳糖操纵子“开”与“关”是在 CAP 和阻遏蛋白两个相互独立的正、负调节因子的作用下实现的，原核生物不少与分解代谢有关的操纵子均有与此类似的调控机制。例如受到降解物阻遏作用的还包括半乳糖、阿拉伯糖及麦芽糖等的操纵子，因此在有葡萄糖存在的情况下，其他糖类的代谢分解酶的转录都受到抑制。

17.4.2　真核生物的基因表达调控

对原核生物基因表达的调控机制研究得比较清楚，而真核生物基因表达的调控没有操纵子，每个基因有自己的启动子和调节元件并单独转录，远比原核生物复杂。真核生物基因表达在多层次上受到多种因子协同调控，包括转录前水平、转录水平、转录后水平和翻译水平的调控。

转录前水平的调控是指通过改变 DNA 序列和染色质结构调控基因的表达，包括染色质的丢失、基因扩增、基因重排、基因修饰等。但转录前水平的调控并不是普遍存在的调控方式。例如，染色质的丢失只在某些低等真核生物中发现。

转录水平的调控是真核生物最主要的基因表达调控方式。关于真核生物基因转录调控的研究，目前主要集中在顺式作用元件(cis-acting element)和反式作用因子(trans-acting factor)以及它们的相互作用上。基因转录的顺式作用元件包括启动子(promotor)和增强子(enhancer)两种特异性 DNA 调控序列。启动子是 RNA 聚合酶识别并与之结合，从而起始转录的一段特异性 DNA 序列。增强子是能够增强基因转录活性的调控序列。这种增强作用是通过结合特定的转录因子或改变染色质 DNA 的结构而促进转录。基因调控的反式作用因子主要是各种蛋白质调控因子，这些蛋白质调控因子一般都具有不同的功能结构域。

转录后水平的调控包括转录产物的加工和转运的调节。通过不同方式的拼接可产生不同的 mRNA，从而产生多种多样的蛋白质。

翻译水平的调控主要是控制 mRNA 的稳定性和 mRNA 翻译的起始频率。翻译后水平的调控主要控制多肽链的加工和折叠，产生不同功能活性的蛋白质。

17.5 环境污染物对核酸生物合成的影响

17.5.1 环境污染物与 DNA 损伤

很多环境污染物的暴露，可直接或间接地导致生物细胞内的 DNA 分子损伤。其主要损伤形式包括碱基改变、脱碱基位点、碱基错配、插入或缺失片段、嘧啶联合、DNA 加合物、DNA 链断裂、甲基化损伤、DNA 链内和链间交联等。这些 DNA 损伤可以是永久的，亦可是可逆的；不仅损害 DNA 结构的完整性，还影响 DNA 表达的准确性，从而对生物细胞产生各种遗传毒性或细胞毒性。当体细胞的 DNA 受损伤时便会引发体细胞基因突变，进而导致肿瘤的发生。当生殖细胞的 DNA 受损时就会引起生殖细胞突变，可以导致两种后果：①一种是致死性突变，即发生突变的生殖细胞在形成受精卵后，胚胎不能正常发育，导致胚胎死亡；②如果生殖细胞发生非致死性突变，虽然胚胎能发育为后代，但是会引起先天性遗传缺陷，即遗传性疾病。由于 DNA 分子微小，直接检测过于复杂和困难，因此用生物标志物进行 DNA 损伤检测是环境污染早期诊断和评价的重要手段。环境污染条件下，生物体中不同的 DNA 损伤机制形成了各自的生物标志物。

1. DNA 加合物

DNA 加合物是某些化合物或其代谢活化后的亲电活性产物与 DNA 分子特异位点形成的共价结合物。DNA 加合物的位点通常在 N-7 鸟嘌呤、O-7 鸟嘌呤、N-1 腺嘌呤或者 N-3 腺嘌呤。DNA 加合物是 DNA 化学损伤的主要形式之一，可干扰 DNA 合成过程中的碱基配对、复制及影响 DNA 的修复，进而影响细胞分裂。形成的 DNA 加合物若未被修复或被错误修复时，常引起基因突变。突变类型主要是点突变，其中颠换多于转换。

很多能形成 DNA 加合物的化合物是致癌物。例如多环芳烃(polycyclic

aromatic hydrocarbon，PAH)是一类具有致癌性的重要环境污染物，与皮肤癌、肺癌、肝癌、胃癌等癌症诱发密切相关。多环芳烃是煤、石油、木材、烟草、有机高分子化合物等有机物不完全燃烧时产生的挥发性碳氢化合物。多环芳烃具有很强的亲脂特性，脂溶性能够随着苯环数量的增加而加强，进入体内后蓄积在有机体中。由于多环芳烃的结构和性质都十分稳定，在自然环境中难以降解、具有持久性，是环境中持久性有机污染物的主要代表，受到国内外科研人员的一致关注，许多国家都将其列入优先控制污染物的名单中。

人体暴露多环芳烃主要有 3 条途径，包括呼吸、食用被多环芳烃污染的食物、饮用被多环芳烃污染的水。由于多环芳烃可对环境生态系统和人类健康造成严重危害，其中有 16 种多环芳烃被美国环境保护署列为优先监测物，即二氢苊、苊、蒽、苯并[*a*]蒽、苯并[*b*]荧蒽、苯并[*k*]荧蒽、苯并[*g*,*h*,*i*]苝、苯并[*a*]芘、䓛、二苯并[*a*,*h*]蒽、荧蒽、芴、茚并[1,2,3-*cd*]芘、萘、菲和芘。其中苯并[*a*]芘(benzo[*a*]pyrene，B[*a*]P)在 1933 年首次被证明具有致癌性，也是第一个被发现的环境化学致癌物。苯并[*a*]芘在 16 种多环芳烃中致癌性最强，已成为致癌性环境污染物监控的重要指标。苯并[*a*]芘进入生物体后经过 P450 酶代谢，产生代谢产物二羟环氧苯并芘(benzo[*a*]pyrene diol epoxide，BPDE)。BPDE 与 DNA 碱基 N-7 鸟嘌呤位点结合，形成 DNA 加合物，阻断 DNA 聚合酶以及 RNA 聚合酶的结合，造成无法修复的 DNA 损伤(图 17-9)。BPDE 能够导致 DNA 突变，出现 G∶C→T∶A、G∶C→A∶T、G∶C→C∶G 等多种突变形式。

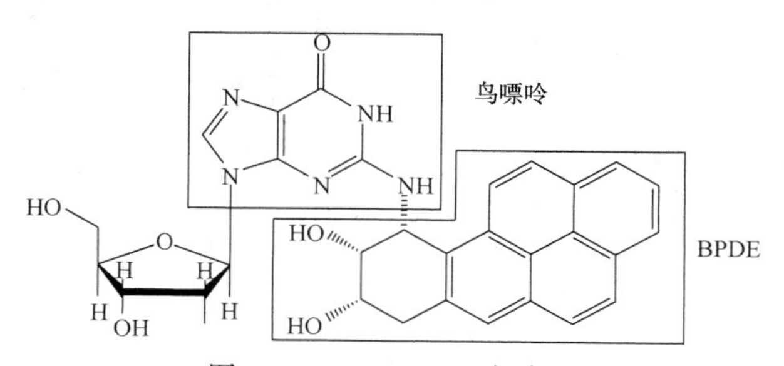

图 17-9　BPDE-DNA 加合物

DNA 加合物的测定方法主要有免疫法、荧光测定法、^{32}P-后标记法、碱洗脱法、DNA 序列测定法和色谱-质谱法等。例如，1988 年就有研究者用高效液相色谱同步荧光光谱以及色谱-质谱方法，检测了人胎盘中的类-DNA 加合物的含量。有研究表明，鱼对苯并[*a*]芘暴露所形成的 DNA 加合物能够敏感地指示这类有机物的污染状况。有关水环境的多项野外研究表明，水生动物肝脏内的 DNA 加合物与污染物之间存在着明显的剂量-效应关系。因此检测 DNA 加合物可作为有机污染环境中 DNA 损伤的生物标志物，指示有机物的污染状况和水平。

2. DNA 链断裂

单细胞凝胶电泳技术(single cell gel electrophoresis experiment，SCGE)是一种快速检测单细胞 DNA 损伤的技术。环境中的物理因素(如电离辐射和紫外线等)及化学因素(如有毒重金属和有机污染物等)等均可引起 DNA 单链断裂。检测 DNA 链的断裂是测定 DNA 损伤程度并判定生物遗传毒性的有效技术。

单细胞凝胶电泳技术的原理是：在正常情况下，DNA 双链以组蛋白为核心形成核小体；如果用去污剂处理细胞，核蛋白被浓盐提取，DNA 便形成残留的类核；如果类核中 DNA 断裂，便会引双螺旋松散，电泳时断裂的 DNA 片段向阳极移动，远离细胞核。用 DNA 特异性荧光染料染色后，可以看到形成光亮的头部和尾部，形似彗星，故又称彗星试验(comet assay)。DNA 受损伤越严重，产生的断裂 DNA 片段越多，其 DNA 片段长度也就越小；在电场中移动的 DNA 片段越多，移动距离也越长，即"彗星"尾部长度和亮度增加。DNA 偏离彗星头部的程度和损伤 DNA 量成正比，因此根据"彗星"尾部长度和尾部荧光强度，可以定量测定单个细胞中 DNA 损伤的程度(图 17-10)。

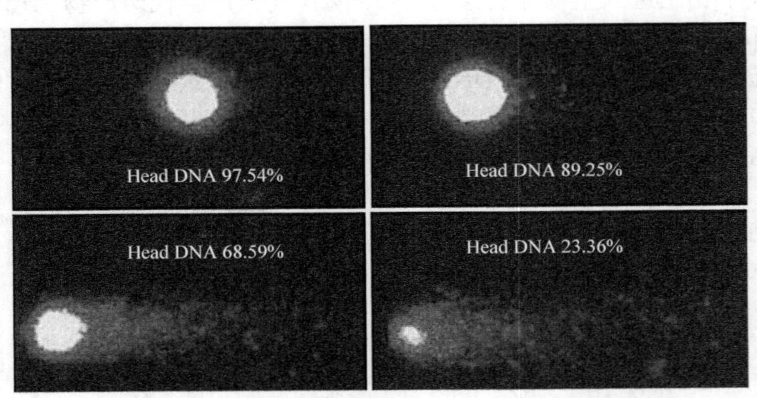

图 17-10　单细胞凝胶电泳技术(彗星试验)检测 DNA 链断裂

"彗星"尾长与 DNA 单链断裂数目相关，但当 X 射线辐射剂量加大时，尾中荧光强度更能反映断裂频率，如断裂 DNA 数目增加 4 倍时，其尾长增加 21%，而尾中荧光强度几乎增加一倍。巨噬细胞暴露氯氟氰菊酯杀虫剂，随着氯氟氰菊酯处理浓度的增加，"彗星"尾长增长，表明氯氟氰菊酯对 DNA 断裂造成了明显损伤。研究者通过彗星试验检测了卤代醛对中国仓鼠卵巢细胞的 DNA 损伤，表明这些消毒副产物对细胞有遗传毒性。类似的结果在重金属铅、醛类等有机污染物中也得到证实。

3. DNA 氧化损伤

致癌性污染物代谢活化或细胞的正常新陈代谢过程都能产生大量的活性氧自

由基。活性氧存在未配对的单电子，具有很强的化学反应活性。过高的活性氧水平会引起细胞膜脂质、蛋白质和 DNA 的氧化损伤。因为活性氧寿命极短，并且不能在人体中直接检测，因而需要选择一种生物分子与活性氧进行非酶反应后的产物作为生物标志物，代替活性氧进行检测。当 DNA 被活性氧自由基(如羟自由基、单线态氧等)攻击时，鸟嘌呤碱基第 8 位碳原子很容易被氧化成 8-氧代-7,8-二氢鸟嘌呤(8-oxo-7,8-dihydroguanine，8-oxo-Gua)[图 17-11(a)]。这种氧化鸟嘌呤(8-oxo-Gua)可引起 DNA 碱基颠换突变，如 G-A 或 G-T 配对，造成 G-C→T-A 的颠换[图 17-11(b)]。

细胞内的核苷酸切除修复系统(NER)(见 17.2.2 小节)可切除 8-oxo-Gua，其核苷形式即 8-羟基脱氧鸟嘌呤核苷(8-hydroxydeoxyguanosine，8-OHdG)[见图 17-11(a)]。体内 8-OHdG 经过肾脏随尿液排出，尿液中 8-OHdG 的含量可以有效反映生物体的 DNA 氧化损伤程度，因此 8-OHdG 通常作为指示污染物暴露引起 DNA 氧化损伤的生物标志物。例如有研究发现，焦炉工人尿液中 8-OHdG 的含量与尿液中多环芳烃代谢产物 OH-PAHs 含量之间存在正相关性，表明多环芳烃暴露与焦炉工人体内 DNA 氧化损伤存在剂量-效应关系。

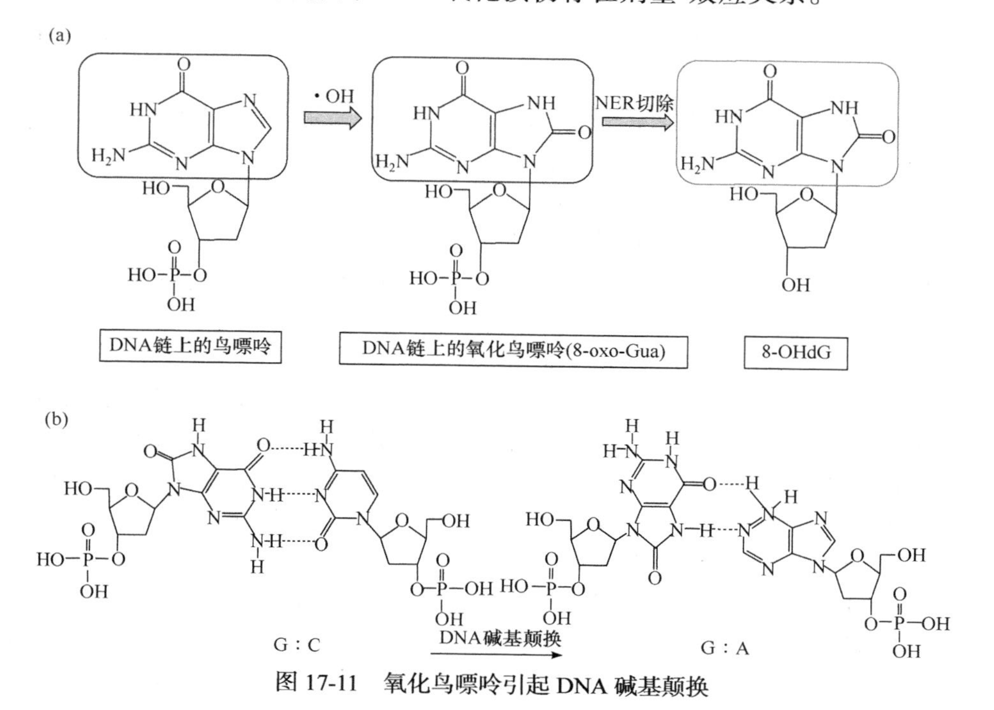

图 17-11　氧化鸟嘌呤引起 DNA 碱基颠换

若 8-OHdG 无法被生物体有效地清除，会引起 DNA 复制过程中的碱基配对错误，从而引起基因点突变以至癌变。随着有关 8-OHdG 与疾病研究的不断深入，研究者发现在肺癌、肝癌、乳腺癌、卵巢癌、鼻咽癌患者尿液中 8-OHdG 含量均显著高于健康人。

17.5.2　环境暴露对转录的影响

1. 细菌 ECFσ 因子对环境中金属的响应

1) 细菌 ECFσ 因子

细菌 RNA 聚合酶全酶分为两个部分，即由$\alpha_2\beta\beta'\omega$五个亚基组成的核心酶以及 σ 因子，其中核心酶部分负责 RNA 的转录、延伸和终止，但不能启动转录。细菌 σ 因子是 RNA 聚合酶的必要组分并决定启动子的特异性，其结合使得 RNA 核心酶具有对启动子的选择能力。所有的细菌都有一个主要的 σ 因子，负责大多数基因的转录起始，对细胞的生存命运起决定性作用。此外，大多数细菌存在胞质外功能 σ 因子(extracytoplasmic function sigma factors，ECFσ)，在外界环境变化以及不同的发育阶段，作为主要 σ 因子的补充，重新定向 RNA 聚合酶从可替代启动子处启动转录，应答来自胞质外环境的信号。

常规 ECFσ 因子受抗 σ 因子(anti-sigma factor)调节。抗 σ 因子通常是与其同源 ECFσ 因子具有高亲和力的膜蛋白。因此，在没有特定刺激的情况下，抗 σ 因子与 ECFσ 因子特异性结合，阻止了 ECFσ 因子与 RNA 聚合酶核心酶的相互作用。抗 σ 因子通常充当环境信号传导系统的传感器部分，并且在检测到刺激后，它们会释放 ECFσ 因子。环境信号破坏了抗 σ 因子与 ECFσ 因子之间的相互作用，诱导 ECFσ 因子的释放和激活，然后 ECFσ 因子募集 RNA 聚合酶核心酶，将基因表达重新定向到其靶启动子，调控相应基因的表达应对外界环境变化。ECFσ 因子和同源抗 σ 因子通常会共同转录，以确保在没有适当的环境信号刺激的情况下不会释放 ECFσ 因子。

2) 环境中的金属与细菌的适应性机制

由于细菌暴露于变化的环境中，因此它们已经形成多种适应性机制，可以快速响应环境的变化，从而增加生存的机会。细菌必须适应环境中金属的存在，因为它们是许多酶的辅助因子。例如铁、铜、锌、镍等是参与酶促反应的重要辅助因子。而金属镉对于任何生物学功能都不是必需的，因此即使环境中存在于低浓度的镉也是有毒的。环境中高浓度的金属可产生羟基自由基，通过产生或增强氧化应激对 DNA 和细胞膜造成破坏，抑制在活性位点含有组氨酸或半胱氨酸残基的酶的活性，并可以替换几种金属蛋白上的其他金属辅因子。因此，对于细菌细胞而言，维持金属稳态是至关重要的，既要确保满足其金属需求的充足供应，又要避免和降低金属的毒性。环境中的铁、镍、钴、铜、锌和镉等金属会激活许多 ECFσ 因子，从而触发细菌中的特定反应和基因转录，保持金属稳态。

例如在缺铁环境下，铁载体、血红素、血红素载体或其他含铁蛋白、含血红素蛋白等刺激因子与细菌表面特异性的受体结合，将环境中信号传入内膜，激活内膜的抗 σ 因子释放 ECFσ 因子，调控铁摄取相关基因转录。又如黏杆菌(*Myxococcus xanthus*)中已经发现三个 ECFσ 因子参与对铜、镉和锌这三种金属毒性浓度的适应机制。黏杆菌通过 ECFσ 因子响应铜来合成类胡萝卜素，从而清除由这两种环境刺激产生的单线态氧和其他活性氧。*Cupriavidus metallidurans* CH34 是一种重金属耐受性细菌，能在以苯酚、甲苯酚、苯甲酸、苯胺等芳香族化合物为唯一碳源和能源的培养基中生长。CH34 中的 ECFσ 因子 CnrH 参与对环境中镍和钴的响应，启动转录可将这两种金属排出到胞外的蛋白质的基因。

2. 环境污染物对 RNA 聚合酶活性的影响

RNA 的转录依赖于 RNA 聚合酶以及相关调控因子的活性。如果外源性化学物质对 RNA 聚合酶的活性产生影响，则会干扰 RNA 的转录，对生物体产生毒性。

例如有研究发现纳米银颗粒可以影响 RNA 聚合酶活性，产生胚胎毒性。纳米银是一种粒径为纳米级的金属银单质，具有比表面积大、尺寸小、强表面活性、强催化性、杀菌性、强导电性等特点，因此广泛应用于医疗、食品、陶瓷、光学、纺织、化妆品、催化剂、半导体材料、低温导热材料、水质净化等。作为一种广泛应用的纳米材料，纳米银可通过呼吸、消化道、皮肤接触等暴露途径进入人体，因此其毒性也受到关注。

用纳米银处理红细胞，用免疫沉淀的方法把细胞核中的 RNA 聚合酶沉淀下来，用电感耦合等离子体质谱的方法分析沉淀下来的 RNA 聚合酶，发现 RNA 聚合酶中含有纳米银并存在剂量-效应关系，证明纳米银可以进入细胞核与 RNA 聚合酶直接结合。纳米银与 RNA 聚合酶结合，抑制了其活性，RNA 的生物合成被抑制，纳米银处理的红细胞中的血红蛋白的 mRNA 转录水平下降。给小鼠腹腔注射纳米银，由于纳米银对 RNA 生物合成的显著抑制，引起了胚胎红细胞中血红蛋白含量的大幅降低，导致胚胎性贫血和胚胎发育迟缓。

3. 环境污染物对 RNA 拼接的干扰作用

研究者利用蛋白质组学和高通量 mRNA 测序(RNA-seq)技术，评估了人类神经细胞瘤 SK-N-SH 细胞对甲基汞和氯化汞暴露的细胞应答。对照组和甲基汞处理的神经细胞瘤 SK-N-SH 细胞提取总蛋白质，进行二维电泳，对差异表达的蛋白质进行质谱分析。利用生物信息学数据库，京都基因与基因组百科全书(Kyoto Encyclopedia of Genes and Genomes，KEGG)通路富集分析显示，拼接体(spliceosome)

在甲基汞处理的细胞中富集。基因本体论富集分析(Gene Ontology enrichment analysis)显示，参与mRNA拼接的蛋白在甲基汞处理的细胞中富集。因此，蛋白质组学结果显示，甲基汞暴露通过影响剪接体蛋白的表达干扰RNA的拼接。RNA-seq(转录组测序技术)结果显示，相比于对照组，甲基汞暴露的细胞中5种异常RNA选择性拼接事件显著升高。与对照组相比，暴露于甲基汞后共观察到658个异常RNA选择性拼接事件。蛋白质组学和RNA-seq结果还证明，与对照相比，氯化汞影响了几种RNA拼接相关蛋白的表达水平和676个异常RNA选择性拼接事件。这些结果表明，RNA拼接可能是参与甲基汞和氯化汞神经毒性的新分子机制。

第 18 章　组学技术及其在环境科学中的应用

随着科学研究的进展，科学家们发现单纯研究某一种物质或分子是无法解释全部生物问题的，于是就提出从整体的角度出发去研究细胞结构、基因、蛋白质、代谢产物及其分子间相互的作用，通过系统分析来反映细胞功能和代谢的状态，为探索生命奥秘和机制提供新的思路。组学就是对某一类物质的组合进行系统研究的科学。Omics 是组学的英文称谓，它的词根“-ome”意思是一些种类个体的系统集合，例如 genome(基因组)是构成生物体所有基因的组合，基因组学(genomics)就是研究这些基因以及这些基因间的关系的科学。

在人类基因组测序工作完成之后，基因功能的研究逐渐成为热点，随之出现了一系列的组学研究，包括研究转录过程的转录组学(transcriptomics)，研究生物体系中所有蛋白质及其功能的蛋白组学(proteomics)，以及研究代谢产物的变化及代谢途径的代谢组学(metabolomics)，其他还有脂类组学(lipidomics)、免疫组学(immunomics)、糖组学(glycomics)等。本章介绍以基因组学、转录组学和代谢组学为代表的组学技术在环境科学中的应用。

组学方法由于其系统性和综合性的独特优点，受到科学家们的青睐。随着测序技术的成熟、分析仪器功能的提升以及信息计算能力的不断拓展，组学技术不再是高不可及的技术手段，普通实验室也可以运用各种组学手段来回答各自的科学问题，因此，组学技术在各个领域得到广泛应用，在环境科学领域也得到迅猛发展。

18.1　基因组学及其在环境科学中的应用

18.1.1　基因组学概述

基因组一词是由德国汉堡大学维科勒教授于 1920 年首创，是指生物的整套染色体所含有的全部 DNA 序列。由于在真核细胞的线粒体和植物的叶绿体中也存在 DNA，因此又将线粒体和叶绿体所携带的 DNA 称为线粒体基因组或叶绿体基因组。原核生物基因组包括细胞内的染色体和质粒 DNA。所有生命都具有指令其生长与发育，维持其结构与功能所必需的遗传信息，这些携带遗传信息的遗传物质总和就是基因组。

基因组学由罗德里克于 1986 年首创，用于概括涉及基因组作图、测序和整个基因组功能分析的遗传学学科分支。基因组学是伴随人类基因组计划的实施而形成的一个全新的生命科学领域。基因组学与传统遗传学的差别在于，基因组学是在全基因组范围研究基因的结构、组成、功能及其进化，因而涉及大范围、高通量地收集和分析有关基因组 DNA 的序列组成，染色体分子水平的结构特征，全基因组的基因数目、功能和分类，基因组水平的基因表达与调控以及不同物种之间基因组的进化关系。基因组学的研究方法、技术和路线有许多不同于传统遗传学的特点，各相关领域的研究仍处于迅速发展和不断完善的过程中。

获取 DNA 序列是基因组学的首要任务，因此，测序技术也就成为基因组学的核心技术。1977 年，Gilbert 等报道了通过化学降解测定 DNA 序列的方法；同年，Sanger 建立了双脱氧链终止法。测序技术的发展给基因组学研究带来了革命性的改变。20 世纪 80 年代末，测序技术在分子生物学实验室逐渐日常化，并促使人类基因组计划的诞生。20 世纪 90 年代末，Sanger 测序法高通量、自动化的实现保障了人类基因组计划的顺利完成，并奠定了 21 世纪基因组学和医学发展的格局。2005 年，罗氏(Roche)公司推出了第一款二代 DNA 测序仪 Roche 454，开始进入高通量测序时代。后续随着 Illumina 系列测序平台的推出，第二代测序的价格大大降低，推动了高通量测序在生命科学各个研究领域的普及。

解读基因组序列中的遗传信息是基因组学研究的根本目标。定位、注释基因组序列中功能元件是解读基因组序列的重要内容。这是一个以生物信息为导向、与实验相结合的过程。对于多数功能元件来说，可以直接通过特征序列的寻找和同源分析进行定位和功能注释，也可以用基于转录、翻译、蛋白质结构功能分析达到目的。基因组学研究的最终目的是通过测序和解读基因组，为一切以生物学为基础的产业和应用提供基本的遗传信息。

核酸测序技术的突破使得基因组数据的获得已经不再是生命科学的难点。基因组计划向人们展示了包括大肠杆菌、酵母、线虫、果蝇、小鼠等模式生物以及人类的所有遗传信息的组成，生命的奥秘就存在于这些序列中。基因组学技术已经渗透到生命科学研究的各个领域。不管是动物界还是植物界，无论是原核生物还是真核生物，生命科学研究离不开基因组提供的生命调控“蓝图”。

基因组学技术在微生物学领域的应用最为活跃，为微生物学带来一场全新的革命，我们得以重新客观全面地认识微生物在人类及地球进化过程中的重要作用。环境中微生物组成复杂、数量巨大、功能多样、类群繁多，组成了地球上最丰富的生物资源库，也是最重要的代谢产物库和基因资源库。无论是土壤环境还是水体环境、大气环境，微生物都起着举足轻重的作用，是环境科学中非常重要的研究对象。然而仅有不到 5%的微生物是可以培养的，大部分微生物多样性还未被认识和开发利用。借助基因组学技术，我们可以绕过微生物菌种分离培养这一技术难关，直接在基因水平上进行研究、开发和利用微生物资源，为研究微生物群落结构与功能、微生物群落演替与进化、微生物对环境变化的响应与反馈、微生物区域分布与生物地理学、土壤肥力形成与变化机理以及恢复生态学等开辟了一条新的途径，为解决和解释一些重大环境问题提供重要依据。

18.1.2　宏基因组技术及其在环境科学中的应用

宏基因组(metagenome)，又称微生物环境基因组(microbial environmental genome)，是由 Handelsman 等于 1998 年提出的名词，其定义为“the genomes of the total microbiota found in nature”，即环境中全部微小生物遗传物质的总和。“meta-”具有更高层组织结构和动态变化的含义。它包含了可培养的和未可培养的微生物的基因，目前主要指环境样品中的细菌和真菌的基因组总和。宏基因组学(metagenomics)是一种以环境样品中的微生物群体基因组为研究对象，以功能基因筛选和/或测序分析为研究手段，以微生物多样性、种群结构、进化关系、功能活性、相互协作关系及与环境之间的关系为研究目的新的微生物研究方法。宏基因组学研究的对象是特定环境中的总 DNA，不是某个特定的微生物或其细胞中的总 DNA，不需要对微生物进行分离培养和纯化，这对我们认识和利用 95%以上的未培养微生物提供了一条新的途径。宏基因组学研究一般包括从环境样品中提取基因组 DNA，进行高通量测序分析，或克隆 DNA 到合适的载体，导入宿主菌体，筛选目的转化子等工作。

目前，宏基因组学技术已经被广泛应用到环境科学研究的多个领域，如研究微生物群落结构与功能及其对环境的响应。利用宏基因组技术对环境样品中保守的 16S rRNA 基因序列进行测序及系统化研究，使环境微生物的多样性分析更为完整和客观。比如利用通用 16S rRNA 引物对太湖水体和深、浅底泥中的微生物群落结构进行分析发现，不同需氧程度细菌的分布情况与环境溶氧浓度有很强的相关性，需氧微生物在水体中丰度最高，浅底泥中兼性厌氧菌丰度最高，而深底泥中厌氧菌的丰度最高(图 18-1)，说明微生物群落结构对环境参数有很好的响应。更重要的是，序列分析发现其中有相当一部分是难培养或未培养的微生物。利用与光合作用相关的功能基因对微生物群落中的光合细菌功能群进行分析发现，光合细菌的多样性也非常高，物种分布广泛，其中一些难培养光合细菌类群也被成功检测出来，比如 Gemmatimonadetes，充分体现了基因组技术的先进性和科学性，为我们正确认识和评估环境中的生产者的分布和能力提供了科学依据。

相比通用的 16S rRNA 引物，群特异性引物对物种多样性的检测具有更高的灵敏性。比如针对鞘单胞菌科(Sphingomonadaceae)设计的群特异性引物 Sph384f/Sph701r 成功在多种环境样品中扩增出该类菌的详细分布。计算机模拟测试显

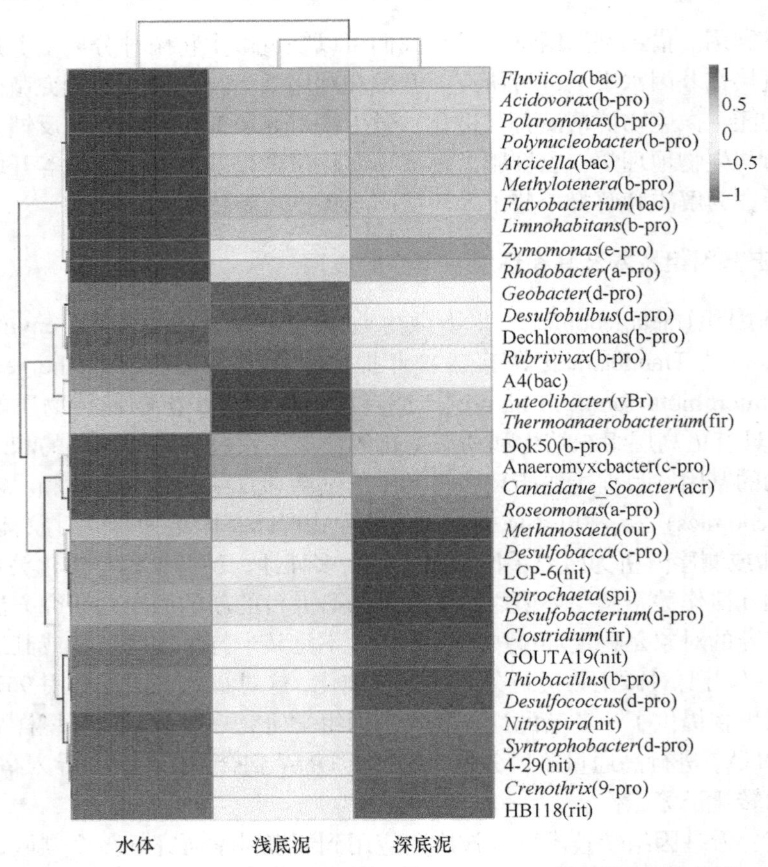

图 18-1 太湖水体、浅底泥和深底泥中高丰度微生物群落组成结构

示，与通用的 16S rRNA 引物相比，群特异性引物对该类菌的检出率从 1.1%提高到 62.7%，准确率也得到提升(表 18-1)。更有意思的是，研究中发现多于 12%的 OTU(操作分类单元)可能属于未被分类的新物种，进一步证明环境中微生物“暗物质”的存在。利用宏基因组技术在土壤、海洋和一些极端环境中发现了许多新的微生物种群和新的基因或基因簇。可见，基因组学技术在环境科学中的应用是需要不断发展完善的。

表 18-1 基于 16S rRNA 基因的群特异性引物与通用引物的特征比较

引物对	引物名称	引物序列	特点	检出率	准确率	产物长度	扩增区域
1	Sph384f	5′-CCTGATCCAGCAATGCC-3′(F*)	群特异性	62.7%	77.4%	317 bp	V3, V4
	Sph701r	5′-GGTGTTCTTCCGAATATCT-3′(R*)					
2	341F	5′-CCTAYGGGRBGCASCAG-3′(R*)	通用	1.1%	71.9%	465 bp	V3, V4
	806R	5′-GGACTACNNGGGTATCTAAT-3′(R*)					

目前环境科学研究中较常见的是利用宏基因组学技术分析微生物群落结构和功能对物理环境参数变化(如全球气候变暖、地理位置差异)和化学环境参数变化(如各种类型环境污染物的暴露、肠道微环境的差异)的响应，期待从中解析微生物群落结构与功能的相关性，从微观生态变化理解宏观环境变化的原理和结果，发现有效响应功能菌群，为人工构建高效功能菌群提供参考。

18.1.3　表观基因组学与环境表观基因组学

1. 表观基因组学研究方法

表观遗传学(epigenetics)是与遗传学(genetics)相对应的概念。遗传学改变是指基于 DNA 序列改变所致基因表达水平变化，如基因突变、基因丢失等。表观遗传学改变则是指基于非 DNA 序列改变所致基因表达水平变化，如 DNA 甲基化和组蛋白修饰等。表观基因组学(epigenomics)则是在基因组水平上对表观遗传学改变的研究。

DNA 甲基化是指生物体在 DNA 甲基转移酶的催化作用下，以 *S*-腺苷甲硫氨酸为甲基供体，将甲基转移到特定的碱基上的过程。DNA 甲基化可以发生在腺嘌呤的 N-6 位、胞嘧啶的 N-4 位、鸟嘌呤的 N-7 位或胞嘧啶的 C-5 位等。在哺乳动物中 DNA 甲基化主要发生在 CpG 二核苷酸的胞嘧啶的 C-5 位上生成 5-甲基胞嘧啶(5mC)。人类基因组序列中的 CpG 二核苷酸主要以两种形式存在：一种分散在 DNA 序列中，并且总是处于甲基化状态，如 alu 等重复序列；另一种则以大小为 300～3000 bp 左右且富含 CpG 二核苷酸的 CpG 岛的形式存在，由于这些 CpG 岛通常位于基因的转录起始位点(启动子或第一外显子)附近并可能参与了基因的表达调控，因而受到人们的广泛关注。

人类表观基因组协会(Human Epigenome Consortium，HEC)于 2003 年 10 月正式宣布开始投资和实施人类表观基因组计划(Human Epigenome Project，HEP)。HEP 的主要任务就是绘制出人类基因组中甲基化可变位点(methylation variable position)图谱，即不同组织、疾病、环境暴露等状态下 5-甲基胞嘧啶出现及分布频率的图谱，以系统地研究 DNA 甲基化在人类表观遗传、胚胎发育、基因组印记及疾病发生中的重要作用。

DNA 甲基化分析方法在表观基因组学研究中非常重要，按其原理的不同，主要可分为依赖于甲基化敏感的限制性内切酶技术、依赖于 DNA 序列分析的检测技术和依赖于甲基化芯片、质谱的检测技术等。依赖于甲基化敏感的限制性内切酶技术包括甲基化敏感的限制性指纹技术、限制性标记基因组扫描、甲基化间区位点扩增和 CpG 岛扩增结合代表性差异分析技术等。依赖于 DNA 序列分析的检测技术包括结合焦磷酸测序技术的发光法甲基化分析和亚硫酸氢盐修饰结合直接测序法等。依赖于甲基化芯片、质谱的检测技术包括 CpG 岛芯片的差异甲基化杂交、甲基化寡核苷酸芯片法、染色质免疫共沉淀和芯片结合技术以及基质辅助激光解析电离飞行时间质谱等方法。除上述方法外，表观基因组学的研究方法还有高效液相色谱、MBD 柱层析法、甲基化结合等。

2. 环境表观基因组学

环境表观基因组学是从基因水平探讨环境因素对表观遗传的效应及其对基因表达的影响，可以更好地了解环境暴露与基因表达的表观遗传调控之间的联系，以及这些相互作用如何影响人类健康和疾病。目前受关注的能引起表观遗传改变的污染物有金属、空气污染、烟草烟雾、内分泌干扰物(如双酚 A、三丁基锡、杀虫剂和邻苯二甲酸盐)等。环境表观遗传学研究可能会深刻改变我们理解、诊断和治疗疾病的方式，可以增强我们对环境因素如何影响表观遗传过程及其随后参与人类健康和疾病的理解。

例如镍是一种强致癌物，人类职业暴露镍会增加患鼻癌和肺癌的风险。但是在大多数经典突变实验和啮齿动物实验中，镍表现出非致突变性或弱致突变性。大量研究发现，镍可能通过影响 DNA 甲基化和/或组蛋白乙酰化，以表观遗传方式改变某些基因的表达，从而引起癌症。镍可以在细胞核内选择性地与异染色质结合。异染色质比常染色质有更高的蛋白质/DNA 比率，因此具有更多的镍离子潜在结合位点。镍离子可以替代对于异染色质维持凝聚态必不可少的镁离子，从而改变异染色质结构。体外实验表明，镍可以与染色质内的组蛋白以及非组蛋白结合。暴露于镍的雄性中国仓鼠胚胎细胞出现异染色质解聚和 X 染色体长(q)臂的大量缺失，引起细胞转化(transformation)。还有研究发现镍暴露、肿瘤抑制基因 *p*16 的表观遗传沉默与肿瘤发生之间存在关联。用硫化镍暴露的肌肉植入野生型 *C57BL*/6 和 *p*53 杂合小鼠，所有小鼠在植入部位都出现肉瘤。在这些肿瘤中，检测到肿瘤抑制基因 *p*16 启动子区域的高度甲基化。

18.2　转录组学及其在环境科学中的应用

18.2.1　转录组学研究方法

基因组被测序后，进一步关注的问题是这些基因的功能是什么、不同的基因参与了哪些细胞内不同的生命过程、基因表达的调控、基因与基因产物之间的相互作用，以及相同的基因在不同的细胞内或者在疾病、环境暴露等不同状态下的表达水平差异等。因此，在人类基因组计划完成后，转录组(transcriptomics)的研究迅速受到科学家的青睐。转录组学是研究细胞在某一状态下所含 mRNA 的序列、类型、拷贝数及转录过程。转录组学技术是分子生物学领域具有里程碑式意义的重大突破，它可以测量不同样本中成千上万个基因在不同环境和不同状态下的表达水平。

转录组学研究方法主要分为两类：一类是基于杂交的方法，主要是指微阵列或基因芯片技术；另一类是基于测序技术的方法，这类方法包括表达序列标签技术(expression sequence tags technology，EST)、基因表达系列分析技术(serial analysis of gene expression，SAGE)、大规模平行测序技术(massively parallel signature sequencing，MPSS)、RNA 测序技术(RNA sequencing，RNA-seq)。其中，基因芯片和 EST 技术是较早发展起来的先驱技术，SAGE、MPSS 和 RNA-seq 是高通量测序条件下的转录组学研究方法。

1) 微阵列/基因芯片技术

微阵列技术，又称基因芯片技术，是基于核酸杂交的一种转录组研究技术，包括 cDNA 微阵列和寡核苷酸微阵列。基因芯片技术是将 cDNA 片段或者寡核苷酸高密度、有序地点样固定在支持物(如玻璃片、尼龙膜等)上，通过碱基互补配对原则进行杂交，检测对应片段从而反映基因转录产物 mRNA 丰度值。该技术利用红、绿荧光染料分别标记实验样本和对照样本，将样本混合后与基因芯片杂交，可显示实验样本和对照样本基因的表达强度。

2) 表达序列标签技术

基因表达序列标签(expressed sequence tags，ESTs)是通过对 cDNA 文库中随机选择的克隆，进行 5′或 3′端单次测序反应获得的长约 200～800 bp 的 mRNA 序列片段。典型的真核生物 mRNA 分子包括 5′端转录非翻译区(5′-UTR)、开放阅读框架(ORF)、3′端转录非翻译区(3′-UTR)和 poly(A)四个部分，其 cDNA 具有对应的结构。5′-UTR 和 3′-UTR 对于每个基因是特定的，即每条 cDNA 的 5′端或 3′端的有限序列可特异性地代表生物体某种组织在特定的时空条件下的一个表达基因。因此通过对生物体 ESTs 的分析，可以获得生物体内基因的表达情况和表达丰度。

3) 基因表达系列分析技术(SAGE)

该方法从单个 mRNA 中分离独特的可以作为确认唯一一种转录物的 SAGE 序列标签(长度为 9～10 bp)，并将 SAGE 标签串联成为长 DNA 分子于同一克隆中以进行一次性测序，而这些 SAGE 标签可以显示对应的基因表达情况。

4) 大规模平行测序技术(MPSS)

该方法是以测序为基础的大规模高通量的基因分析技术。一个标签序列(一般为 10～20 bp)含有其对应 cDNA 的足够识别信息，将标签序列与某种长的连续分子连接在一起，可以便于克隆和测序分析，而每个标签序列的出现频率又能够代表其相应基因的表达量。

5) RNA 测序技术(RNA-seq)

该技术首先将细胞中的所有转录本逆转录为 cDNA，构建 cDNA 文库，然后将 cDNA 文库中的 DNA 随机剪切为小片段(或先将 RNA 片段化后再转录)，再在 cDNA 两端加上接头，并利用新一代高通量测序仪测序，直到获得足够的序列，最后将所得序列通过比对或从头组装形成全基因组范围的转录谱。

18.2.2　转录组学在环境科学相关领域中的应用

1. 基于哺乳动物转录组学解析环境污染物毒性机制

小鼠和大鼠等哺乳动物作为较为完善的模式动物，大量应用于基因研究、发育研究及环境毒理学研究等科研领域。使用小鼠或大鼠转录组解析基因表达的变化，有助于揭示环境污染物毒作用过程、致毒机制并建立和获得更为完整的有害结局路径(adverse outcome pathway，AOP)。例如利用 RNA-seq 技术对长期低剂量暴露氯氰菊酯(一种常用杀虫剂)的雌性小鼠的卵巢转录组进行分析，发现氯氰菊酯在推荐的安全剂量下诱导卵巢细胞中的促凋亡蛋白 BMF、细胞周期抑制因子 *p*27 基因表达，抑制类固醇激素合成相关基因 mRNA 转录，引起雌鼠卵巢早衰、生殖力下降。环境相关剂量的新型溴代阻燃剂五溴乙苯的暴露会导致大鼠甲状腺转录组异常，主要涉及甲状腺激素合成、甲状腺激素信号传导和相关疾病通路。

2. 基于斑马鱼转录组学的化学品毒性测试

利用斑马鱼这一脊椎模式动物，可以将转录组学技术与传统水生生态毒性测试相结合，为基因表达变化与表型毒性终点建立关联提供了有利的条件。斑马鱼转录组学已在化合物安全评价、水生生态风险评估以及水体样品毒性评估等领域得到应用。例如有研究组利用斑马鱼胚胎研究了三氯乙烯的毒性，对暴露三氯乙烯后的斑马鱼胚胎的血管生成、肌动蛋白、线粒体功能及转录组变化进行测试分析，结果表明转录组响应与生化指标的变化可以建立很好的关联，三氯乙烯具有心脏毒性，并利用黏附斑激酶(FAK)信号通路等生物学通路解析了三氯乙烯的毒性作用机制。另外，还有研究组综合了斑马鱼胚胎毒性测试、转录组、qPCR 及转基因鱼的形态学观察等几种测试方法，对污水处理厂出水的毒性进行了测试；同时，通过对水样毒性的分子机制及生物标志物的分析，预测了长期水样暴露可能导致的斑马鱼形态学毒性。这些基于斑马鱼转录组学的化学品毒性测试研究为环境水体监测及风险评估方法的改进建立了基础。

3. 金属纳米材料的植物生物效应

金属纳米材料是目前应用最为广泛的一类纳米材料，通过纳米剂型化农业化学投入品或工业品的使用、大气沉降等方式迁移潜入土壤中。现有研究表明存在于土壤中的金属纳米材料进入植物体内并产生生物富集，会沿陆地食物链逐级放大，从而可能对整个陆地生态系统产生潜在的环境风险。转录组学技术结合传统植物毒理学手段，有望更加准确与深入阐释金属纳米材料植物毒性的分子机制。已经有不少学者通过转录组学技术，得到植物体在某些金属纳米材料暴露胁迫下的植物差异转录图谱和代谢通路，并筛选出某些关键表达差异基因。利用转录组学研究发现，金属纳米颗粒(nanoparticles，NPs)的暴露可诱导参与植物体内响应非生物胁迫和生物胁迫，重金属解毒及转运和 DNA 复制、转录及翻译调控等相关基因在转录水平的差异表达。例如有研究发现金属纳米颗粒 ZnO NPs、Ag NPs、CuO NPs 暴露下的拟南芥体内和 ZnO NPs 暴露下的玉米体内，SOD、POD 等抗氧化酶基因的表达皆会受到诱导而显著上调。Cu NPs 暴露胁迫下，小麦体内参与苯丙烷代谢与脯氨酸代谢相关的基因表达显著上调，合成酚类化合物以及抗氧化剂清除 ROS。这些现象都表明金属纳米材料暴露诱导了植物抗氧化防御系统的响应。

4. microRNA 组学揭示环境污染物的毒作用过程

microRNA(miRNA)属于内源性非编码 RNA，长度范围在 18～25 个核苷酸，广泛存在于生物体中，主要功能是调控转录后的基因表达，是其靶基因表达的负向调控因子(参见第 8.2 节)。miRNA 组学利用新一代高通量测序技术和 miRNA 芯片技术，可以在短时间内同时鉴定所有已知 miRNA 的表达谱。通过 miRNA 组学技术，可以协助揭示环境污染物的毒性作用机制。例如通过分析拟除虫菊酯杀虫剂暴露对雌性小鼠卵巢 miRNA 表达谱的影响，发现 PI3K/Akt 等调控卵巢发育的关键信号通路是拟除虫菊酯暴露下 microRNA 潜在的靶分子。

18.3　代谢组学及其在环境科学中的应用

代谢组学是通过考察生物体系(细胞、组织或生物体)受刺激或扰动后(如基因突变或环境变化后)其代谢产物的变化或其随时间的变化，来研究生物体系的一门科学。代谢组(metabolome)是基因组的下游产物，也是最终产物，是一些参与生物体新陈代谢、维持生物体正常功能和生长发育的小分子化合物的集合，主要是分子量小于 1000 的内源性小分子。代谢组中代谢物的数量因生物物种不同而差异较大。据估计，植物中代谢物的数量在 200 000 种以上。单个植物的代谢物数量在 5000～25 000，甚至简单的拟南芥也产生约 5000 种代谢产物，远远多于微生物中的代谢产物(约 1500 种)和动物中的代谢产物(约 2500 种)。实际上，在人体和动物中，由于还有共存的微生物代谢、食物及其代谢物本身的再降解，到目前为止，还不能估计出到底有多少种代谢产物。因此对代谢组学的研究无论从分析平台、数据处理及其生物解释等方面，均面临诸多挑战。

18.3.1　代谢组学的发展历史

自从 1953 年 DNA 双螺旋结构被破解后，生命科学研究的面貌便焕然一新。在此基础上发展的分子生物学使得生命的基本问题如遗传、发育、疾病和进化等，都能从分子机制上得到诠释,生物学研究进入了对生命现象进行定量描述的阶段。人类基因组计划的基本完成标志着后基因组时代的到来。在这一时期，基因组功能分析成为生命科学的主要任务，其核心思想是以整体和联系的观点来看待生物体内的物质群，研究遗传信息如何由基因经转录向功能蛋白传递，基因功能如何由其表达产物蛋白质以及代谢产物来体现。基因与功能的关系是非常复杂的，还不能用转录组、蛋白质组来表达生物体的全部功能。

生物体内有着十分完备和精细的调控系统，以及复杂的新陈代谢网络，它们共同承担着生命活动所需的物质与能量的产生和调节。在这一复杂体系中，既有直接参与物质与能量代谢的糖类、脂肪及其中间代谢物，也有对新陈代谢起重要调节作用的物质。这些物质在体内形成相互关联的代谢网络，基因突变、饮食、环境因素等都会引起这一网络中某个或某些代谢途径的变化。这类物质的变化可以反映机体的状态。起调节作用的代谢物从生理功能上来说包括神经递质、激素和细胞信号转导分子等，从化学组成上来说包括多肽氨基酸及其衍生物、胺类物质、脂类物质和金属离子等。这些调节物质绝大部分都是小分子物质。在植物与微生物中，还存在着大量的次生代谢产物。这些分子广泛分布于体内，对多种生理活动都具有普遍和多样的调节作用，仅微量存在就能够发挥很强的生物效应。不同活性的分子，或协同、或拮抗、或修饰而相互影响，在生物学效应以及信号传导和基因表达调控上形成复杂的网络，承担着维持机体稳态的重要使命，是神经内分泌和免疫网络调节的物质基础和自稳态调节的最重要成分。转录组、蛋白质组的研究很难涵盖这些非常活跃而且非常重要的生命活性物质，然而对这类物质的生理和病理生理学意义，如果不能充分认识就不可能真正阐明生命功能活动的本质。传统研究方法是以生理学和药理学实验方法为主，缺乏高通量的研究技术，难以建立生物小分子物质复杂体系的研究模式。在这种情况下，代谢组和代谢组学应运而生，并成为系统生物学的一个重要突破口。代谢处于生命活动调控的末端，因此代谢组学比基因组学、蛋白质组学更接近表型。

广义的代谢组学可以追溯到 20 世纪 70 年代初的代谢轮廓(metabolic profiling)分析，比如用气相色谱对多种类固醇、有机酸以及尿中药物的代谢物进行的分析。严格意义上的代谢组学(对限定条件下的特定生物样品中所有代谢组分的定量和定性分析)从提出到现在只有短短数年的时间。现在一般认为，代谢组学源于代谢轮廓分析，在代谢轮廓分析中体现了代谢组学的尽可能多地分析生物样本中的代谢产物这一理念的萌芽。

代谢组学的特点为：①关注内源化合物；②对生物体系中的小分子化合物进行定性定量研究；③上述化合物的上调和下调指示了与疾病、毒性、基因修饰和环境因子的影响；④上述内源性化合物的知识可以被用于疾病诊断和药物筛选。

与转录组和蛋白质组学比较，代谢组学有以下优点：①基因和蛋白质表达的微小变化会在代谢物上得到放大，从而使检测更容易；②代谢组学的研究不需建立全基因组测序及大量表达序列标签的数据库；③代谢物的种类要远小于基因和蛋白质的数目(每个组织中大约为 10^3 数量级，即使在最小的细菌基因组中，也有几千个基因)；④研究中采用的技术更通用，这是因为给定的代谢物在每个组织中都是一样的缘故。

18.3.2 代谢组学的研究方法

代谢组学研究一般包括样品采集和制备、代谢组数据的采集、数据预处理、多变量数据分析、标志物识别和代谢途径分析等步骤。生物样品可以是尿液、血液、组织细胞和培养液等。采集后，首先进行生物反应灭活预处理，然后运用核磁共振、质谱或色谱等检测其中代谢物的种类、含量、状态及其变化，得到代谢轮廓或代谢指纹，然后使用多变量数据分析方法对获得的多维复杂数据进行降维和信息挖掘，识别出有显著变化的代谢标志物，并研究所涉及的代谢途径和变化规律，以阐述生物体对相应刺激的响应机制，达到分型和发现生物标志物的目的。

目前代谢组学的最终目标还是不可完成的任务，因为还没有发展出一种真正的代谢组学技术可以涵盖所有的代谢物而不管分子的大小和性质。但是，代谢组学和代谢轮廓分析有着显著的差别，在具体的实验中，代谢组学研究会设法解析所有的可见峰，因此代谢组学研究的特征也可以表述为它会设法分析尽可能多的代谢组分。

1. 样品采集与制备

样品的采集与制备是代谢组学研究的初始步骤也是最重要的步骤之一。代谢组学研究要求严格的实验设计。首先需要采集足够数量的代表性样本减少生物样品个体差异对分析结果的影响实验。实验设计中对样品收集的时间、部位、种类、样本群体等应给予充分考虑。在研究人类样本时还需考虑饮食、性别、年龄、昼夜和地域等诸多因素的影响。此外，在分析过程中要有严格的质量控制，需要考察如样本的重复性、分析精度、空白等。

根据研究对象目的和采用的分析技术不同所需的样品提取和预处理方法各异。如采用 NMR 的技术平台，只需对样品做极少的预处理即可分析。对体液的分析大多数情况下只要用缓冲液或水控制 pH 值和减少黏度即可。采用质谱进行全成分分析时，样品处理方法相对简单，但不存在一种普适性的标准化方法，依据的还是相似相容原则。脱蛋白后的代谢产物通常用水或有机溶剂分别提取，获得水提取物和有机溶剂提取物，从而把非极性相和极性相分开进行分析。对于代谢轮廓分析或靶标分析，还需要做较为复杂的预处理，如常用固相微萃取、固相萃取、亲和色谱等预处理方法。用气相色谱或气相色谱-质谱联用时，常常需要进行衍生化以增加样品的挥发性。由于特定的提取条件往往仅适合某些类化合物，目前尚无一种能够适合所有代谢产物的提取方法。应该根据不同的化合物选择不同的提取方法，并对提取条件进行优化。

2. 代谢组学数据的采集

完成样品的采集和预处理后,样品中的代谢产物需通过合适的方法进行测定。但是准确分析方法要求具有高灵敏度、高通量和无偏向性的特点。与其他组学技术只分析特定类型的化合物不同，代谢组学所分析的对象的大小、数量、功能团、挥发性、带电性、极性以及其他物理化学参数的差异很大。由于代谢产物和生物体系的复杂性，至今为止，尚无一个能满足上述所有要求的代谢组学分析技术，现有的分析技术都有各自的优势和适用范围。最好采用联用技术和多个方法的综合分析。色谱、质谱、NMR、毛细管电泳、红外光谱、电化学检测等分离分析手段及其组合都可以用于代谢组学的研究中。其中质谱-色谱联用方法兼备色谱的高分离度、高通量及质谱的普适性、高灵敏度和特异性，NMR，特别是 ^{1}H-NMR 以其对含氢代谢产物的普适性，而成为最主要的分析工具。

3. 数据分析平台

代谢组学得到的是大量多维的信息。为了充分挖掘所获得数据中的潜在信息，对数据的分析需要应用一系列的化学计量学方法。在代谢组学研究中，大多数是从检测到的代谢产物信息中进行两类(如基因突变前后的响应)或多类(如不同表型间代谢产物)的判别分类，以及生物标志物的发现。数据分析过程中应用的主要手段为模式识别技术，包括非监督学习方法和有监督学习方法。

4. 代谢组学数据库

代谢组学分析离不开各种代谢途径和生物化学数据库。与基因组学和蛋白质组学已有较完善的数据库供搜索、使用相比，目前代谢组学研究尚未有类似的功能完备的数据库。一些生化数据库可供未知代谢物的结构鉴定，或用于已知代谢物的生物功能解释。如连接图数据库(Connections Map DB)，京都基因与基因组百科全书(KEGG)、METLIIN、PathDB、生物化学途径(Ex-PASy)、互联网主要代谢途径(MMP)等。

理想的代谢组学数据库应包括各种生物体的代谢组信息以及代谢物的定量数据，如人类代谢组数据库中的那样。但实际上，这方面的信息非常缺乏。一些公共数据库对各种生物样品中代谢物的结构鉴定也非常有用，如 Pubmed 化合物库、Chemspider 数据库等，后者包含有 1650 万个化合物的结构信息，可供网上检索。

18.3.3　代谢组学在环境科学中的应用

随着环境污染的日益恶化，许多化学物质对各种生物体的危险已经达到了警戒水平，这些化学物质是生命过程中生化、基因、结构或生理损伤的主要原因。阐明这些物质生理和毒理相互作用过程的本质和机制，对阐述各种环境疾病的致病机制、提出有效的治理方案是非常必要的。

在环境科学研究方面，代谢组学方法主要用来研究及阐明生物体对有毒化学物质暴露后所产生的生理生化反应，用于对环境化学产品长期作用机制的研究，其指标可作为对全球现有化学制品混合物安全性预测的合理标准。生物体对外界环境如冷、热、饥饿的刺激后所产生的各种代谢及生理生化反应也可以通过代谢组学方法来阐述。此外，代谢组学在生物体健康评价及预测方面也具有很强的应用潜力，美国国家环境卫生研究中心已开展了潜在的环境输入与疾病之间相互影响的代谢组学研究，并给予了高度重视。

代谢组学作为一门新技术在过去的几年中在环境方面的应用研究取得了较大发展，它被认为是环境安全性评价的有力武器。比如，在评估纳米 TiO_2 颗粒在土壤中的生态风险时，传统的蚯蚓致死率或繁殖能力都无法指示纳米颗粒的毒性，而转录组学技术和代谢组学技术联用可以更灵敏地检测到蚯蚓的生理生化改变，表现在谷胱甘肽的减少和一些氨基酸代谢的改变。在评价复杂污染体系的生物毒性时，组学技术也体现了独特的灵敏性和综合优势。比如，利用组学技术和转录组学技术发现碳纳米管与抗生素环丙沙星对大肠杆菌的毒性有拮抗作用。

从总体上讲现在环境代谢组学研究仍然处于发展阶段，许多方面有待开发和完善，也面临着各个方面的挑战。从方法学的角度讲，无论现有的分析仪器、分析技术还是数据处理方法都需要进一步发展以改进灵敏度、分辨率以及通量。代谢物标志物定性及代谢途径的阐释，是面临的另一个难题。从应用方面，环境代谢组学研究应不断开拓新的研究方向，如利用代谢组学新技术研究多种环境毒物同时暴露对生物个体及群体的影响、实验用生物或模式生物体对环境毒物(包括不同剂量、不同种类的化学毒物)暴露产生的生物学效应、长期化学毒物暴露对不同区域生态平衡的影响等。我们相信，随着代谢产物分析技术和数据分析方法不断改进，复杂环境评价的代谢组学新方法将会被不断开发，环境污染物的生理与毒理相互作用机制和环境疾病的致病机制将会得到阐释，代谢组学技术也必然在后基因组时代的环境安全性评价及其他相关方面拥有更为广阔的发展前景。

参 考 文 献

陈春, 刘爽, 韦革宏. 2020. 金属纳米材料的植物生物效应及其多组学研究进展. 农业环境科学学报, 39(2): 217-228

荀敏, 唐溪, 孔春雷, 沈娥, 曲媛媛, 周集体. 2012. 环境微生物中芳环加氧酶的获取策略. 应用与环境生物学报, 18(5): 880-887

郭雅妮, 同帜. 2010. 环境生物化学. 西安: 西北工业大学出版社

贾毅娜, 梁刚. 2013. 环境雌激素对生殖腺及卵黄蛋白原影响的研究进展. 生物技术通报, 6: 46-52

李国治, 邓卫东. 2018. 基因组测序技术及其应用研究进展. 安徽农业科学, 46(22): 20-22, 25

李剑, 马梅, 王子健. 2010. 环境内分泌干扰物的作用机理及其生物检测方法. 环境监控与预警, 2(3): 18-25

李平, 易弋, 邓春, 伍时华, 黎娅. 2016. 漆酶的结构及其应用研究进展. 中国酿造, 35(5): 10-15

刘付平. 2017. 黄色粘球菌 DZ2 中温度应答 ECF-σ 因子的研究. 济南: 山东大学硕士学位论文

刘宛, 李培军, 周启星, 孙铁珩, 许华夏. 2005. 环境污染条件下生物体内 DNA 损伤的生物标记物研究进展. 应用与环境生物学报, 11(2) : 252-255

刘伟, 郭光艳, 秘彩莉. 2019. 转录组学主要研究技术及其应用概述. 生物学教学, 44(10): 2-5

罗锦堂, 张晓娟, 奚英杰, 张林林, 郭益文, 丁向彬, 郭宏, 李新. 2020. 翻译组学相关技术的应用研究进展. 天津农业科学, 26(7): 12-16

马现成, 张芳芳, 林茹, 崔豹, 马海燕, 李凡, 张跃华. 2015. 漆酶用于环境修复的研究及应用前. 农业与技术, 35(3): 8-10

裘红权, 胡美瑶, 黄益丽. 2021. 微生物胞外多糖在修复重金属污染中的潜力和生物化学机制. 生命的化学, 41(22): 1-14

裘红权, 沈小铁, 刘璟, 林道辉, 黄益丽. 2021. 脂质过氧化在环境污染物生化效应研究中的应用与展望. 浙江大学学报（农业与生命科学版）, 47(5): 543-556

孙彩玉, 李永峰, 邸雪颖. 2013. 生态与环境基因组学. 哈尔滨: 哈尔滨工业大学出版社

孙欣, 高莹, 杨云锋. 2013. 环境微生物的宏基因组学研究新进展. 生物多样性, 21(4): 393-400

谭建新, 孙玉洁. 2009. 表观基因组学研究方法进展与评价. 遗传, 31(1): 3-12

王春霞, 朱利中, 江桂斌. 2011. 环境化学学科前沿与展望. 北京: 科学出版社

王镜岩, 朱圣庚, 徐长法. 2012. 生物化学. 第三版. 北京: 高等教育出版社

王宁, 金泰廙. 2004. 环境内分泌干扰物健康效应生物学机制研究进展. 职业卫生与应急救援, 22(4): 194-196

王志浩, 彭颖, 王萍萍, 夏普, 张效伟. 2018. 基于斑马鱼毒理基因组学的化学品测试技术研究进展. 生态毒理学报, 13(5): 1-10

许国旺, 等. 2020. 代谢组学: 方法与应用. 北京: 科学出版社

严小甜, 丁志山. 2019. $PM_{2.5}$暴露致机体损伤及其机制研究进展. 生态毒理学报, 14(2): 71-80

杨金水. 2019. 基因组学. 北京: 高等教育出版社
于晨, 董超然, 张照辉, 李倩, 曾慧慧. 2017. 8-羟基脱氧鸟嘌呤作为 DNA 氧化损伤标志物的研究现状. 中国临床药理学杂志, 33(13): 1267-1270
岳慧贤, 程安春, 刘马峰. 2017. 部分革兰氏阴性菌胞外功能 sigma 因子结构与调控铁离子的利用机制. 中国生物化学与分子生物学报, 33(2): 108-115
翟丽丽, 张育辉. 2009. 基于环境雌激素评估的卵黄蛋白原研究进展. 生态毒理学报, 4(3): 332-337
张丽萍, 杨建雄. 2009. 生物化学简明教程. 第四版. 北京: 高等教育出版社
赵景联. 2007. 环境生物化学. 北京：化学工业出版社
中国生物技术发展中心, 深圳华大基因研究院. 2012. 基因组学方法. 北京：科学出版社
周庆祥, 江桂斌. 2003. 卵黄蛋白原的分离测定及其在环境内分泌干扰物质筛选中的应用. 化学进展, 15(1): 68-73
Alsop D H, Brown S B, van der Kraak G J. 2004. Dietary retinoic acid induces hindlimb and eye deformities in *Xenopus laevis*. Environmental Science & Technology, 38(23): 6290-6299
Baillie-Hamilton P F. 2002. Chemical toxins: A hypothesis to explain the global obesity epidemic. Journal of Alternative And Complementary Medicine, 8(2): 185-192
Baker NA, Karounos M, English V, Fang J, Wei Y, Stromberg A, Sunkara M, Morris A J, Swanson H I, Cassis L A. 2013. Coplanar polychlorinated biphenyls impair glucose homeostasis in lean C57BL/6 mice and mitigate beneficial effects of weight loss on glucose homeostasis in obese mice. Environmental Health Perspectives, 121(1): 105-110
Blomhoff R, Blomhoff H K. 2006. Overview of retinoid metabolism and function. Journal of Neurobiology, 66(7): 606-630
Bouwman C A, Van Dam E, Fase K M, Koppe J G, Seinen W, Thijssen H H, Vermeer C, Van den Berg M. 1999. Effects of 2, 3, 7, 8-tetrachlorodibenzo-*p*-dioxin or 2, 2′, 4, 4′, 5, 5′-hexachlorobiphenyl on vitamin K-dependent blood coagulation in male and female WAG/Rij-rats. Chemosphere, 38(3): 489-505
Brtko J, Dvorak Z. 2015. Triorganotin compounds-ligands for “rexinoid” inducible transcription factors: Biological effects. Toxicology Letters, 234(1): 50-58
Bryant S V, Gardiner D M. 1992. Retinoic acid, local cell-cell interactions, and pattern formation in vertebrate limbs. Developmental Biology, 152(1): 1-25
Cuenoud B, Szostak J W. 1995. A DNA metalloenzyme with DNA ligase activity. Nature, 375(6532): 611-614
Deng R, Gao X, Hou J, Lin D H. 2020. Multi-omics analyses reveal molecular mechanisms for the antagonistic toxicity of carbon nanotubes and ciprofloxacin to Escherichia coli. Science of the Total Environment, 726: 138288.
Goettems-Fiorin P B, Grochanke B S, Baldissera F G, Dos Santos A B, Homem de Bittencourt PI Jr, Ludwig M S, Rhoden C R, Heck T G. 2016. Fine particulate matter potentiates type 2 diabetes development in high-fat diet-treated mice: stress response and extracellular to intracellular HSP70 ratio analysis. Journal of Physiology and Biochemistry, 72(4): 643-656
Grün F, Watanabe H, Zamanian Z, Maeda L, Arima K, Cubacha R, Gardiner D M, Kanno J, Iguchi T,

Blumberg B. 2006. Endocrine-disrupting organotin compounds are potent inducers of adipogenesis in vertebrates. Molecular Endocrinology, 20(9): 2141-2155

Hellou J, Ross N W, Moon T W. 2012. Glutathione, glutathione S-transferase, and glutathione conjugates, complementary markers of oxidative stress in aquatic biota. Environmental Science and Pollution Research, 19: 2007-2023

Houlahan J E, Findlay C S, Schmidt B R, Meyer A H, Kuzmin S L. 2000. Quantitative evidence for global amphibian population declines. Nature, 404(6779): 752-755

Hoyeck M P, Merhi R C, Blair H L, Spencer C D, Payant M A, Martin Alfonso D I, Zhang M, Matteo G, Chee M J, Bruin J E. 2020. Female mice exposed to low doses of dioxin during pregnancy and lactation have increased susceptibility to diet-induced obesity and diabetes. Molecular Metabolism, 42: 101104.

Hu J, Zhang Z, Wei Q, Zhen H, Zhao Y, Peng H, Wan Y, Giesy J P, Li L, Zhang B. 2009. Malformations of the endangered Chinese sturgeon, *Acipenser sinensis*, and its causal agent. Proceedings of the National Academy of Sciences of the United States of America, 106(23): 9339-9344

Huang Y, Feng H, Lu H, Zeng Y. 2017. Novel 16S rDNA primers revealed the diversity and habitats-related community structure of sphingomonads in 10 different niches. Antonie Van Leeuwenhoek, 110: 877-889

Huang Y, Zeng Y, Lu H, Feng H, Zeng Y, Koblížek M. 2016. Novel acsF gene primers revealed a diverse phototrophic bacterial population, including gemmatimonadetes, in lake Taihu (China). Applied and Environmental Microbiology, 82: 18: 5587-5594

Inoue D, Nakama K, Matsui H, Sei K, Ike M. 2009. Detection of agonistic activities against five human nuclear receptors in river environments of Japan using a yeast two-hybrid assay. Bulletin of Environmental Contamination and Toxicology, 82(4): 399-404

Inoue D, Nakama K, Sawada K, Watanabe T, Takagi M, Sei K, Yang M, Hirotsuji J, Hu J, Nishikawa J, Nakanishi T, Ike M. 2010. Contamination with retinoic acid receptor agonists in two rivers in the Kinki region of Japan. Water Research, 44(8): 2409-2418

Jeong C H, Postigo C, Richardson S D, Simmons J E, Kimura S Y, Mariñas B J, Barcelo D, Liang P, Wagner E D, Plewa M J. 2015. Occurrence and comparative toxicity of haloacetaldehyde disinfection byproducts in drinking water. Environmental Science & Technology, 49(23): 13749-13759

Ju L, Tang K, Guo X R, Yang Y, Zhu G Z, Lou Y. 2012. Effects of embryonic exposure to polychlorinated biphenyls on zebrafish skeletal development. Molecular Medicine Reports, 5(5): 1227-1231

Kim H Y, Kwon W Y, Kim Y A, Oh Y J, Yoo S H, Lee M H, Bae J Y, Kim J-M, Yoo Y H. 2017. Polychlorinated biphenyls exposure-induced insulin resistance is mediated by lipid droplet enlargement through Fsp27. Archives of Toxicology, 91(6): 2353-2363

Kim Y A, Kim H Y, Oh Y J, Kwon W Y, Lee M H, Bae J Y, Woo M S, Kim J-M, Yoo Y H. 2018. Polychlorinated biphenyl 138 exposure-mediated lipid droplet enlargement endows adipocytes with resistance to TNF-alpha-induced cell death. Toxicology Letters, 292: 55-62

Kirk A B, Michelsen-Correa S, Rosen C, Martin C F, Blumberg B. 2021. PFAS and potential adverse effects on bone and adipose tissue through interactions with PPARγ. Endocrinology, 162(12): 1-13

Koolman J, Roehm K-H. 2005. Color Atlas of Biochemistry. 2nd edition. Stuttgart: Thieme

Kuang D, Zhang W Z, Deng Q F, Zhang X, Huang K, Guan L, Hu D, Wu T C, Guo H. 2013. Dose-response relationships of polycyclic aromatic hydrocarbons exposure and oxidative damage to DNA and lipid in coke oven workers. Environmental Science & Technology, 47(13): 7446-7456

Lee D H, Porta M, Jacobs D R, Vandenberg L N. 2014. Chlorinated persistent organic pollutants, obesity, and type 2 diabetes. Endocrine Reviews, 35(4): 557-601

Li Y L, He B, Gao J J, Liu Q S, Liu R Z, Qu G B, Shi J B, Hu L G, Jiang G B. 2018. Methylmercury exposure alters RNA splicing in human neuroblastoma SK-N-SH cells: Implications from proteomic and post-transcriptional responses. Environmental Pollution, 238: 213-221

Liang Y, Tang Z, Jiang Y, Ai C, Peng J, Liu Y, Chen J, Xin X, Lei B, Zhang J, Cai Z. 2021. Lipid metabolism disorders associated with dioxin exposure in a cohort of Chinese male workers revealed by a comprehensive lipidomics study. Environment International, 155: 106665.

Lu L, Wu H, Cui S, Zhan T, Zhang C, Lu S, Liu W, Zhuang S. 2020. Pentabromoethylbenzene exposure induces transcriptome aberration and thyroid dysfunction: *In vitro*, *in silico* and *in vivo* investigations. Environmental Science & Technology, 54: 12335-12344

Ma X, Zhang W, Song J, Li F, Liu J. 2022. Lifelong exposure to pyrethroid insecticide cypermethrin at environmentally relevant doses causes primary ovarian insufficiency in female mice. Environmental Pollution, 298: 118839

Manchester D K, Weston A, Choi J S, Trivers G E, Fennessey P V, Quintana E, Farmer P B, Mann D L, Harris C C. 1988. Detection of benzo[*a*]pyrene diol epoxide-DNA adducts in human placenta. Proceedings of the National Academy of Sciences of the United States of America, 85(23): 9243-9247

Moraleda-Muñoz A, Marcos-Torres F J, Pérez J, Muñoz-Dorado J. 2019. Metal-responsive RNA polymerase extracytoplasmic function (ECF) sigma factors. Molecular Microbiology, 112(2): 385-398

Murray R K, Granner D K, Mayes P A, Rodwell V W. 2003. Harper's Illustrated Biochemistry. Twenty-Sixth Edition. New York: Lange Medical Books/McGraw-Hill. Medical Publishing Division

Osuoha J O, Nwaichi E O. 2021. Enzymatic technologies as green and sustainable techniques for remediation of oil-contaminated environment: State or the art. International Journal of Enviromental Science and Technology, 18 (5): 1299-1322

Perez-Bermejo M, Mas-Perez I, Murillo-Llorente M T. 2021. The role of the bisphenol A in diabetes and obesity. Biomedicines, 9(6), DOI: 10. 3390/biomedicines9060666

Pluim H J, Vanderslikke J W, Olie K, Vanvelzen M J M, Koppe J G. 1994. Dioxins and vitamin-k status of the newborn. Journal of Environmental Science and Health, Part A, 29(4): 793-802

Qi W, Clark J M, Timme-Laragy A R, Park Y. 2020. Per- and polyfluoroalkyl substances and obesity, type 2 diabetes and non-alcoholic fatty liver disease: A review of epidemiologic findings. Toxicological And Environmental Chemistry, 102(1-4): 1-36

Rogstad T W, Sonne C, Villanger G D, Ahlstøm Ø, Fuglei E, Muir D C G, Jørgensen E, Jenssen B M. 2017. Concentrations of vitamin A, E, thyroid and testosterone hormones in blood plasma and tissues from emaciated adult male Arctic foxes (*Vulpes lagopus*) dietary exposed to persistent organic pollutants (POPs). Environmental Research, 154: 284-290

Song J, Ma X, Li F, Liu J. 2022. Exposure to multiple pyrethroids insecticides affects ovarian follicular development via modifying microRNA expression. Science of the Total Environment, 828: 154384

Sutherland J E, Costa M. 2003. Epigenetics and the environment. Annals of the New York Academy of Sciences, 983: 151-160

Thayer K A, Heindel J J, Bucher J R, Gallo M A. 2012. Role of environmental chemicals in diabetes and obesity: A national toxicology program workshop review. Environmental Health Perspectives, 120(6): 779-789

Wang Z, Liu S J, Ma J, Qu G B, Wang X Y, Yu S J, He J Y, Liu J F, Xia T, Jiang G-B. 2013. Silver nanoparticles induced RNA polymerase-silver binding and RNA transcription inhibition in erythroid progenitor cells. ACS Nano, 7(5): 4171-4186

Wei Y, Zhang J, Li Z, Gow A, Chung K F, Hu M, Sun Z, Zeng L, Zhu T, Jia X, Duarte M, Tang X. 2016. Chronic exposure to air pollution particles increases the risk of obesity and metabolic syndrome: Findings from a natural experiment in Beijing. The FASEB Journal, 30(6): 2115-2122

World Health Organization. 2021. Obesity and Overweight: Fact Sheet. [2021-11-1]. Available from: https: //www. who. int/news-room/fact-sheets/detail/obesity-and-overweight

Wu X, Hu J, Jia A, Peng H, Wu S, Dong Z. 2010. Determination and occurrence of retinoic acids and their 4-oxo metabolites in Liaodong Bay, China, and its adjacent rivers. Environmental Toxicology and Chemistry, 29(11): 2491-2497

Wu X, Jiang J, Hu J. 2013. Determination and occurrence of retinoids in a eutrophic lake (Taihu Lake, China): Cyanobacteria blooms produce teratogenic retinal. Environmental Science & Technology, 47(2): 807-814

Wu X, Jiang J, Wan Y, Giesy J P, Hu J. 2012. Cyanobacteria blooms produce teratogenic retinoic acids. Proceedings of the National Academy of Sciences of the United States of America, 9(24): 9477-9482

Zhang J Y, Yang Y, Liu W P, Liu J. 2018. Potential endocrine-disrupting effects of metals via interference with glucocorticoid and mineralocorticoid receptors. Environmental Pollution, 242: 12-18

Zhang Q, Wang C, Sun L W, Li L, Zhao M R. 2010. Cytotoxicity of lambda-cyhalothrin on the macrophage cell line RAW 264. 7. Journal of Environmental Sciences (China), 22(3): 428-432

Zhao J, Qin B, Nikolay R, Spahn C M T, Zhang G. 2019. Translatomics: The global view of translation. International Journal of Molecular Sciences, 20(1): 212

Zheng Z, Xu X, Zhang X, Wang A, Zhang C, Huttemann M, Grossman L I, Chen L C, Rajagopalan S, Sun Q, Zhang K. 2013. Exposure to ambient particulate matter induces a NASH-like phenotype and impairs hepatic glucose metabolism in an animal model. Journal of Hepatology, 58(1): 148-154

Zhu Y, Wu X, Liu Y, Zhang J Y, Lin D H. 2020. Integration of transcriptomics and metabolomics reveals the responses of earthworms to the long-term exposure of TiO_2 nanoparticles in soil. Science of the Total Environment, 719: 137492